ARM教科書シリーズ

基礎知識からIoTで重要な低消費電力/セキュリティ機能までプロが直伝

ARMマイコン Cortex-M教科書

中森 章, 桑野 雅彦 共著

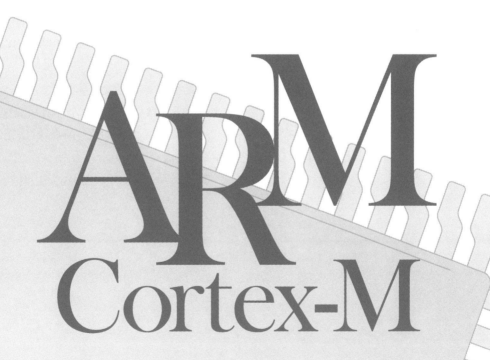

CQ出版社

まえがき

　「感無量」とはこのことをいうのでしょうか？初めて本書の企画を聞いてから約3年，やっと原稿が日の目をみるときがやってきました．CQ出版Interface編集長の「今度こそは絶対に出版するぞ」の誓いを何度聞いたかわかりませんが，三度目くらいの正直といったところでしょうか．

　当初，Cortex-MマイコンKinetisのことを知らなかった筆者は，Kinetisについて学ぶたび，その完成度の高さとかゆいところに手の届く機能の豊富さに感激しました（どういうところに感激したかは本書の中に書いてありますのでそちらを参照してください）．そして，IoT向けにセキュリティ機能を強化したKinetis K2シリーズの発表に当たっては小躍りもしました．

　本書は，マイコンとして完成していると思われるARM Cortex-Mの教科書です．Cortex-Mに限らず，パイプライン，動作周波数，低消費電力技術，セキュリティ技術の概要を知ることもできると期待しています．

　完成しているARM Cortex-Mコアの解説に加え，その実装形マイコンのことは，完成しているKinetisを具体例にして，詳細まで解説しています．いわば，一粒で二度美味しい単行本になったのではないかと自負しています．

　旧フリースケールが旧NXPに買収され，新生NXPが誕生する事態になりました．クアルコムが買収するという話もあり，半導体の世界は今後もどうなるかはわかりません．Kinetisマイコンが合併で簡単になくなるようなシリーズでなかったことには感謝です．私，中森 章はKinetisマイコンのエバンジェリストとしてこれからもその素晴らしさを伝えられればと思っています．

2016年10月　中森 章

CONTENTS

第1部 ARM Cortex-Mコア教科書 中森 章

第1章 世界の定番をひと目で！ ARMマイコンの基礎知識 ……… 8
- 汎用マイコン向けARMアーキテクチャ —— 8
- Cortex-Mコアの種類と特徴 —— 9
- 現状よく使われているARMコア —— 11

第2章 ARMの中では異色の存在 シンプルを追求した32ビット・マイコンCortex-Mの基本技術 ……… 12
- 汎用マイコンとしてARMが採用した技術 —— 12
- その1：CPU内部レジスタ —— 12
- その2：実行モード —— 14
- その3：高効率命令セットThumb-2 —— 14
- Thumb-2命令の性能＆コード・サイズ —— 15
- その4：制御向き！ビット操作機能ビット・バンド —— 16
- その5：ソフトの互換性が高まるデフォルト・アドレス・マップ —— 18
- その6：メモリを効率良く使うアンアラインド・アクセス —— 19

第3章 フラッシュ内蔵マイコンへの最適化が重要 高性能と低消費電力を両立するためのアーキテクチャ ……… 21
- 基本中の基本ハーバード・アーキテクチャの採用 —— 21
- Cortex-Mコア内部ブロック図鑑 —— 23
- 書き込み処理短縮用ライト・バッファ —— 23
- 高効率パイプラインを実現する設計思想 —— 26
- ここが重要…3段パイプライン構造を選んだ理由 —— 27
- 低消費電力かつ高性能処理を両立する半導体製造プロセス —— 28
- 高性能処理の工夫その1：高速32ビット乗算命令 —— 29
- 高性能処理の工夫その2：除算命令の導入 —— 29
- 消費電力を抑える技術あれこれ —— 30
- コラム1　おさらい：ハーバード・アーキテクチャの定義 —— 22
- コラム2　ダメもとで分岐先処理を準備しておく「分岐投機」—— 29

第4章 C記述が可能なベクタ・テーブルでシンプル 究極の高速応答を追求したNVIC割り込みのメカニズム ……… 31
- プロセッサ埋め込みで高速応答を追求した割り込みコントローラNVIC —— 31
- 内蔵ベクタ割り込みコントローラNVICの基本メカニズム —— 31
- NVICベクタ・テーブル＆優先順位 —— 33
- 優先順位設定レジスタ —— 35
- 割り込みマスク・レジスタ —— 36
- 割り込みハンドラがC言語で記述できる原理 —— 37
- 割り込み／例外処理の流れ —— 38
- Cortex-Mの割り込み／例外で退避するレジスタ値 —— 39
- 割り込みレイテンシ短縮の工夫1：応答を早くする —— 40
- 究極に短いCortex-Mの割り込みレイテンシ —— 41
- 割り込みレイテンシ短縮の工夫2：ハンドラへの分岐＆復帰時間を短くする —— 42
- コラム1　クラシックARM/Cortex-Aプロセッサで使われる汎用割り込みコントローラGIC —— 32
- コラム2　Cortex-A/Rの割り込み分岐先ベクタ・テーブル —— 35

第5章 全プログラムをCで記述できる仕組み ほか その他「マイコン」に特化した機能 ……… 45
- リアルタイム制御に向かないキャッシュ/MMUの削除 —— 45
- MMUなしマイコンでほしくなるメモリ保護ユニットMPU —— 45
- 全プログラムをC言語で記述できる仕組み —— 46
- Cortex-M0+の1サイクル即I/O —— 48

第6章 IoT時代はますます求められる Cortex-MのOSサポート機能 ……… 50
- 2系統のスタック・ポインタ —— 50
- OS用SysTickタイマ —— 51
- 割り込みコントローラNVIC —— 52
- メモリ保護ユニットMPU（Cortex-M0+/M3/M4）—— 52
- 非特権ユーザ・アプリから特権動作を肩代わりしてくれる命令／機能 —— 52
- セマフォによる排他アクセス —— 53
- 半導体メーカ独自のハードウェアOSアシスト機能 —— 53
- コラム1　ARM社が用意する共通ソフトウェアCMSIS —— 51
- コラム2　たらればの話…Linuxが使えるマイコンCortex-Mマイコン？ —— 53

第7章 差がつくポイント…フラッシュ・メモリ速度
性能をカリカリに出したいときのヒント 55

完成形Cortex-Mコア唯一の弱点…フラッシュ・メモリ速度 —— 55
メーカ1-1：NXP（旧フリースケール）のフラッシュ・メモリ速度UPの仕組み —— 55
メーカ1-2：NXPセミコンダクターズのフラッシュ・メモリ速度UPの仕組み —— 56
メーカ2：STマイクロエレクトロニクスのフラッシュ・メモリ速度UPの仕組み —— 56
メーカ3：テキサス・インスツルメンツのフラッシュ・メモリ速度UPの仕組み —— 57
メーカ4：サイプレス（旧富士通）のフラッシュ・メモリ速度UPの仕組み —— 58
メーカ5：インフィニオンのフラッシュ・メモリ速度UPの仕組み —— 58
設計的にはロード命令/ストア命令も3段で処理できるはずだが… —— 59

第2部　プログラミングの基礎知識
桑野 雅彦

第8章 ARM Cortex-Mのアーキテクチャ＆命令セット
プログラミングの前に整理しておく 62

定番ARM Cortex-Mマイコンの基礎知識 —— 62
ARMのドキュメント —— 63
定番Cortex-M4入門 —— 63
Cortex-Mマイコンのプログラミング・モデル —— 64
ARMv7-M Thumb命令セット —— 66

第9章 リセット解除からmain関数起動までの初期化処理
つまずきやすいのでじっくり解説 69

紹介する初期化サンプル・コード —— 69
全体の流れ —— 69
ステップ1　割り込みベクタ・テーブル定義 —— 71
ステップ2　アセンブリ記述で汎用レジスタを初期化 —— 71
ステップ3　start()関数の処理前半 —— 72
ステップ4　I/O類の初期化 [sysinit()] —— 74
ステップ5　main関数が動くまで —— 78

第10章 基本機能1…タイマ
共通SysTickから各種タイマまで整理して解説 82

Cortex-Mマイコン共通SysTickタイマ —— 82
マイコン独自の各種タイマ機能…Kinetis K64Fの例 —— 83
基本LPTMRタイマの動作メカニズム —— 85

第11章 基本機能2…ディジタル信号入出力GPIO
必ず使う基本中の基本 91

構成 —— 91
GPIO制御レジスタの構成 —— 91
ポート制御 —— 93
割り込み動作 —— 95
サンプル・プログラム —— 96

第12章 基本機能3…シリアル通信
ずっと使えるUART通信入門 97

内部回路の基本構成 —— 97
レジスタ —— 98
メイン・プログラムの記述 —— 101

第13章 基本機能4…A-Dコンバータ
複雑になりがち…センシングに重要なアナログ信号の取り込み 103

内部回路の基本構成 —— 103
説明に使うサンプル・プログラム —— 103
A-Dコンバータの処理フロー —— 104

第14章 基本機能5…USB通信
プロトコルとモジュールの仕組みを基本から 112

USB通信のあらまし —— 112
Cortex-Mマイコン内蔵USBコントローラ —— 115
USB通信の実験 —— 117

第3部　実際のアーキテクチャ
中森 章

第15章 ターゲットCortex-MマイコンKinetis入門
定番ARMコア×老舗モトローラから続くテクノロジで安心 122

選んだ理由 —— 122

CONTENTS

 ARM Cortex-MマイコンKinetisの特徴 —— 122
 その他の理由…開発環境の充実 —— 128
 コラム1 あなたはKinetisでいうとどのシリーズか？性格診断サイト（笑）—— 124
 コラム2 Kinetisの定番シリーズは何か？—— 130

第16章 Cortex-Mマイコンの内蔵フラッシュ・メモリ … 131
アクセス速度/書き換え回数対策にキャッシュ＆独自フレックス・メモリ

 ワンチップ・マイコンで求められること…性能のネックになるフラッシュの高速化 —— 131
 内蔵フラッシュ・メモリの構成 —— 131
 高速アクセスの仕組み —— 132
 動作メカニズム —— 133
 その他の仕組み —— 135
 独自フレックス・メモリの特徴 —— 136
 2ブロックに分けるフラッシュ・スワップ機能 —— 140
 フラッシュのタイプ＆関連レジスタ —— 140
 コラム フラッシュ・マイコンは厳密なリアルタイム処理に向かない？—— 134

第17章 Cortex-Mマイコンの内蔵SRAM … 142
高性能処理には内部アーキテクチャの理解が欠かせない

 ターゲット・マイコン独自の工夫…内部キャッシュ —— 142
 内蔵SRAMをアクセスする —— 145

第4部 IoTの重要技術その1 低消費電力化
中森 章

第18章 マイコンの低消費電力化の基本方針 … 150
まずは半導体目線で見てみる

 マイコンの消費電力 —— 150
 方針1：動作周波数を下げる —— 150
 方針2：電源電圧を下げる＆使わない領域の電源を切る —— 152
 コラム 実際のクロック・ゲーティング回路 —— 154

第19章 Cortex-Mマイコン共通の低消費電力モード … 155
各回路ブロックのクロック/電源のON/OFFを理解する

 Cortex-Mマイコンの動作モード —— 155
 マイコンへの実装例を見てみる —— 156
 コラム えっ！そうなの？…最新プロセスで製造したマイコンほど待機時消費電流が大きくなりがち —— 157

第20章 スリープ状態から自動で復帰/移行する仕組み … 158
アクティブ時間は極力短く

 イベント発生時だけアクティブになるCortex-Mの仕組み…スリープ・オン・イグジット・モード —— 158
 スリープ/ディープ・スリープ状態であることを示すSLEEPING/SLEEPDEEP信号 —— 161
 コラム1 Cortex-Mで採用されている低消費電力化用回路 —— 160
 コラム2 Cortex-M0+が他のCortex-Mより低消費電力といわれる理由？—— 162

第21章 使えると差がつくマイコン固有ロー・パワー・モード … 163
Kinetisは1μA…メーカの工夫がぎっしり

 ARMマイコンには低消費電力モード満載…Kinetisの例 —— 163
 Cortex-Mマイコンにはたいてい超ロー・パワーなメーカ固有モードが用意されている —— 165
 低消費電力モードへの意図的な遷移に関係するレジスタ —— 166
 超ロー・パワーなメーカ固有モードからのウェイクアップ —— 168
 実際の移行/復帰方法 —— 169
 究極の低消費電力…電源オフ・モード —— 170
 コラム 低消費電力モードではクロック供給に注意 —— 166

第22章 内部/外部イベントによる低消費電力モードからの復帰 … 172
意外とややこしいので要注意

 内部要因1：低消費電力モード用タイマLPTMRによる復帰 —— 172
 内部要因2：リアルタイム・クロックRTCによる復帰 —— 177
 外部イベントによる復帰 —— 179

第23章 Thumb-2命令セットによる低消費電力化 … 182
コード・サイズ最小は消費電力も最小

 Cortex-Mが採用するThumb-2命令セットの特徴 —— 182
 消費電力を抑える命令①…条件実行用IT命令 —— 183
 消費電力を抑える命令②…ビット・フィールド操作命令 —— 183
 消費電力を抑える命令③…1ビット操作命令 —— 184
 メーカ固有ビット操作機構BME —— 185
 コラム ビット操作機能があれこれ用意されている理由…そもそもRISCが不得意だから！—— 186

第24章 低消費電力に命令を実行するためのアーキテクチャ
CPUやフラッシュ・メモリをできるだけ使わずに済ませる仕組み ……… 189
- Cortex-M0+が他のCortex-Mより低消費電力な理由 —— 189
- フラッシュ・メモリは消費電力が大きい —— 190
- フラッシュ・メモリ・アクセスを高性能化するためのキャッシュ —— 190
- フラッシュ・キャッシュ各社のとりくみ —— 192
- CPUはできるだけ使わないで済ませる！低消費電力マイコンのペリフェラルの特徴 —— 193
- コラム　フラッシュ・メモリ用に内蔵されているキャッシュのリアルタイム処理への影響 —— 191

第5部　IoTの重要技術その2　セキュリティ機能
中森 章

第25章 通信の認証などによく使う暗号高速化ユニットCAU
通信支援機能 その1 ……… 198
- マイコンの主なセキュリティ機能 —— 198
- 暗号高速化ユニットCAU —— 200
- 暗号化処理速度の考察 —— 203
- コラム　米国政府標準…暗号アルゴリズムとハッシュ関数あれこれ —— 199

第26章 暗号化通信に欠かせない乱数生成器RNG
通信支援機能 その2 ……… 205
- 乱数生成器とは —— 205
- Kinetisマイコンの乱数生成器 —— 206

第27章 エラー検出によく使うCRC
通信支援機能 その3 ……… 207
- 巡回冗長検査CRCの基礎知識 —— 207
- 基本的な使い方 —— 208

第28章 侵略行為に対する保護機能…耐タンパー
チップ開封などのリバース・エンジニアリング対策 ……… 211
- 保護機能1：フラッシュ・メモリのセキュリティ —— 211
- 保護機能2-1：特殊なセキュリティ機構DryIce —— 213
- 保護機能2-2：リアルタイム・クロック・モジュールRTCのタンパー検出 —— 214
- コラム　IoT時代の必須機能…暗号鍵や個体識別に使えるユニークID —— 215

第29章 外部からの盗み見を防ぐためのメモリ保護
バス周りの作り込みはメーカの腕の見せどころ ……… 216
- マイコン固有メモリ保護ユニット（MPU） —— 217
- MPUの動作 —— 219
- プログラムでの設定方法 —— 221
- MPUを搭載するKinetis —— 223
- コラム　万が一メモリの中を見られた場合の最後の砦…メモリ内容の暗号化 —— 223

第6部　Cortex-Mマイコン入門ボードの使い方
中森 章

第30章 入門用FRDM基板によるARMマイコン・スタートアップ
定番開発環境EWARM＆無償SDKでステップ・バイ・ステップに ……… 226
- プログラム開発の全体像 —— 227
- 準備1…OpenSDAマイコン用ブートローダの更新 —— 228
- 準備2…OpenSDAマイコン用アプリケーションの更新 —— 229
- 準備3…定番統合開発環境EWARMのインストール —— 230
- 準備4…Kinetisマイコン用ソフトウェア開発キット —— 231
- 小手調べ…サンプル・コードの実行 —— 232
- デバッガの基本的な使い方 —— 236
- ユーザ・プログラムの作り方 —— 237
- ARM Cortex-Mマイコンの機能を簡単に試してみる —— 241
- 終わりに —— 248
- コラム1　筆者が使った定番ARMマイコン・プログラム開発環境EWARM無償評価版 —— 232
- コラム2　おすすめするサンプル・コード集KSDKのバージョン —— 232
- コラム3　EWARMのオンライン・マニュアル —— 249
- コラム4　Kinetisマイコン用開発環境の最新バージョン —— 250

索　引 ……… 253
初出一覧 ……… 255

第1部
ARM Cortex-M コア 教科書

第1章

世界の定番をひと目で

ARMマイコンの基礎知識

中森 章

汎用マイコン向けARMアーキテクチャ

ARMは，CPUコアの設計図を提供する半導体メーカです．2004年10月19日にCortex-M3コア（正確にはプロセッサと呼ぶが，本書ではコアとする）を発表しました．Cortex-M3は，ARMアーキテクチャとしては当時最新のARMv7（ARMv7-M）の最初の実装です（図1）．

発表時には，特に強調はされていませんが，Cortex-Mにはフラッシュ・メモリ内蔵対応という「裏テーマ」があります．詳細は後述しますが，Cortex-M3のパイプライン段数が3段と，当時のARMアーキテクチャとしては極端に浅いことから，内蔵フラッシュ・メモリの動作周波数（あまり高くできない）を意識しているのは明らかです．

● 現在のバージョン

ARMv7とは，ARMアーキテクチャのバージョン7ということです．それまで，1種類のARMv6（バージョン6：ARMv4/ARMv5が進化した最終形）アーキテクチャですべての応用分野をカバーしてきたのに対して，ARMv7-A（アプリケーション），ARMv7-R（リアルタイム），ARMv7-M（マイクロコントローラ）の3分野別にARMアーキテクチャを整理しました．

マイコン市場に食い込むために，ARMとしては特にARMv7-Mに力点を置いています．

従来のARM7はARMv4またはARMv5，ARM9はARMv5アーキテクチャでした．

ARMv6はARM11に実装されましたが，ARM11は重装備過ぎて，さすがにARM11を組み込み用途に使用する場面は少なかったと記憶しています．

ARMv6までのアーキテクチャはARMv7-AやARMv7-Rに受け継がれました．ところがARMv7-Mは，マイクロコントローラ（＝マイコン）に特化して，余計な機能を削除し，有用な機能を追加したものです．つまりARMに新アーキテクチャが追加された位置づけです．

また2009年，Cortex-M0の発表と同時にARMv7-Mアーキテクチャのサブセットであるソが発表になりました（新しいARMv6-Mと従来のARMv6を混同しやすいので，従来のARMv6のドキュメントはARM社が封印している）．これは機能を削除してより低い電力が必要とされる応用分野を

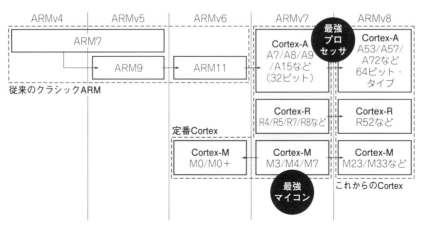

図1 ARM Cortex-Mコアのアーキテクチャの進化

目指したものです．2015年末にはARMv8-Mアーキテクチャも発表されています．

Cortex-Mコアの種類と特徴

Cortex-Mシリーズは組み込み制御分野をターゲットとして開発されましたが，その中でも応用分野ごとに，Cortex-M0+，Cortex-M0，Cortex-M1，Cortex-M3，Cortex-M4，Cortex-M7が発表されています．それぞれの特色と応用分野をARM社のウェブ・サイト[1]を参考に加筆してまとめたのが**表1**(p.10)です．

処理性能と消費電力に応じて50MHzクラスから200MHzクラスまでラインナップがそろっています．これらは組み込み制御での全方位展開を狙ったものです．

各Cortex-Mプロセッサの特徴は，参考文献(2)によれば，**図2(a)**のように記されています．結局は，どれも小面積，低消費電力な組み込み用途のプロセッサという意味ですから，これらは**表1**の「応用分野」と一致しています．どちらもARMの主張なので同じなのは当然といえば当然です．

Cortex-M0+とCortex-M4の発表でCortex-Mシリーズはいったん完成したと思っていました．しかし，ARMは2014年9月24日にCortex-M7を発表しました．Cortex-M7は演算性能とDSP性能を従来の2倍に向上させた，それまでのCortex-Mとは一線を画するマイコン（プロセッサ？）です．性能差があり過ぎますので，従来のCortex-Mシリーズと同一線上で論じるには違和感がありますが，とりあえず，**図2(a)**ではプレス・リリースから特徴を抜き出して付加してあります．

プロセッサ	特 徴
Cortex-M0	低価格，超低消費電力，極度に深い組み込みアプリケーションのための非常に面積の小さいCPUコアです（最小12Kゲートで実現できます）．
Cortex-M0+	小規模な組み込みシステムでの最もエネルギー効率に優れたCPUコアです．Cortex-M0と似たプログラム・サイズとプログラマのソフトウェア・モデルを実現しますが，シングル・サイクルのI/Oインターフェースと再配置可能なベクタ・テーブルという特徴が付加されています．
Cortex-M1	FPGA設計に最適化された小面積のCPUコアです．FPGAに組み込まれたメモリ・ブロックを利用してTCM（Tightly Coupled Memory）を実装可能です．Cortex-M0と同一の命令セットを有します．
Cortex-M3	複雑な仕事を迅速に処理できる豊富な命令セットを有する小面積でありながら低消費電力で強力な組み込みCPUコアです．ハードウェア乗算器と積和命令機能に加え，ソフトウェア開発者がアプリケーションを迅速に開発できるようにする包括的なデバッグとトレース機能を有します．
Cortex-M4	Cortex-Mのすべての機能を抱合し，それに加えて，SIMD（Single Instruction Multiple Data）演算やシングル・サイクルの積和演算といったDSP（Digital Signal Processing）処理のための命令が実装されています．さらに，IEEE 754浮動小数点標準規格の単精度浮動小数点ユニットを実装しています．
Cortex-M7	現在のARMベースのマイコンと比べ，最も性能が高く，計算およびディジタル信号処理（DSP）性能をさらに2倍に高め，5 CoreMark/MHzという驚異的な性能を達成しました．マイコン・メーカは，このCortex-M7が提供する高性能とディジタル信号制御機能の組み合わせにより，開発コストを抑えつつ，要件の厳しい組み込みアプリケーションをターゲットとすることができます．

(a)[2] 用途

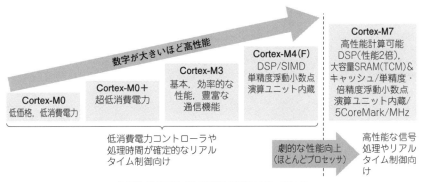

(b)[3] 数字が大きいほど性能が高くなっている

図2 各Cortex-Mコアの特徴

第1部 ARM Cortex-Mコア教科書

表1[1], [4] 保存版：Cortex-Mコアの仕様2016

CPUコア		Cortex-M0+	Cortex-M0	Cortex-M1	Cortex-M3
アーキテクチャ		ARMv6-M			ARMv7-M
動作周波数		70MHz	50MHz	80MHz (90nm) [4], 200MHz (65nm)	180MHz
命令セット	名称	Thumb-2サブセット（システム命令以外はThumbと同等）			Thumb-2
	特徴	汎用データ処理，I/O制御			高度なデータ処理，ビット・フィールド操作
応用分野		8/16ビット・アプリケーション，低消費電力	8/16ビット・アプリケーション，低価格汎用	FPGA組み込み用ソフト・コア	16/32ビット・アプリケーション，高性能汎用
パイプライン（ステージ数）		2	3	3	3+分岐投機
性能[/MHz]	DMIPS[2]	0.93/1.08/1.31	0.84/0.99/1.21	0.8[1]	1.25/1.50/1.89
	CoreMark	2.42	2.33	不明	3.32
割り込み	NVICコントローラ	あり			あり
	要因数	1〜32，NMI			1〜240，NMI
	優先順位	0，64，128，192（4レベル）			0〜255（8〜256レベル）
	レイテンシ	15	16	不明	12
ブレークポイント，ウォッチポイント		4/2/0，2/1/0			8/4/0，2/1/0
SysTickタイマ		あり（オプション）		なし	あり
信号処理機能	乗算器（シングル・サイクル）	あり（オプション）		なし（3サイクル）	あり
	割り算器	なし			あり
	FPU	なし			なし
	DSP/SIMD（シングル・サイクル）	なし			なし
メモリ	密結合（TCM）	なし		あり	なし
	保護ユニットMPU	あり（オプション）	なし		あり（オプション）
バス	インターフェース	1			3
	プロトコル	AHB Lite		AHB Lite，APB	AHB Lite，APB
アンアラインド・アクセス		未サポート			サポート
ビット・バンディング		なし			あり（オプション）
消費電力[3]		9.8μW/MHz(90LP)，3μW/MHz(40G)	16μW/MHz(90LP)，4μW/MHz(40G)	不明	32μW/MHz(90LP)，7μW/MHz(40G)
面積		0.035mm²(90LP)，0.009mm²(40G)	0.04mm²(90LP)，0.01mm²以上(40G)	2600LUT (90nm)	0.12mm²(90LP)，0.03mm²(40G)

*1：http://www.altera.co.jp/devices/processor/arm/cortex-m1/m-arm-cortex-m1.html
*2：1番目の結果はDhrystoneベンチマークの基本原則を順守したもの．2番目の結果は関数をインライン化したもの．3番目の結果は複数ファイルをマージしてコンパイルした結果（通常は1番目の結果を使用）．
*3：あくまで目安の値．実際はトランジスタ構成などでも大きく変わってくる
*4：ARM Forum2007の資料「組込み用Cortexプロセッサ Cortex-M1/M3/R4」より
*5：STM32F7シリーズのデータシートから
*6：http://news.mynavi.jp/articles/2015/02/16/cortex-m7/002.html
*7：http://news.mynavi.jp/articles/2015/05/14/arm_cortex-m7/003.html

第1章 ARMマイコンの基礎知識

Cortex-M4(F)	Cortex-M7
ARMv7E-M (E：Extension)	
204MHz	400MHz (40LP)
Thumb-2 (DSP/SIMD/FPU)	Thumb-2 (DSP/SIMD/FPU)
Cortex-M3にDSP/SIMD/単精度FPU(オプション)追加	DSP, SIMD, 単精度/倍精度FPU
32ビット・アプリケーション, 信号処理機器	画像処理, IoT機器コネクティビティ
3+分岐投機	4+分岐予測
1.25/1.52/1.91(FPUなし), 1.27/1.55/1.95(FPUあり)	2.14/2.55/3.23
3.4	5.04
あり	
1～240, NMI	
0～255 (8～256レベル)	
12	12
8/4/0, 2/1/0	8/4, 4/2
あり	
あり	
あり	
あり	あり
あり	あり
なし	あり (TCM内蔵)
あり(オプション)	あり
3	
AHB Lite, APB	AMBA4 AXI, AHB
サポート	
あり(オプション)	なし
33μW/MHz(90LP), 8μW/MHz(40G), 17μW/MHz(40G)[*6]	861μW/MHz(90LP)[*5], 56.3μW/MHz4(40G)[*6]
0.17mm^2(90LP), 0.07mm^2(40G), 0.1mm^2(40G)[*7]	0.9mm^2(90LP)[*6], 0.23mm^2(40G)[*7]

表2 ARMデバイスの出荷数はマイコン系が大部分
2014年第4四半期の値．ARM資料より

プロセッサ	出荷数比
ARM7	21%
ARM9	13%
ARM11	2%
Cortex-A	18%
Cortex-R	4%
Cortex-M	42%

(a) プロセッサ別出荷数比

分野	出荷数比
モバイル	47%
ホーム	5%
エンタープライズ	14%
組み込み	34%

(b) 分野別出荷数比

Cortex-Mベースの製品が出荷されているそうです[3]．例えば，2012年の場合，3カ月(四半期)ごとに14億個以上出荷が増えています．非常に驚異的な成長率です．

有名な半導体メーカはCortex-Mシリーズ内蔵のマイコンを所有しています．近年では，ローエンド分野はCortex-M0+，ハイエンド分野はCorte-M4の採用が多いようです．

センサなどの小規模/低消費電力分野では，昔からの定番ARM7もまだまだ現役のようです(表2)．逆に，ARM7，ARM9，Cortex-Mのいわゆるマイコン系のデバイスが出荷量全体の76％を占め，本道のCortex-Aよりも，マイコンがARMの屋台骨を支えているといえます．

Cortex-MシリーズのC元祖はCortex-M3です．Cortex-M3がすべてのCortex-Mシリーズの基本ですから，Cortex-M3の特徴を押さえることで，他のCortex-Mシリーズの特徴も理解できます．

◆参考・引用*文献◆
(1) Cortex-M 入門編 －第1回－ Cortex-M0, M3, M4.
http://www.aps-web.jp/academy/cortex-m/01/g.html
(2) Joseph Yiu ; "White Paper: Cortex-M for Beginners - An overview of the ARM Cortex-M processor family and comparison".
http://community.arm.com/docs/DOC-8587
(3) 後藤 弘茂；ARMが台湾にIoTとウェアラブルにフォーカスしたCPU設計センターを設立.
http://pc.watch.impress.co.jp/docs/column/kaigai/20140603_651424.html
(4) Comparing Cortex-M processors
http://www.arm.com/products/processors/cortex-m/index.php

Cortex-M1はFPGA向けなので除外しますが，ARMのCortex-Mシリーズのロードマップを図2(b)に示します[3]．

現状よく使われているARMコア

● プロセッサよりマイコンの出荷数が数倍多い

組み込み制御分野では，Cortex-Mシリーズは既にマイコンのCPUコアの定番になっています．2014年6月までの出荷実績は累計で160億プロセッサに達しており，220以上のライセンシから3000種以上の

第2章

ARMの中では異色の存在

シンプルを追求した32ビット・マイコン Cortex-Mの基本技術

中森 章

汎用マイコンとして ARM が採用した技術

Cortex-MシリーズはARMとして汎用マイコン分野に参入する意欲的なCPUです．そこにはさまざまな（従来製品からの）改善目標が課題として挙げられています．それらに対する解決手法を以下に示していきます．

表1にARM社が採用した技術をまとめておきます．LSI内部の回路規模を小さく（回路を形成するシリコンの面積をできるだけ小さく）できれば，消費電力が抑えられますし，製造コストを低くできます．チップを低価格で供給できることになります．

しかし，必要な機能を削除して面積を小さくしまっては本末転倒です．そこで，Cortex-A/Rでは過剰品質な機能を適正化し，面積を小さくしています．本章では，そのために採用されている技術を紹介します．

その1：CPU内部レジスタ

● Cortex-A/Rプロセッサの内部レジスタ

Cortex-A/Rプロセッサの汎用レジスタ数は16個です．だからといって，Cortex-A/Rプロセッサが内蔵している汎用レジスタ数も「16個」というのは実は正確ではありません．

確かにソフトウェアから見える汎用レジスタは16個なのですが，プロセッサの内部には31本（+3本）の汎用レジスタが実装されています．

図1は，ARM Cortex-A/Rのレジスタ・セットです（点線枠はCortex-A15以降で追加）．マイコンの定番であるARM7やARM9も同様です．

● Cortex-A/Rプロセッサの実行モード

Cortex-A/Rには7種類（+2種類）の実行モードが存在します．

- ユーザ
- システム
- スーパーバイザ
- アボート
- 未定義
- IRQ
- FIQ（+モニタ，ハイパーバイザ）

各実行モードで見れば汎用レジスタは16本ですが，その各実行モードでのみアクセスできるレジスタが存在します．これがバンク・レジスタです．

CPU内には，16本のレジスタに加えて，バンク・レジスタの実体が余分に実装されています．Cortex-A/Rのプログラムは通常ユーザ・モードで動作していますが，割り込みや例外が発生すると，割り込みや例外の種類に応じた実行モードに移行します．基本的には，R13とR14が各実行モードで独立したバンク・レジスタになっています．FIQモードでは，さらにR8〜R14が独立しています．

これらのバンク・レジスタは，各実行モードの実行

表1 汎用マイコン Cortex-M で ARM が採用した技術

項　目	実現するための技術
32ビット・マイコンを劇的にシンプルに（第2章）	超シンプルなレジスタ構造
	Thumb-2命令セット
	ビット・バンド機能
	アンアラインド・アクセス
高性能と低消費電力を両立（第3章）	ハーバード・アーキテクチャ
	ライト・バッファの採用
	3段パイプライン
	高速演算命令（高速乗算乗算/ハードウェア除算）導入
	低消費電力化（演算効率向上/スリープ・モードの導入/クロック＆パワー・ゲーティング）
マイコンに特化した機能（第4章/第5章）	ベクタ割り込み方式の採用
	高速割り込み応答
	キャッシュ/MMUの削除
	C言語でほとんどすべてのプログラムが記述可能
	シングル・サイクルI/Oの導入（Cortex-M0+のみ）

第2章　シンプルを追求した32ビット・マイコンCortex-Mの基本技術

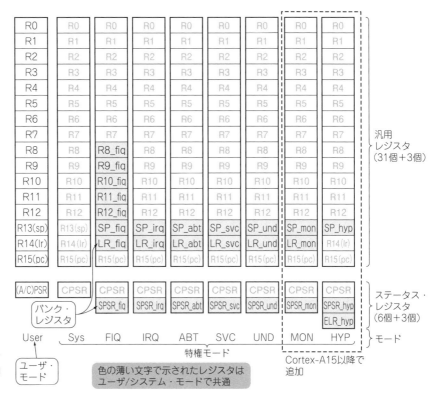

図1(2)
ARM Cortex-A/Rプロセッサ
やARM7/ARM9マイコンの内
部汎用レジスタ・セット

中に書き換えても，直前の（例外や割り込み発生前）の値には影響を与えません（保持されます）．

● Cortex-Mの実行モード

Cortex-Mの実行モードは，基本的に，次の二つに単純化されています．
- ユーザ・モード（非特権モード）
- 特権モード

それに伴って，バンク・レジスタを廃止し，面積の縮小化を実現しています．ARM社によれば，この方がより一般的なプログラム・モデルだということです．

● Cortex-Mの内部レジスタ

図2にCortex-Mのレジスタ・セットを示します．
ユーザ・モードと特権モードでスタック・ポインタを分けて使用できるように，2個が用意されています．
- MSP（メイン・スタック・ポインタ）
- PSP（プロセス・ポインタ）

システム構成によっては，PSPは使わなくても構いません．

ユーザから見える汎用レジスタは，Cortex-A/Rと同じく常に16本（MSPとPSPは排他）ですが，バンク・レジスタは存在しません．

ユーザ・モードと特権モードでスタック・ポインタを分離することは，スタック・オーバフローを利用し

たハッキング対策やユーザ・プログラムの暴走によるOSへの影響回避としては有用です．

バンク・レジスタを使わずに，バンク・レジスタと同様な使い勝手が実現されています．

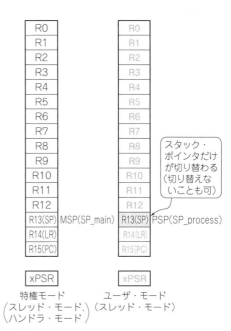

図2(3)　これだけ！ARM Cortex-Mマイコンの内部汎用レジスタ・セットはずいぶんシンプルにしてある

第1部 ARM Cortex-Mコア教科書

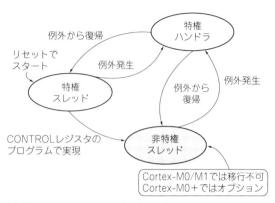

図3[(4)] Cortex-M3/M4/M7の実行モード

その2：実行モード

● Cortex-M3/M4/M7の実行モード

これまで，Cortex-Mの実行モードを説明なしに，
・ユーザ・モード
・特権モード
と記述してきました．これに加えてCortex-Mでは，
・スレッド・モード
・ハンドラ・モード
と呼ばれる実行モードが存在します．

単純にいうと，スレッド・モードが通常実行時の，ハンドラ・モードが割り込み/例外ハンドラ実行時のモードです．

ユーザ・モード/特権モードとスレッド・モード/ハンドラ・モードを組み合わせると論理的には4種類の実行モードが考えられますが，（特権性をもつべき）ハンドラ・モードで非特権（ユーザ・モード）は存在しないので，実質3種類の動作モードが存在します．これを図3に示します．

● Cortex-M0/M0+/M1の実行モード…ユーザ・モードがない

Cortex-M0/M0+/M1では，ユーザ・モードは存在しません．常に特権モードで動作します．余分なコード・サイズを占めるOSは不要という意味だと思います．

これは，MSP，PSPの使用とは関連しませんが，Cortex-M0/M0+/M1の場合，事実上，PSPの使い道はないのではと思われます[注1]．

注1：こう書いてしまうとソフトウェア屋さんから非難が来るかもしれません．通常モードのスタックと例外/割り込みハンドラのスタックを分離するのはシステムの暴走を防ぐために常識ですから．例外/割り込みハンドラのスタック（割り込みスタック）がオーバフローするようなシステム構成にしてはいけません．

● リセット直後はスレッド・モードの特権モード

さて，二つのスタック・ポインタの使い分け方法を説明します．

ハンドラ・モードでは，常時MSPが使用されます．
スレッド・モードでは，MSPまたはPSPのどちらでも使用できます．

リセット直後はスレッド・モードかつ特権モードで動作します．このためシステムで使用する特殊レジスタの値を変更するMSR命令が使用できます．このMSR命令を使用して特殊レジスタであるCONTROLレジスタのビット1を"1"に変更するとPSPが使用できるようになります（初期値は"0"，つまりMSP）[注2]．

● スレッド・モードにおける特権/ユーザ・モードを指定できるCONTROLレジスタ

CONTROLレジスタでは，スレッド・モードにおける特権モードまたはユーザ・モードを指定できます．ハンドラ・モードはCONTROLレジスタの設定にかかわらず常に特権モードです．

CONTROLレジスタのビット0を"1"に変更するとユーザ・モードになります．初期値は"0"，つまり特権モードです．ここで注意しなければならないのは，一度ユーザ・モードになるとMSR命令が使用できないので，もうスレッド・モードにおける特権モードに戻すことはできません．

● Cortex-Mマイコンの基本動作

これまでの説明をまとめると次のようになります．

通常，割り込み/例外が発生する前は，スレッド・モードで命令を実行します．この場合は，CONTROLレジスタのビット1の値に従ってMSP，PSPのどちらでも使用できます．つまり，プログラムが使用するスタックを選択できます．

しかし，割り込み/例外が発生すると，ハンドラ・モードに移行し，MSPのみが使われるようになります．

その3：高効率命令セット Thumb-2

表2にCortex-Mシリーズが採用するThumb-2の命令一覧を示します．Cortex-M3の命令セットが基本になり，Cortex-M4がその拡張，Cortex-M0/M0+/M1がそのサブセットになっています．

Cortex-M0/(M0+/)M1は56命令からなります．

注2：ハンドラ・モードからスレッド・モードに復帰時にR14(LR)にEXC_RETURN値入っており，EXC_RETURN値のビット[3:0]="1101"の場合は無条件にPSPからコンテキスト情報が取り出されます（後述）．

第2章　シンプルを追求した32ビット・マイコンCortex-Mの基本技術

表2 Cortex-Mマイコンの命令セット
ARM社資料より

CPUコア	命令ビット数	命令
Cortex-M0/M0+/M1	16	ADC/ADD/ADR/AND/ASR/B/BIC/BKPT/BLX/BX/CPS/CMN/CMP/EOR/LDR/LDRB/LDRH/LDRSB/LDRSH/LSL/LSR/MOV/MUL/MVN/ORR/POP/PUSH/ROR/RSB/SBC/STM/STR/STRB/STRH/SUB/SVC/TST/WFI/YIELD
	32	BL/DMB/DSB/ISB/MRS/MSR/NOP/REV16/SEV/SXTH/UXTH
Cortex-M3	16	IT
	32	ADC/ADD/ADR/AND/ADR/B/CLZ/BFC/BFI/BIC/CDP/CLREX/CMN/CMP/DBG/EOR/LDC/LDMIA/LDMDB/LDR/LDRB/LDRBT/LDRD/LDREX/LDREXB/LDREXH/LDRH/LDRHT/LDRSB/LDRSBT/LDRSHT/LDRSH/LDRT/MCR/LSL/LSR/MLS/MCRR/MLA/MOV/MOVT/MRC/MRRC/MUL/MVN/NOP/ORN/ORR/PLD/PLDW/PLI/POP/PUSH/RBIT/REV/REV16/REVSH/ROR/RRX/RSB/SBC/SBFX/SDIV/SEV/SMLAL/SMULL/SSAT/STC/STMIA/STMDB/STR/STRB/STRBT/STRD/STREX/STRD/STREX/STREXB/STREXH/STRH/STRHT/STRT/SUB/SXTB/SXTH/TBB/TBH/TEQ/TST/UBFX/UDIV/UMULAL/UMULL/USAT/UXTB/UXTH/WFE/WFI/YIELD
Cortex-M4	32	PKH/QADD/QADD16/QADD8/QASX/QDADD/QDSUB/QSAX/QSUB/QSUB16/QSUB8/SADD16/SADD8/SASX/SEL/SHADD16/SHADD8/SHASX/SHSAX/SHSUB16/SHSUB8/SMLABB/SMLABT/SMLATB/SMLATT/SMLALBB/SMLALBT/SMLALTB/SMLALTT/SMLAD/SMLALD/SMLAWB/SMLAWT/SMLSD/SMLSLD/SMMLA/SMMLS/SMMUL/SMUAD/SMULBB/SMULBT/SMULTB/SMULTT/SMULWB/SMULWT/SMUSD/SSAT16/SSAX/SSUB16/SSUBB/SXTAB/SXTAB16/SXTAH/SXTB16/UADD16/UADD8/UASX/UHADD16/UHADD8/UHASX/UHSAX/UHSUB16/UHSUB8/UMAAL/UQSUB16/UQADD8/UQASX/UQSAX/UQSUB16/UQSUB8/USAD8/USADA8/USAT16/USAX/USUB16/USUB8/UXTAB/UXTAB16/UXTAH/UXTB16
Cortex-M4F	32	VABS/VADD/VCMP/VCMPE/VCVT/VCVTR/VDIV/VLDM/VLDR/VMLA/VMLS/VMOV/VMRS/VMSR/VMUL/VNEG/VNMLA/VNMLS/VNMUL/VPOP/VPUSH/VSQRT/VSTM/VSTR/VSUB
Cortex-M7 FPU	32	VCVTA/VCVTN/VCVTP/VCVTM/VMAXNM/VMINNM/VRINTA/VRINTN/VRINTP/VRINTM/VRINTX/VRINTZ/VRINTR/VSEL

ARM7時代のThumb命令セットに，Thumb-2の16ビット長命令を21個追加しました．

そのほとんどが16ビット長（レジスタは32ビット長）です．プログラムにおいて上位レジスタ（R8～R12）をほとんどの命令が使用できないということです．使えるレジスタが少ないということは，レジスタの退避/回復が頻繁に発生して，プログラムの性能が低下してしまいます．

● Cortex-M0/M0+/M1は性能よりもコード効率を追求

実際のARMによる公称性能でも，Cortex-M0/M0+/M1はCortex-M3/M4の64％の性能しか出ていません．それでも，Cortex-M0/M0+/M1は（公称性能で）約30～50DMIPSを発揮しますから，これは1980年代のEWSの10倍の性能です[注3]．

8ビット/16ビットを置き換える位置づけのマイコンのCPUコアとしては有り余る性能です．そもそも，Cortex-M0/M0+/M1の競合は低消費電力の8ビット/16ビット・マイコンですから，それらに性能で上回っていればよいのです．

Thumb-2命令の性能&コード・サイズ

図4にThumb-2命令の効果を示します．ARMの見解では，Thumb-2命令では，コード・サイズでARM命令より26％減少，性能ではThumb命令よりも25％高速となっています．

Thumb-2命令の性能はARM命令の約98％で，ほぼ同性能です．Thumb命令（Thumb-2命令ではない）性能でもARM命令に比べて約80％の性能です．Thumb命令セットでは汎用レジスタが8本しか使えないので，汎用レジスタを16本使えるARM命令セットと比べてこの程度の性能低下で済むのは驚きです．

注3：モトローラの68030は18MIPS@50MHz（1987年）．インテルの80386は11MIPS@33MHz（1985年）．

第1部 ARM Cortex-Mコア教科書

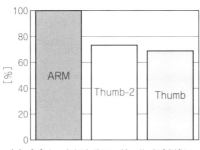

図4(1)
Cortex-Mが採用しているThumb-2命令セットは従来のARM命令セットとほぼ同性能なのにコード・サイズが2割以上小さい

(a) 命令セットによるコード・サイズの違い　　(b) 命令セットによる処理性能の違い

● 32ビット・マイコンだからといってコード・サイズが大きいわけではない

近年ARMが主張しているのは，32ビットのマイコン（MCU；Microcontroller Unit）だからといって，プログラム・サイズが8ビット/16ビットMCUに劣るとは限らないということです．それは当たり前の話なのですが，感覚的に32ビットMCUのコード・サイズが大きいと思っている人が多いのでしょう．

図5に示すように，ARM（Thumb-2）の命令長は，8ビット/16ビットMCUと比べて遜色がありません．しかも，図5は1命令のビット長の比較ですが，8ビット/16ビットMCUの命令セットは32ビットMCUであるARMと比べると命令機能が少ないため，プログラム全体のコード・サイズはARMの方が（かなり）小さくなると主張しています．例えば，32ビット乗算処理をARMでは1命令で実現できますが，8ビットMCUでは10命令以上，16ビットMCUでは4命令必要だそうです．

その4：制御向き！ビット操作機能ビット・バンド

● マイコンにはビット操作機能が絶対ほしい

ビット操作命令は，I/O機器のレジスタの任意のビットをセットまたはクリアする命令です．組み込み制御の世界では必須の命令です．Thumb-2命令セットにはビット操作命令はありませんが，代わりにビット・バンド機能が用意されています．

● ビット操作命令は面倒なのでARMでは不採用に

現在のプロセッサではメモリ空間のアドレスはバイト単位で定義されています．任意のアドレスのバイト・データの任意の1ビットをセットまたはクリアするためには，リード・モディファイ・ライトという処理が必要になります．これはデータをリードし，そのデータ中の1ビットを加工し，データをライトし直すという操作です（図6）．

実行パイプラインを単純化している，いわゆるRISCプロセッサでは，1命令で3ステップの動作を行うという面倒な処理です．

その面倒な処理をあえて採用したのがルネサス エレクトロニクスです．SH-2AではBSET命令（指定ビットをセット）/BCLR命令（指定ビットをクリア）が，V850ではSET1（指定ビットをセット）命令/CLR1命令（指定ビットをクリア）が実装されています．ARM命令セットでの採用は見送られたようです．

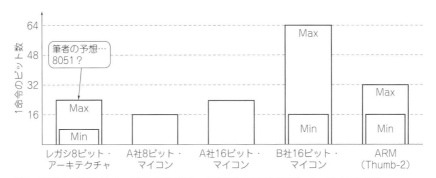

図5 32ビットARM Cortex-MマイコンのThumb-2の命令長は8/16ビット・マイコン並み
8/16ビット・マイコンの命令長は8/16ビットで収まっていないが，ARM Thumb-2では32ビット・マイコンでありながら命令長が32ビットに収まっているので，処理効率が良いらしい．ARMのサイト（http://www.arm.com/ja/products/processors/cortex-m/index.php）より

第2章　シンプルを追求した32ビット・マイコンCortex-Mの基本技術

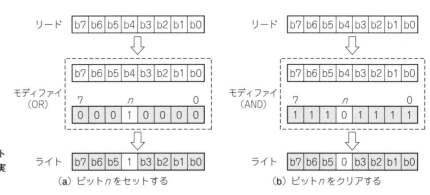

図6
マイコン制御に欠かせないビット操作(セット/クリア)を命令で実現すると3命令もかかってしまう

(a) ビット n をセットする　　(b) ビット n をクリアする

● 32ビット・アクセス用とビット・アクセス用にアドレスを二重化している

さて，Cortex-Mシリーズが採用しているビット・バンドとは，特定のアドレスの各ビットを別個のバイト・アドレスにマッピングするというとんでもない機能です．二つの1Mバイトの空間を他のアドレス空間からもアクセス可能なようにアドレス・マップを二重化しています．これをエイリアス領域と呼びます．

● ビット・バンドのアドレス割り当て

具体的には，次のような割り当てになっています．
(1) 0x20000000 ～ 0x200FFFFF 番地の1Mバイト領域
　　0x22000000 ～ 0x23FFFFFF 番地の32Mバイト空間にマッピング
(2) 0x40000000 ～ 0x400FFFFF 番地の1Mバイト領域
　　0x42000000 ～ 0x43FFFFFF 番地の32Mバイト空間にマッピング

前者はSRAM領域，後者は周辺のI/Oレジスタ領域に使用されることを仮定しています．

実際には，8ビットの領域を8バイトの空間に割り当てれば事足りるのですが，実際には1ビットを4バイトの空間に割り当てる(つまりエイリアス領域は32倍の大きさになる)というぜいたくなメモリの使い方

をしています．それでいて，現実のビットに反映される値は，エイリアス領域にライトされる最下位ビットのみです．ビット・バンド機能の実行イメージを**図7**に示します．

I/Oレジスタのビット操作は組み込み制御では非常に有用な機能ですが，ビット・バンド機能に関しては「やり過ぎ」と思うユーザも多いのではないかと思います．実際，Cortex-M3のRevison 2ではオプション機能になりました．Cortex-M4では最初からオプション機能のようです．Cortex-M7ではサポートされません．

ビット・バンドはCortex-M3/M4特有の機能です．なぜか，Cortex-M0/M0+ではサポートされません．しかし，Cortex-M0/M0+でも，後述するCMSDK(Cortex-M System Design Kit)に含まれるビット・バンド・ラッパを使用することでビット・バンド機能を使用することは可能です．

ただし，Cortex-M0/M0+でビット・バンド機能が使用できてデータの1ビット操作が可能だとしても，Thumb-2(現実的にThumb相当)でビット・フィールド命令が使えませんから，複数のビットを一度に操作する場合の使い勝手が良いとは限りません．

そのせいか，NXPセミコンダクターズ社のKinetis

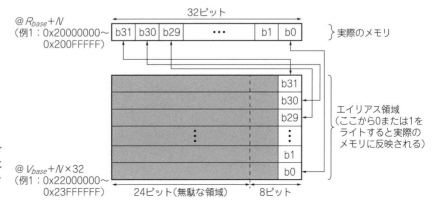

図7
ビットごとにエイリアス・アドレスを割り当てておいてすぐにアクセスできるようにするビット・バンド機能

第1部 ARM Cortex-Mコア教科書

Lシリーズでは，ビット操作エンジンBME（Bit Manipulation Engine）という回路を新設して，より柔軟性のある，ビット・バンド機能とビット・フィールド操作機能を実現しています．

その5：ソフトの互換性が高まるデフォルト・アドレス・マップ

● Cortex-M3/M4/M7のアドレス・マップ

SRAMと周辺デバイスを対象とするビット・バンド機能のアドレス・マップを見てうすうす気づいた人もいるかもしれませんが，Cortex-Mではアドレス・マップがある程度固定されています．これをデフォルト・メモリ・マップといいます．

Cortex-M3/M4/M7シリーズのアドレス・マップを図8に示します．これは，他のARMプロセッサが4Gバイト（32ビット）のアドレス空間を設計者の自由に割り当て可能なことに対して対照的です．逆に，ある程度アドレスが固定されているのでソフトウェア的に互換になるという安心感もあります．

とはいえ，図8はCortex-M3，Cortex-M4，Cortex-M7でのみ有効です．Cortex-M1は，基本的にCortex-M3/M4/M7のアドレス・マップを踏襲しています．

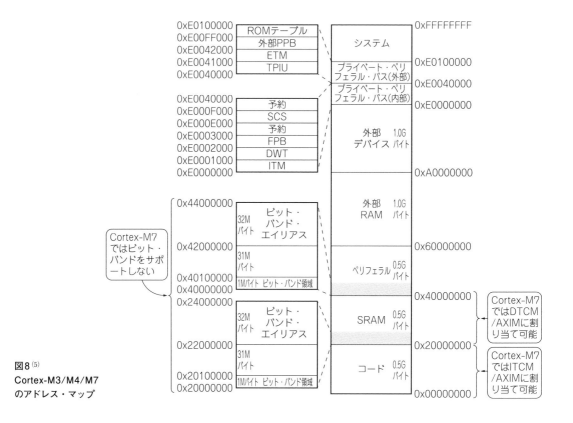

図8[5] Cortex-M3/M4/M7のアドレス・マップ

図9[6] Cortex-M0/M0＋のアドレス・マップ
○×は属性をもてるかどうかを示す

第2章　シンプルを追求した32ビット・マイコンCortex-Mの基本技術

ビット・バンドがサポートされない点と，TCMをサポートする点が微妙に異なっています．

● Cortex-M0/M0＋のアドレス・マップ

ビット・バンドもTCMもサポートしないCortex-M0/M0+に関しては，もっと自由なアドレス・マップになっています（図9）．

しかし，Cortex-M3/M4のアドレス割り当ての面影も見受けられます．基本的にCortex-M3/M4と互換性をとれるようになっているので，Cortex-M3/M4と同じメモリ割り当てにしておけば便利だと思われます．

● 注意点：デフォルト・メモリ・マップは絶対じゃない

しかし，デフォルト・メモリ・マップは基本的な指針です．具体的に，どのアドレスに周辺機器が割り当てられているかはデバイス依存です（使用するデバイスのリファレンス・マニュアルを参照してください）．たとえば，STマイクロエレクトロニクス社のSTM32F10xでは，フラッシュ・メモリは0x08000000番地から割り付けられています．また，NXPセミコンダクターズ社のKinetisでは，0x20000000番地よりも低いアドレスにもSRAMが割り付けられています．

なお，Cortex-Mシリーズでメモリ保護はMPU（Memory Protection Unit）で実現しますが，デフォルト・メモリ・マップでもI/O空間は実行できないなどのある程度のメモリ保護が組み込まれています．MPUに関しては後述します．

その6：メモリを効率良く使うアンアラインド・アクセス

データのメモリ領域を効率的に使用する方法の一つに，アンアラインド・アクセスがあります．データのバイト長に整列されていないアドレスにロード/ストアを行うアクセス方法です．

32ビット（4バイト）アクセスは4バイトのアドレス境界からアクセスします．

16ビット（2バイト）アクセスは2バイトの境界から行うのが普通です．

これに違反すると例外が発生する場合もありますが，一般的には挙動は不定です．

8ビット（1バイト）アクセスに関しては，アドレスがもともと1バイト単位なので任意の位置からアクセスできます．

ARMは一応RISCプロセッサで，RISCプロセッサは通常アンアラインド・アクセスを許していません．しかし，Cortex-M3/M4ではアンアラインド・アクセスが可能です．データのメモリ領域を効率的に使用することができます．

```
typedef struct __attribute__((__packed__))        short  S1;  // 2 byte
{                                                 long   L3;  // 4 byte
    long  L1;  // 4 byte                          short  S2;  // 2 byte
    char  C1;  // 1 byte                          char   C5;  // 1 byte
    long  L2;  // 4 byte                          short  S3;  // 2 byte
    char  C2;  // 1 byte                          long   L4;  // 4 byte
    char  C3;  // 1 byte                      } Some_Packet;
    char  C4;  // 1 byte
```

リスト1　アンアラインド・アクセスでメモリ領域を効率よく使える例

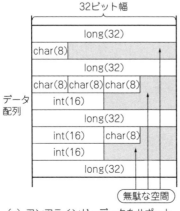
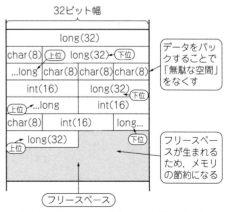

図10　アンアラインド・アクセスが可能だとメモリ領域を効率良く使える
（a）アンアラインド・データをサポートしていない32ビット・マイコン
（b）アンアラインド・データをサポートしている32ビット・マイコンCortex-M3

第1部 ARM Cortex-Mコア教科書

リスト2 コンパイラが普通に賢ければアンアラインド・アクセスはなくてもOK
アンアラインドな32ビット・アクセスをうまく4個のアラインドな8ビット・アクセスに分解してくれている．GCCのバージョン4.9.3の例

```
volatile Some_Packet X;

foo()
{
    X.L4=0x12345678;
}
```

```
ldr     r2, .L2
ldrb    r1, [r2, #23]
mov     r1, #120
mov     r3, r2
strb    r1, [r2, #23]
ldrb    r2, [r3, #24]
mov     r2, #86

strb    r2, [r3, #24]
ldrb    r2, [r3, #25]
mov     r2, #52
strb    r2, [r3, #25]
ldrb    r2, [r3, #26]
mov     r2, #18
strb    r2, [r3, #26]
```

（a）C記述　　　　（b）生成した4個のアラインドな8ビット・アクセス実行コード

● アンアラインド・アクセスでメモリ領域を効率よく使える例

例えば，リスト1のようなC言語での変数の連続定義を考えます．

これらの変数は，通常は図10（a）のように配置されます．これは，構造体の途中の4バイト変数L1～L4や，S1～S3を正しくアクセスするためです．

しかし，アンアラインド・アクセスが許可されていると図10（b）のように変数領域をパックして配置することができます．

実際，多くのCコンパイラでは，データ・サイズを節約するために，構造体の変数をパックして配置するオプションが用意されています．図10（b）では，L2，L3，L4，S3へのアクセスがアンアラインド・アクセスになります．

アンアラインド・アクセスの場合は，下位と上位で2回のアクセスが必要になります．アラインされていれば1回のアクセスで済むので性能は低下します．ここはメモリ効率をとるか性能をとるかの判断が必要です．

筆者の意見では，アンアラインド・アクセスを頻繁に発生させるようなデータ配置はプログラムの書き方がよくないと思います．32ビット・データは32ビット・データで集めて配置し，16ビット・データは16ビット・データで集めて配置するのが効率のよいプログラムの作法だと考えます．

● Cortex-M0/M0+/M1はアンアラインド・アクセスをサポートしていない

アンアラインド・アクセスは，真にコード・サイズ（データ・サイズを含めて考えている）に敏感なCortex-M0/M0+/M1（つまり，ARMv6-Mアーキテクチャ）では禁止されています．それなのにCortex-M3/M4（つまり，ARMv7-Mアーキテクチャ）で許可するというのは「発想は良かったけど，過剰サービス（やっちまった）感」があります．発表時期はCortex-M3が一番早いので，いろいろ新機軸を入れたのかもしれません．アンアラインド・アクセスがサポートされなくてもコード効率の良いプログラムを作成することは可能です．

アンアラインド・アクセスを活用できるケースはあまりないかもしれません．コンパイラのバージョンによっては，アンアラインド・アクセスを認識して，アンアラインド・アクセスが発生しないように命令列を生成するからです．

例えば，16ビットのアンアラインド・アクセスは2個の8ビット・アクセス（8ビット・アクセスはアンアラインドにはならない）に分割されます．リスト1で定義した構造体が__packed__属性で定義されている場合，リスト2（a）のようなコードは，GCCのバージョン4.9.3では，リスト2（b）のようにコンパイルされます．

アンアラインドな32ビット・アクセスが見事に4個のアラインドな8ビット・アクセスに分解されています．

◆参考・引用＊文献◆

(1) * Joe Bungo；ARM Cortex-M0 DesignStart Processor and v6-M Architecture.
http://web.mit.edu/clarkds/www/Files/slides1.pdf
(2) ARM Architecture Reference Manual ARMv7-A and ARMv7-R edition,ARM DDI 0406C.c（ID051414）．
(3) Cortex-M入門編 －第1回－ Cortex-M0, M3, M4 Comparing Cortex-M processors.
http://www.aps-web.jp/academy/cortex-m/01/g.html
(4) Joseph Yiu；White Paper: Cortex-M for Beginners - An overview of the ARM Cortex-M processor family and comparison.
(5) ARMv7-M Architecture Reference Manual Errata markup, ARM DDI 0403Derrata 2010_Q3（ID100710）．
(6) ARMv6-M Architecture Reference Manual, ARM DDI 0419C（ID092410）．

なかもり・あきら

第3章

フラッシュ内蔵マイコンへの最適化が重要

高性能と低消費電力を両立するためのアーキテクチャ

中森 章

基本中の基本 ハーバード・アーキテクチャの採用

消費電力や製造コストに直結する回路規模を抑えながらも，処理性能をなるべく高めるためにARM社がCortex-Mマイコンで採用した技術を紹介します．

● 2大CPUアーキテクチャのおさらい

ハーバード・アーキテクチャとは，CPUコアからの命令アクセスの経路とデータ・アクセスの経路が分離されていることを示します．当然，命令アクセスとデータ・アクセスは異なるメモリから行われます（**図1**）．

マイコンにおいては通常，命令は内蔵のフラッシュ・メモリやマスクROMからリードされ，データは内蔵SRAMまたは外付けメモリに対してリード/ライトを行います．

ハーバード・アーキテクチャでないフォン・ノイマン・アーキテクチャの場合は，命令とデータを共通のメモリからアクセスします．

● Cortex-Mがハーバード・アーキテクチャを採用した理由

ARM Cortex-Mは，ハーバード・アーキテクチャです．

ハーバード・アーキテクチャがなぜ必要なのかはパイプライン処理と関係しています．本来ならCortex-M3のパイプラインで説明したいのですが，Cortex-M3のパイプラインは少し特殊なので，それとよく似たパイプライン構造のARM7のパイプラインで説明します．

▶ロード/ストア命令以外の場合

Cortex-M3にしろARM7にしろ，3段のパイプラインで処理されます．

・命令フェッチ
・命令デコード
・命令実行

Cortex-M3は常に3段パイプラインなのですが，ARM7の場合で3段になるのはロード/ストア命令以外の場合です．

▶ストア命令の場合

ARM7では，ストア命令の処理は，4段パイプライ

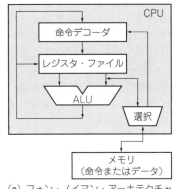

(a) フォン・ノイマン・アーキテクチャ

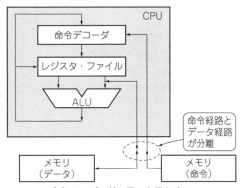

(b) ハーバード・アーキテクチャ

図1 2大CPUアーキテクチャのおさらい

第1部 ARM Cortex-Mコア教科書

> **コラム1** おさらい：ハーバード・アーキテクチャの定義　　　　　中森 章
>
> 本来，ハーバード・アーキテクチャとは命令メモリとデータ・メモリが分離されていることを示します．これは，ハーバード大学で開発されたMark-Iというコンピュータが，命令を紙テープから読み取り，データをリレーで構成されたメモリ・アレイに対して行っていたことに由来します．つまり，CPUには命令専用経路とデータ専用経路が備えられており，それぞれの経路の先が別物である必要があります．
>
> 近年では，ハーバード・アーキテクチャは，パイプライン処理において，命令キャッシュとデータ・キャッシュを同時アクセス可能にする技術として説明されます．この構成において，命令経路とデータ経路は分離されていますが，それぞれのキャッシュ・メモリの先は共通のメイン・メモリになっています（L2キャッシュの場合もある）．これは，本来のハーバード・アーキテクチャとは少し異なっています．その意味で，命令キャッシュとデータ・キャッシュが分離されている方式を修正ハーバード・アーキテクチャということもあります．

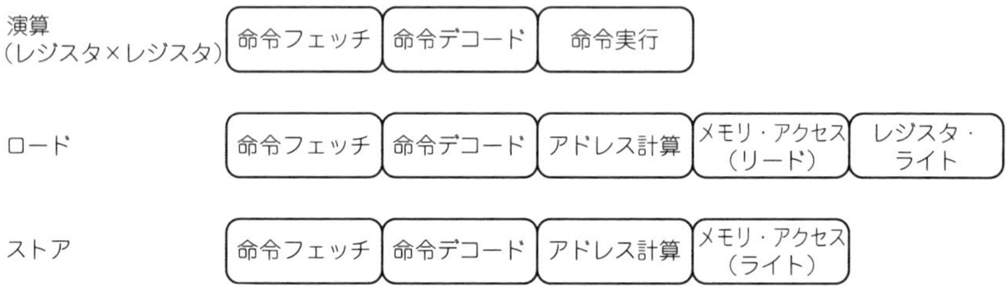

図2[(8)]
ARM7のパイプライン構造
Cortex-Mと違って3段固定ではないが，説明しやすいので，例として紹介

演算（レジスタ×レジスタ）：命令フェッチ｜命令デコード｜命令実行

ロード：命令フェッチ｜命令デコード｜アドレス計算｜メモリ・アクセス（リード）｜レジスタ・ライト

ストア：命令フェッチ｜命令デコード｜アドレス計算｜メモリ・アクセス（ライト）

ンになります（図2）．
- 命令フェッチ
- 命令デコード
- アドレス計算（加算実行）
- メモリ・アクセス

▶ロード命令の場合

ロード命令では5段パイプラインになります（図2）．
- 命令フェッチ
- 命令デコード
- アドレス計算（加算実行）
- メモリ・アクセス
- レジスタ・ライト

● ノイマン型パイプラインの課題：メモリ・アクセス時に命令フェッチが待たされる

ここで，次のような命令列を考えます．
```
ADD   r0,r1,r2
STR   r3,[r4,#0]
ADD   r5,r6,r7
SUB   r0,r1,r2
MOV   r4,#10
```
この命令列を実行する場合のパイプライン処理のタイミングを図3に示します．図3（a）は理想的な場合です．メモリ・アクセス（データ）と命令フェッチは，命令とデータの経路が分かれているため，同時アクセスが可能になります．

もし，ノイマン型のように命令とデータの経路が同一なら，同時アクセスは不可能ですから，図3（b）のようなタイミングになります．図3（b）ではMOV命令の命令フェッチが待たされてしまうため，パイプライン処理のスループット（1サイクルで1命令を実行）が低下してしまいます．

ハーバード・アーキテクチャであれば図3（a）のような最適なタイミングが可能になります（コラム1）．

● 実際には…Cortex-M3/M4/M7はハーバード・アーキテクチャ

実はARMがハーバード・アーキテクチャになったのはARM8以降です．定番Cortex-Mシリーズと何かと比較される元祖定番ARM7は，実はハーバード・アーキテクチャではありません．

実際ARMで（修正）ハーバード・アーキテクチャが採用されたのは，キャッシュを内蔵する，ARM9（またはStrongARM）からです．Cortex-Mのようなマイコンにはキャッシュはありませんが，命令経路はフラッシュ・メモリやマスクROMに直結し，データ経路は内蔵SRAMや外部メモリに直結する内部構造ですので，こちらは，真のハーバード・アーキテクチャと言って構いません．

第3章 高性能と低消費電力を両立するためのアーキテクチャ

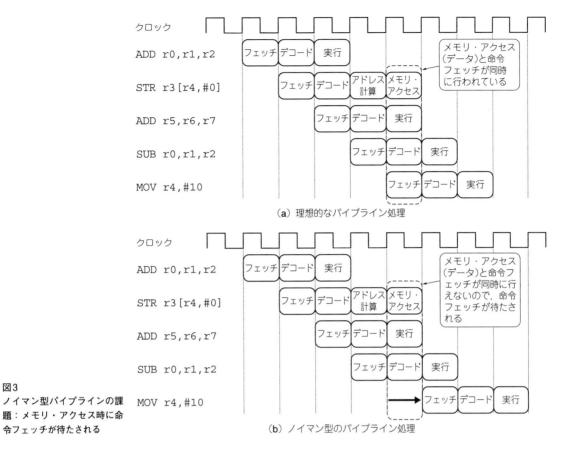

図3
ノイマン型パイプラインの課題：メモリ・アクセス時に命令フェッチが待たされる

(a) 理想的なパイプライン処理

(b) ノイマン型のパイプライン処理

● Cortex-M0/M0+はハーバード・アーキテクチャじゃない

しかし，Cortex-M0/M0+ではチップ面積を縮小するためハーバード・アーキテクチャは廃止されたようです．もっとも，Cortex-M1にはITCM（命令TCM）とDTCM（データTCM）へのインターフェースがありますので，ハーバード・アーキテクチャと言うことが可能です．

Cortex-Mコア内部ブロック図鑑

図4にCortex-M3/M4，Cortex-M0，Cortex-M0+，Cortex-M1の内部ブロック図を示します．Cortex-M3/M4では命令/データ，周辺アクセス用のAHB Liteバスを3系統備えます．しかし，Cortex-M0，Cortex-M0+，Cortex-M1ではAHB Liteバスは1本のみを備えて，それを通じて命令/データ，周辺にアクセスします．この周辺バスの本数がハーバード・アーキテクチャであるかどうかに関係しています．

Cortex-M0+ではハーバード・アーキテクチャを採用しないことの対処策として，高速I/O（シングル・サイクルI/O）を採用しています．シングル・サイクルI/OはAHB Liteとは別のバス構造になっています．命令フェッチはAHB Liteバスから行い，データ・アクセスはシングル・サイクルI/Oを使用することで，ハーバード・アーキテクチャと同じ効果が期待されます．

Cortex-M1に関してはTCMを使用する場合はハーバード・アーキテクチャとして動作しますが，TCMを使用しない場合はハーバード・アーキテクチャにはなりません．

書き込み処理短縮用 ライト・バッファ

ARMコアのパイプラインはメモリ・アクセスが最速（1サイクル）であることを想定して設計されています（その割にはAHB Liteバスのシングル・アクセス・レイテンシは2サイクル）．しかし，実際には1サイクルでメモリ・アクセスが終了する場合は多くありません．

メモリ・リード（命令フェッチやデータ・リード）の場合はスレーブがデータを返してくれるまで先に進めませんから仕方ありません．

メモリ・ライト（データ・ライト）の場合もメモリ・アクセスが完了するまで待たされます（図5）．しかし，ライト・バッファを実装すれば，1サイクルでのアク

第1部 ARM Cortex-Mコア教科書

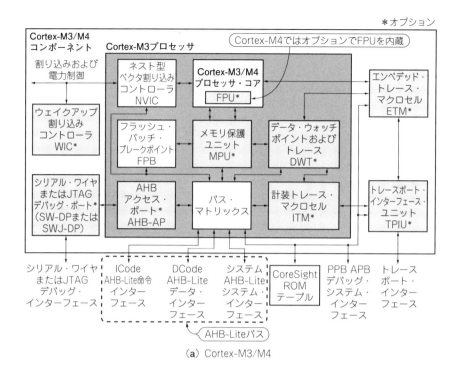

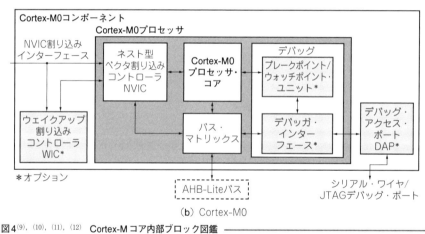

図4(9), (10), (11), (12) Cortex-Mコア内部ブロック図鑑

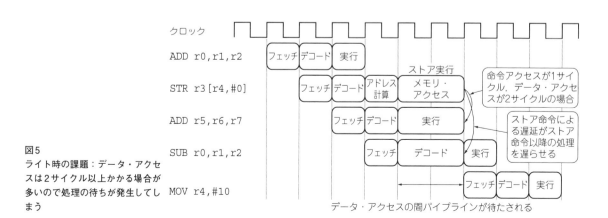

図5
ライト時の課題：データ・アクセスは2サイクル以上かかる場合が多いので処理の待ちが発生してしまう

第3章 高性能と低消費電力を両立するためのアーキテクチャ

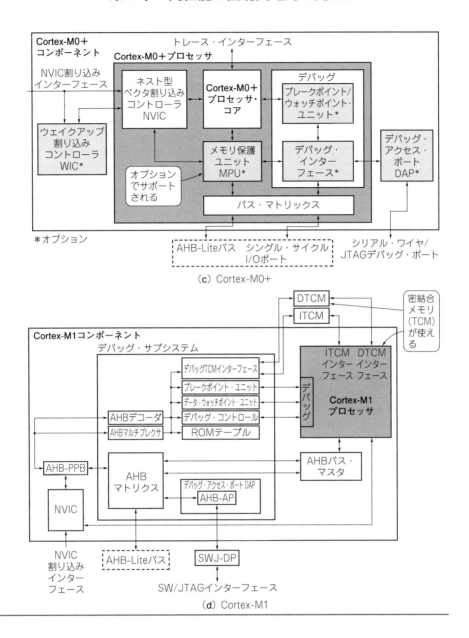

(c) Cortex-M0+

(d) Cortex-M1

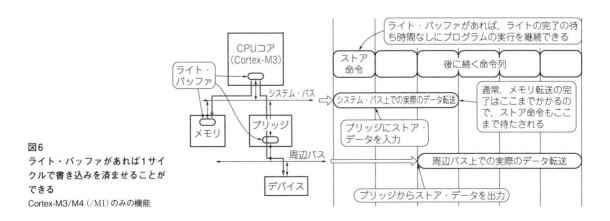

図6
ライト・バッファがあれば1サイクルで書き込みを済ませることができる
Cortex-M3/M4（/M1）のみの機能

第1部 ARM Cortex-Mコア教科書

セスが可能になります．ライト・バッファに対して書き込みが（1サイクルで）完了したらすぐに処理を続ける（書き逃げを行う）わけです．

ライト・バッファにライトされたデータは，データ・バスが空いているときを見計らってメモリ・ライトが実行されます．この動作イメージを図6に示します．

Cortex-M3/M4（/M1）はライト・バッファをもっていますが，エントリ数は1です．つまり，メモリ・ライトが連続する場合は二つ目以降のライトが待たされることになります．Cortex-M0/M0+はライト・バッファをもっていません．

高効率パイプラインを実現する設計思想

● 分岐処理の高速化が性能UPのキモ

パイプラインとは，処理をオーバラップさせることで，1サイクルで1命令を実行する仕組みです．

分岐がない場合，パイプラインは1サイクルに1命令の処理を続けられます．

分岐がある場合，分岐によってパイプラインの処理が乱れてしまい，1サイクルで1命令を処理できなくなります．

分岐を迅速に処理できると性能が向上します．パイプラインの段数とも関係します．

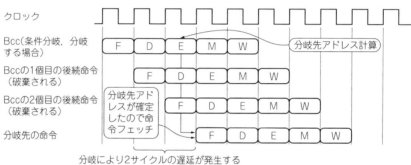

(a) 5段パイプライン構造

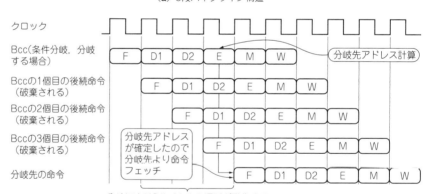

(b) 分岐前（デコード・ステージ）が2サイクルの場合

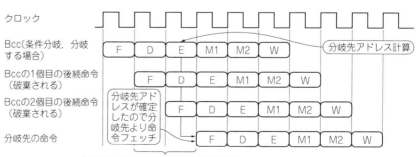

(c) 分岐後（メモリ・アクセス・ステージ）が2サイクルの場合

図7
分岐前のパイプライン段数が少ないと性能がよい

第3章 高性能と低消費電力を両立するためのアーキテクチャ

● 分岐前のパイプラインの段数が少ないと性能がよい

Cortex-Mのパイプラインを紹介する前に,一昔前では一般的な5段,6段パイプラインで分岐命令の実行を考えてみます.5段の内訳は次の通りとします.

- 命令フェッチ(F)
- 命令デコード(D)
- 命令実行(E)
- メモリ・アクセス(M)
- ライトバック(W)

ここで,段数が6段になる次の2通りの場合を仮定します.

- 「命令デコード」が2段になる場合
- 「メモリ・アクセス」が2段になる場合

分岐命令の処理を図7に示します.

図7を見ると,分岐命令の「命令実行(=分岐先アドレス計算を行う)(E)」ステージより前の段数が増加する場合はパイプライン処理の性能に影響を与えています.

「命令実行(=分岐先アドレス計算を行う)(E)」ステージより後の段数増加はパイプライン処理に影響を与えていません.

このパイプライン構造の場合,分岐命令実行による2サイクル(=Eステージより前の段数に等しい)の遅延は避けようがありません.このパイプライン構造での最速の分岐命令処理時間は,通常の命令実行の1サイクルに遅延2サイクルを加えた,合計3サイクルです.

● Cortex-Mのパイプラインは分岐前処理を最少に設計

Cortex-Mのパイプラインは「命令実行(E)」ステージより前の段数をできるだけ削減する方向で設計をされています.図8(a)にCortex-M0/M1/M3/M4の,図8(b)にCortex-M0+のパイプラインを示します.

Cortex-M0/M1/M3/M4は3段パイプラインで「命令実行ステージ」より前は2段です.

Cortex-M0+は2段パイプラインで「命令実行ステージ」より前は1段相当です.これは,Cortex-M0+は他のCortex-Mシリーズよりも分岐命令の処理性能(サイクル数)が高いことを意味します.

分岐によるペナルティ(パイプライン遅延=分岐シャドウという)はCortex-M0/M1/M3/M4では2サイクル,Cortex-M0+では1サイクルです(図9).

> **ここが重要…**
> **3段パイプライン構造を選んだ理由**

● パイプライン段数は想定している動作周波数で決まる

Cortex-MシリーズにしろCortex-Aシリーズにしろ,1命令を処理する論理回路はほとんど同じです(スーパスカラかどうかの違いはあるが).命令フェッチからライトバックまで,どちらも同じような段数の論理ゲートを通過しなければなりません.

しかし,Cortex-Mシリーズのように動作周波数が低い場合,パイプライン段数は2段または3段で済みます.数百MHz~1GHz超えの動作周波数を実現するCortex-Aシリーズは8~12段のパイプライン数にならざるを得ません.

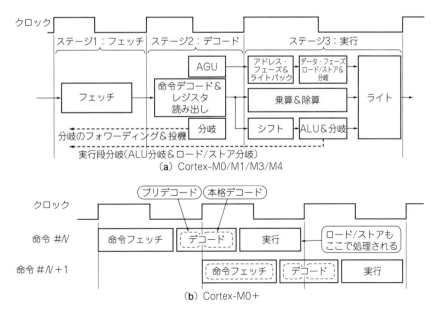

図8[13][14]
Cortex-Mマイコンの基本パイプライン構造

第1部 ARM Cortex-Mコア教科書

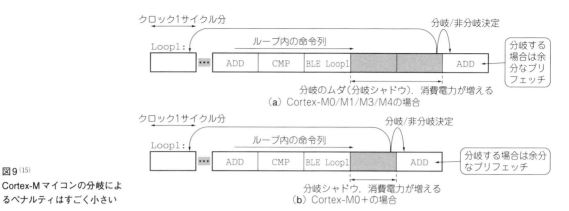

図9(15)
Cortex-Mマイコンの分岐によるペナルティはすごく小さい

● Cortex-M3/M4マイコンの想定動作周波数 100M～200MHz

Cortex-M1/M3/M4の場合は100M～200MHzの動作周波数をターゲットとしているので3段パイプラインになっています。

従来のARM9やARM11が最新製造プロセスを使用して400MHz以上の動作周波数を出すように設計されていたため消費電力も比較的大きかったのですが、マイコン用途では高い周波数よりも低消費電力の方が重要なので、Cortex-M3のターゲットとする製造プロセスは130nmから90nmを想定しているようです（次項参照）。

このため、Cortex-M3の動作周波数は、130nmから90nmプロセスでの実力的に、100MHzから200MHz程度になります。

● Cortex-M0/M0＋マイコンの想定動作周波数50M～200MHz

Cortex-M0+は50MHz程度の動作周波数を想定しているので2段パイプラインで実現可能です。

Cortex-M0も50MHz程度の動作周波数ですが3段パイプラインです。これは、Cortex-M0の設計時期が比較的古いこともあり、設計の簡略化のために、Cortex-M3などと同じ構成にしたものと思われます（表1）。ただし、Cortex-M0では3段パイプラインのため、Cortex-M0+よりも高い動作周波数での実行が可能になります。

原稿執筆時点でのCortex-M0の最高動作周波数は204MHz、Cortex-M0+の最高動作周波数は100MHzですので、この差分の104MHzがパイプライン1段分の性能差なのかもしれません。

● 50M～200MHz動作マイコンが最適な理由

マイコンの動作周波数が50MHzから200MHzの範囲なのは理由があります。どの半導体メーカのマイコンも同じような動作周波数範囲です。この程度の周波数に落ち着いている理由は（命令コードの）フラッシュ・メモリ内蔵が大前提にあります。

ルネサス エレクトロニクスやスパンション（現サイプレス）のように100MHzを超える動作周波数を実現している半導体メーカもありますが、CMOSロジックに内蔵（混載）するフラッシュ・メモリの動作速度は40MHzから50MHzである場合が圧倒的に多いからです。

マイコンの動作周波数を高くしても、フラッシュ・メモリ読み出しのウェイト数が増えるだけで、動作周波数に見合った性能を得ることはできません。それならば、最初から50MHzから200MHz動作に注目した論理設計を行う方が、面積的、消費電力的に有利です。

低消費電力かつ高性能処理を両立する半導体製造プロセス

● 動作周波数と製造プロセスには相関がある

半導体製造プロセスが微細化する程、1段の論理ゲートを通過する時間は短くなります。

通常、Cortex-Mシリーズは130nmプロセスや90nmプロセスで製造されています。

Cortex-Aシリーズは40nmプロセスや28nmプロセスで製造されています。

例えば単純計算では、28nmプロセスは90nmプロセスの3倍以上の速度で1段の論理ゲートを通過しま

表1
Cortex-Mの発表時期…
Cortex-M0+は新しいのでより効率が追求されている

CPUコア	発表時期
Cortex-M0	2009年2月
Cortex-M0+	2012年3月
Cortex-M1	2007年3月
Cortex-M3	2004年10月
Cortex-M4	2010年2月
Cortex-M7	2014年9月

第3章　高性能と低消費電力を両立するためのアーキテクチャ

コラム2　ダメもとで分岐先処理を準備しておく「分岐投機」　　　　　中森 章

　図8(a)のパイプラインには，分岐の投機という表現が見受けられます．これは，分岐先アドレスがデコード時に決定できる場合（ディスプレースメント付きPC相対分岐，LRレジスタ間接分岐など）に，分岐先アドレスの内容を先取りする機能です．これにより，この投機的な命令フェッチのサイクル分のペナルティ（サイクル数はメモリのウェイトに依存）が生じる恐れがあります．しかし，Cortex-M3/M4には内部的な命令プリフェッチ・バッファが搭載されているため，実行されている命令や，メモリのウェイト・ステートの数によっては，投機的な命令フェッチが誤っていた場合でもペナルティが発生しないこともあります．これは，ウェイト・ステート数の低いメモリでは，分岐を1サイクルで実行できることを意味します．ウェイト・ステート数が0（メモリを1サイクルでアクセス可能）な場合，約10％性能向上という触れ込みです．

す．ということは，上述の例で100サイクルかかる処理は1/3の33サイクルで終了する計算になります．あくまで仮定に基づいたイメージですが，Cortex-Mシリーズの動作周波数がCortex-Aシリーズの動作周波数の約1/3（10サイクル/33サイクル）になります．

● できるだけ微細化していない製造プロセスの方が低消費電力

▶静的消費電力に関係するリーク電流

　半導体製造プロセスが微細化するにつれリーク電流が増加しますから，低消費電力を目的とするためにはできるだけ微細化していない製造プロセスの方が有利です．

▶動的消費電力

　さらに，製造プロセスが微細化するにつれ動作周波数を高くすることができますが，動作周波数が高くなるほど動的な消費電力が増加しますので，動作周波数が低い方が低消費電力の側面からは有利です．

● 低消費電力と高性能処理の両立ポイントで設計されている

　Cortex-Mシリーズは90nmプロセスなどで製造されることが前提となっています．これは，リーク電流を抑えて低消費電力にすることと，フラッシュ・マイコンに適した動作周波数範囲50MHz～200MHzを両立できる製造プロセスを選んでいるからです．

　ちなみに，2014年9月に発表されたCortex-M7では28nmプロセスの適用まで想定されています．

高性能処理の工夫その1：高速32ビット乗算命令

　Cortex-Mシリーズの乗算器は1サイクルで演算を実行します．16ビット同士の乗算を1サイクルで実行するマイコンは多いのですが，32ビット同士の乗算を1サイクルで実行するマイコンはあまりありませんでした（Cortex-M3発表当時）．乗算は配列やテーブル計算のソフトウェアで多用されますから，乗算器の高速化はマイコンの「売り」の一つになります．

　ただし，32ビット同士の乗算を1サイクルで処理する乗算器の面積は小さくはありません．チップ面積最小を特徴とするCortex-M0/M0+では，1サイクル実行の乗算器か，32サイクルかけてシーケンス制御で乗算を実現する小規模な乗算回路かを選択できるようになっています．

高性能処理の工夫その2：除算命令の導入

● 割り算命令など要らん！というのがRISCであるARMの基本思想

　ARMの命令セットの特徴の一つとして「除算命令が存在しない」がありました（Cortex-A15以降で除算命令が搭載された）．除算命令はARM命令でエミュレーションされ，その実行には12～96サイクルかかっていました．ARMに除算命令がないのは，除算はソフトウェアによるエミュレーションで十分と考えられているためです．

　ARMはRISCアーキテクチャを採用しています．RISCとはプログラム中で出現頻度の高い基本命令を高速に実行し，出現頻度の低い命令は基本命令でソフトウェア・エミュレーションを行うという思想です．除算命令はまさにこの出現頻度の低い命令に当たります．

● コード・サイズと処理性能を追求したいCortex-M3/M4には追加してある

　しかし，コード・サイズの効率化が必須命題であるThumb-2では，そんなこともいってはいられません．Thumb-2では，UDIV（符号なし除算），SDIV（符号付き除算）の2との除算命令が追加されました．ただ

第1部 ARM Cortex-Mコア教科書

し，除算命令の命令長は32ビットです．16ビットの命令長を基本とするCortex-M0/M0+/M1ではサポートされません．

除算命令の実行時間は，除算を行う値によって変動し，2～12サイクルで処理されます．除算の出現頻度を考えると，個人的には，除算をそんなに高速に実行することは過剰な機能だと思います．32サイクル実行程度にして回路規模を小さくした方がよいのでは…と思ってしまいます．

消費電力を抑える技術あれこれ

Cortex-Mの利点を一言でいうと「フラッシュ・メモリ対応と低消費電力」です．Cortex-Mを語る上で低消費電力の話題は避けて通れません．

Cortex-Mの代表的な低消費電力化技術を挙げておきます．しかしここでは，Cortex-Mで採用されている低消費電力機能の詳細については，第4部で紹介します(1)～(7)．

● 手法1：演算効率を向上させて少ないサイクル数で処理を完了させる．

これは，IT命令やビット・フィールド命令などの高機能命令の採用や，Thumb/Thumb-2命令セット自体の採用を意味します．乗除算命令の高速化も演算効率の向上に役立っています．

● 手法2：負荷に応じて動作周波数を下げたり停止させたりする

これは，WFI命令やWFE命令を実行することによるスリープ・モードやディープ・スリープ・モードを意味します．また，割り込みとスリープ・モードを組み合わせた「スリープ・オン・イグジット・モード」は低消費電力動作を実現するために非常に有効です．

● 手法3：チップで差が出る製造メーカの低消費電力技術

これは，WFI命令やWFE命令を実行することで，「それらの命令を実行中」という信号が活性化されますので，その信号を頼りに，Cortex-MというCPUコアの周辺デバイスを低消費電力に保つ仕組みを意味します．あるいは，製造プロセスや使用するトランジスタの最適化も意味します．

◆参考・引用＊文献◆

(1) 中森 章；マイコンの低消費電力化の基本方針，連載Cortex-Mマイコン低消費電力モードの研究，第1回，Interface，2015年8月号，CQ出版社．
(2) 中森 章；Cortex-Mマイコン共通の基本低消費電力モード，連載Cortex-Mマイコン低消費電力モードの研究，第2回，Interface，2015年9月号，CQ出版社．
(3) 中森 章；スリープ状態から自動で復帰／移行するしくみ，連載Cortex-Mマイコン低消費電力モードの研究，第3回，Interface，2015年10月号，CQ出版社．
(4) 中森 章；1μA超ロー・パワー！Kinetisマイコン特有モードの意図的な移行／復帰，連載Cortex-Mマイコン低消費電力モードの研究，第4回，Interface，2015年11月号，CQ出版社．
(5) 中森 章；内部イベントによる低消費電力モードからの復帰，連載Cortex-Mマイコン低消費電力モードの研究，第5回，Interface，2015年12月号，CQ出版社．
(6) 中森 章；Cortex-M採用Thumb-2命令セットによる低消費電力化，連載Cortex-Mマイコン低消費電力モードの研究，第6回，Interface，2016年1月号，CQ出版社．
(7) 中森 章；できるだけ低消費電力にする命令を実行するためのアーキテクチャ，連載Cortex-Mマイコン低消費電力モードの研究，第7回，Interface，2016年2月号，CQ出版社．
(8) 中森 章；マイクロプロセッサ・アーキテクチャ入門，CQ出版社．
(9) ARM Cortex-M4 Processor Technical Reference Manual Revision r0p1, ARM DDI 0439D (ID061113)．
(10) Cortex-M0 Technical Reference Manual Revision: r0p0, ARM DDI 0432C (ID113009)．
(11) Cortex-M0+ Technical Reference Manual Revision: r0p1, ARM DDI 0484C (ID011713)．
(12) Cortex-M1 Technical Reference Manual Revision: r1p0, ARM DDI0413D．
(13) ARM Cortex-M3 Introduction ARM University Relations．
https://www.arm.com/files/pdf/CortexM3_Uni_Intro.pdf
(14) ARM Cortex-M0+ Core Technical Introduction．
http://www.hitex.co.uk/fileadmin/uk-files/downloads/ARM%20Day/Hitex%20Conference%20-%20Freescale%20-%20Cortex-M0%2B%20Technical%20Intro.pdf
(15) Tips and Tricks for Minimizing ARM Cortex-M CPU Power Consumption．
http://rtcmagazine.com/articles/view/103766

なかもり・あきら

第4章

C記述が可能なベクタ・テーブルでシンプル

究極の高速応答を追求したNVIC割り込みのメカニズム

中森 章

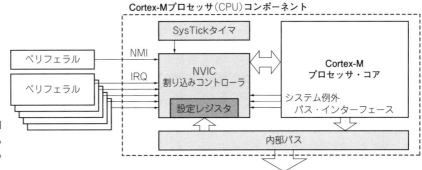

図1
Cortex-Mプロセッサには高速割り込み応答ができるように割り込みコントローラ（NVIC）が埋め込んである

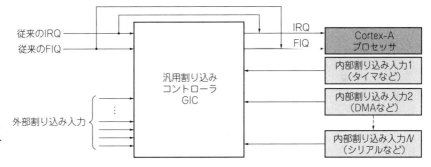

図2
Cortex-A/Rの割り込みコントローラはプロセッサ・コアに外付け

プロセッサ埋め込みで高速応答を追求した割り込みコントローラNVIC

Cortex-Mシリーズには，他のCortex-AやCortex-Rとは大きく異なるNVIC（Nested Vector Interrupt Controller）という割り込みコントローラが内蔵されています（図1）．

▶Cortex-A/R向け：割り込みコントローラはCPUコア外部

割り込みコントローラの主要な役割は，従来はIRQとFIQの2本しかない割り込み要因を数百本レベルに拡張することです．割り込みコントローラ内で数百本の割り込みが優先順位をつけて調停され，最終的にはIRQとFIQの割り込みに変換してプロセッサ（Cortex-A/R）に通知します（図2）．

▶Cortex-M向け：割り込みコントローラをCPUコアに内蔵

Cortex-Mシリーズは専用の割り込みコントローラNVICをプロセッサに内蔵することで，割り込み応答性能の向上を狙っています．このため，Cortex-Mの割り込み処理はCortex-A/Rとは全く仕様が異なります．

内蔵ベクタ割り込みコントローラNVICの基本メカニズム

● 割り込み／例外時の分岐先アドレスをベクタ・テーブルに格納しておく

NVICは名前の通りベクタ割り込みをサポートします．割り込みや例外が発生すると，その種類によって対応する割り込み／例外ハンドラの先頭アドレスを取り出して，そのハンドラに分岐します．この割り込み

第1部 ARM Cortex-Mコア教科書

コラム1　クラシックARM/Cortex-Aプロセッサで使われる汎用割り込みコントローラGIC

中森 章

● 従来の定番割り込みコントローラPL390（GIC390）

Cortex-Mシリーズ以外では，割り込みコントローラはCPU外部に外付けです．ARMも外付け用のPL390という割り込みコントローラを用意しています．ARMのSoC設計では割り込みコントローラとしてPL390が採用される場面が多々あります．

● Cortex-Aの汎用割り込みコントローラ

Cortex-AシリーズのMPCoreは汎用割り込みコントローラを内蔵しています．これは，PL390がマルチコアに対応していないためと考えられます（オプションでマルチプロセッサのサポートも可能）．MPCoreに内蔵される割り込みコントローラは割り込み要求を任意のCPUコアに通知できます．ただし，ベクタ方式ではありません．

PL390はベクタ方式の割り込みコントローラですが，ベクタ・アドレスにはハンドラのアドレスではなく，ハンドラに分岐する命令を置きます．これらの特徴を図Aに示します．Cortex-Mでは，図1のように，割り込みコントローラ（NVIC）がプロセッサに内蔵されています．

● それ以外の新しい汎用割り込みコントローラ（GIC）

PL390は最近ではGIC-390と呼ばれるようです．GICは，汎用割り込みコントローラ（Generic Interrupt Controller）の略称です．

GIC-390も他にも，Cortex-A15とCortex-A7のマルチコア構成でのクラスタ通信用の割り込みコントローラとしてGIC-400，ARMv8対応の割り込みコントローラとしてGIC-500がラインナップされています．AHBをインターフェースとする汎用の割り込みコントローラでPL190やPL192というものもあります．

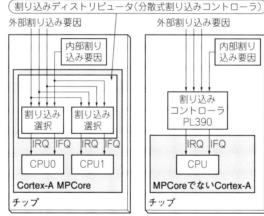
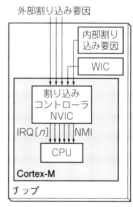

図A　ARMプロセッサの割り込みアーキテクチャはいろいろ

(a) MPCore（マルチコア）は割り込みコントローラを内蔵
(b) シングル・コアCortex-A/Rは割り込みコントローラ外付け
(c) Cortex-Mは割り込みコントローラNVIC内蔵

/例外ベクタのアドレスが格納されているテーブルをベクタ・テーブルと呼びます．

ベクタ・テーブルの先頭アドレスはVTOR（Vector Table Offset Register）の値で指し示されます．VTORの値はソフトウェアで変更可能ですが，初期値は0x00000000番地になっています（図3）注1．

● ベクタ・テーブルのオフセット・アドレスVTOR

VTORが変更できる利点として次のような使用例が考えられます．

- ブート・ローダのプログラミングを容易化できる．
- メモリのリマップなしにベクタ・テーブルのアドレスを変更できるので，システム・レベルの設計（ソ

注1：Cortex-M7ではINITVTORという外部端子（値は実装時に固定される）で初期値を設定可能です．また，Cortex-M7においてはVTOR[6：0]が0固定になっています．

第4章 究極の高速応答を追求したNVIC割り込みのメカニズム

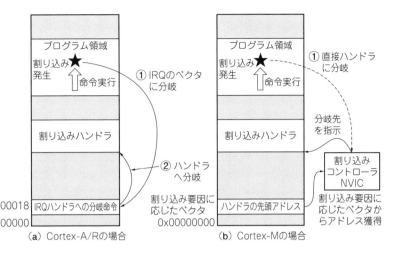

図4
Cortex-Mの割り込みはベクタ・テーブルに格納された分岐先アドレスにいきなり飛ぶ

(a) Cortex-A/Rの場合　　(b) Cortex-Mの場合

フトウェア，ハードウェア両面で）を容易化できる．
- ベクタ・テーブルをSRAM領域に配置できるため，動的にハンドラのアドレスを変更可能（0x00000000番地はフラッシュ・メモリなので値を変更できない）であり，柔軟性のあるベクタ・テーブルを構成できる．
- ベクタ・テーブルをSRAM領域に配置できるため，フラッシュ・メモリに配置するよりも高速にベクタ・フェッチ（ハンドラ・アドレスの取得）ができる可能性がある（通常SRAMは1サイクルでアクセスできるが，フラッシュ・メモリのアクセスには数サイクルかかる場合が多いため）．
- プログラム（タスク）ごとにベクタ・テーブルを変更できるので，異なるOSのエミュレーションや仮想化が可能になる（マイコンで必要性があるかどうかは疑問だが…）．

VTORの値を変更するイメージを図3に示します．
なお，VTORはCortex-M3/M4ではサポートされますが，Cortex-M0+ではオプションです．Cortex-M0/M1では0x00000000番地に固定されています．

● ベクタ・テーブルには分岐先アドレスを格納する

Cortex-A/RシリーズとCortex-Mシリーズでのベクタ・テーブルの大きな違いは，ベクタの中身です．Cortex-A/Rシリーズでは，割り込み/例外ハンドラへ分岐する命令が格納されているのに対して，Cortex-Mシリーズでは割り込み/例外ハンドラのアドレスそのものが格納されています．

Cortex-MシリーズのNVICでは割り込みや例外が発生するとベクタからハンドラ・アドレスを読み出してそのアドレスに分岐するのに対して，従来方式のCortex-A/Rではベクタに分岐してから割り込み/例

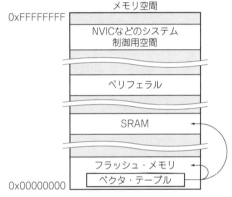

図3　ベクタ・テーブルは移動できる

外ハンドラに分岐します．その分岐命令の処理時間の分だけ，NVICの方が高速に割り込み/例外ハンドラに移行できます．

割り込み発生からハンドラの命令フェッチまでの処理を図4に示します．ベクタ・テーブルにハンドラのアドレスが格納されているという仕様は，Cortex-A/RやMIPSアーキテクチャに慣れた人にはわかりにくいかもしれません．

NVICベクタ・テーブル＆優先順位

図5にNVICのベクタ・テーブルと従来方式のベクタ・テーブルを示します．また，実際のプログラム例をリスト1に示します．

NVICの場合，割り込み/例外が同時発生した場合に，優先順位の高いものから処理可能なように，割り込みや例外に優先順位がつけられています．割り込み/例外の優先順位を表1に示します．外部割り込み（IRQ）の優先順位はNVICのレジスタで優先順位を指

第1部 ARM Cortex-Mコア教科書

図5
NVIC割り込みテーブルはなんと240もある

リスト1
NVICベクタ・テーブルの例
((b)はKinetis KL25Zの例から抜粋)

```
.align 2
.globl __isr_vector
__isr_vector:
    ldr    pc,[pc,#0x18] // ベクタ0
    ldr    pc,[pc,#0x18] // ベクタ1
    ldr    pc,[pc,#0x18] // ベクタ2
    ldr    pc,[pc,#0x18] // ベクタ3
    ldr    pc,[pc,#0x18] // ベクタ4
    ldr    pc,[pc,#0x18] // ベクタ5
    ldr    pc,[pc,#0x18] // ベクタ6
    ldr    pc,[pc,#0x18] // ベクタ7
vec:
    .word    _startup
    .word    _Undef_handler
    .word    _SVC_handler
    .word    _IABT_handler
    .word    _DABT_handler
    .word    Fail
    .word    _IRQ_handler
    .word    _FIQ_handler
```

(a) ARMv7-Aのベクタ・テーブル(従来方式)…各ベクタは0x20番地先のアドレスからハンドラ・アドレスを読み出してPCに設定する命令が格納されている

```
.align 2
.globl __isr_vector
__isr_vector:
    .long    __StackTop // Top of Stack
    .long    Reset_Handler // Reset Handler
    .long    NMI_Handler // NMI Handler
    .long    HardFault_Handler
                         // Hard Fault Handler
    .long    MemManage_Handler
                         // MPU Fault Handler
    .long    BusFault_Handler
                         // Bus Fault Handler
    .long    UsageFault_Handler
                         // Usage Fault Handler
    .long    0 // Reserved
    .long    0 // Reserved
    .long    0 // Reserved
    .long    0 // Reserved
    .long    SVC_Handler // SVCall Handler
    .long    DebugMon_Handler
                         // Debug Monitor Handler
    .long    0 // Reserved
    .long    PendSV_Handler // PendSV Handler
    .long    SysTick_Handler
                         // SysTick Handler
// External Interrupts
    .long    DMA0_IRQ_Handler // Vector No 16
    .long    DMA1_IRQ_Handler // Vector No 17
    .long    DMA2_IRQ_Handler // Vector No 18
    .long    DMA3_IRQ_Handler // Vector No 19
    .long    0          // Reserved
    .long    FTFA_IRQ_Handler // Vector No 21
    .long    LVD_IRQ_Handler  // Vector No 22
    .long    LLWU_IRQ_Handler // Vector No 23
```

(b) ARMv6-Mのベクタ・テーブル…0x00000000番地からハンドラの先頭アドレスが格納されている

第4章 究極の高速応答を追求したNVIC割り込みのメカニズム

> **コラム2** Cortex-A/Rの割り込み分岐先ベクタ・テーブル　　　　中森 章
>
> ところで，Cortex-Mシリーズでない，Cortex-A/Rシリーズでも初期値が0x00000000番地のVBAR(Vector Base Address Register)で割り込み/例外ベクタ・テーブルが指定できます．これは，ARMv7以降でセキュリティ拡張が許可されている場合に有効です．
> 　Cortex-A/RシリーズのVBARのアドレス値は32バイト単位で指定できます．Cortex-MシリーズのVTORが最低128バイト単位だったのとは大きな違いです．
> 　Cortex-A/Rシリーズでは8個のベクタしかありませんが，Cortex-Mシリーズでは最大250個のベクタが存在することが異なります．これは，IRQ（割り込み要求）のベクタがCortex-A/Rシリーズでは1個なのに対して，Cortex-Mシリーズでは最大240個存在することが理由の一つです．ベクタ・テーブル全体の大きさが格段に違うからです．

定できます．優先順位は値が小さいほど優先度が高いことを意味します．

● 先頭はメイン・スタック・ポインタと決まっている

ベクタ・テーブルの先頭はMSP（メイン・スタック・ポインタ）の初期値，その次の1ワードはリセット開始アドレスを格納します．これは，SH-2（ルネサス エレクトロニクス）やColdFire（NXPセミコンダクターズ）と同様の仕様です．アドレスを格納するベクタ・テーブルではリセット時にスタック・ポインタの初期値を同時に設定するのが流行でしょうか（リセット直後に割り込みや例外が発生するシナリオでは有効）．

この仕様は，Cortex-Mシリーズのプログラムが「C言語のみで記述できる」という特性に大きくかかわっています．

優先順位設定レジスタ

割り込みや例外の優先順位の変更は，SHPR1〜SHPR3（System Handler Priority Register 1-3, SHPR1-3）とNVICのNVIC_IPR0〜NVIC_IPR123（Interrupt Priority Register 0-123）で指定します．

図6にSHPR1〜SHPR3レジスタのビット割り当てを示します．基本的に割り込み例外番号に従って，8ビットずつが割り当てられています．これらのレジスタの初期値はオール0です．

図7にNVIC_IPRn（$n = 0 \sim 123$）のビット割り当てを示します．これらのレジスタの初期値もオール0です．

割り込みや例外の優先順位の初期値が0ということは，**表1**の優先順位と食い違うように思えます．実は，

表1　割り込み/例外の優先順位

タイプ	割り込み/例外	優先順位（デフォルト）	優先順位の設定	内　容
255	外部割り込み#239	246	可能	外部割り込み#239
…	…	…	…	…
16	外部割り込み#0	7	可能	外部割り込み#0
15	SYSTICK	6	可能	システム・タイマの報知
14	PendSV	5	可能	システム・サービスへの保留可能な要求（非同期トラップ）
13	予約	−	−	−
12	デバッグ・モニタ	4	可能	ホールト中でないときのデバッグ・モニタ，ブレークポイント，ウォッチポイント，外部デバッグ
11	スーパバイザ・コール	3	可能	SVC命令によるシステム・サービス呼び出し
7〜10	予約	−	−	−
6	用法フォールト	2	可能	プログラム・エラーによる例外．例えば未定義命令の実行や不正な状態への遷移の試み
5	バス・フォールト	1	可能	AHBインターフェースのレシーバ・エラー，プリフェッチ・フォールト，メモリ・アクセス・フォールト，その他のアドレスやメモリ関連のフォールト
4	メモリ管理	0	可能	MPU違反（MPUの不整合）か不正な位置（アクセス違反や不一致）へのアクセス
3	ハード・フォールト	−1	固定	優先順位の関係，または他のハンドラが無効にされていて，実行できないときのデフォルト（すべて）のフォールト
2	NMI	−2	固定	ノンマスカブル割り込み
1	リセット	−3	固定	リセット

第1部 ARM Cortex-Mコア教科書

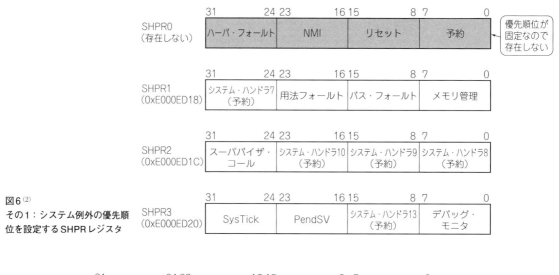

図6(2) その1：システム例外の優先順位を設定するSHPRレジスタ

図7(2) その2：外部割り込みの優先順位を設定するNVIC_IPRnレジスタ

デフォルトの優先順位は優先順位が同じ場合に優先される順番を示すのです．混乱しないように注意しましょう．

割り込みマスク・レジスタ

なお，割り込みや例外の発生の有無は，割り込みマスク・レジスタ（PRIMASK, FAULTMASK, BASEPRIレジスタの3本が存在）で指定できます．これらは，メモリ・マップされたアドレスではなく，MRC命令，MCR命令でアクセスします．

プロセッサがスレッド・モードにあり，割り込みマスク・レジスタが設定されていない状態（初期状態）を「ベース・レベル」といいます．ベース・レベルでの割り込みの優先度は256で最低に設定されています．これは，どのような割り込みや例外でも受け付けることを意味します．プロセッサのある動作時点での割り込み優先度は，割り込みマスク・レジスタで変更できます．すなわち，PRIMASKレジスタの値が1の場合は，現在の優先度が0となり，優先度が−1以下のハード・フォールト，NMI，リセットのみが受け付けられます．FAULTMASKレジスタの値が1の場合は，現在の優先度が−1となり，優先度が−2以下のNMIとリセットのみが受け付けられます．BASEPRIレジスタの値が0でなく，例えばXという値である場合，Xより低い優先度の割り込みや例外が受け付けられます．

● 割り込みマスク状態を知る方法

それぞれの割り込みマスク・レジスタの意味から次のような処理が自動で行われます．

- 「CPSID f」命令の実行でFAULTMASKレジスタの値は1になる．
- 「CPSIE f」命令の実行でFAULTMASKレジスタの値は0になる．
- 「CPSID i」命令の実行でPRIMASKレジスタの値は1になる．
- 「CPSIE i」命令の実行でPRIMASKレジスタの値は0になる．

PRIMASKは割り込みマスク・フラグを意味します．つまり，PRIMASK＝1のときは割り込み禁止，PRIMASK＝0のときは割り込み許可です．Cortex-Mのステータス・レジスタ（APSR）には割り込みマスク・フラグが存在しないので，PRIMASKを見るしか，割り込みが許可されているかどうかはわかりません．

FAULTMASKレジスタは，用法フォールト，バス・フォールト，メモリ管理フォールトといった致命的な例外をマスクしてしまうので，ある意味危険なレジスタです．これらの例外の発生がマスクされても，原因が解消されるわけではありませんので，最悪の場合，システムがデッドロックしてしまいます．FAULTMASKレジスタはデバッグ用と考えた方がよいと思います．例えば，バス・フォールト・ハンドラでFAULTMASKを有効にして，バス・フォールトの原因を解析するといった具合です．

第4章 究極の高速応答を追求したNVIC割り込みのメカニズム

割り込みハンドラがC言語で記述できる原理

　割り込み/例外処理のハンドラは通常の関数とは異なる挙動をするのが従来のマイコンの特徴でした．それが，Cortex-Mでは，通常の関数と同じ形式で割り込み/例外処理を記述できるようになっています．これは，Cortex-Mの最大の特徴といっても過言ではありません．

● 従来の割り込み/例外ハンドラの復帰命令

　割り込み/例外ハンドラでは，入り口で割り込み/例外発生元のコンテキストが保存され，出口では保存したコンテキストを回復して入り口で割り込み/例外発生元に復帰します．そして，それぞれのための命令が用意されています．例えば，ARMでは，

```
SRS（例外復帰情報ストア）…ARMv6以降でサポート
RFE（例外からの復帰）………ARMv6以降でサポート
```

などがあります．しかし，これらの命令は，コンテキストとして戻り先アドレス（R14 = LR）とCPSRの二つをスタックに積むだけなのでほとんど使用されません．任意の動作モードのスタックを参照できるという利点はあるのですが，Thumb-2命令では存在しません．

　実際には，割り込み/例外ハンドラ内で破壊する汎用レジスタ（バンク・レジスタを除く）もスタックに保存しなければならないからです．ハンドラからの復帰には，

```
SUBS    PC, LR, #4      （4という値は一例）
```
を使用するのが普通です．

▶ARM命令で使える他の方法

　要するに，PC（プログラム・カウンタ）にLR（R14）の値（補正したもの）を書き込めばよいので，

```
MOVS    PC, LR
```
でも，ハンドラの入り口で

```
PUSH    {LR}
```
しておき，

```
POP     {PC}^
```
としても同様です．デスティネーションがPCの場合のMOVSの「S」や，POPの「^」はステータス・レジスタを同時に回復する指定です．ただし，このステータス・レジスタの回復機能はThumb-2では削除されているようです．ARM命令専用の機能です．

　Cortex-A/Rシリーズでは例外の種類に応じてLR（R14）の値を補正してPCに書き戻す必要があります．これは，基本的には，PCは現在実行している命令の2命令先を指しているためです．例外の種類に応じたLRの補正値を表2に示します．復帰に上述のPOPを使用する場合は，LRを補正した値をPUSHしておきます．

● 従来の関数の復帰命令

　大雑把にいえば，割り込み/例外ハンドラや関数の処理では，関数の場合と復帰方法が異なります．割り込み/例外ハンドラと関数の呼び出し/復帰シーケンスを図8に示します．

　通常の関数呼び出しは普通にC言語で記述できるので問題ありませんが，ハンドラからの復帰はC言語でサポートされませんからアセンブリ言語で記述する必要があります（図9）注2．

　従来における，通常の関数呼び出しの場合は，関数の入り口で，関数内で破壊されるレジスタをスタックに退避し，関数の出口で退避したレジスタを回復し，

```
BX      LR
```
で関数の呼び出し元に復帰します．

▶Cortex-M（Thumb-2命令）で使える割り込み/例外復帰命令

　要するに，PC（プログラム・カウンタ）にLR（R14）の値を書き込めばよいので，

```
MOV     PC, LR
```
でも，ハンドラの入り口で，

```
PUSH    {LR}
```
しておき，

```
POP     {PC}
```
しても同様です．前項の割り込み/例外からのARM命令で使える復帰方法との違いは，MOVSの「S」や，POPの「^」が存在しないことです．このため，Thumb-2でも使用できます．

表2 Cortex-A/Rで割り込み/例外から復帰するときにPC（R15）に格納するリンク・レジスタ（R14）の補正値

割り込み/例外要因	補正値	復帰先
SVC	0	次の命令
未定義命令例外	0	次の命令
プリフェッチ・アボート	−4	アボートを発生させた命令
データ・アボート	−8	アボートを発生させた命令（正確なアボートの場合）
FIQ割り込み	−4	次の命令
IRQ割り込み	−4	次の命令

注2：関数の属性を指定することでC言語でもハンドラを記述することが可能です．例えば，GCCの場合では，
```
void __attribute__ ((interrupt))
Handler(){……}
```
のように「interrupt」属性を指定すればC言語の記述でハンドラを記述することができます．しかし，これはイレギュラな方法ですし，Cコンパイラの実装依存なので，必ずしもこのような記述が使えるとは限りません．

第1部 ARM Cortex-Mコア教科書

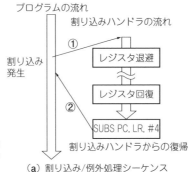
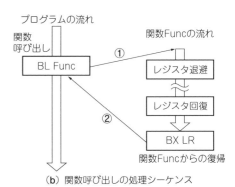

図8
普通，割り込みハンドラからの復帰は関数からの復帰よりややこしい

(a) 割り込み/例外処理シーケンス　　(b) 関数呼び出しの処理シーケンス

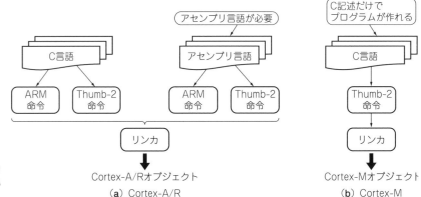

図9
Cortex-Mはアセンブリ言語を使わずにC言語だけで割り込みハンドラを記述できる

(a) Cortex-A/R　　(b) Cortex-M

● Cortex-Mの割り込みハンドラは関数と同じ復帰命令を使うのでC言語で記述できる

　Cortex-Mシリーズではアセンブリ言語を使わなくてもハンドラを記述することが可能です．
　その理由はハンドラからの復帰も通常の関数の場合と同様に，

```
    BX    LR
```

命令を使用するからです．つまり，ハンドラと通常の関数のC言語での記述方法に違いがありません．少し姑息な手法に思えますが，どうしてもC言語でハンドラを記述したいという意気込みが表れています．

割り込み/例外処理の流れ

　Cortex-Mシリーズでの割り込み/例外処理は次のようになります．これを図10に示します．
(1) ベクタ・フェッチ……ハードウェアが処理
(2) コンテキスト［戻りアドレス(PC)，xPSR(プログラム・ステータス・レジスタ)，R0～R3，R12，LR(R14)］をスタックに退避（次項参照，これをプッシュ動作という）……ハードウェアが処理
(3) LR(R14)にEXC_RETURNコードを格納する……ハードウェアが処理（EXC_RETURNコードの具体的な値を表3に示す）
(4) 割り込みハンドラで破壊するレジスタをスタックに退避……ソフトウェアが処理
(5) 例外処理……ソフトウェア処理
(6) 割り込みハンドラで破壊するレジスタをスタックから回復……ソフトウェアが処理
(7) 「BX　LR」命令を実行……ソフトウェア処理
(8) コンテキスト［戻りアドレス(PC)，xPSR(プログラム・ステータス・レジスタ)，R0～R3，R12，LR(R14)］をスタックから回復（次項参照，これをポップ動作という）……ハードウェアが処理
(9) ポップした戻りアドレスに分岐する……ハードウェアが処理

　ここで，(7)の処理でLR(R14)の値がEXC_RETURNコードである場合，正確には，PC(R15)にライトされる値がEXC_RETURNコードである場合は，コン

第4章 究極の高速応答を追求したNVIC割り込みのメカニズム

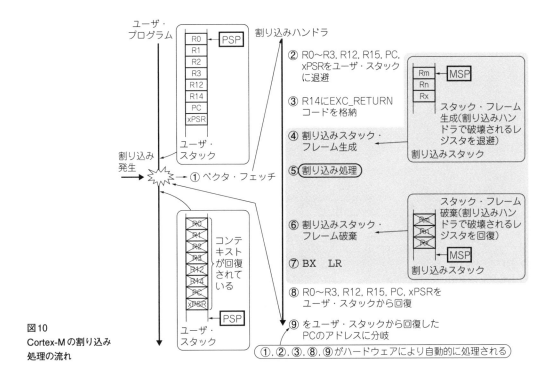

図10 Cortex-Mの割り込み処理の流れ

テキストのポップと戻りアドレスへの分岐がハードウェアにより自動的に実行されます．

ハンドラをC言語で記述できる「秘密」はLR（R14）にEXC_RETURNコードが格納されているということにあります．個人的には，このEXC_RETURNコードの採用が，Cortex-Mシリーズの最大の特徴だと思っています．考案者は天才ですね．

Cortex-Mの割り込み/例外で退避するレジスタ値

コンテキストには「基本フレーム」と「拡張フレーム」が存在します（図11）．

「拡張フレーム」はFPUのコンテキストを格納する場合に使用されます．つまり，Cortex-M4Fのみで有効になります．

これらの例外フレームはPSPで示されるプロセス・スタック上に形成されます（MSPとPSPを分離して使用している場合）．これは，例外情報を割り込みスタック（Cortex-MではMSPで示されるスタック）上に形成する他のプロセッサのアーキテクチャと異なります．これでは，PSPでスタック・オーバフローなどの問題が発生したときに例外情報を積む場所がなくなります．この「奇妙な」仕様の理由を考察してみます．

表3 割り込み/例外復帰時に戻すEXC_RETURNコード

EXC_RETURN	戻り先	戻り先スタック	フレーム・タイプ
0xFFFFFFE1	ハンドラ・モード	MSP	拡張フレーム
0xFFFFFFE9	スレッド・モード	MSP	拡張フレーム
0xFFFFFFED	スレッド・モード	PSP	拡張フレーム
0xFFFFFFF1	ハンドラ・モード	MSP	基本フレーム
0xFFFFFFF9	スレッド・モード	MSP	基本フレーム
0xFFFFFFFD	スレッド・モード	PSP	基本フレーム

▶理由1：Cortex-Aなどと同様のバンク・レジスタの使い勝手を残した

キー・ポイントは，スタックに保存する情報は基本的にPCとステータス・レジスタだけで十分なのに，割り込みハンドラ内で破壊されるレジスタ（の一部）も同様にスタックに積まれることです．スタックに退避されるレジスタ（R0～R3，R12，R14）は割り込みハンドラ内で保存せずに自由に破壊できます．これはまさに「バンク・レジスタ」の特徴です．

バンク・レジスタをもつと，その分の面積が必要なので，チップ面積を最適化するために，Cortex-Aの特徴だったバンク・レジスタがCortex-Mでは廃止されました．しかし，バンク・レジスタと同様な「使い勝手」は残していたということなのでしょう．

第1部 ARM Cortex-Mコア教科書

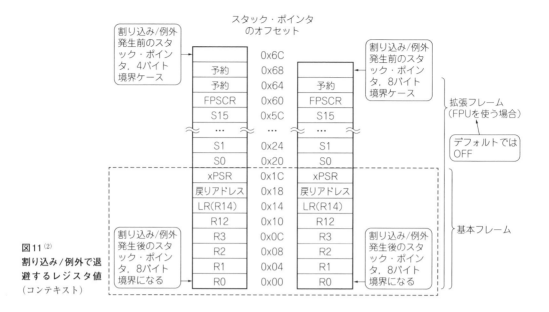

図11(2)
割り込み/例外で退避するレジスタ値（コンテキスト）

▶ **理由2：通常の関数と同様にユーザ側スタックに退避できるとC言語で記述できる**

実際はもっと単純な理由かもしれません．Cortex-Mでは割り込みハンドラがC言語で普通の関数と同様に記述できます．通常の関数呼び出しでは関数の呼び出し前に関数で破壊されるレジスタをスタックに退避します．これを呼び出し側セーブ・レジスタ（Caller Save Regsiters）といいます．

この呼び出し側セーブ・レジスタがR0～R3，R12，LR，PCそのものです．通常の関数呼び出しはコンパイラが認識できるのですが，割り込みは突然発生するので，呼び出し側セーブ・レジスタをスタックに退避する命令列は存在しません．その代わりに，割り込みが発生すると，ハードウェアが呼び出し側セーブ・レジスタをスタックにセーブするようになっています．これにより，割り込みハンドラも通常の関数と同じ命令列で記述できるのです．

このレジスタのセーブは割り込みハンドラのスタック（MSPで指し示される）ではなく，ユーザ側のスタック（PSPで指し示させる）に退避されます．これは普通の関数呼び出しと同じです．おそらくこれが，コンテキスト・レジスタがPSPスタックに積まれる真の理由と思われます．

割り込みレイテンシ短縮の工夫1：応答を早くする

● **割り込みレイテンシを短くするためにハードができること**

割り込みは本来のプログラム実行を中断して緊急な処理を行うものです．このため割り込み処理を少ないサイクル数で実行することはマイコンをサクサク動作させる上では必須の機能です．割り込み処理の実体をいかに迅速に処理するかはソフトウェア次第なので，プロセッサとしてはかかわりをもつ事項ではありません．その代わり，ハードウェアで処理される部分のサイクル数（割り込みレイテンシ）を減少させることは，割り込み処理の性能向上を実現するために必須です．割り込みレイテンシを減少させるためには，

- 「割り込み応答性」の向上
- 「割り込みハンドラへの分岐＋割り込みハンドラからの復帰」を短縮する

という2方面からのアプローチがあります．

● **Cortex-Mの割り込み応答処理**

割り込みは通常，命令と命令の実行の間で受け付けられます．ARMのようなRISCプロセッサでは1命令を1サイクルで実行しますので，割り込み要求が発生してから1サイクル後には割り込みが受け付けられ，命令実行は割り込みハンドラ（ISR：Interrupt Service Routineともいう）に移ります．

しかし，実行時間が1サイクル以上かかる命令実行中に割り込み要求が発生した場合には，割り込み応答は実行終了まで割り込みの受け付けが遅延されます．例えば，除算命令を32サイクル程度で実行する実装の場合，除算命令の実行開始時に割り込み要求が発生しても，32サイクル後でないと割り込みハンドラには分岐できません．実際，このようなマイコンの実装も少なくありません．

Cortex-Mシリーズは，割り込みレイテンシを低減するために，1サイクル以上実行時間がかかる命令は

第4章　究極の高速応答を追求したNVIC割り込みのメカニズム

表4　究極に短い…Cortex-Mの割り込みレイテンシ

プロセッサ	サイクル数
Cortex-M0	16
Cortex-M0+	15
Cortex-M1	18（NMIの場合15）
Cortex-M3	12
Cortex-M4	12
Cortex-M7	12

【前提条件】
- メモリ・システムはノー・ウェイト
- 割り込みソースとプロセッサの間に割り込み通知の遅延がない
- 割り込み処理は他の割り込み/例外処理で阻害されない
- Cortex-M4の場合は，FPUは許可されているがLazyStacking（FPUレジスタは割り込みで保護されない＝デフォルト動作）
- 割り込み中断される命令実行はアンラインの転送やビット・バンドではない（この場合は1サイクル余分にレイテンシがかかる）
- Cortex-M1の場合はISRとスタックがそれぞれ，ITCM，DTCMにある場合

早期（1サイクル後？）に中断する実装になっています．割り込みによる対象となる命令は，STM，LDM，UDIV，SDIV，UMULL，SMULL，UMLAL，SMLALです．これらに加えてIT命令のITブロック内の命令列も割り込み中断するようです．

Cortex-Mシリーズでは実行時間が2サイクルの命令（ロード/ストア命令など）でも割り込み中断しないことがあります．また，命令フェッチやデータ・アクセスが1サイクルで終了しない場合に生じる待ち状態でも，割り込み中断しません．これはバスの転送処理をCPUが自発的に中断することはできないので当然です．

STM/LDM命令の実行が割り込み中断した場合は，EPSR（Execution Program Status Register）のICIフィールドに次に転送するレジスタ番号が記憶されているので，割り込みからの復帰後，中断した箇所から命令実行を再開します注3．これは，STM/LDM命令がI/O領域にアクセスしていた場合，割り込み復帰後に最初から転送を再開すると，同じI/Oレジスタに2回アクセスしてしまう恐れがあるからです．デスティネーションが64ビットの乗算命令（UMULL，SMULL，UMLAL，SMLAL）や除算命令（SDIV，UMULL）はレジスタ同士で演算が行われるので，I/Oアクセスのような副作用がないため，最初から命令実行を再開します．

究極に短いCortex-Mの割り込みレイテンシ

表4に各Cortex-Mシリーズにおける割り込みレイテンシを示します．また割り込みレイテンシの定義を図12に示します．また，割り込みレイテンシはCortex-M3では12サイクルですが，その内訳を図13に示します．

▶条件が違うので他のCPUの値とは比べないで

割り込みレイテンシに関してARMが強調している事柄があります．つまり，割り込み処理において，割り込みレイテンシは割り込み処理の高速性を示す指標ですが，それだけでは割り込み処理は高速化できないということです．

割り込みハンドラ（ISR：割り込みサービス・ルーチン）内ではコンテキストの退避/回復が行われますが，Cortex-M以外のプロセッサではこれらの処理をソフトウェアで行っており，割り込みレイテンシのカウント数にそれらのソフトウェア処理が含まれていません．Cortex-Mではコンテキストの退避/回復をハードウェア化しており，その実行時間が割り込みレイテンシに含まれます．なので，割り込みレイテンシのサ

注3：xPSRにICIビットが存在するのはARMv7-Mアーキテクチャのみです．つまり，ARMv6-MアーキテクチャであるCortex-M0/M0+/M1では，STM/LDM命令が割り込みで中断するものの，中断した時点からの命令再実行は不可能です．命令の最初から再実行になります．

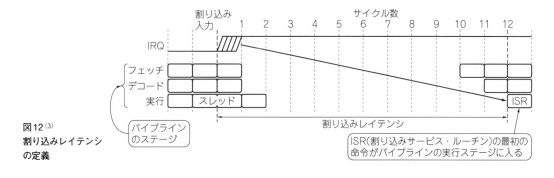

図12(3) 割り込みレイテンシの定義

第1部 ARM Cortex-Mコア教科書

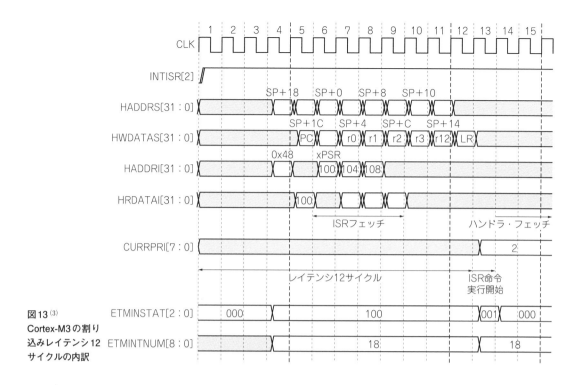

図13(3) Cortex-M3の割り込みレイテンシ12サイクルの内訳

イクル数を比べるだけでは割り込み処理時間の比較はできないという主張です．

● Cortex-Mのハード部分の割り込みレイテンシは究極に短い

Cortex-M3の12サイクルという割り込みレイテンシは，かなり究極に近い性能であるということです．実際，最新のCortex-M7でも12サイクルのレイテンシになっています．Cortex-M0やCortex-M0+も潜在的には同様なのですが，Cortex-M0/M0+はAHB Liteバスが1系統しか存在せず，例外ハンドラの命令フェッチとスタックへのレジスタ・プッシュを並列に実行できないため，その分のオーバヘッドがかかっています．Cortex-M0とCortex-M0+の割り込みレイテンシに1サイクルの差がある理由はわかりません（プリフェッチ機能の差かも…）．

割り込みレイテンシ短縮の工夫2： ハンドラへの分岐＆復帰時間を短くする

● 割り込みが同時発生する場合のレイテンシ短縮

割り込みレイテンシを短縮するための機能としては，割り込みハンドラの出入り口でのコンテキストの自動退避と自動回復も挙げられます．ARMの説明では，ARM7とCortex-M3を比較した場合，コンテキストのプッシュ時間は26サイクルに対して12サイクル，コンテキストのポップ時間は16サイクルに対して10サイクルと，高速化が図られているということ

です．

ここでは，二つの割り込み要因が前後して発生した場合の割り込みレイテンシについて説明します．これらには，テール・チェイン，横取り，後着の3種類のシナリオが存在します．ここで対象としているプロセッサはCortex-M3です．Cortex-Mの別プロセッサでは以下の説明のPUSH，POPに消費するサイクル数が異なる場合があります．

● ①テール・チェイン（Tail-chaining）

優先順位が「IRQ1＞IRQ2」である二つの割り込み要求が同時発生した場合，最初にIRQ1のハンドラ（ISR1）が実行され，ISR1からの復帰時には，割り込み発生元には戻らず，IRQ2のハンドラ（ISR2）の処理が開始されます．この場合，ISR1の出口でポップするコンテキストとISR2の入り口でプッシュするコンテキストは同じものです．つまり，ISR2の入り口でのプッシュを省略することが可能です．これがテール・チェインです．テール・チェインにかかる時間（ポップとプッシュの時間を融合して）は6サイクルになります．

このシナリオによるタイミングをARM7とCortex-M3で比較したものが，図14です．プッシュとポップの合計時間に関し，Cortex-M3はARM7に対して65％の処理時間の節約になっています．

第4章 究極の高速応答を追求したNVIC割り込みのメカニズム

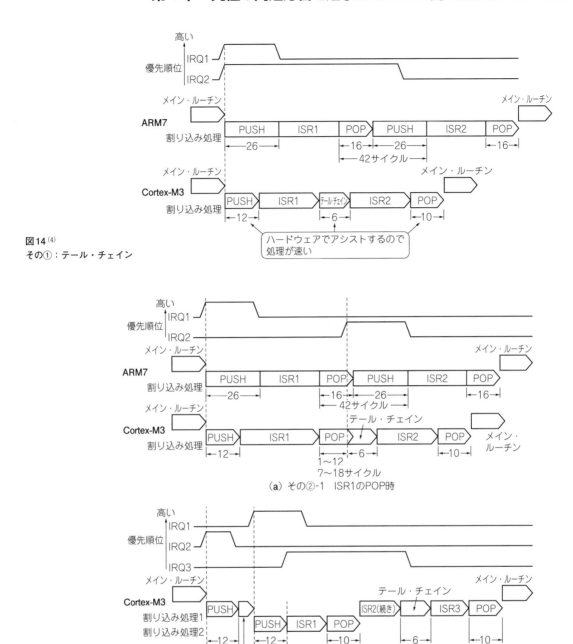

図14(4)
その①：テール・チェイン

(a) その②-1 ISR1のPOP時

図15(4)
その②：横取り

● ②横取り（Preemption）
▶その1：ISR1のPOP時

優先順位が「IRQ1＞IRQ2」である二つの割り込み要求に対して，最初にIRQ1のハンドラ（ISR1）が実行され，ISR1からの復帰時にIRQ2が発生する場合は，割り込み発生元には戻らず，IRQ1のハンドラ（ISR1）のポップ処理が中断され，IRQ2のプッシュ処理が発生します．この場合，ISR1の出口でポップするはずだったコンテキストとISR2の入り口でプッシュするコンテキストは同じものです．つまり，ISR2の入り口でのプッシュのみを実施すれば，つじつまが合います．これもテール・チェインになります．

このシナリオによるタイミングをARM7とCortex-M3で比較したものが図15（a）です．プッシュとポップの合計時間に関し，Cortex-M3はARM7に対して52％～65％の処理時間の節約になっています．

43

第1部 ARM Cortex-Mコア教科書

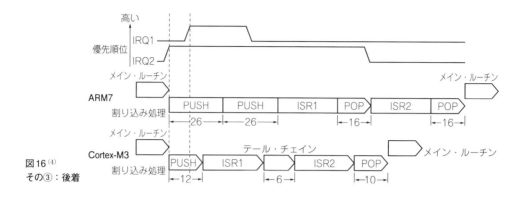

図16 (4)
その③：後着

▶その2：ISR2実行時のISR1による横取り

上述のテール・チェインや横取りはISR1の入り口や出口と優先順位の低い割り込み（IRQ2）が競合した場合です．それでは，あるISRの処理中に優先順位の高い割り込み要求が発生した場合の挙動を考えましょう．

優先順位が「IRQ1＞IRQ2＞IRQ3」である三つの割り込み要求を考えましょう．

最初にIRQ2が発生し，割り込み発生元（main）のコンテキストがプッシュされ，ISR2の処理が始まります．その後IRQ1が発生すると仮定します．このとき，コンテキストはISR2のものに切り替わっていますので新たなコンテキストのプッシュが発生しISR1の処理が開始されます．

ISR1の処理が終了するとISR2でプッシュされたコンテキストがポップされます．そして，中断されたISR2の処理が再開されます．また，ISR1処理中にさらにIRQ3が発生すると仮定します．

IRQ3はIRQ1やIRQ2より優先順位が低いので，ISR2の処理が中断されることはありません．ISR2の処理が終了するとISR3の処理が始まります．ただし，このときIRQ2でプッシュされたコンテキスト（main）とIRQ3でプッシュするコンテキストは同じものです．このため，ISR2の出口でポップされるコンテキストとIRQ3でプッシュするコンテキストが同じということになり，テール・チェインが発生します．その後はISR3が処理され，mainのコンテキストがポップされて割り込み処理が終了します［図15（b）］．

● ③後着（Late-arriving）

優先順位が「IRQ1＞IRQ2」である二つの割り込み要求を考えます．

優先順位の低いIRQ2の割り込み処理が開始された直後（コンテキストのプッシュ中）に優先順位の高いIRQ1が発生する場合が後着です．このとき，ISR2の処理ではなくISR1の処理が開始されます．この場合は，ISR2の処理はまだ開始されていないので，IRQ1とIRQ2でプッシュされるコンテキストは同じものです．このため，テール・チェインを期待して，Cortex-M3ではプッシュは1回しか実施されません．

ARM7ではテール・チェインがないので素直にコンテキストのプッシュを2回実施します．Cortex-M3の場合では，ISR1の処理が終了するとテール・チェインが発生し，ISR2の処理が開始されます（図16）．

◆参考・引用*文献◆

(1) APSのCortex-A関連ウェブ・サイト．
http://www.aps-web.jp/academy/cortex-a/08/a.html
(2) ARMv7-M Architecture Reference Manual Errata markup, ARM DDI 0403Derrata 2010_Q3（ID100710）．
(3) A Beginner's Guide on Interrupt Latency - and Interrupt Latency of the ARM Cortex-M processors
http://community.arm.com/docs/DOC-2607
(4) APSのCortex-M関連ウェブ・サイト．
http://www.aps-web.jp/academy/cortex-m/15/a.html

なかもり・あきら

第5章

全プログラムをCで記述できる仕組み ほか

その他「マイコン」に特化した機能

中森 章

Cortex-MはARMが従来のプロセッサという分野からマイコンという分野に特化した初めてのシリーズです．プロセッサの機能や規模を削減するだけでなく，「マイコン」と同様に使えるようにすることが肝心です．そのための手法を以下に列挙します．

リアルタイム制御に向かない キャッシュ/MMUの削除

マイコンが使われる用途では，高性能を追求するためのプロセッサの次の仕組みが不要な場合が大多数です．
- キャッシュ：メモリ・アクセスを高効率化
- MMU（Memory Management Unit）：Windows/Linux/iOSなどの汎用OSで必要な仮想アドレス－物理アドレス変換を行う

理由は，マイコンはモータ制御やエンジン制御，ブレーキ制御などの確定的な命令処理時間が必要な場合があり，キャッシュ・ミスやMMU（内部のTLBキャッシュ）ミスによる待ち時間による処理時間の変動が好ましくないからです．

● キャッシュがなくてもOKな理由…十分動作が高速

キャッシュやMMUが存在しなくても性能や機能は十分なのかと思われるかもしれませんが，その点は問題ありません．キャッシュに関しては，CPUと周辺メモリとの間のアクセスを高速化する仕組みです．しかし，マイコンのCPUの動作周波数は50MHz～200MHzであり，それにつながる周辺バスの動作周波数はそれ以下です．このため，周辺メモリとのアクセスは1～4サイクルで可能です．つまり，キャッシュがなくてもCPUと周辺メモリ間のアクセスは十分に高速なのでキャッシュは不要なのです．

● メモリ管理ユニットMMUがなくてもOKな理由…汎用OSを使わない

メモリ管理ユニットMMUに関しては，存在しなくても，影響はありません．

マイコンのソフトウェアは，複雑なマルチタスク処理を行うことはありません．MMUの目的である，仮想アドレスを物理アドレスに変換して物理メモリを効率的に使用する，という必要性は高くありません．

物理メモリの効率的な利用は，アプリケーション・ソフトウェア（OSなしの場合）やマイコン用軽量OSに任されています．マイコンは，アドレス変換をしないで使用することが常識です．

MMUなしマイコンでほしくなる メモリ保護ユニットMPU

● ネットワーク通信や高信頼性を実現したい場合はメモリを保護したい

メモリ管理ユニットMMUで行う仮想アドレス－物理アドレス変換は，ソフトウェアを工夫すれば，MMUが存在しなくても何とかなります（例えば，データ・アボート例外などを使用する）．

MMUのもう一つの機能であるメモリ保護は，ハードウェア的な補助がないと実現できません．

本来，マイコンのOSは，「何とかコンピュータを暴走させよう」という性悪説に基づいたパソコンなどのOSとは異なり，「悪意をもったアプリケーション・ソフトウェアが存在しない」という性善説に基づいて設計されています．このため，現在のマイコンのOSでは，メモリ保護を必要としない場合が大多数です．

しかし，IoTデバイスのようにネットワークに接続する場合は，悪意をもったソフトウェアが存在しない，という仮説は成り立たないかもしれません．

マイコンのソフトウェアにもバグがつきもので，悪意がなくてもシステムを暴走させる恐れも否定できません．そのための機能がメモリ保護ユニットMPU（Memory Protection Unit）です．

● メモリ保護ユニットMPUのはたらき

MPUの動作イメージを図1に示します．
MPUの最大の意義はメモリ保護です．次のようなことができるようになります．

第1部 ARM Cortex-Mコア教科書

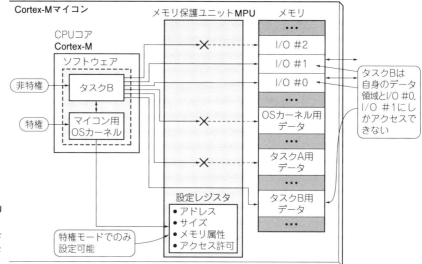

図1
メモリ保護ユニットMPU
の動作イメージ
メモリ保護機能は，ハードウェアとして用意されていないと実現することは難しい

- マイコン用リアルタイムOS(RTOS)などでのスタック領域のスタック・オーバフローを検知する
- フラッシュ領域やROM領域などのリードのみ可能領域へのライトを禁止する
- セキュリティの観点から，データ領域を実行できないように指定する
- 特定領域を特権レベルのみでアクセス可能に設定する

● Cortex-M0+/M3/M4のMPU

Cortex-M0+/M3/M4ではオプションでMPUを実装することが可能です．これは，メモリの保護領域やメモリ・アクセスのための許可や属性を定義するものです．

Cortex-M0+/M3/M4のMPUは，8個(Cortex-M7では8または16個)の領域でメモリ保護を実現するという，よく似た構造をもっています．最大の違いは，Cortex-M0+が1レベルのメモリ属性しかサポートしないのに対して，Cortex-M3/M4は2レベルのメモリ属性をサポートすることです．

MPUは低消費電力の観点から，ゲート数(=面積)を削減するために，設定方法がMMUと比べると単純です．ベース・アドレスとサイズという二つの属性で各保護領域を規定するようになっています．

各保護領域は256バイトから4Gバイトの範囲に設定できて，一つの保護領域は8個のサブ領域をもちます．

全プログラムをC言語で記述できる仕組み

Cortex-Mの大きな特徴の一つとして「プログラムのすべてをC言語で記述できる」ことがあります．ARM7の時代(や，それ以前から)C言語によるプログラム開発は行われている！というツッコミもあるかもしれません．しかし，従来のARMアーキテクチャやCortex-A/Rとは大きな違いがCortex-Mにはあります．

● その1：スタートアップ・ルーチンをC言語だけで書ける

まずは，スタートアップ・ルーチンです．Cortex-A/Rでは，いくらC言語で開発するといってもスタートアップ・ルーチンはアセンブリ言語で書くしか方法がありません．ところがCortex-Mではスタートアップ・ルーチンもC言語で書くことができます．

というか，従来のARMアーキテクチャやCortex-A/RからCortex-Mへの進化の過程で，リセットを含むベクタ・テーブルの内容が，命令記述からハンドラのアドレス(ハンドラへのポインタ)記述に変更になった理由は，すべてをC言語で記述するための布石と考えられます．

Cortex-Mのベクタ・テーブルはデータの塊なのでC言語の配列として記述でき，その配列はCコンパイラのリンカによって容易にリセット開始アドレス(通常0番地)に割り付けることが可能です．

▶ Cortex-A/Rの場合はリセット・ベクタに命令を記述しないといけないのでC記述だけじゃダメ

Cortex-A/Rの場合はリセット・ベクタに命令を記述することになりますから，これをC言語で記述する場合は「関数」という形式で書くしかありません．この場合，関数の入り口でスタックに対する操作が必ず入ります注1．リセット直後はスタック・ポインタの

第5章 その他「マイコン」に特化した機能

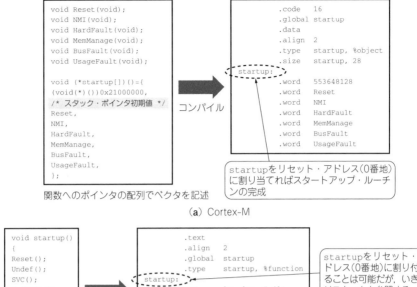

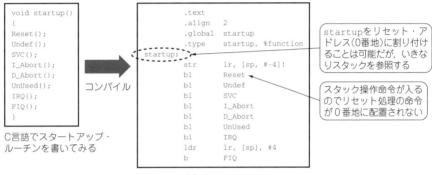

リスト1 Cortex-Mはスタートアップ・ルーチンをC言語だけで記述できる

(a) Cortex-M
(b) Cortex-A/R

値は不定なので矛盾（暴走）が発生します．このイメージをリスト1に示します．

● その2：割り込み/例外ハンドラをC言語で記述できる

Cortex-Mでは割り込み/例外の復帰シーケンスが通常のC言語の関数と同じ方式です．Cortex-A/Rの場合は，「SUBS pc,lr,#4」などと特殊な命令シーケンスで復帰しますから，通常は割り込み/例外ハンドラはアセンブリ言語で記述されます．

C言語によっては「interrupt」や「__irq」などという属性を関数宣言に付加すれば，関数の出口を「SUBS pc,lr,#4」などの復帰シーケンスに変更できる拡張が行われているものもあります．しかし，余分な属性を付加するという点で，Cortex-A/Rでも（普通の）C言語で記述できるという主張は弱くなります．

Cortex-Mでは（余分な属性を付加する必要がないので），大手を振ってC言語で記述できるといえます．

注1：GCCの場合，「naked」という属性を付加して，次のような記述にすればスタック操作なしでベクタ・テーブルを記述することが可能です．

```
void __attribute__ ((naked)) Reset_Vector(void)
{
  _reset();
  _undef();
  _svc();
  _iabt();
  _dabt();
  _reserve();
  _irq();
  _fiq();
}
```

この場合，_reset関数などの呼び出しが「bl」命令になるので，LRレジスタが変更される点が少し難点です．

第1部 ARM Cortex-Mコア教科書

図2 OS開発で使うスーパバイザ・コールは命令コードに識別用の引き数が埋め込まれる…命令アドレスを知るためのアセンブラが必要

▶そうはいってもOS屋さんはアセンブラが必要

Cortex-Mでは割り込み/例外ハンドラがC言語の通常の関数で記述できるというと、必ず入る突っ込みは、SVC（スーパバイザ・コール）のハンドラでは、入り口で数行のインライン・アセンブラのコードが必要だというものです。

SVCでは、図2のように、命令コードに引き数の8ビットの即値が埋め込まれています。この即値をプログラムで参照するためには、SVC命令の存在するアドレスを知ることが必要になります。これはスタックに積まれている戻りアドレスの値を－2注2することで求めます。多くの開発ツールで使用されているGNUのCコンパイラ（GCC）ではそのような機能がありません。このため、SVC命令のアドレスを知るためにアセンブリ言語での記述が少しだけ必要になります。

ただ、SVCハンドラを記述する必要があるのはOSやRTOSの開発者なので、SVCハンドラは例外と考えることもできます。OSやRTOSの開発者はタスク・スイッチなどの処理をアセンブリ言語で書く必要があります。「プログラムのすべてをC言語で記述できる」というのはあくまでも（OS側ではなく）アプリケーション側の話なのです。先に挙げたスタートアップ・ルーチンも、ステータス・レジスタやPSPの設定を特権命令で行うため、現実にはアセンブリ言語で記述されます。

● その3：インライン・アセンブラじゃないと使えない命令もあるけどARMからAPIが用意されている

WFI（Wait For Interrupt）やWFE（Wait For Event）といった命令をC言語で記述するためには、やはりインライン・アセンブラのお世話にならなければ

注2：スタックに積まれているPCの値は、SVC命令の次のアドレスです。即値を参照するためには「－1」の位置と思う人がいるかもしれません。PCのLSBが1となっているため、それを考慮して「－2」します。

ならないのが実情です。

しかしCMSIS（Cortex Microcontroller Software Interface Standard）を使えば、実行に必要なほとんどの命令はAPI（要はライブラリで対処）で呼び出して実行することができます。__REV()、__WFI()、__WFE()、__SEV()、__ISB()、__DSB()、__DMP()、__NOP()という関数が用意されています。これまた「ぎりぎりセーフ」というところでしょうか。

● その4：ほとんどの制御レジスタはCポインタでアクセスできる

Cortex-Mは、制御レジスタのほとんどがメモリ空間に割り付けられており、C言語のポインタによってアクセスできます。表1にレジスタ・セットの一部であるレジスタ制御レジスタ一覧を、表2にメモリ・マップされた制御レジスタの一覧を示します。

表1のレジスタはMRS命令でリードし、MSR命令でライトするので、表1のレジスタにアクセスするためにはアセンブリ言語が必要です。しかし、OSの開発者以外でMRS/MSR命令を使う必要性はほとんどないと思います。

● Cortex-MはARMの究極形なのかも

筆者としては、スタートアップ・ルーチンと割り込みハンドラがC言語で記述できるという特徴だけでも「プログラムのすべてをC言語で記述できる」を名乗る資格はあると思います。Cortex-A/Rは互換性という観点から旧来のARMアーキテクチャを引き継ぐしかなかったのですが、Cortex-Mはマイコンに特化するという大義名分の下、思い切って過去の憂いを断つことができたのです。

Cortex-M0+の1サイクル即I/O

シングル・サイクルI/OはCortex-M0+に特有の機能です。これによりI/Oを制御するタスクを高速に処理することが可能になります。Cortex-Mシリーズの内部バスはAHB-Liteを採用していますから、高速で動作できるものの、アドレスとデータの間でパイプライン構造を採用しており、1データの転送に2サイクルかかってしまいます。ただし、複数データの連続転送では、AHB-Liteはパイプライン的に動作し、見かけ上、1サイクルでのデータ転送が可能です。シングル・サイクルI/Oはパイプライン構造でない単純なバスをI/O専用に追加することで実現します。いわば、ハーバード・アーキテクチャに似たI/Oインターフェースを周辺アクセスに採用したのです。この機能はGPIO（General Purpose Inputs/Outputs）や高速アクセスが必要な周辺制御に最適です。

第5章 その他「マイコン」に特化した機能

表1
レジスタ・セットに含まれる
主な制御レジスタ
MSR/MRSでアクセス

略称	名称	備考
MSP (SP_main)	Main Stack Pointer	
PSP (SP_process)	Process Stack Pointer	
APSR	Application Program Status Register	
IPSR	Interrupt Program Status Register	
EPSR	Execution Program Status Register	
XPSR	APSR, IPSR and EPSR	
PRIMASK	Special-purpose Mask Register	
CONTROL	Special-purpose Control Register	
BASEPRI	Special-purpose Base Priority Register	ARMv7-Mでのみ定義
FAULTMASK	Special-purpose Fault Mask Register	ARMv7-Mでのみ定義

表2　メモリ・マップされた主な制御レジスタ

アドレス	略称	名称	ARMv7-Mでのみ定義
0xE000E004	ICTR	Interrupt Controller Type Register	○
0xE000E008	ACTLR	Auxiliary Control Register	−
0xE000ED00	CPUID	CPUID Base Register	−
0xE000ED04	ICSR	Interrupt Control and State Register	−
0xE000ED08	VTOR	Vector Table Offset Register	−
0xE000ED0C	AIRCR	Application Interrupt and Reset Control Register	−
0xE000ED10	SCR	System Control Register	−
0xE000ED14	CCR	Configuration and Control Register	−
0xE000ED18	SHPR1	System Handler Priority Register 1	○
0xE000ED1C	SHPR2	System Handler Priority Register 2	−
0xE000ED20	SHPR3	System Handler Priority Register 3	−
0xE000ED24	SHCSR	System Handler Control and State Register	−
0xE000ED28	CFSR	Configurable Fault Status Register	○
0xE000ED2C	HFSR	Hard Fault Status Register	○
0xE000ED30	DFSR	Debug Fault Status Register	
0xE000ED34	MMFAR	Mem Manage Fault Address Register	○
0xE000ED38	BFAR	Bus Fault Address Register	○
0xE000ED3C	AFSR	Auxiliary Fault Status Register	○
0xE000ED88	CPACR	Coprocessor Access Control Register	○

　シングル・サイクルI/Oはオプション機能です．シングル・サイクルI/Oインターフェースはメモリ空間にマッピングされています．そのアドレスのベースと範囲は実装依存です．たとえば，NXPセミコンダクターズのLPC81xでは0xA0000000番地からシングル・サイクルでアクセス可能なGPIOが実装されています．あるいは，Kinetis L（例えばKL25Z, NXP）では0xF8000000番地からシングル・サイクルでアクセス可能なGPIOが実装されています．これらは他のGPIOと区別して高速GPIO（Fast GPIO）と呼ばれます．

なかもり・あきら

第6章

IoT時代はますます求められる
Cortex-Mの
OSサポート機能

中森 章

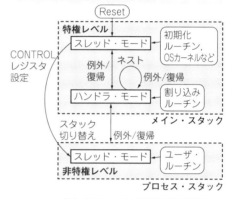

図1　Cortex-M3/M4にはリアルタイムOS用メイン・スタックとユーザ・ルーチン用プロセス・スタックが用意されている

　Cortex-Mシリーズでは，リアルタイムOS（RTOS）の搭載を想定して，便利な機能をサポートしています．それらに関して説明します．

　基本的に，OSサポートはCortex-M3/M4の機能です．Cortex-M0/M0+では一部のOSサポート機能はサポートされません（小規模のFPGAに対応させるため，Cortex-M1ではOSサポート機能は削除されている）．

2系統のスタック・ポインタ

　OSにはOSをアプリケーションの実行から保護するために実行モードが必要です．つまり，OSモードは万能な特権モードで実行され，アプリケーションは機能制限されたユーザ・モードで実行されます．Cortex-Mでは，ハンドラ・モードが特権モード，スレッド・モードがユーザ・モードに対応します．スレッド・モードを特権モードにすることも可能です．というか，リセット直後はスレッド・モードで，かつ特権モードになっています．OSのソフトウェアが制御レジスタ（CONTROL）のビット0をクリアするとスレッド・モードがユーザ・モードになります．一度ユーザ・モードになると特権モードには（リセットをかけるまで）戻せません．

　特権モードとユーザ・モードを分離するためには干渉し合わないのが原則ですから別のスタック・ポインタが必要になります．少なくともスタック・ポインタを分離する理由は，スタックはCPUの実行状態やコンテキストを保持するメモリ領域だからです．アプリケーションの暴走でOSの状態やコンテキストが破壊されるとシステムが破たんしてしまいます．

　ハンドラ・モードでは常にMSP（Main Stack Pointer）が使用されます．スレッド・モードではMSPかPSP（Process Stack Pointer）のいずれかを使

第6章 Cortex-MのOSサポート機能

コラム1　ARM社が用意する共通ソフトウェアCMSIS

中森 章

　ARM社は，CMSIS（Cortex Microcontroller Software Interface Standard：Cortexマイクロコントローラ・ソフトウェア・インターフェース規格）の整備に注力しています．これは，Cortex-Mシリーズ向けのベンダに依存しないハードウェア抽象化レイヤです．CMSISにより，周辺デバイスとの通信，RTOS，ミドルウェアに対して，自社製，他社製を問わず，プロセッサとの間に一貫した簡潔なソフトウェア・インターフェースを実現できます（図A）．このため，ソフトウェアの再利用が容易化されます（どのベンダのCortex-Mシリーズ・マイコンでも完全に動作する）．CMSISを採用することで，新しいマイクロコントローラ開発者のARMアーキテクチャ習得が容易になり，新製品の製品化期間が短縮されます．

　組み込み制御業界ではソフトウェアの作成が主要なコスト要因です．Cortex-Mシリーズのソフトウェア・インターフェースを標準化することにより，このコストは著しく削減されます．これは特に，新しいプロジェクトを作成するときや既存のソフトウェアを新しいデバイスへ移行するときに顕著になります．

　これは，まさに組み込みOSの発想です．組み込みOSというと，μCLinuxなどを思い浮かべる人もいるかもしれませんが，通常はリアルタイムOS（RTOS）です．実際，Cortex-M用のCMSIS対応RTOSとして「CMSIS RTOS RTX」などのリアルタイムOSが提供されています．

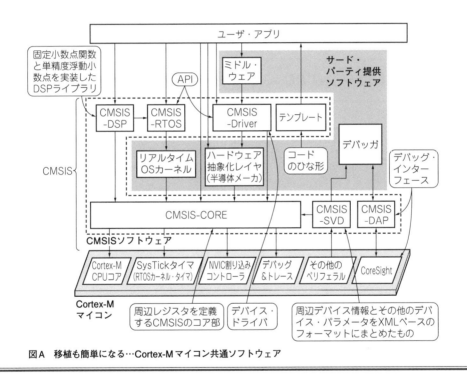

図A　移植も簡単になる…Cortex-Mマイコン共通ソフトウェア

用されます．スレッド・モードでMSPかPSPかのどちらを使用するかは制御レジスタ（CONTROL）のビット1で選択します．通常は，ハンドラ・モードではMSP，スレッド・モードではPSPを使用するようにソフトウェアで設定を行います．

　図1にRTOSを使用する場合の実行モードとスタックの使われ方の例を示します．

OS用SysTickタイマ

　Cortex-MシリーズにはOS専用のタイマを内蔵しています．それが「SysTick」です．これは24ビットのダウン・カウンタで値が"0"になるとSysTick例外が発生します（SysTick例外が許可されている場合）．

　SysTickのカウント値はSYST_CVR（SysTick Current

第1部 ARM Cortex-Mコア教科書

Value Register)からリードできます．カウンタの値が"0"になった場合，SYST_RVR(SysTick Reload Value Register)の値がSysTickカウンタに設定されます．

SysTick例外の優先順位もSHPR3(System Handler Priority Register 3)，のビット[31:24]で設定できます．

SysTick例外は周期的に割り込みを発生させ，OSに制御を渡します．SysTick例外ハンドラでは，例えば，次のような処理が実行されます．

- OS管理している時間にかかわる変数の処理
- 休眠中のタスクが起床時間に達していれば（優先順位に従って）起こす
- ドライバやタスクからの時間指定に達していれば，依頼された処理を実行

● Cortex-M0/M0+にはない場合があるかも

なお，Cortex-M0/M0+ではSysTickタイマはオプションです．これは，OSを使わない場合もあるという想定によるものだと考えられます．

割り込みコントローラNVIC

割り込みコントローラNVICは，実は，RTOSに便利な機能です．NVICは各割り込み要因に対して最大256種類の優先順位を割り当てられます．これは，優先順位に基づいたプリエンプティブ・マルチタスクによってタスクのスケジューリングを行うRTOSには最適です．また，テール・チェインや後着などの割り込み処理の高速化機能や，割り込みによる（実行時間が長い）命令の中断/再開機能は，応答時間を保証しなければならないRTOSの実装を容易にします．

Cortex-Mシリーズはデフォルトで NVICを内蔵していますから，それにかかわるソフトウェアも共通化できます．それがARMのCMSIS構想（コラム1）の発端なのだと思われます．

メモリ保護ユニットMPU
(Cortex-M0+/M3/M4)

OSでは，リード，ライト，実行を領域ごとに許可/不許可する機能が必要です．これも前述した特権モード，ユーザ・モードに関係する話で，OSをアプリケーション（ユーザ・プログラム）の暴走から保護するためです．そのために，MPU(Memory Protection Unit)が存在します．MPUに関しては既述なのでここでの説明は省略します．

非特権ユーザ・アプリから特権動作を肩代わりしてくれる命令/機能

● その1：スーパバイザ・コールSVC

OS使用時，アプリケーション（ユーザ・タスク）はユーザ・モードで動作しますから，I/Oアクセスなどの特権動作を行うことができません．アプリケーションが特権動作を行うためには，システム・コールを発行して，OSに特権動作を肩代わりしてもらいます．そのための命令がSVC(Supervisor Call)命令です．

SVC命令が実行されるとスーパバイザ・コール例外が発生します．Cortex-Mシリーズはスーパバイザ・コール専用の例外ベクタをもっていて，スーパバイザ・コールの例外ハンドラでアプリケーションから要求された処理を行います．

どのような特権処理を行うかどうかはSVC命令のオペランドである8ビットの即値で指定し，特権処理の実行結果は特定の汎用レジスタ（スレッド・モードとハンドラ・モードで共通）に格納されます（OSの規約で定義される）．

● その2：PendSV例外

SVC命令とよく似た機能にPendSV(Pending Supervisor)があります．これは，別の割り込みハンドラの終了時までスーパバイザ・コールを遅延(Pending)させる機能です．OSが手の放せない処理（クリティカル・セクションなど注1）を実行している最中にスーパバイザ・コールが要求された場合に，OSの手が空くまで要求を保留させるのです．これを「非同期トラップ」とか「非同期割り込み」と呼びます．割り込み/例外は本来非同期だろうという突っ込みがあるかもしれませんが，ここでの「非同期」という意味は「要求した箇所と別の箇所で例外が発生する」という意味です．

PendSV状態にあると，割り込みハンドラを抜ける時点で，PendSVに設定された割り込み/例外の優先順位より高い割り込み/例外要求がなくなると，PendSV例外が発生します．PendSV例外も専用のベクタをもっています．通常，PendSVの優先順位は最低に設定しておき，OSにとって比較的緊急ではないコンテキスト切り替えのスケジューリングなどに使用します．

なお，PendSV状態にするためには専用命令ではなく，ICSR(Interrupt Control and State Register)の

注1：クリティカル・セクションとは，マルチタスクOSにおいて，タスクがシステムの共有資源にアクセスする内容を含む処理部分のこと．あるいは，一つのタスクしか実行させないような仕組みをもった領域のこと．

第6章 Cortex-MのOSサポート機能

コラム2 たらればの話…Linuxが使えるCortex-Mマイコン？　　　中森 章

　Cortex-MシリーズはMMUをサポートしません．このため，Linux（Android）をサポートできないのが欠点という人もいます．これは，Cortex-MとCortex-Aの間を埋めるプロセッサが存在しないことを指摘する意見です．
　ARMとしてはCortex-MとCortex-Aの中間にはCortex-Rシリーズがありますが，Cortex-Rは高速なCortex-Mのような位置づけで，やはり，MMUのサポートはありません．このため，一部にはMMUをサポートするCortex-Mの登場を待つ声もあるということを付記しておきます．そのとき，Cortex-Rの立場はどうなるのでしょうね…．

ビット28に1をライトします．PendSV状態を解除するにはICSRのビット27に1をライトします．PendSV例外の優先順位はSHPR3（System Handler Priority Register 3）のビット［23：16］で設定します．
　ところで，SVC例外とPendSV例外は同じ優先順位をもっているので，それぞれは，同様の挙動を示します．OSはSVC例外とPendSV例外が同時発生しないように注意しなければなりません．つまり，片方のハンドラ処理を完了させてから他方のハンドラ処理を完了させなければなりません．

セマフォによる排他アクセス

　Thumb-2にも排他アクセスを行うためのLDREX（Load Register Exclusive）/STREX（Store Register Exclusive）命令が含まれています．これらの命令はAHB-Liteバス上に排他アクセスを発行し，排他アクセス信号をモニタすることでセマフォを実現することができます．セマフォはマルチタスク/マルチコア・システムでのプロセッサ間同期を行うための必須機能です．これをサポートできなければOSの構築が非常に困難になります．
　排他アクセスといえばAXIバスの専用プロトコルだったはずです．それがAHB-Liteでも行えることは知りませんでした（ARM1136では実現していたのだが…）．
　事実，Cortex-MシリーズのAHB-Liteの仕様を見ても排他アクセスに関する記述は一切ありません．どうも，Cortex-Mシリーズにおける排他アクセスの実現方法は機密事項に当たるらしく，ARMのライセンシ以外には公開されません．チップの統合と実装に関する事項はRTLと同じ扱いなのだそうです．つまり，実際にCortex-Mプロセッサを使って設計を行う人以外には，その仕組みを知ることができません．ちょっと欲求不満になりそうですね．
　しかし，同じAHB-Liteを採用するARM1136のテクニカル・リファレンス・マニュアル[1]には排他アクセスのための信号が掲載されています．すなわち，HPROTとHRESP信号が拡張されています．HPROT［5］=1が排他アクセスを示し，排他アクセスの成功/失敗はHRESP［2］によって示されます（HRESP［2］=1の場合が失敗）．この信号がCortex-Mシリーズと同一か否かは不明ですが，少しは欲求不満も晴れると思います．
　もっとも，排他アクセスの実装方法がわからなくてもソフトウェア作成者には無関係です．ソフトウェアとしては，LDREX命令とSTREX命令を既定の方法で実行するだけでセマフォが実現できます．
　ところで，Cortex-M0/M0+/M1（すなわち，ARMv6-Mアーキテクチャ）では排他アクセスはサポートされません（LDREX/STREX命令もサポートされていない）．Cortex-M0/M0+/M1ではOSサポートを前提としませんが，セマフォ（タスク間同期）を実装する必要がある場合は，デバイス専用のメール・ボックスを構築し，メッセージのやりとりで排他制御を実現しなければなりません．

半導体メーカ独自の ハードウェアOSアシスト機能

　ここまで，Cortex-MシリーズのOS（RTOS）サポート機能に関して，その特徴を説明してきました．しかし，これらのサポート機能が，実際の場面でどの程度有効なのか興味があると思います．その意味で参考文献（2）の記載は参考になります．これはR-INというイーサネット向けLSIの話ですが，やはり現実は厳しいようです．リアルタイム応答性にはかなりのばらつきがあるようです．
　R-INでは，RTOSの応答性のばらつき（揺らぎ）を最小限に抑え込むために，リアルタイムOSアクセレータが導入されました．リアルタイムOSアクセレータとは，HW-RTOS（ハードウェアRTOS）とも呼ばれ，多タスク数，高速時刻同期，低電力が要求される産業用イーサネット通信において，従来CPU処理の中で大きな負荷となっていたリアルタイムOSの処

53

第1部 ARM Cortex-Mコア教科書

理，およびチェックサム，ヘッダの並べ換えなどの標準イーサネット通信のプロトコル処理といった，従来はソフトウェアで実現していた処理をハードウェア化することで，従来比5〜10倍の高速処理を実現するものです．ドライバはμITRON準拠です．

実際のRTOSではシステム・コールの処理時間が5μ〜30μsとばらつきますが，R-INではリアルタイムOSアクセラレータによってシステム・コールの処理時間が一律2μs程度（100MHz動作時）になるそうです．

ただ，MCU/SoCのメーカでは，キャッシュやプリフェッチ技術でフラッシュ・アクセスの高速化を行っており，これはキャッシュやプリフェッチ・バッファのヒット/ミスで処理時間をばらつかせる要因となります．某社の技術者は「キャッシュ・ミスなどの処理性能のばらつきはチップの外部までは見えてきませんよ」と発言していました．実際，そのようなことが起きているということだと思います．

◆参考・引用＊文献◆

(1) ARM1136JF-S and ARM1136J-S Technical Reference Manual Revision: r1p5
http://infocenter.arm.com/help/topic/com.arm.doc.ddi0211k/DDI0211K_arm1136_r1p5_trm.pdf

(2) ルネサス エレクトロニクス：CC-Link IE Field対応産業イーサネット通信用LSI R-IN32M3-CL資料
http://japan.renesas.com/media/products/soc/assp/fa_lsi/multi_protocol_communication/r-in32m3/peer/pdf/r18pf0005jj0101_rin32m3.pdf

なかもり・あきら

第7章

性能をカリカリに出したいときのヒント

差がつくポイント…
フラッシュ・メモリ速度

中森 章

完成形Cortex-Mコア唯一の弱点 …フラッシュ・メモリ速度

● 動作周波数を高くできない理由はフラッシュ・メモリ内蔵にあり

Cortex-Mシリーズの動作周波数が(Cortex-AやCortex-Rに比べて)低くならざるを得ない理由は，命令メモリとしてフラッシュ・メモリを内蔵するからです．つまりフラッシュ・メモリへのアクセス速度に適したパイプライン段数になっています．

フラッシュ・メモリが混在する製造プロセスでは，ロジック部の動作周波数が上がらないことは，半導体業界では常識です．例えば40nmルールのフラッシュ混載製造プロセスでは，プロセッサの動作周波数は240MHz～320MHzで頭打ちになってしまいます．

フラッシュ混在でなければ600MHz～800MHz動作は楽勝でしょう．このような現実を鑑み，Cortex-Mシリーズでは，どうせ高い動作周波数が実現できないのだからと，パイプライン段数を少なくして実質的な(MHz当たりの)性能向上を図っています．

● フラッシュ・メモリ速度がネックで200MHzの能力を発揮できない

ARMの想定では，フラッシュ・メモリへのアクセスは30MHz～50MHzで見積もられている節があります．つまり，プロセッサが200MHzで動作しても，命令フェッチに4～5サイクルかかる計算です．これは極端な話(命令プリフェッチ・バッファの存在を無視すれば)，命令フェッチごとにウェイト(ストール)が入るので，パイプライン・クロックが30MHz～50MHz相当であるのとほとんど同等です(実際は1サイクルで最大2命令をフェッチできるので60MHz～100MHz相当)．200MHzで動作しても，性能は60MHz～100MHzの動作周波数と同程度ということで，無駄に消費電力を食う結果になります．

● フラッシュからSRAMに動作プログラムを移しておく手も

これを防ぐために，フラッシュ・メモリの内容を高速(1～2サイクルでアクセス可能なはず)な内蔵SRAMにあらかじめ転送しておいて，命令フェッチを内蔵SRAMから行うという手法も考えられます．この場合は，200MHzの動作周波数が最大限に生かされると予想されます．実際，参考文献(2)でも，SRAM上でプログラムを実行することが低消費電力になるという説明があります．

メーカ1-1：NXP(旧フリースケール)のフラッシュ・メモリ速度UPの仕組み

● 命令をプリフェッチしたりキャッシュしたり努力の結晶

それでも命令を，SRAMに展開した後ではなく，フラッシュ・メモリから直接フェッチする場合が多いのは，何らかの命令プリフェッチ・バッファの効果を期待しているものと思われます．製品によっては，フラッシュ・メモリからのより高性能なプリフェッチ機能や，フラッシュ・メモリ専用のキャッシュを実装しています．これらの機能によりフラッシュ・メモリへのアクセスをさらに高速化します．

例えば，NXPセミコンダクターズ(旧フリースケール社)のKinetisマイコンにおいては，

- フラッシュ・キャッシュ
- 投機的プリフェッチ・バッファ
- シングル・エントリ・バッファ

を実装して，フラッシュ・メモリへのアクセスを高速化しています(実質的に1サイクルでのアクセスが可能)．この構造を図1に示します．

● 利点…ヒット率の高いキャッシュ構造

フラッシュ・キャッシュは4ウェイ・セット・アソシアティブ構造を採ります．他社の単純なFIFO構造のプリフェッチ・バッファに比べると高いヒット率が期待できます．

第1部 ARM Cortex-Mコア教科書

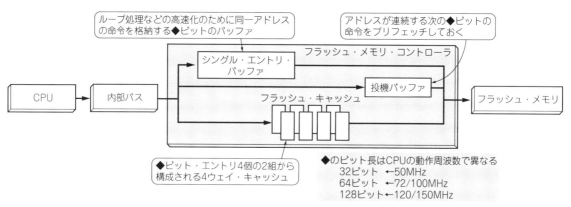

図1[(3)] Kinetisマイコンにおけるフラッシュ高速アクセスの仕組み

● 欠点…CPUと内部バスの間でレイテンシが発生

ただし，Kinetisマイコンの場合，CPUとフラッシュ・キャッシュはAHBなどの内部バスを介して接続されています．つまり，内部バスからフラッシュがノー・ウェイトでアクセスできても，CPUと内部バスの間でレイテンシが発生します．AHBなどはパイプライン的なアクセスが可能なので，連続アクセスを行う場合は，そのレイテンシは見えなくなります．

メーカ1-2：NXPセミコンダクターズのフラッシュ・メモリ速度UPの仕組み

● プリフェッチ・バッファを搭載

LPC408x/407xプロセッサ（NXP）では，フラッシュの高速化アクセスのために，後述のテキサス・インスツルメンツと同様に，128ビット単位の命令（データ）を格納する8エントリのプリフェッチ・バッファを有しています．

● プリフェッチ・バッファを命令アクセスとデータ・アクセスで共通利用

構成を図2に示します．テキサス・インスツルメンツの高速化技術（後述）との違いは，プリフェッチ・バッファが命令用とデータ用で共通になっている点で

す．CPUコアが命令アクセスを行うかデータ・アクセスを行うかに応じて，プリフェッチ・バッファに格納される内容が切り替わります．命令アクセスとデータ・アクセスが同時に発生した場合はデータ・アクセスが優先されます．

● もともとフラッシュとコアの動作速度が同じくらいだから特別な機構はいらない

Cortex-M0/M0+をCPUコアとするLPC800/LPC1100/LPC1200などのMCUでは，上述のようなフラッシュ高速化技術は内蔵されていないようです．それもそのはず，NXPのCortex-M0/M0+の動作周波数は50MHzで，フラッシュのアクセス速度と同じなので，フラッシュには特別な機構がなくてもノー・ウェイトでアクセス可能だからです．

なお，LCP43xxではフラッシュを2バンクもち，256ビット幅でフラッシュにアクセスします．

メーカ2：STマイクロエレクトロニクスのフラッシュ・メモリ速度UPの仕組み

STマイクロエレクトロニクスのSTM32F2/F4/F7プロセッサにおいては，フラッシュの1ワードを128バイトで設計し，プリフェッチ・バッファを強化する

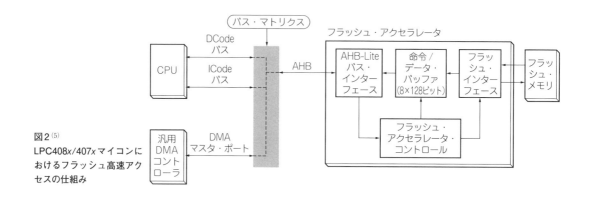

図2[(5)] LPC408x/407xマイコンにおけるフラッシュ高速アクセスの仕組み

第7章　差がつくポイント…フラッシュ・メモリ速度

ことで，フラッシュの連続アクセスの高速化（実質的に1サイクルでのアクセス）を実現しています．この機構はART（Adaptive real-time memory）アクセラレータと呼ばれています（図3）．

● 内部バスのレイテンシを無視した高速アクセス可能

8スロット分をプリフェッチするということは，Kinetisマイコンの8エントリのフラッシュ・キャッシュと同等です．実際，セミナなどでは，STマイクロエレクトロニクスはARTアクセラレータをキャッシュであるという説明をしています．

しかも，アクセラレータを採用するSTM32マイコンでは，ARTアクセラレータからCPUへはバスが直結しています．これによりAHBなどの内部バスのレイテンシを無視した命令やデータへの高速アクセスが可能です[1]．

メーカ3：テキサス・インスツルメンツのフラッシュ・メモリ速度UPの仕組み

● CPUの動作周波数がフラッシュのアクセス速度と同程度の時に使う通常モード

テキサス・インスツルメンツ（TI）のF28M35xプロセッサでは，フラッシュ・アクセスには通常モード（デフォルト）とキャッシュ・モードがあります．

通常モードは単純にシステム・クロック単位でウェイトを入れてアクセスします．このモードはCPUの動作周波数がフラッシュのアクセス速度（50MHz）と同程度の場合に有効です．キャッシュ・モードはCPUの動作周波数とフラッシュのアクセス速度が離れている場合に使用します．

● キャッシュ・モードは命令フェッチとデータ・フェッチに経路が分かれループ処理を高速化

キャッシュ・モードで使用するフラッシュ・アクセスの高速化機構のブロック図を図4に示します．キャッシュ・モードでは，命令フェッチとデータ・フェッチの経路に分かれています．どちらもフラッシュを128ビット単位でアクセスすることは同じです．

命令キャッシュには連続アドレスのプリフェッチ機能があります．それが8エントリの命令キャッシュに格納され，キャッシュから命令をCPUに供給します．8エントリ分をキャッシュする理由はループ処理を高速化するためです．データ・キャッシュにはプリフェッチ機能はなく，1データのみを128ビット単位でアクセスします．

命令経路とデータ経路が分離されているCortex-M3/M4では，命令キャッシュとデータ・キャッシュの二つがあるのが妥当です．

しかし，命令経路とデータ経路が分離されていない

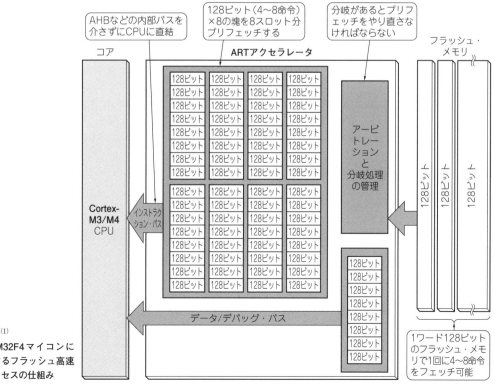

図3[1]
STM32F4マイコンにおけるフラッシュ高速アクセスの仕組み

第1部 ARM Cortex-Mコア教科書

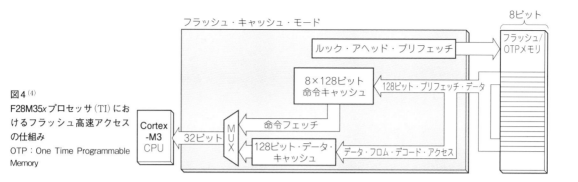

図4⁽⁴⁾
F28M35xプロセッサ（TI）におけるフラッシュ高速アクセスの仕組み
OTP: One Time Programmable Memory

Cortex-M0/M0+の場合はどうなるのかという疑問があります（データ・アクセスの場合はランダム・アクセスを行うと連続アクセスが前提のプリフェッチ機能が逆にオーバヘッドとなるため）．ご安心（？）ください．テキサス・インスツルメンツのマイコンでCortex-M0/M0+を採用しているものは，執筆時点では存在していません．

メーカ4：サイプレス（旧富士通）のフラッシュ・メモリ速度UPの仕組み

● 2段のプリフェッチ・バッファやトレース・バッファでサクサク

サイプレス セミコンダクタ（旧富士通）のFM4の場合は，2段のプリフェッチ・バッファと16Kバイトのトレース・バッファによりフラッシュをノー・ウェイトでアクセスします．これをサイプレス セミコンダクタはメイン・フラッシュ・アクセラレータと呼んでいます．このブロックを図5に示します．

メイン・フラッシュ・アクセラレータでは，まずはプリフェッチ・バッファにアクセスし，プリフェッチ・バッファに要求した命令やデータがない場合はトレース・バッファを参照します．

トレース・バッファはリセット直後では停止していますので，トレース・バッファを使用する場合には制御レジスタでトレース・バッファ機能を許可する必要があります．サイプレス セミコンダクタのドキュメントにはトレース・バッファの挙動に関して詳細には記載されていませんが，トレース・バッファの初期化に1025サイクルかかるということなので，1024エントリ×16バイト（128ビット）のプリフェッチ機能つきのFIFOではないかと想像されます．ところで，サイプレス セミコンダクタの場合はCPUの動作周波数が72MHz以下ならばノー・ウェイトでフラッシュにアクセスできるそうです．元富士通の技術だと思われますが，そこそこ高速なフラッシュ・メモリを採用しています．

メーカ5：インフィニオンのフラッシュ・メモリ速度UPの仕組み

● やはりフラッシュの速度が足を引っ張っている

インフィニオンのXMC4500（Cortex-M4採用）は，120MHzと高速動作ですが，フラッシュのアクセス速度は45MHz程度です．このためフラッシュのアクセスは基本的に普通にウェイトを挿入することで行います．

● 4Kバイトの命令バッファと256ビットのデータ・バッファを備える

さすがにこれだけでは性能的に問題があるのか，プリフェッチ・ユニットでCPUのアクセス速度とフラッシュのアクセス速度を緩衝しています．

プリフェッチ・ユニットは4Kバイトの命令バッファ（実質的に2ウェイ・セット・アソシアティブのキャッシュ）と256ビット（32バイト）のデータ・バッファを備えます．

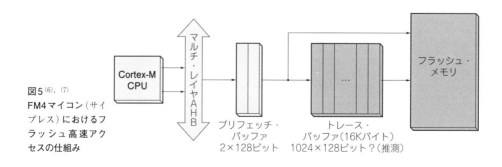

図5⁽⁶⁾,⁽⁷⁾
FM4マイコン（サイプレス）におけるフラッシュ高速アクセスの仕組み

第7章 差がつくポイント…フラッシュ・メモリ速度

● 命令やデータをバッファに格納すると同時に
　CPUへバイパス

　この命令バッファとデータ・バッファには「ストリーミング」という機能があり，命令やデータをバッファに格納すると同時にCPUへバイパスして渡します．このため，いったんバッファにため込んでから，CPUに引き渡すというオーバヘッドがなくなります．

　図6にXMC4500のプリフェッチ・ユニットの構成を示します．フラッシュからの命令コードを命令キャッシュにキャッシュするか否かはフラッシュのアドレス領域で決定されます．XMC4500の場合，0x0C000000番地からの1Mバイトが非キャッシュ領域，0x08000000番地からの1Mバイトがキャッシュ領域です．キャッシュ領域のアドレスは，いわば仮想アドレスで，対応する物理アドレスは非キャッシュ領域と同じになっています．

設計的にはロード命令/ストア命令も3段で処理できるはずだが…

　ARM7などの本来（すなわち誕生時）のパイプラインは3段です．しかし，ARM7の場合は3段パイプラインの中にメモリ・アクセスが含まれていません．つまり，ロード命令やストア命令では，3段パイプラインではなくなってしまいます．

　ところが図7のCortex-M3のパイプラインを見ると，「アドレス計算（AGU）」，「ロード/ストア実行」が3段パイプラインの中に含まれています．これは，ARM7で5段分（ロード命令時）を3段で実行できてしまうという意味で，少し衝撃的です．現在の技術では，ロード/ストア命令でも3段で処理できてしまうのですね．

　Cortex-M0+の2段パイプラインにおいても，ロード/ストア命令を2段で処理できます．これはさらに衝撃的です．ところが，これらは論理上の話です．実は，Cortex-Mプロセッサの内部バスがAHB-Liteであることがパイプラインの動作に影響を与えます．

● ①Cortex-M0/M3/M4のロード命令処理

　AHB-Liteバスの動作の説明は省略しますが，AHB-Liteバスはアドレスを先出しするパイプライン構造をしています．これは，ロード命令の場合に，アドレスを出してから1サイクル後（メモリ・アクセスが0ウェイトの場合）にデータを取り込むことができます．

　これが意味するところは，3段パイプラインの中の「実行」ステージが2サイクルを消費するということです．つまり，1サイクルのストール（待ち時間）が入るため，4段パイプライン相当の挙動になります（図8）．

　しかしCortex-M3/M4では，ロード命令またはスト

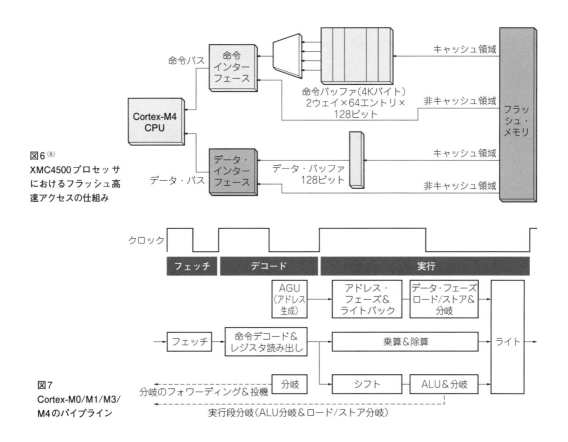

図6[8]
XMC4500プロセッサにおけるフラッシュ高速アクセスの仕組み

図7
Cortex-M0/M1/M3/M4のパイプライン

第1部 ARM Cortex-Mコア教科書

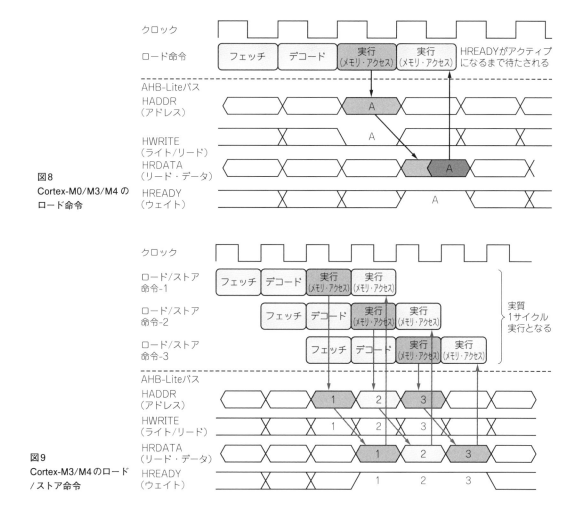

図8 Cortex-M0/M3/M4のロード命令

図9 Cortex-M3/M4のロード/ストア命令

ア命令が連続する場合は，AHB-Liteバスのパイプライン構造の特徴を利用して，実質1サイクルで命令処理を行うことができます．AHB-Liteのデータ・フェーズに次のロード/ストア命令のアドレスを発行してパイプライン的にメモリ・アクセスを行えます（図9）．

◆参考・引用*文献◆

(1) *EDA360 Insider.
 https://eda360insider.wordpress.com/2011/09/22/ingenious-architectural-features-allow-st-micro-to-extract-maximum-performance-from-new-microcontroller-family-based-on-arm-cortex-m4-cost-less-than-6-bucks-in-1000s/

(2) Squeezing the Most out of Battery Life.
 http://community.arm.com/docs/DOC-9222

(3) *NXP社（旧フリースケール社）提供資料，Flash Memory Controller.

(4) *Concerto F28M35*x* Technical Reference Manual.
 http://www.ti.com/lit/ug/spruh22g/spruh22g.pdf

(5) *UM10562 LPC408x/407x User manual Rev. 3 12 March 2014.
 http://www.nxp.com/documents/user_manual/UM10562.pdf

(6) *S6E2GM/GK/GH/G3/G2 シリーズ 32ビット・マイクロコントローラ FM4ファミリ フラッシュプログラミングマニュアル.
 https://www.spansion.com/downloads/S6E2GM_MN709-00022-J.pdf

(7) *MB9B560L シリーズ 32ビット マイクロコントローラ FM4ファミリ Fact Sheet.
 http://www.letech.jpn.com/mcu/pdf/fm4-fs.pdf

(8) *XMC4500 Microcontroller Series for Industrial Applications XMC4000 Family Reference Manual V1.0 2012-02.
 http://www.keil.com/dd/docs/datashts/infineon/xmc4500/xmc4500_um.pdf

なかもり・あきら

第2部
プログラミングの基礎知識

第2部 プログラミングの基礎知識

第8章

プログラミングの前に整理しておく

ARM Cortex-Mの アーキテクチャ＆命令セット

桑野 雅彦

定番ARM Cortex-Mマイコンの基礎知識

● 汎用のARMコア「Cortex - A/R/M」

英国ARM社は32ビットCPUコアの設計・開発を行って各社にライセンスしており，そのコアを元にして各社が実際の製品としています．ARMのCPUコアはさまざまなものがありますが，現在の製品としては，サーバなどのハイエンド製品への利用を考えた最上位のCortex-A，ミッドレンジのCortex-R，そして組み込み用途に向けたCortex-Mの3種類に分かれ，さらにそれぞれの中で性能別に細かい製品に分かれています．

● 汎用32ビットARM Cortex-Mマイコンの全体像

例えば，本書で紹介するKinetisシリーズ（NXP）は，ARM社が開発した32ビットCPUコアを採用したワンチップ・マイコンです．

Kinetisシリーズで採用されているCortex-Mファミリは，各社の8ビットや16ビット製品の上位機種との競合を意識したものです．Thumb/Thumb-2命令セットと呼ばれる命令語長を16ビットに圧縮した命令セットを採用しておりプログラム・メモリの使用効率が高くなっています．

表1は，ARM社の組み込み系のマイコン・コアである，Cortex-M系のCPUコアを比較したものです．一番下に該当するコアを採用しているKinetisシリーズのシリーズ名も入れておきました．

Cortexの製品種別はCortex-M3というように，前半でCortexファミリ種別（A/R/M）を，後ろの数字で製品の違いを示すようになっています．

Cortex製品のうち，Cortex-M系の場合は現在のところ大きく分けて，M0，M0+，M3，M4，M7という製品があります．基本的に数字が大きくなるほど高

表1 Cortex-Mファミリの特徴

Cortex-Mファミリ		M0	M0+	M3	M4	M7
リリース年		2009年	2012年	2004年	2010年	2014年
命令セット		Thumb/Thumb-2（サブセット）	Thumb/Thumb-2（サブセット）	Thumb/Thumb-2	Thumb/Thumb-2	Thumb/Thumb-2
パイプライン段数		3段	2段	3段	3段＋投機的分岐	6段・スーパスカラ/分岐予測
性能	CoreMarks/MHz	1.99	2.15	3.32	3.4	5.04
	DMIPS/MHz	0.9～0.99	0.93～1.08	1.25～1.50	1.25～1.52	2.14/2.55/3.23
メモリ保護		なし	あり（8領域）	同左	同左	あり（8/16領域）
割り込み	種別	NMI/1～32	8	NMI/1～240	同左	同左
	優先度	4	4	8～256	同左	同左
拡張命令		ハードウェアシングルサイクル乗算（32ビット×32ビット）	同左	ハードウェア除算/シングルサイクル乗算（32ビット×32ビット）/積和演算サポート	同左/単精度浮動小数点演算	同左/倍精度浮動小数点演算
特徴		ファミリ最小サイズ	低消費電力	高性能	DSP/FPU（単精度）内蔵	DSP/FPU（倍精度）内蔵
参考用途		タッチセンサ	IoTセンサ/Bluetoothデバイス	ウェアラブル端末/Wi-Fiデバイス	スマートメータ/モータ制御	ハイエンド・オーディオ/車載機器
Kinetisマイコン・シリーズ		-	L/E/EA/W/M/V	-	W/M/V/K	V

第8章 ARM Cortex-Mのアーキテクチャ＆命令セット

性能と思ってよいでしょう．この他にもM1というものがありますが，これはFPGA向けに作られたもので，一般的なCPU製品とは異なりますので，表からは除外しています．

▶元祖Cortex-M3

Cortex-Mファミリの最初の製品として2004年にリリースされたのが，Cortex-M3で，Cortex-Mファミリの中でも中核をなす，スタンダード製品です．ハードウェアによる乗除算命令や積和演算をサポートするなど，主に整数演算による制御に向いた製品です．

Cortex-M3以降，下位のM0，M0+がそれぞれ2009年と2012年に，上位のM4とM7が2010年と2014年にリリースされます．

▶小規模Cortex-M0/M0+

Cortex-M0/M0+はCortex-Mファミリの中で最も小規模なCPUコアで，8ビットや16ビットCPU並みの価格で32ビットCPUのパフォーマンスを得られるように考えられたものです．M0+はM0の改良品で，M0との互換性を維持しながらさらに消費電力を削減しており，消費電力の小ささから8ビットCPUを採用していたような用途にも適用しやすくなっています．

▶定番Cortex-M4

Cortex-M4（FPUをもつ品種は正確にはM4F）はCortex-M3の上位として，単精度の浮動小数点演算機能やDSP機能を付加したものです．浮動小数点演算を伴う制御が必要な高効率なモータ制御などにも適用できます．

▶高性能リアルタイム向けCortex-M7

さらにCortex-M7では倍精度の浮動小数点演算をサポートした他，パイプライン段数を増やしてスーパースカラ方式を採用し，複数命令の同時実行を可能とするなど，M4よりもさらに大幅に性能を向上させており，ハイエンド・オーディオ機器をはじめとする画像・音声信号の処理，医療機器や車載機器など，高い性能が要求される組み込み用途に向いています．

Kinetisでは表のように製品種別に応じてCortex-M0+/M4/M7の3種類のコアが使われています．

ARMのドキュメント

ARM社はARMの概要から，Cortexファミリを含むARMプロセッサや，ネットワークやオーディオといったソフトウェア・アプリケーション，Keil社のコンパイラの組み込み関数など，ARMプロセッサに関係するさまざまなドキュメントを「ARM Information Center」と名付けられたウェブ・ページで公開しています．本書で扱いきれない，詳細な情報などについてはこちらのサイトから資料を入手してください．

2016年10月現在のInformation CenterのURLは以下の通りです．

http://infocenter.arm.com/help/index.jsp?topic=/com.arm.doc.home/index.html

やはり英文資料が多いですが，一部日本語化も進んでいます．

定番Cortex-M4入門

● 内部構造

ここでは定番Cortex-M4を中心に見ていくことにします．内部ブロックを図1に示します．最上段の中央にある「Cortex-M4またはCortex-M4F（FPU付き）」とあるのがCPUコアで，命令処理などがここで行われます．左側にある「ネスティッド・ベクタ割り込みコントローラ（NVIC）」は割り込みコントローラです．周辺コンポーネントや外部ピンなどからの割り込み要求を受け取り，優先度付けなどを行って，CPUに対して割り込み要求を行います．

この他，メモリ保護機構や外部バス・アクセス・コントローラ，トレースなどのデバッグ・サポート機能などが付加されてCortex-M4プロセッサを形成しています．

ブロック図の中でグレーになっているブロックがありますが，これらはCortex-M4を使ったプロセッサを製造するメーカが必要に応じて取捨選択できるものであることを示しています．これらを取り去った場合，ゲート数が減少（チップ面積の縮小）し，消費電力もCortex-M3並みに抑えられるということです．

浮動小数点ユニットもメーカで選択できるようになっており，浮動小数点演算機能の有無を区別できるよう，付加されたものを特にCortex-M4Fと表記しています．

定番のKinetisマイコン評価ボードFRDM-K64F（NXP）に搭載されているMK64FN1M0VLL12の内蔵CPUコアもCortex-M4です．MK64FN1M0VLL12の場合には，浮動小数点演算機能が組み込まれたM4Fが使われています．

● 演算機能

定番Cortex-M4は元祖Cortex-M3を拡張したものです．アーキテクチャとしてはCortex-M3と同じARMv7アーキテクチャに準拠していますが，DSP演算機能などを拡張していることを示すため，ARMv7-Mと表記します．

▶64ビット×64ビットの積和演算機能

積和演算は乗算と加算を連続して行うというもの

第2部 プログラミングの基礎知識

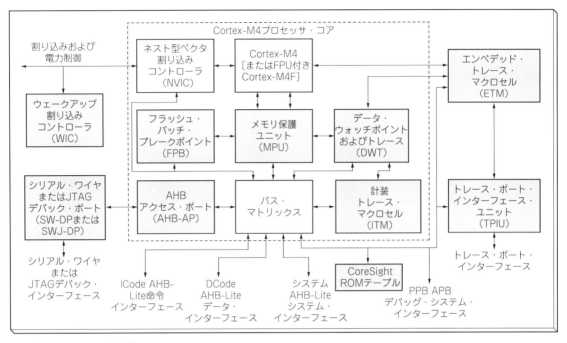

図1 定番Cortex-M4の内部ブロック

で，フィルタ処理を初めとする，いわゆるディジタル信号処理(DSP)で多用される演算処理です．Cortex-M4は一般的な32ビット×32ビットの乗算だけではなく，64ビット×64ビットのハードウェア積和演算機能を持っており，64ビットの積和演算を1クロックで実行できます．また，Cortex-M3と同様の32ビットのハードウェア整数除算機能(SDIV/UDIV命令で使用)も内蔵しています．

▶浮動小数点演算機能

Cortex-M4では単精度(32ビット長)の浮動小数点演算機能が追加され，32本の32ビット単精度レジスタと，25個の単精度実数演算命令が追加されています．この追加レジスタは16本のダブルワード(64ビット)レジスタとしても使用できます．実数演算は単精度実数(32ビット長)の四則演算の他，平方根演算，積和演算がハードウェアで処理されるようになっています．浮動小数点演算は独立したパイプライン(3ステージ)を持っており，通常の整数演算等の命令処理と浮動小数点演算を同時並行処理することができます．

● 割り込みの仕組み…ネスト型ベクタ割り込みコントローラNVIC

NVICはCortex-M3でも採用されていた割り込みコントローラです．NVICは最大240個の割り込み要求に対して優先度付けやグループ化などを行ってCPUへの要求のを一本化する他，テイルチェーン(現在の割り込み処理終了時点でペンディングされている割り込みがあったときに，割り込み処理を終了させずに引き続き次の割り込み処理に移行する)等による割り込み処理の効率化，WIC(ウェイクアップ割り込みコントローラ)による超低消費電力モード(スリープ・モード)のサポートなどを行います．

Cortex-Mマイコンのプログラミング・モデル

● レジスタの構成

Cortex-M4の内部レジスタを図2に示します．Cortex-M4には次に示すような32ビット・レジスタがあります．

- 汎用レジスタ×13本(R0～R12)
- スタック・ポインタ(SP：R13)×2本：SP_process/SP_main
- リンク・レジスタ(LR：R14)
- プログラム・カウンタ(PC：R15)
- プログラム・ステータス・レジスタ(xPSR)

スタック・ポインタなどにもレジスタ番号が割り振られていますが，これは命令コード上のレジスタ番号として指定することに対応したものです．Cortex-M4には32ビットレジスタが16本あり，そのうちR13～R15の3本が特殊な用途向けに予約されていると考えてもよいでしょう．

第8章　ARM Cortex-Mのアーキテクチャ＆命令セット

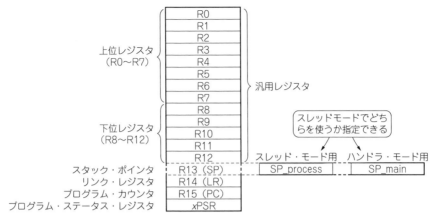

図2　Coretex-M4内部レジスタ

● 汎用レジスタ

　汎用レジスタのうちR0～R7は下位レジスタ，R8～R12は上位レジスタと呼ばれます．後述するようにCortex-M4ではCortex-Mシリーズ共通で採用されている16ビット長命令セット（Thumb命令セット）と，32ビット長の拡張命令を持っています．16ビット長命令では命令コード中のレジスタ指定ビットが3ビットしかないため，R0～R7の下位レジスタしか利用できません．32ビット長命令ではR0～R12の全てのレジスタにアクセス可能です．

　スタック・ポインタは，次に説明するように，SP_processとSP_mainがあります．

● スタック・ポインタ（R13）

　Cortex-M4はOSを動かすことを想定して，ユーザ・アプリケーションが動くときを想定したモード（スレッド・モード）と，割り込み処理やOSのカーネル（中核）部分が動くときを想定したモード（ハンドラ・モード）の二つの動作モードがあります．ハンドラ・モードではCPUの全ての機能が使える特権モードで，スレッド・モードはシステムの動作に大きな影響を与えるような一部の命令の実行などを制限し，システム動作の安全性を高めています．

　Cortex-M4内部にはSP_main（メイン・スタック）とSP_proess（プロセス・スタック）という二つのスタック・ポインタがあり，命令コード中でスタック・ポインタ（R13）を利用する命令を実行したときには動作モードとステータス・レジスタの設定に応じてSP_mainとSP_processのいずれか一方が利用されます．

　ハンドラ・モードでは常にSP_mainが使われます．スレッド・モードでSP_mainとSP_processのどちらが使われるのかは，プログラム・ステータス・レジスタの中の制御ビット（SPSELビット）で指定できるようになっています．このビットの設定はハンドラ・モードで行います（プロセス・モードではアクセスできない）．リセット後はSP_mainが使われるようになっていますので，SPSELビットを操作しない限り，プロセス・モードとハンドラ・モードで同じスタックが使用されます．

● リンク・レジスタ（LR：R14）

　リンク・レジスタというのはサブルーチンの呼び出し時などに戻り先番地を保持するためのレジスタです．一般的なCPUではサブルーチン・コール時の戻り先番地はスタック，すなわち，スタック・ポインタが指し示す先のメモリ上に退避していますが，このためにはメモリ・アクセス分の時間がかかります．スタックの代わりにLRを使うことでサブルーチン・コール時のアドレスをスタックに退避せずに済み，高速化できるわけです．

　BL（リンク付き分岐），BLX（リンク付き分岐交換）命令を実行したとき，PC（プログラム・カウンタ）の値がLRに転送されます．サブルーチンから戻るときはLRの値をPCに転送すればよいわけです．

　LRは割り込みからの復帰時にも使用されます．割り込み発生時には，CPUは自動的に一部の汎用レジスタや割り込みからの戻り先番地，xPSR，LRなど，8個のレジスタを退避し，割り込みからの復帰時にはこれらのレジスタを元に戻します．

　LRは割り込み処理であることを示すため，上位4ビットが全て'1'になった特殊な値（0xFXXXXXXX）がセットされます．この値をマニュアルではEXC_RETURN（EXCはExceptionの略）と記載されています．

　一般的なCPUでは割り込みからの復帰のための専用命令を用意しています．C言語でも割り込み処理関数には#pragmaなどを使って割り込み処理関数であることをコンパイラに伝えて，割り込み復帰命令を生

65

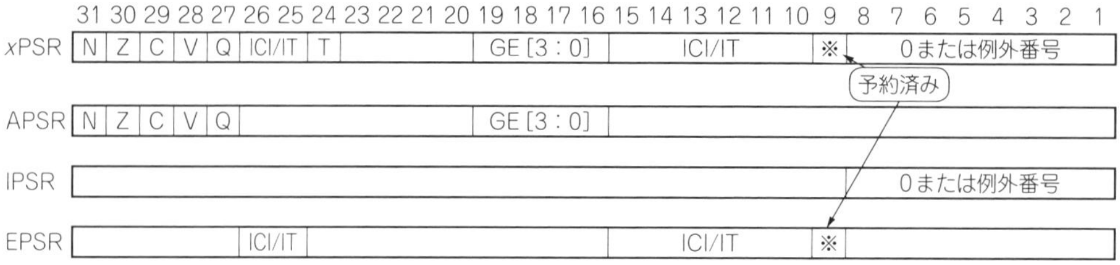

第2部 プログラミングの基礎知識

```
        31 30 29 28 27 26 25 24 23 22 21 20 19 18 17 16 15 14 13 12 11 10 9 8 7 6 5 4 3 2 1
 xPSR   [N|Z|C|V|Q|ICI/IT|T|        |GE[3:0]  |  ICI/IT    |※|  0または例外番号  ]
                                                              予約済み
 APSR   [N|Z|C|V|Q|                 |GE[3:0]  |                                ]
 IPSR   [                                                   |  0または例外番号  ]
 EPSR   [        |ICI/IT|T|         |         |  ICI/IT    |※|                 ]
```
図3 xPSRレジスタ・ビット配置とPSR種別

成させます．ARMの場合には，戻り先番地がEXC_RETURN値になっているときには通常のリターン動作ではなく，割り込み処理からの復帰動作をするようになっていますので，ソフトウェア的には通常のサブルーチンからの復帰と同じ扱いでよいわけです．

サブルーチン・コールなどを行っていなかったり，LRの内容をメモリ上でコピーして保持したりしているなど，LRの中身が書き換わっても構わないケースではLRを汎用レジスタとして演算などに使用して構いません．

● プログラム・カウンタ(PC:R15)

プログラム・カウンタは実行中のプログラムのメモリ・アドレスを示すレジスタです．Cortex-M4では，命令は必ずワード(4バイト)，ないしハーフワード(2バイト)境界に配置されますので，PCの最下位ビットは常に'0'になっています．

● プログラム・ステータス・レジスタ(xPSR)

先頭にxが付いているのはさまざまなステータス情報が含まれているためです．図3のように，xPSRレジスタ自体は32ビット長ですが，この中身が次の三つのフィールドに分かれています．
1) APSR(アプリケーション・プログラム・ステータス・レジスタ)
2) IPSR(インタラプト・プログラム・ステータス・レジスタ)
3) EPSR(エグゼキューション・プログラム・ステータス・レジスタ)

APSRはアプリケーション・プログラム，すなわちOSのカーネルなどのように特権レベル以外で動くユーザ・プログラムで使用できるフラグ等が収められています．GE[3:0](Greater than Equal)はDSP拡張命令で使用されるフラグ・ビットです．

IPSRは現在処理中の割り込み番号が格納されます．CPUが割り込みを受け付けたときや割り込み処理を終えたときに自動的にIPSRの内容が更新されます．この値はハンドラ・モード(特権モード)時にMRS命令で読み出すことができます．スレッド・モード時は常に0になり，割り込み番号を知られないようになっています．

ARMv7-M Thumb命令セット

Cortex-M4にはARMv7-M Thumb命令セットが実装されています．Thumb命令セットは基本命令長を16ビット化した命令セットで，ARMv7-Mの場合にはこのThumb命令セットに32ビット長命令を追加しています．

16ビット長Thumb命令セットのクイック・リファレンスがARM社のサイトで公開されています[1]．基本的には次のように分類されます．
- データ移動
- 加算/減算/乗算
- 比較
- 論理演算(AND/OR/XOR/NOT/ビットクリア/テストビット)
- シフト/ローテート
- ロード/ストア
- プッシュ/ポップ
- if-then
- 分岐
- ビット拡張(バイトからワード/ハーフワードからワード)
- バイト順反転

ARMはRISC(Reduced Instruction Set Computer：縮小命令セット・コンピュータ)型のCPUですので演算処理はレジスタ同士，あるいはレジスタとイミディエイト値(固定値)で行うのが基本です．図4は，ARMのようなRISC型のCPUと，x86系のようなCISC(Complex Instruction Set Computer)との考え方の違いを，メモリ上のデータへの演算処理を例として示したものです．

CISCの場合にはCPU内部レジスタも外部メモリも同じように扱うことができるように命令セットを拡充しています．このため，図4(a)のように一つの命令でいくつもの内部動作が行われます．またさまざまな命令を搭載していく都合上，命令長も統一されておら

第8章　ARM Cortex-Mのアーキテクチャ＆命令セット

ず，1バイトで済む命令がある一方で，5バイト，6バイト…と長いものもあるという具合で，内部の構造はどうしても複雑になります．

一方，RISC型の場合には図4(b)のように，
1) メモリからレジスタに転送（ロード）
2) 演算
3) レジスタからメモリに転送（ストア）

という3ステップで行われます．一つ一つの命令で行うことを単純化していますし，命令長も固定長が基本ですので，1回の命令読み込みですぐにデコード，動作が行えます．従って，内部の構造も単純化できるわけです．メモリ・アクセスをロードとストアのみに抑えることで，単純化しようということから，このような方式を「ロード・ストア・アーキテクチャ」と呼ぶこともあります．

● 32ビット・マイコンに16ビット命令！
　コンパクトなThumb命令セット

一般的にARMのようなRISC型の32ビットCPUの命令は32ビット（4バイト）長固定になっています．命令長をCPUの基本データ長とあわせることで内部構造などを簡素化することには貢献しています．一方，32ビット長固定命令長では，単純なレジスタのインクリメントやレジスタ間の加算などでも4バイト消費してしまいます．組み込み用のように8ビットや16ビット単位のビット演算や整数加減算処理などが多い場合には，どうしても8ビットや16ビットCPUと比べてメモリの使用効率がよくありません．

この問題に対処するため，使用頻度の高い命令を抜き出して16ビット（2バイト）長に縮小したのがThumb命令セットです．1命令で2バイトしか使わないため，プログラム・メモリの使用効率を16ビット

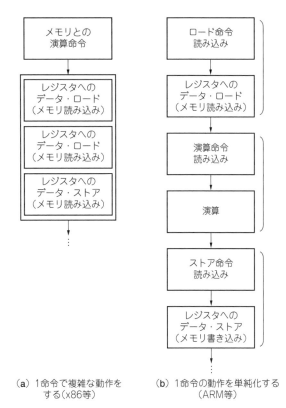

(a) 1命令で複雑な動作をする（x86等）　　(b) 1命令の動作を単純化する（ARM等）

図4　CISC（x86系等）とRISC（ARM等）の考え方の違い

CPU並みに抑えられる上，内部レジスタなどは32ビット長のままですので，レジスタ間演算では32ビットを一気に処理できるなど，32ビットCPUの利点も生かすことができるという理屈です．

図5は，Thumb命令の基本命令のフォーマットを示したものです．

		15	14	13	12	11	10	9	8	7	6	5	4	3	2	1	0
		\multicolumn{6}{オペコード}					オペランド等						
命令種別	シフト（直値）/加減算/MOVE/コンペア	0	0	X	X	X	X										
	AND/OR/ローテート等	0	1	0	0	0	0										
	特殊データ命令/分岐/Exchange等	0	1	0	0	0	1										
	ロードFromリテラルプール	0	1	0	0	1	X										
	ロード/ストア　シングル・データ・アイテム	0	1	0	1	X	X										
		0	1	1	X	X	X										
		1	0	0	X	X	X										
	PC相対アドレス	1	0	1	0	0	X										
	SP相対アドレス	1	0	1	0	1	X										
	種々の16ビット命令	1	0	1	1	X	X										
	複数レジスタのストア	1	1	0	0	0	X										
	複数レジスタのロード	1	1	0	0	1	X										
	条件分岐	1	1	0	1	X	X										
	無条件分岐	1	1	1	0	0	X										

図5　16ビットThumb命令と基本フォーマット

第2部 プログラミングの基礎知識

```
                    15 14 13 12 11 10 9 8 7 6 5 4 3 2 1 0
ADD命令フォーマット   0 0 0 1 1 1 0 | Imm3 |  Rn  |  Rd
EncodingT1
Rd=Rn+Imm3（ゼロ拡張）
```

図6 ADD命令コード・フォーマット（Thumb命令セット共通）

```
                    15 14 13 12 11 10 9 8 7 6 5 4 3 2 1 0
ADD命令フォーマット   1 1 1 1 0 i 1 0 0 0 0 0 |    Rn    |
EncodingT4           0 | Imm3 |   Rd   |       Imm8
Rd=Rn+ゼロ拡張した12ビット・データ（I：Imm3：Imm8）
```

図7 ADD命令（ARMv7-Mで追加）

　図のように16ビット長の上位6ビットで大まかな命令のカテゴリ分けがされており，それぞれの中で「X」印になっているビットと下位の10ビットを組み合わせて実際の命令コードになります．

　実際の命令コードを見てみましょう．**図6**はADD全てのThumb命令セットをサポートしたCPUでサポートされているADD（加算）命令の一つです．このADD命令ではソース（Rn）とディスティネーション（Rd）のレジスタ，そして3ビットのイミディエイト値（imm3）を指定して，

Rn=Rd+imm

の加算演算を行います．16ビットの命令長のうち，上位7ビットが命令コード判定に利用され，下位9ビットを3ビットごとに分けて，レジスタや加算値の指定にしています．レジスタ指定ビットが3ビットですので，指定できるのは下位レジスタ（R0～R7）だけです．

　このように，Thumb命令セットはコンパクトであり，8/16ビットCPUが得意とするような細かな演算処理には向いていますが，32ビットCPUらしい複雑な処理は命令数が増大してしまいます．Cortex-Mファミリの中でも高性能化を目指した，ARMv7-M（Cortex-M4もARMv7-Mアーキテクチャです）では32ビット長命令も同時にサポートしています．

　次の**図7**は，Cortex-M4などのARMv7-Mアーキテクチャで追加されたADD命令の一つで，リファレンスマニュアルではEncoding T4とされるものです．ちなみに，先ほどのADD命令はEncoding T1[注1]で，この他にもT2，T3などもあります．詳細はARM社のサイトで公開されている文献(2)を参照してください．

　図のように，ADD命令のEncoding T4の命令コードは32ビット長になっています．レジスタ指定ビットも4ビットに拡張され，上位レジスタも指定できます．イミディエイト・データは3カ所に分散配置されていますが，これが連結されて12ビット（1+3+8）のデータになります．

　Cortex-M4には浮動小数点ユニットも内蔵されていますが，浮動小数点演算命令も32ビット長になっています．

◆参考文献◆
(1) Thumb16ビット命令セットクイックリファレンスカード，ARM社サイトのQRC0006_UAL16.pdf
(2) ARMRv7-M Architecture Reference Manual，ARM社．

くわの・まさひこ

注1：T1の1は，複数存在するEncodingの1番目という意味です．T1のTはThumbを示します．ARMネイティブのEncodingは，A1，A2となります．

第9章

つまずきやすいのでじっくり解説

リセット解除からmain関数起動までの初期化処理

桑野 雅彦

本書で紹介するURLは，今後変更になる可能性があります．その場合は，題材にしているKinetisマイコンのメーカのウェブ・サイト（NXP社，http://www.nxp.com/ja/）などで，ドキュメント名やサンプル・コード名を検索すれば，見つけられると思います．

紹介する初期化サンプル・コード

● マイコン基板

ここからは実際のサンプル・コードを利用して，実際に何が行われているのかを見ていくことにします．ARMコアCPUは数多くあり，各社がサンプル・コードを提供しています．ここでは，Cortex-MマイコンKinetisファミリのうち，Cortex-M4を内蔵したMK64FN1M0VMD12（以下単にMK64Fと略します）を搭載した評価ボード（TWR-K64）をベースにしました．もっと入門用のFRDMボードや使い方については，第6部などでも紹介しています．

基板の回路ブロックは図1のようになっています．

また，デバイスの仕様（レジスタのビット配置）などはK64 Sub-Family Reference Manual（Document Number: K64P144M120SF5RM）で，
http://cache.nxp.com/files/microcontrollers/doc/ref_manual/K64P144M120SF5RM.pdf
にあります（執筆時点ではRev. 2, January 2014）．

● サンプル・コード

サンプル・コードは，メーカのウェブ・サイト（NXP社，http://www.nxp.com/ja/）で，サンプル・コード名：KINETIS_K64_SC_INITを検索するとダウンロードできます[注1]．

Kinetis_K64_SC_INT.zipをダウンロードして展開すると「K64F120M_IAR_Sample_Code」というフォルダが生成されて，この下にサンプル・プログラムのソースコードやIAR社のIDE向けのプロジェクト・ファイルなどが収められています．

全体の流れ

CPUがリセットされた後，どこからプログラムの実行を開始するのでしょう．CPUの種類によって異なりますが，大きく分けると次の2通りがあります．

注1：新しいサンプル・コードとして，Software Development Kit（SDK）がリリースされています．
http://www.nxp.com/ja/products/software-and-tools/run-time-software/mcuxpresso-software-and-tools:MCUXPRESSO

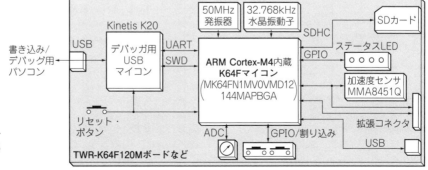

図1
サンプル・コードのターゲット基板となっているTWR-K64F120Mボード

第2部 プログラミングの基礎知識

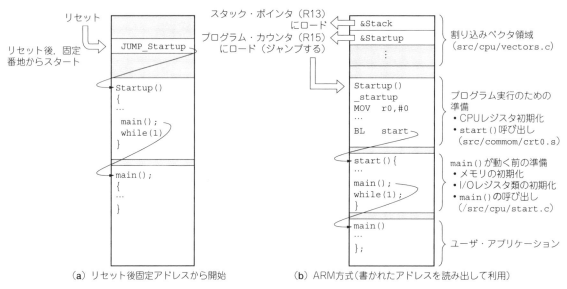

(a) リセット後固定アドレスから開始　　(b) ARM方式（書かれたアドレスを読み出して利用）

図2　CPUリセット後のプログラム実行開始

リスト1　Cortex-M4マイコンKinetis K64Fの割り込み（例外）ベクタ・テーブル

```
src¥cpu¥vectors.c
typedef void (*vector_entry) (void);

#pragma location = ".intvec"
const vector_entry __vector_table[] =  //@ ".intvec" =
{
    VECTOR_000,        /* Initial SP */   ← SPの初期値
    VECTOR_001,        /* Initial PC */   ← 実行開始アドレス
    VECTOR_002,
    VECTOR_003,
    VECTOR_004,
    VECTOR_005,
    VECTOR_006,
    VECTOR_007,
...
```
(a) vectors.c

```
***src¥cpu¥vectors.h
...
extern void __startup(void);          ← スタートアップ・ルーチン
extern unsigned long __BOOT_STACK_ADDRESS[]; ← スタック・ポインタの初期値
extern void __iar_program_start(void);
    // Address   Vector IRQ   Source module
    //                        Source description
#define VECTOR_000    (pointer*)__BOOT_STACK_
ADDRESS         // ARM core Initial Supervisor SP
#define VECTOR_001    __startup
    // 0x0000_0004 1 - ARM core Initial Program
                                          Counter
#define VECTOR_002    default_isr
    // 0x0000_0008 2 - ARM core Non-maskable
                                  Interrupt (NMI)
#define VECTOR_003    default_isr
    // 0x0000_000C 3 - ARM core Hard Fault
#define VECTOR_004    default_isr
    // 0x0000_0010 4 -
...
```
(b) vectors.h

1) あらかじめ指定した番地から開始する
2) メモリ上の固定番地（割り込みベクタ・テーブルの先頭にあることが多い）に，プログラムの実行開始アドレスが記述されており，CPUはそれを読み取って指定された番地からプログラムの実行を開始する

　これを図にしたのが**図2**です．どちらもリセット後にStartup()関数にジャンプし，その後main()関数を呼び出すという手順です．(b)のARM方式の側がstartupからstart(), main()と3段ジャンプしていますが，これは今回例として取り上げたサンプル・コードの例です．

　1段目のstartupでCPUの汎用レジスタの初期化など，CPUコア共通な初期化を行います．

　2段目のstart()ではメモリやマイコン内蔵のI/Oなど製品依存部分の初期化を行います．

　3段目のmain()のユーザが書いたアプリケーションが起動するという順番になっています．

　割り込み処理要求ごとに割り込み処理ルーチンのアドレスを並べたテーブルを割り込みベクタ・テーブルといいます．ARMの場合，割り込みベクタ・テーブルの先頭部分が，スタック・ポインタ（R13）と，プログラム・カウンタ（R15）の初期値になっています．

　プログラム・カウンタはプログラム・アドレスを示すものですので，R15にロードするということは，その番地にジャンプすることになります．

　スタック・ポインタの初期化はアセンブリ言語で記述するタイプのCPUが多いのですが，ARMの場合には，図のように，スタックの初期値もベクタ・テーブルに置いていますので，Startupにジャンプした時

第9章 リセット解除からmain関数起動までの初期化処理

リスト2 Cortex-M0+マイコンKinetis KL25Zの割り込み（例外）ベクタ・テーブル

```
typedef void (*vector_entry)(void);

#pragma location = ".intvec"
const vector_entry __vector_table[] = //@ ".intvec" =
...
{
    VECTOR_000,    /* Initial SP  */
    VECTOR_001,    /* Initial PC  */
    VECTOR_002,
    VECTOR_003,
    VECTOR_004,
...
```
同じようにリセット後のSPの初期値やスタート番地が置かれている

(a) vectors.c

```
#define VECTOR_000   (pointer*)__BOOT_STACK_ADDRESS
#define VECTOR_001   __startup
#define VECTOR_002   default_isr
#define VECTOR_003   default_isr
#define VECTOR_004   default_isr
...
```

(b) vectors.h

点からすぐにスタックが利用できます．

ステップ1 割り込みベクタ・テーブル定義

それでは実際のリセット・ベクタ部分の記述を見てみましょう．

src/cpu/の下にあるvectors.cにベクタ・テーブルが定義されており，vectors.hに具体的な値が示されています．**リスト1(a)** がvectors.c, **リスト1(b)** がvectors.hの内容の抜粋です．

ベクタ・テーブルの先頭部分のVECTOR_000がスタック・ポインタの初期値，VECTOR_001が実行開始アドレスです．

VECTOR_000やVECTOR_001の中身はvectors.hの中でそれぞれ，

`(pointer*)__BOOT_STACK_ADDRESS`
`__startup`

となっています．つまり，__BOOT_STACK_ADDRESSがスタック・ポインタの初期値となり，__startupからプログラムの実行が開始されるわけです．

ちなみに，Cortex-M0+がCPUのKL25Zのサンプルの例（**リスト2**）も**リスト1**とやはり同じように先頭部分にSPの初期値とプログラムの開始番地が置かれています．

リスト3 Cortex-M4マイコンKinetis K64Fの __startup (src/common/crt0.s) の処理内容

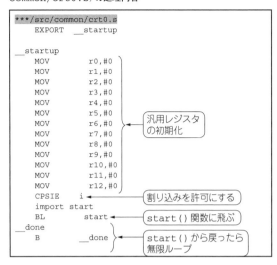

ステップ2 アセンブリ記述で汎用レジスタを初期化

● __startup (src/common/crt0.s) の処理

さて，__startupから先の処理を見ていきましょう．__startupは，src/common/crt0.sにあります．**リスト3**が__startupの内容です．R0〜R12の汎用レジスタを全て0にクリアした後，割り込みを許可にして，

`BL start`

によってstart()関数を呼び出しています．BLはリンク付きの分岐，すなわちサブルーチン・コール命令で，Bはジャンプ命令です．

飛び先の，start()関数は次で見ていくように，

リスト4 Cortex-M0+マイコンKinetis KL25Zの __startup (src/common/crt0.s) の処理内容

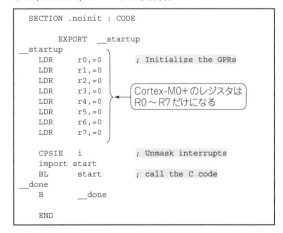

71

第2部 プログラミングの基礎知識

リスト5　Cortex-M4マイコンKinetis K64Fのstart()関数の処理内容

```
***/src/cpu/start.c
void start(void)                    ← 浮動小数点ユニット・イネーブル
{
    wdog_disable();                 ← ウォッチドッグ・タイマ停止
    address = (unsigned long *)((unsigned char
                                  *)&fputest - 1);
    if (*address == 0x0a08EEB0) {
                                    // VMOV.F32    S0, #3
        __enable_FPU();
    }                               ← RAM初期化等
    common_startup();
    sysinit();                      ← 内部I/O等の初期化
    outSRS();       ← リセット要因の表示
    cpu_identify(); ←               CPU型名の表示
    /* Jump to main process */
    main();         ←               main()関数呼び出し

    while (1) ;     ←               main()から戻ったら無限ループ
}
```

リスト6　Cortex-M0+マイコンKinetis KL25Zのstart()関数の処理内容

```
void start(void)                    ← ウォッチドッグ・タイマ・ディセーブル
{
    /* Disable the watchdog timer */
    SIM_COPC = 0x00;
    common_startup();               ← RAM初期化等
    sysinit();                      ← 内部I/O初期化
    printf("\n\r\n\r");
    /* Determine the last cause(s) of reset */
    outSRS();
    /* Determine specific Kinetis L Family device
                                    and revision */
    cpu_identify(); ←               CPU種別判定
    /* Jump to main process */
    main();         ←               アプリケーション起動
    /* No actions to perform after this so wait
                                    forever */
    while(1);
}                                   ← リセット要因表示
```

最後は無限ループになっていて戻ってくることはありませんが，B ___doneの無限ループにしています．

リスト4はCortex-M0+コアのKL25のサンプルです．内部の汎用レジスタがR0～R7の8本なので，初期化で扱っているレジスタの数が減っています．

ステップ3 start()関数の処理前半

start()は/src/cpu/start.cにあります．リスト5がサンプルのstart()関数です．

ここでは，

- ウォッチドッグ・タイマ停止
- 浮動小数点ユニットの動作イネーブル
- RAM初期化
- 内部I/Oの初期化[sysinit()]
- リセット要因の判定と表示
- CPU型名やメモリ容量などの判定と表示

などの，ユーザ・アプリケーションが動くための下準備をしています．全て終わったらユーザ・アプリケーションであるmain()関数を呼び出します．組み込み用途では，アプリケーションは通電されている間ずっと動け，main()から戻ってこないのが普通ですが，戻ってきたときのために，main()の呼び出しの後はwhile(1);で無限ループしています．

ちなみに，KL25（Cortex-M0+）のstart()関数をリスト6に示します．Cortex-M0+は浮動小数点ユニットがないので，浮動小数点ユニットの初期化はありませんが，ほぼ同じ内容になっていることがわかります．

● ウォッチドッグ・タイマの停止

ウォッチドッグ・タイマはCPUの動作監視タイマで，あらかじめ指定された時間以内にクリアされないとCPUにリセットをかけて自動的に再起動させるというものです．プログラムのミスなど何らかの要因によってプログラムが動作しない状態になったときに自動復旧させる手段として使われています．スタートアップやユーザ・アプリケーションの初期化で時間がかかってリセットを繰り返してしまうことを避けるため，start()の先頭でウォッチドッグ・タイマを停止しています．

● 浮動小数点ユニットの動作イネーブル

組み込み用途では整数演算や固定小数点演算で済むことも多かったり，浮動小数点演算性能を問わない使い方だったりすることも少なくありません．コスト上でも有利なことから，浮動小数点ユニットを外している製品もあります．

ユーザがプログラム中で浮動小数点ユニット（以下FPUと略します）の有無を意識しなくてよいように，浮動小数点演算命令を実行したときに，FPUが存在しなかったり，存在してもイネーブル状態になっていなかったりすれば，浮動小数点演算命令を実行したときに割り込み（例外）が発生するようになっています．この割り込み処理の中にFPUの動作と同等の処理を行うプログラムを記述しておけば，プログラマはFPUの有無を意識せず，同じプログラムが動く（処理時間に差は出ますが）わけです．

スタートアップ・ルーチンでは，FPUが存在するか否かを判別し，存在する場合はイネーブルにしてFPUが使われるようにしています．

● メモリの初期化[common_startup()]

スタートアップ・ルーチンの大きな仕事はRAMの初期化です．RAM領域の初期化はcommon_startup()で行っています．ソースコードは/

第9章 リセット解除からmain関数起動までの初期化処理

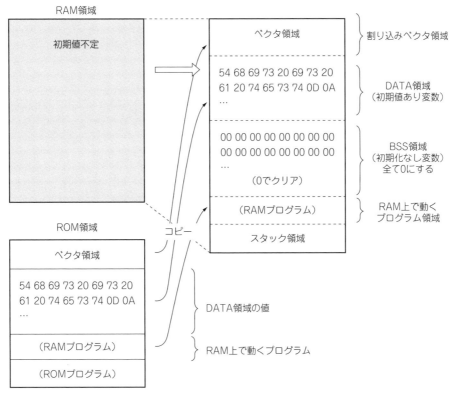

図3 RAM上の定数領域の初期化

src/common/startup.cにあります．common_startup()のRAMの初期化作業は，次の4ステップで行われています．

(1) RAM上の割り込みベクタ領域のデータをROMからコピー
(2) RAMのDATA領域を初期化（ROMの値をコピー）
(3) BSS領域に0を書き込む
(4) ROM領域にある，RAMで動くプログラムをRAM領域にコピー（リロケート）する

図3はこの処理を図にしたもの，リスト7は実際の初期化プログラムです（コメント等は除いています）．

▶ (1) RAM上の割り込みベクタ領域のデータをROMからコピー

ARMの場合，割り込みベクタ・テーブルのアドレスは固定ではなく，VTOR（ベクタ・テーブル・オフセット・レジスタ）レジスタを書き換えることで，自由に場所を決めることができます．リセット後はVTORの初期値は0になっていますので，ベクタ・テーブルは0番地（Cortex-M4では，0〜0x1FFFFFFFの512MバイトがROM用の領域になっています）から始まるようになっています．

ベクタが固定値のままでよく，変更の必要がなけれ

ばこの状態のままでもよいのですが，サンプル・コードではRAM上にベクタ・テーブルを移して，動的にベクタを変更できるようにしています．

▶ (2) RAMのDATA領域を初期化（ROMの値をコピー）

▶ (3) BSS領域に0を書き込む

この二つは特にCなどの高水準言語で書かれたプログラムの実行では大切です．現在，ユーザ・アプリケーションはCなどの高水準言語で作ることが一般的になっていますが，Cのプログラムは通常，RAMが次のような状態になっていることを前提にしています．

- 初期値を指定しないグローバル変数（BSS領域と呼ぶことにします）は0に初期化されている
- 初期値を指定したグローバル変数領域（DATA領域と呼ぶことにします）は指定した値で初期化されている

例えば次のような例であれば，main()に来た時点でdata[]は全て0に，array_dat[0] 〜 [3]はそれぞれ0，3，4，8になっていなくてはならないのです．

```
unsigned char data[10];
unsigned char array_dat[4] =
```

第2部 プログラミングの基礎知識

リスト7 common_starup()の内容

```
***/src/common/startup.c
void common_startup(void)
{
    uint32 n;

    extern uint32 __VECTOR_TABLE[];
    extern uint32 __VECTOR_RAM[];

    /* Copy the vector table to RAM */
    if (__VECTOR_RAM != __VECTOR_TABLE) {
        for (n = 0; n < 0x410; n++)
            __VECTOR_RAM[n] = __VECTOR_TABLE[n];
    }
    write_vtor((uint32) __VECTOR_RAM);

    uint8 *data_ram     = __section_begin(".data");
    uint8 *data_rom     = __section_begin(".data_init");
    uint8 *data_rom_end = __section_end(".data_init");

    /* Copy initialized data from ROM to RAM */
    n = data_rom_end - data_rom;
    while (n--)
        *data_ram++ = *data_rom++;

    uint8 *bss_start = __section_begin(".bss");
    uint8 *bss_end   = __section_end(".bss");
    n = bss_end - bss_start;
    while (n--)
        *bss_start++ = 0;

    uint8 *code_relocate_ram = __section_begin("CodeRelocateRam");
    uint8 *code_relocate     = __section_begin("CodeRelocate");
    uint8 *code_relocate_end = __section_end("CodeRelocate");
    n = code_relocate_end - code_relocate;
    while (n--)
        *code_relocate_ram++ = *code_relocate++;
}
```

- ベクタ・テーブルをRAMにコピーし，VTOR（ベクタ・テーブル・オフセット・レジスタ）をセットアップ
- DATA領域（.dataセクション）の内容をROM（.data_initセクション）からコピー
- BSS領域（.bssセクション）を0でクリア
- RAM上で動くプログラム（CodeRelocateRam）をROMからコピー

{0,3,4,8};

電源投入後のRAMの初期状態は不定ですので，これらの初期化はスタートアップ・ルーチンで行うことになります．この初期化作業が行えるようにするため，組み込み用のコンパイラでは，コンパイル時にDATA領域の初期化データと同じものをROM領域に作成し，プログラム（TEXT領域と呼びます）と共にROMに書き込まれています．

RAMにコピーするため，同じサイズ分だけROMを消費することには注意が必要です（ROM領域の節約のために圧縮することもあります）．

▶（4）ROM領域にある，RAMで動くプログラムをRAM領域にコピー（リロケート）する

8ビットや16ビット・クラスの組み込み用のワンチップ・マイコンの多くはROMに比べてRAMの容量はかなり少ないということもあり，RAM上にプログラムを置くことはあまりありません．32ビットCPUになると，アクセス速度や運用上の利便性からRAM上にプログラムを配置した方がよいということもあります．

このような要求に応えられるよう，ARM用のコンパイラではDATA領域などと同様にコンパイラがRAM上に配置するプログラムのイメージ・データをROM領域に生成することができるようになっています．これをRAM上にコピーするのもスタートアップ・ルーチンの仕事です．

ステップ4 I/O類の初期化 [sysinit()]

sysinit()は/src/cpu/sysinit.cにあります．リスト8はsysinit.cの内容の抜粋です．

ARM社では基本的にコアをライセンスしているだけで，タイマなどの周辺回路はライセンスを受けた半導体メーカがそれぞれ独自に付加しています．このため，メーカが変わればもちろんのこと，同じメーカでも製品によって微妙に異なっていることがあります．

周辺回路の多くはリセット信号によって初期状態になりますが，実際にはこの初期状態のままでよいということはまれで，ユーザが必要に応じてポート設定などを切り替えることになります．

最近のマイコンの場合CPUクロックをはじめとしてI/Oのコンフィグレーション・ツールが用意されていて，スタートアップ・ルーチン内でコンフィグレーション情報に基づいて初期化を行うという例もあります．

サンプル・プログラムでは，sysinit()の中で，
1) クロックの設定
2) ターミナル用のUARTの設定

第9章 リセット解除からmain関数起動までの初期化処理

リスト8 I/O初期化関数 sysinit.c（抜粋）

```
***/src/cpu/sysinit.c                      クロックの設定
void sysinit(void)                              if (TERM_PORT == UART0_BASE_PTR) {
{                                          #ifdef UART0_ALT1
SIM_SCGC5 |= (SIM_SCGC5_PORTA_MASK |               PORTA_PCR1 = PORT_PCR_MUX(2);    /* RX */
                    // 全てのポート・クロックをイネーブル    PORTA_PCR2 = PORT_PCR_MUX(2);    /* TX */
SIM_SCGC5_PORTB_MASK |                     #endif
        SIM_SCGC5_PORTC_MASK |
        SIM_SCGC5_PORTD_MASK |
        SIM_SCGC5_PORTE_MASK);             #ifdef HW_FLOW_CONTROL
                                                   PORTA_PCR0 = PORT_PCR_MUX(2);    /* CTS */
if (PMC_REGSC & PMC_REGSC_ACKISO_MASK)             PORTA_PCR3 = PORT_PCR_MUX(2);    /* RTS */
                    // システム・クロック・ディバイダ #endif                       ターミナル用のUART
        PMC_REGSC |= PMC_REGSC_ACKISO_MASK;                                用にI/Oポートを設定
                                                }
SIM_CLKDIV1 = (0 | SIM_CLKDIV1_OUTDIV1(0) |
                        /* Core/system 120 MHz */      if ((TERM_PORT == UART0_BASE_PTR) | (TERM_PORT
        SIM_CLKDIV1_OUTDIV2(1) |                                    == UART1_BASE_PTR))
                        /* Busclk       60 MHz */           uart_init(TERM_PORT, core_clk_khz, TERMINAL_
        SIM_CLKDIV1_OUTDIV3(2) |                   BAUD);
                        /* FlexBus      40 MHz */       else
        SIM_CLKDIV1_OUTDIV4(4));                        uart_init(TERM_PORT, periph_clk_khz,
                        /* Flash        24 MHz */  TERMINAL_BAUD);
// PLLの初期化 PLL出力クロックを120MHzにしている }
mcg_clk_hz = pll_init(CLK0_FREQ_HZ,                                     ターミナル用のUARTの初期化
                        /* CLKIN0 frequency */
```

を行っています．ここから先はKL25（Cortex-M0+）でもほとんど同じですので，KL25の例は省略します．

次にステップごとに内容を見ていきましょう．

● 1）クロックの設定

クロック設定部分のソースコードはリスト9のようになっています．

K64Fのクロック系統図は図4のようになっています．左側のMCG，System oscillator中の4MHz/32kHz内部RC発振器，PLLの他，RTC発振器，IRC48M内部発振器がクロック源になっています．

このあたりの構成はマイコンによって異なってきますが，多くはこのようにいくつかのクロック源から選んだクロック信号を元にしてマイコン内部のいろいろな場所の動作クロックを生成しています．

サンプル・コード中のクロックの設定は，次の5段階で行われています．レジスタの詳細などは別途データシートを見てください．

▶(1) GPIOポート・ブロックへのクロック供給ON（SIM_SCGC5レジスタ）

GPIOの出力はクロックの立ち上がりエッジに同期して行われますが，このクロックの供給のON/OFFを制御しているのが，SIM_SCGC5レジスタです．図5のようになっていて，ポートごとにクロックの供給のON/OFFが制御できるようになっています．

サンプルではポートA～ポートE全ての各I/Oポートへのクロック供給をONにしています．

▶(2) ペリフェラル/I/Oパッドを通常動作状態にする（PMC_REGSCレジスタ）

Kinetisが低消費電力モードに入ったとき，ペリフェラル（内蔵I/O）やI/Oパッドは動作を停止しています．リセットされたとき，既に低消費電力モードになっていたときにはこれらを再起動して，マイコン内部のI/Oや外部との入出力が行えるようにします．

停止状態になっていたか否かはPMC_REGSCレジスタのACKISOビットでわかります．PMC_REGSCレジスタのビット配置は図6のようになっています．停止状態，つまりACKISOビットが'1'になっていたときは1を書き込むとクリアされ，通常動作状態になります．

▶(3) SIM_CLKDIV1レジスタによる，クロック分周比設定

CLKDIV1レジスタは，CPUコアや，バス・クロックなどの動作クロックのMCGOUTCLKからの分周比，つまりMCG（Multipurpose Clock Generator）の出力クロックの何分の1にするかを決めるものです（図7）．

あくまでも分周比を決めているだけですので，MGCOUTCLKの周波数が変われば，連動して変化します．出力周波数は次のPLLの初期化の後に決まります．

▶(4) PLLの初期化（pll_init：drivers/mcg/mcg.c）

サンプルではPLL（Phase-Locked Loop）でクロックを生成しています．初期化はpll_init()関数（drivers/mcg/mcg.cにあります）で行っています．PLLの基本動作は，基準となるクロックを分周したクロックと出力クロック周波数を分周したものの位相（Phase）を比較し，同じ周波数にロックするようにPLL内部の可変周波数発振器の周波数を調整します．

第2部 プログラミングの基礎知識

リスト9
sysinit.cのクロック設定部分（抜粋）

```c
// GPIOポートへのクロック供給
SIM_SCGC5 |= (SIM_SCGC5_PORTA_MASK |
        SIM_SCGC5_PORTB_MASK |
        SIM_SCGC5_PORTC_MASK |
        SIM_SCGC5_PORTD_MASK |
        SIM_SCGC5_PORTE_MASK);

// ペリフェラルやI/Oパッドを通常動作状態(normal run state)にする
if (PMC_REGSC & PMC_REGSC_ACKISO_MASK)
    PMC_REGSC |= PMC_REGSC_ACKISO_MASK;

// クロックの分周比を決める  クロック源はPLL(120MHz)
SIM_CLKDIV1 = (0 | SIM_CLKDIV1_OUTDIV1(0) |    /* Core/system   120 MHz */
        SIM_CLKDIV1_OUTDIV2(1) |           /* Busclk         60 MHz */
        SIM_CLKDIV1_OUTDIV3(2) |           /* FlexBus        40 MHz */
        SIM_CLKDIV1_OUTDIV4(4));           /* Flash          24 MHz */
// PLLの初期化  PLL出力クロックを120MHzにしている
mcg_clk_hz = pll_init(CLK0_FREQ_HZ,    /* CLKIN0 frequency */
        LOW_POWER,       /* Set the oscillator for low power mode */
        CLK0_TYPE,       /* Crystal or canned oscillator clock input */
        PLL0_PRDIV,      /* PLL predivider value */
        PLL0_VDIV,       /* PLL multiplier */
        MCGOUT);         /* Use the output from this PLL as the MCGOUT */

…
// クロック周波数を示す変数のセットアップ
mcg_clk_khz = mcg_clk_hz / 1000;
core_clk_khz =
    mcg_clk_khz / ((((SIM_CLKDIV1 & SIM_CLKDIV1_OUTDIV1_MASK) >> 28) + 1);
periph_clk_khz =
    mcg_clk_khz / ((((SIM_CLKDIV1 & SIM_CLKDIV1_OUTDIV2_MASK) >> 24) + 1);
// デバッグ用のクロック出力

trace_clk_init();
clkout_init();
```

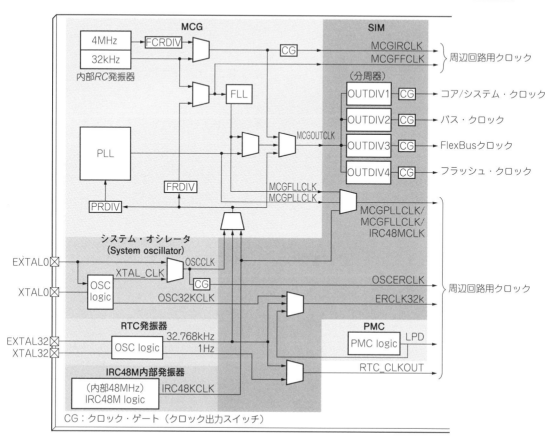

図4　Cortex-M4マイコンK64Fシリーズのクロック系統図

第9章 リセット解除からmain関数起動までの初期化処理

図5 クロック用レジスタ1…SCGC5レジスタのビット配置

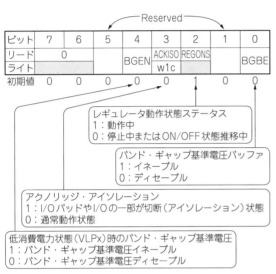

図6 クロック用レジスタ2…PMC_REGSCレジスタのビット配置

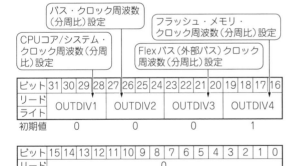

図7 クロック用レジスタ3…SIM_CLKDIV1レジスタのビット配置

PLL_init()で設定されるPLLの出力周波数(仮にPLL_OUTとします)周波数は基準クロック(CLK_FREQ_HZとします)と,引き数であるCLK_FREQとPLL0_PRDIVとPLL0_VDIVの値から次のように計算されます.

リスト10 sysinit.cのUARTの初期化部分

```
// UART用のポートの初期化
if (TERM_PORT == UART0_BASE_PTR) {
#ifdef UART0_ALT1
    PORTA_PCR1 = PORT_PCR_MUX(2);    /* RX */
    PORTA_PCR2 = PORT_PCR_MUX(2);    /* TX */
#endif
#ifdef UART0_ALT2
    PORTA_PCR14 = PORT_PCR_MUX(3);   /* TX */
    PORTA_PCR15 = PORT_PCR_MUX(3);   /* RX */
#endif
...
#ifdef HW_FLOW_CONTROL
    PORTA_PCR0 = PORT_PCR_MUX(2);    /* CTS */
    PORTA_PCR3 = PORT_PCR_MUX(2);    /* RTS */
#endif
#ifdef HW_FLOW_CONTROL1
    PORTA_PCR16 = PORT_PCR_MUX(3);   /* CTS */
    PORTA_PCR17 = PORT_PCR_MUX(3);   /* RTS */
#endif
...
}
           :
if (TERM_PORT == UART5_BASE_PTR) {
#ifdef UART5_ALT1
    PORTD_PCR8 = PORT_PCR_MUX(3);    /* RX */
    PORTD_PCR9 = PORT_PCR_MUX(3);    /* TX */
#endif
...
}
...
// UARTの初期化
if ((TERM_PORT == UART0_BASE_PTR) |
      (TERM_PORT == UART1_BASE_PTR))
    uart_init(TERM_PORT, core_clk_khz,
              TERMINAL_BAUD);
else  uart_init(TERM_PORT,
          periph_clk_khz, TERMINAL_BAUD);
```

PLL_OUT=CLK0_FREQ_HZ/PLL0_PRDIV*PLL0_VDIV

TWR-K64F120Mボードではブロック図にある通り,外部から50MHzのクロックが供給されていて,これを利用しています.また,サンプル中でPLL0_PRDIV=20,PLL0_VDIV=48ですので,出力周波数は,

50MHz×48÷20=120MHz

となります.サンプル・プログラムに記載されている周波数はPLLの出力が120MHzであるとして求めた値です.

▶(5) クロック周波数を記録する変数(mcg_clk_khz等)のセット

現在クロックが何MHzであるかを記録しているのが,

- mcg_clk_khz
- core_clk_khz
- peri_clk_khz

の三つです.それぞれMCGから出力されるクロック,CPUコア部分のクロック,ペリフェラル(周辺I/O)用クロックをkHz単位で示したものになっています.

第2部 プログラミングの基礎知識

ビット	31	30	29	28	27	26	25	24	23	22	21	20	19	18	17	16	15	14	13	12	11	10	9	8	7	6	5	4	3	2	1	0
リード	\<--- 0 ---\>						ISF	\<-- 0 --\>			IRQC				LK	\<--- 0 ---\>					MUX			\<-- 0 --\>		DSE	ODE	PFE	0	SRE	PE	PS
ライト							w1c																									
初期値	0						0		0				0				0					*	0	*	*	*	0	*	*	*

ISF：割り込みステータス・フラグ（'1'：割り込み要求発生）
IRQC：割り込み/DMA要求の発生条件設定（詳細はマニュアル参照）
 0x00 割り込み/DMAディセーブル
 0x01 立ち上がりエッジでDMAリクエスト
 0x02 立ち下がりエッジでDMAリクエスト
 0x03 両エッジでDMAリクエスト
 0x08 '0'で割り込み発生
 0x09 立ち上がりエッジで割り込み発生
 0x0A 立ち下がりエッジで割り込み発生
 0x0B 両エッジで割り込み発生
 0x0C '1'で割り込み発生
LK：ピン・ロック（'1'：コントロール・レジスタのビット0〜15を変更禁止）
MUX：ピン・マルチプレクス制御
 0x00 ピン・ディセーブル（アナログ）
 0x01 ALT1（GPIO）
 0x02〜0x07 ALT2〜7（デバイスに依存）

DSE：ディジタル出力モード時のドライブ能力選択
 0x00 低ドライブ能力
 0x01 高ドライブ能力
PFE：パッシブ・フィルタ・イネーブル
 0x00 パッシブ入力フィルタ・ディセーブル
 0x01 パッシブ入力フィルタ・イネーブル
SRE：出力スルー・レート（立ち上がり/立ち下がり）制御
 0x00 高速スルー・レート
 0x01 低速スルー・レート
PE：ディジタル・モード時の内部プルアップ/ダウン抵抗
 0x00 イネーブル
 0x01 ディセーブル
PS：プルアップ/プルダウン選択（PEビットが0x01のときに有効）
 0x00 プルアップ
 0x01 プルダウン

図8　PORTx_PCRnレジスタのビット配置

▶ (6) デバッグ用のクロック出力設定

デバッグ用にトレース・クロック出力（trace_clk_init()）や，PLLが予定通りの周波数出力を行っているかをモニタするためのポート設定（clkout_init()）を行います．

● 2) ターミナル用のUARTの設定

デバッグ用のメッセージ出力などをシリアル・ポート経由で行えると，いわゆるprintfデバッグなども行えて便利です．**リスト10**がUARTのための設定部分を抜き出したものです．

内部にはUART0〜UART5の六つのUARTがありますが，このうちどれを使うかをTERM_PORTに設定しています．さらにそれぞれのUARTのデータ入出力（TXD/RXD）やフロー制御信号（RTS/CTS）をどのピンに割り付けるかをUART0_ALTやHW_FLOWCONTROLなどで定義しています．

実際のポートの設定はPORTA_PCR1などのGPIOのモード設定レジスタのMUXフィールドを書き換えて，指定したポートとUARTの入出力信号を接続しています．このレジスタはそれぞれのGPIOピンに用意されていて，ビット配置は**図8**のようになっています．

最後にuart_init()を呼び出してUART自身の初期化を行っています．ビットレートはTERMINAL_BAUDで決めていますが，これはplatforms/tower.hの中で115200と定義していますので，115.2kbpsになります．

uart_init()は/drivers/uart/uart.cにあります．uart_init()の設定ではデータ長8ビット，パリティなしに設定しています．

ステップ5　main関数が動くまで

● リセット要因の判定と表示 [outSRS()]

リセット要因判定とターミナルへの出力を行っているoutSRS()はdrivers/rcm/rcm.cにあります．outSRS()関数の一部を抜き出したものが**リスト11**です．

リセット要因の判定には，リセット要因が記録されているRCM_SRS0，RCM_SRS1レジスタ，そして低消費電力モードになったときのモード設定や，抜けたときに，どの状態にあったのかを判断するステータス等を収めたSMC_PMCTRLレジスタの三つのレジスタが使われています．**図9**がRCM_SRS0/RCM_SRS1レジスタのビット配置，**図10**がSMC_PMCTRLレジスタのビット配置です．

Cortex-M4のリセット要因となるものはさまざまですが，通常動作で利用される，

- 電源ON
- 通常動作時のリセット入力端子によるリセット
- 低消費電力モードからの再起動
- ソフトウェアによるリセット・ポート・アクセス

といったものの他，

- WDT（ウォッチドッグ・タイマ）の作動
- CPUコアのロック状態（動作異常）検出
- PLL発信器のロック外れ（クロック発振異常）検出

など，マイコンの動作異常を検出したときにもリセットをかけて再起動させるようになっています．

組み込み用途では異常発生時に自動復旧させることに加えて，何の原因で異常になったのかを判断・記録

第9章 リセット解除からmain関数起動までの初期化処理

リスト11 outSRS()関数(抜粋)

```
*** drivers/rcm/rcm.c
void outSRS(void)
{
    if (RCM_SRS1 & RCM_SRS1_SACKERR_MASK)
        printf("Stop Mode Acknowledge Error Reset\n");
    if (RCM_SRS1 & RCM_SRS1_EZPT_MASK)
        printf("EzPort Reset\n");
    …
    if (RCM_SRS0 & RCM_SRS0_POR_MASK)
        printf("Power-on Reset\n");
    if (RCM_SRS0 & RCM_SRS0_PIN_MASK)
        printf("External Pin Reset\n");
    …
    if ((SMC_PMCTRL & SMC_PMCTRL_STOPM_MASK) == 3)
        printf("[outSRS] LLS exit \n") ;
    if (((SMC_PMCTRL & SMC_PMCTRL_STOPM_MASK) == 4) &&
        ((SMC_VLLSCTRL & SMC_VLLSCTRL_VLLSM_MASK) == 0))
        printf("[outSRS] VLLS0 exit \n") ;
    …
    if ((RCM_SRS0 == 0) && (RCM_SRS1 == 0)) {
        printf("[outSRS]RCM_SRS0 is ZERO    = %#02X \r\n", (RCM_SRS0));
        printf("[outSRS]RCM_SRS1 is ZERO    = %#02X \r\n", (RCM_SRS1));
    }
}
```

- RCM_SRS1レジスタによる要因判定
- RCM_SRS0レジスタによる要因判定
- RCM_SRS0/SRS1レジスタがすべて0のとき
- SMC_PMCTRLレジスタによる要因判定

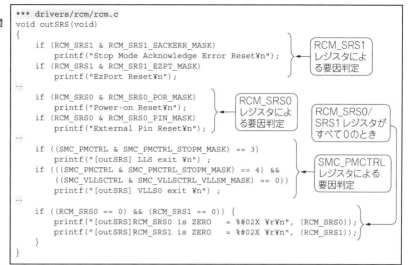

ビット	7	6	5	4	3	2	1	0
リード	POR	PIN	WDOG	0	LOL	LOC	LVD	WAKEUP
ライト								
初期値	1	0	0	0	0	0	0	0

- POR '1': パワーONリセット
- PIN '1': 外部リセット・ピンによるリセット
- WDOG '1': ウォッチドッグ・タイマによるリセット
- LOL '1': PLLのロック外れ(Loss of Lock)によるリセット
- LVD '1': 電圧低下検出によるリセット
- WAKEUP '1': LLWUモジュールのウェイクアップ・ソースによるリセット

(a) RCM_SRS0レジスタ

ビット	7	6	5	4	3	2	1	0
リード	0	0	SACKERR	EZPT	MDM_AP	SW	LOCKUP	JTAG
ライト								
初期値	1	0	0	0	0	0	1	0

- SACKERR '1': STOPモードへの移行失敗によるリセット
- EZPT '1': EzPortモード時にEzPortがリセット・コマンドを受け取った
- MDM_AP '1': デバッガからシステム・リセット・リクエスト・ビットを操作してリセット
- SW '1': ソフトウェアで,SYSRESETREQビットをセットしたことによるリセット
- LOCKUP '1': CPUコアのロックアップ(ハングアップ)イベントが発生したことによるリセット
- JTAG '1': JTAGによるリセット

(b) RCM_SRS1レジスタ

図9 RCM_SRS0/1レジスタのビット配置

ビット	7	6	5	4	3	2	1	0
リード	LPWUI	RUNM		0	STOPA	STOPM		
ライト								
初期値	0	0	0	0	0	0	1	0

- LPWUI: ロー・パワー・ウェイクアップON割り込み
  - '1': ノーマルRUNモードに抜ける
  - '0': VLP(超ローパワー・モード)に留まる
- RUNM: RUNモード制御
  - 0x03: 予約済み
  - 0x02: 超ローパワーRUN(VLPR)モード
  - 0x01: 予約済み
  - 0x00: ノーマルRUNモード
- STOPA: STOP中断ステータス
  - '1': STOPモードへの移行が成功した
  - '0': STOPモードへの移行が中断された
- STOPM: STOPモード制御(スリープ時のモードを決める)
  - 0x07～0x05: 予約済み
  - 0x04: 低パワー・リークSTOP(VLLSx)
  - 0x03: 低リークSTOP(LLS)
  - 0x02: 超ローパワーSTOP(VLPS)
  - 0x01: 予約済み
  - 0x00: ノーマルSTOP

図10 SMC_PMCTRLレジスタのビット配置

し,後日の原因究明に備えることがよく行われます.リセットが発生した要因によっては,システムの再開の方法を変更したり,場合によってはこれ以上の悪影響の拡大を防ぐために再起動しないようにしたりすることもあります.

outSRS()ではリセット要因に応じたメッセージをターミナルに出力しています.

● CPU型名,メモリ容量の判定[cpu_identify()]

サンプルでは,/src/cpu/start.c中のcpu_idenfity()関数でCPU型名やROMやRAMの容量などを判別してターミナルに出力しています.リスト12はこの内容を抜粋したものです.

C言語でアプリケーション・プログラムを組んでいるときにはCPUの種別や型番などを気にする場面は少ないのですが,共通ライブラリのようにCPU種別を判定してI/O仕様の違いを吸収したり,対応していないCPU下では動かないようにしたりするなど,処理を振り分けなくてはならない場合もあります.このような場合に備えて,CPU種別などの判定を行う専用レジスタが用意されています.これがSIM_CFG1

第2部 プログラミングの基礎知識

リスト12 CPU型名等を示す`cpu_identify()`

```
***src/cpu/start.c
void cpu_identify(void)
{
...
/* Determine the Kinetis family */
series = (SIM_SDID >> SIM_SDID_SERIESID_SHIFT) & 0xF;
pin    = (SIM_SDID >> SIM_SDID_PINID_SHIFT) & 0xF;
die    = (SIM_SDID >> SIM_SDID_DIEID_SHIFT) & 0x1F;
...
if (die == 6) {
    tmp[1] = tmp[1] + 2;
}
sprintf(tmpbuf, "\nKinetis %c%d%d - %d pin  Silicon rev %d",
        serID[series],
        tmp[0],
        tmp[1],
        pinID[pin],
        tmp[2]);
printf("%s - Build date: %s %s\n", tmpbuf, __DATE__, __TIME__);

/* Determine the flash revision */
flash_identify();

idx = sprintf(tmpbuf, "\n - P-Flash: %d KBytes\n",
  flash[(SIM_FCFG1 >> SIM_FCFG1_PFSIZE_SHIFT) & 0xF]);

if ((SIM_FCFG1 >> SIM_FCFG1_NVMSIZE_SHIFT) & 0xF) {
    idx += sprintf(&tmpbuf[idx], " - Flexmem: %d KBytes\n",
           flash[(SIM_FCFG1 >> SIM_FCFG1_NVMSIZE_SHIFT) & 0xF]);
if ((SIM_FCFG1 >> SIM_FCFG1_EESIZE_SHIFT) & 0xF) {
    int romsz = eerom[(SIM_FCFG1 >> SIM_FCFG1_EESIZE_SHIFT) & 0xF];
if (romsz > 0) {
    romsz /= 1024;
    idx += sprintf(&tmpbuf[idx], " - EEROM: %d KBytes\n",  romsz);
}
}
sprintf(&tmpbuf[idx], " - RAM: %d KBytes\n\n",
    ramsize[(SIM_SOPT1 >> SIM_SOPT1_RAMSIZE_SHIFT) & 0xF]);
    printf("%s\n", tmpbuf);
}
```

- Kinetis マイコン・ファミリのID判別（SIM_SDIDを利用）
- フラッシュ・メモリ保護レジスタ（FTFE_FCCOBx）のバージョン表示
- フラッシュ・メモリ等のサイズ判定と表示（SIM_FCFG1 レジスタを利用）
- RAMサイズの判定と表示（SIM_SOPT1 レジスタを利用）

ビット	31	30	29	28	27	26	25	24	23	22	21	20	19	18	17	16	15	14	13	12	11	10	9	8	7	6	5	4	3	2	1	0
リード	FAMILYID				SUBFAMID				SERIESID				0				REVID				DIEID				FAMID				PINID			
ライト													0	0	0	0																

- FAMILYID：Kinetis ファミリID
  - 0x01～0x07：K1x～K7x ファミリ
- SUBFAMID：Kinetis サブファミリID
  - 0x00～0x06：K0x～K6x サブファミリ
- SERIESID：Kinetis シリーズID
  - 0x00：Kinetis Kシリーズ
  - 0x01：Kinetis Lシリーズ
  - 0x02：Kinetis Wシリーズ
  - 0x03：Kinetis Vシリーズ
- REVID：デバイス・リビジョン番号
- DIEID：デバイス・ダイID
- FAMID：Kinetis ファミリID
  - 0x00：K1x ファミリ
  - 0x01：K2x ファミリ
  - 0x02：K3x ファミリ
  - 0x03：K4x ファミリ
  - 0x04：K6x ファミリ
  - 0x05：K7x ファミリ
  - 0x06～0x07：予約済み
- PINID：ピン数ID
  - 0x00, 0x01：予約済み
  - 0x02：32ピン
  - 0x03：予約済み
  - 0x04：48ピン
  - 0x05：64ピン
  - 0x06：80ピン
  - 0x07：81ピンまたは121ピン
  - 0x08：100ピン
  - 0x09：121ピン
  - 0x0A：144ピン
  - 0x0B：カスタム・ピン・アウト（WLCSP）
  - 0x0C：169ピン
  - 0x0D：予約済み
  - 0x0E：256ピン
  - 0x0F：予約済み

図11 SIM_SDID レジスタのビット配置

第9章　リセット解除からmain関数起動までの初期化処理

ビット	31	30	29	28	27	26	25	24	23	22	21	20	19	18	17	16	15	14	13	12	11	10	9	8	7	6	5	4	3	2	1	0
リード	\multicolumn{4}{l}{NVSIZE}	\multicolumn{4}{l}{PFSIZE}	\multicolumn{4}{l}{0}	\multicolumn{4}{l}{EESIZE}	\multicolumn{4}{l}{0}	\multicolumn{4}{l}{DEPART}	\multicolumn{6}{l}{0}	FLASHDOZE	FLASHDIS
ライト																																

NVSISE：FlexNVMメモリ・サイズ
　0x00：0Kバイト
　0x03：32Kバイト
　0x05：64バイト
　0x07：128Kバイト
　0x09：256Kバイト
　0x0B：512Kバイト
　0x0F：512Kバイト

DEPART：FlexNVMパーティション
　　　　コード　フラッシュ　EEPROM
　0x00：128Kバイト　　　0
　0x03：96Kバイト　　32Kバイト
　0x04：64バイト　　64Kバイト
　0x05：　　0　　　128Kバイト
　0x08：　　0　　　128Kバイト
　0x0B：32Kバイト　　96Kバイト
　0x0C：64Kバイト　　64Kバイト
　0x0D：128Kバイト　　　0
　0x0F：128Kバイト　　　0

PFSIZE：プログラム・フラッシュ・メモリ・
　　　　サイズ
　0x03：32Kバイト
　0x05：64バイト
　0x07：128Kバイト
　0x09：256Kバイト
　0x0B：512Kバイト
　0x0F：512Kバイト

FLASHDOZE：ウェイト中のフラッシュ・メモ
　　　　　　リ動作
　'1'：ディセーブル
　'0'：イネーブルのまま

FLASHDIS：フラッシュ・メモリ動作
　'1'：ディセーブル
　'0'：イネーブル

EESIZE：EEPROMサイズ
　0x00：16Kバイト
　0x01：8Kバイト
　0x02：4バイト
　0x03：2Kバイト
　0x04：1Kバイト
　0x05：512Kバイト
　0x06：256Kバイト
　0x07：128Kバイト
　0x08：64Kバイト
　0x09：32Kバイト
　0x0A～0x0E：予約済み
　0x0F：なし

図12　SIM_CFG1レジスタのビット配置

ビット	31	30	29	28	27	26	25	24	23	22	21	20	19	18	17	16	15	14	13	12	11	10	9	8	7	6	5	4	3	2	1	0
リード	USBREGEN	USBSSTBY	USBVSTBY	\multicolumn{9}{l}{0}	\multicolumn{2}{l}{OSC32KSEL}	\multicolumn{4}{l}{RAMSIZE}	\multicolumn{6}{l}{0}	\multicolumn{6}{l}{予約済み}
ライト																																

USBREGEN：'1'：USB電圧レギュレータ・イネーブル
USBSSTBY：'1'：STOPやVLPS, LLS and VLLSモード中，レギュレータを
　　　　　　　スタンバイにする
USBVSTBY：'1'：VLPRやVLPWモード時，レギュレータをスタンバイにする
OSC32KSEL：32k発振器クロック選択
　0x03：LPO1kHz
　0x02：RTC32.768kHz発振器
　0x01：予約済み
　0x00：システム・オシレータ（OSC32KCLK）

RAMSISE：RAM容量
　0x01：8Kバイト
　0x03：16Kバイト
　0x04：24Kバイト
　0x05：32Kバイト
　0x06：48Kバイト
　0x07：64Kバイト
　0x08：96Kバイト
　0x09：128Kバイト
　0x0B：256Kバイト

図13　SIM_SOPT1レジスタのビット配置

レジスタです．ビット配置は図11のようになっています．

実装されているフラッシュ・メモリ/EEPROM容量の判定はSIM_CFG1レジスタで，RAM容量などはSIM_SOPT1レジスタで行えます．ビット配置はそれぞれ図12，図13のようになっています．

● main()の呼び出し

ここまでで前処理が終わり，最後にユーザ・アプリケーション・コードであるmain()を呼び出しています．

CPU種別や，開発環境などによってスタートアップ・ルーチンで行われる処理は変化しますが，大まかにこのようなmain()の前処理的なことを行っていると把握しておけばよいでしょう．

◆引用文献◆
(1) Kinetis K64Fリファレンス・マニュア

くわの・まさひこ

第10章

共通SysTickから各種タイマまで整理して解説

基本機能1…タイマ

桑野 雅彦

Cortex-Mマイコン共通 SysTickタイマ

● 24ビット共通SysTickタイマのレジスタ

ARM Cortex-Mには，定周期の割り込みや実行時間管理などに利用できる24ビット・タイマが，コア自体の仕様として定義されています．SysTickタイマといいます．

SysTickは次の四つのレジスタで構成されています．
- SYST_CSR（コントロール/ステータス・レジスタ）
- SYST_RVR（リロード値レジスタ）
- SYST_CVR（カレント（現在）値レジスタ）
- SYST_CALIB（キャリブレーション値レジスタ）

それぞれのレジスタのビット配置を図1に示します．

● Cortex-M共通といってもマイコンによって実装が微妙に違う…K64Fの場合

SysTickの仕様はCortex-M4の仕様書に詳しく書かれていますが，Cortex-M4マイコンKinetis K64FのSysTickの場合，二つほど注意が必要な点があります．

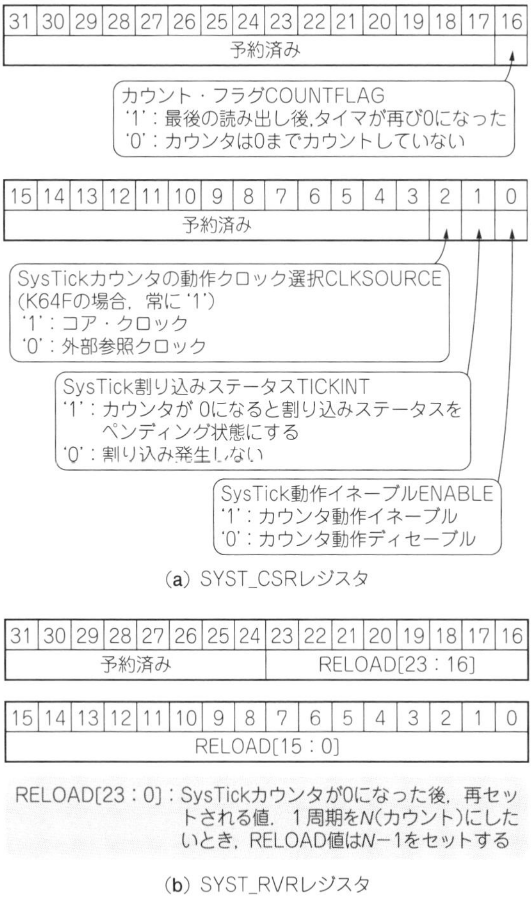

図1 ARM Cortex-Mコア自体に用意されているSysTickタイマ用レジスタのビット配置
周辺機能としてではなくCPUコア自体に用意されている

(a) SYST_CSRレジスタ

(b) SYST_RVRレジスタ
RELOAD[23:0]：SysTickカウンタが0になった後，再セットされる値．1周期をN（カウント）にしたいとき，RELOAD値は$N-1$をセットする

(c) SYST_CVRレジスタ
CURRENT：カウンタの現在のカウント値

(d) SYST_CALIBレジスタ
TENMS：10msキャリブレーション値
（SYST_RVRに設定すると周期が10msになる）
（K64Fの場合，TENMSは無効なのですべて'0'）

第10章 基本機能1…タイマ

▶その1：動作クロックはCPUコア・クロックに固定

Cortex-M4の仕様では，SysTickのクロックはCPUのコア・クロック（CPU動作クロック）の他，外部クロック入力も選べるようになっていますが，K64FではCPUクロックに固定です．

▶その2：10ms周期用設定レジスタの値は無効

また，K64Fの場合CPUコア・クロック周波数は可変になっています．SYST_CALIBレジスタには10ms周期にするためのRVRへの設定値が収められるのですが，K64Fの場合クロック周波数が可変になっているため，固定値にはできないため，値は無効です．

ユーザ・プログラムの中で現在のCPUの動作周波数からSYST_RVRへの設定値を計算してセットする必要があります．

● 基本動作

SysTickの基本的な動作は単純です．SYST_CSRのENABLEビットが'1'になっていると，SYST_CVRレジスタの値が1クロックごとにデクリメント（1ずつ減少）し，0になったら次のクロック・サイクルでSYST_RVRの値がセットされて，再びデクリメントしていきます．

例えばSYST_RVRに99をセットすると，SYST_CVRの値は1クロックごとに99から98，97…1，0，99，98…という具合に変化します．1周期が（SYST_RVR+1）クロックになるわけです．

SYST_RVRは24ビット値ですので，SYST_CVRも最大24ビットのダウンカウンタとして動作します．K64Fの場合，CPUのコア・クロックは最高120MHzです．このときSYST_RVRを最大値にセットして2^{24}分周すると，1周期は約140msになります．

SYST_RVRの値はいつでも読み出すことができますので，比較的短い時間の計測にも利用できます．

マイコン独自の各種タイマ機能…Kinetis K64Fの例

● 種類

一般に，ワンチップ・マイコンには，多くの固有タイマが周辺機能として用意されています．Cortex-M4マイコンK64Fには，次のようなタイマ・モジュールが内蔵されています．

▶ (1) SysTick
Cortex-M4に共通の定周期でイベント発生可能なタイマ．

▶ (2) PDB（プログラマブル・ディレイ・ブロック）
最大15外部トリガ入力＋1ソフトウェア・トリガによる最大8チャネル16ビット・ディレイ．3ビットのプリスケーラ付き
DAC用トリガ出力，ADCプリトリガ出力機能

▶ (3) FTM（フレキシブル・タイマ・モジュール）
4ペア16ビット多機能タイマ．
直交変調デコード可

▶ (4) PIT（周期割り込みタイマ）
四つの32ビット汎用割り込みタイマ．
DMA要求や割り込み生成可

▶ (5) LPTMR（ロー・パワー・タイマ）
16ビット・プリスケーラ付き汎用タイマ．
クロック選択，割り込み生成可

▶ (6) CMT（キャリア・モジュレータ・タイマ）
ゲート入力による出力変調タイマ．
Timeモード（'H'/'L'期間を独立して設定可能）
ベースバンド出力
FSK変調
ソフトウェアによる出力信号（IRO）制御

▶ (7) RTC（リアルタイム・クロック）
カレンダ時計（日付・時刻）
外付け32.768kHz水晶用発振回路内蔵．2pF単位で負荷容量調整可

▶ (8) IEEE 1588タイマ
イーサネット上での時刻同期用タイマ．

● (1) 共通SysTickタイマ

SysTickは，Cortex-M4の仕様に含まれている24ビットのダウンカウント（1クロックごとに値が減っていき，0になると設定された初期値に初期化される）タイマです．一定周期で割り込みをかけたり，予定した時間が経過するまで待ったりすることができます．

機能的には単純ですが，CPUコアと同じクロックで動作させることができたり，キャリブレーション値（10msの周期を得るためのカウント値）を収めたレジスタを持ったりしているのが大きな特徴です．

● (2) PDB：プログラマブル・ディレイ・ブロック

PDB，FTM，PIT，LPTMR，CMTの動作例をそれぞれ図2〜図6に示します．

ノコギリの歯のような波形は出力波形ではなく，タ

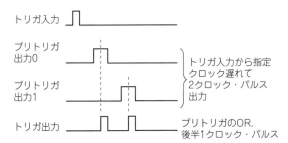

図2 PDBの動作

第2部 プログラミングの基礎知識

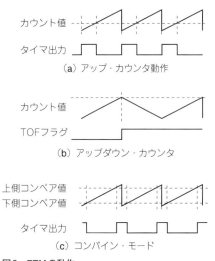

図3 FTMの動作

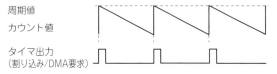

図4 周期割り込みタイマPITの動作

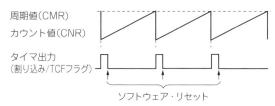

図5 LPTMRの動作

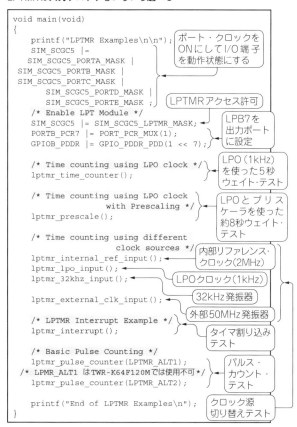

リスト1 低消費電力モードでも使えるロー・パワー・タイマLPTMRは入力クロックをいろいろ選べる

イマ内部のカウント値が増減していることをわかりやすいように示したものです．

PDBはトリガ入力から指定クロック分遅れたパルスを出力していくもので，ADCの変換スタート信号やDMAリクエスト信号などとして利用できます．

● (3) FTM：フレキシブル・タイマ・モジュール

FTMはアップ＆ダウンカウントしたり，コンペア値によって出力をセット/クリア/反転したりするほか，現在のカウント値をキャプチャ(取り込み)する機能もあります(図3)．

● (4) 周期割り込みタイマPIT

PITはダウンカウンタで，カウント値が0になったときに割り込みやDMA要求信号を生成するものです(図4)．単純な定周期要求にはPITを利用することで他の多機能なタイマを使わずに済むわけです．

● (5) ロー・パワー・タイマLPTMR

LPTMRは周期と比較値を設定して値が一致したときにフラグを立てたり割り込みを発生したりできます(図5)．Low Power Timerという名称が付いているのはK64Fが低消費電力モードになったときも動作を継続できるためです．さまざまな入力クロックを選べるのも大きな特徴です．

次に紹介するサンプル・プログラムでは入力クロック切り替えや割り込みの発生を行っています(リスト1)．

● (6) CMT：キャリア・モジュレータ・タイマ

CMTはキャリア信号と，ゲート入力信号によって変調した波形を出力します(図6)．赤外線通信を行うときなどに便利なモードです．

● (7) リアルタイム・クロックRTC

RTCはカレンダ・クロックです．ここで使っている32.768kHzの計時用クロックはLPTMRの動作クロックなどとして利用可能です．

第10章 基本機能1…タイマ

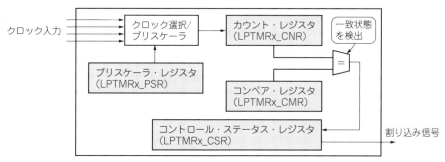

図7 基本ロー・パワー・タイマLPTMRの内部回路ブロック＆レジスタ

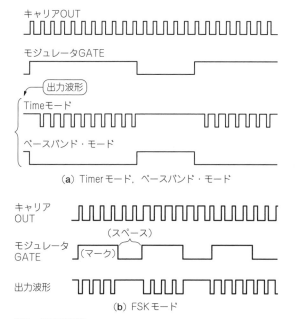

（a）Timerモード，ベースバンド・モード

（b）FSKモード

図6 CMTの動作

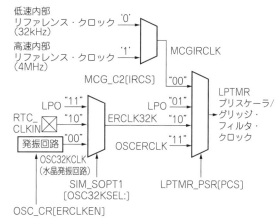

図8 基本ロー・パワー・タイマLPTMRのクロック系統

●（8）IEEE 1588タイマ

IEEE 1588タイマはLANを利用したとき，LAN上の各装置の時刻の同期をとるための機構です．

基本LPTMRタイマの動作メカニズム

● サンプル・プログラム

タイマのサンプル・ソースコードは，
`src/projects/lptmr/`
にあります．ここで使っているタイマは低消費電力タイマ（Low Power Timer：LPTMR）です．KinetisにはLPTMRの他にも定周期の割り込みやDMA要求を行うのに便利なPIT（Periodic Interrupt Timer）や多機能タイマであるFTM（Flex Timer Module）などのタイマ機能が用意されていますが，機能が限定的であったり，使い方がやや複雑だったりします．

LPTMRは機能的には比較的シンプルなものですが，パルス数のカウントや，指定したカウント数での割り込み発生など，さまざまな応用がきく便利なものです．

LPTMRのサンプルはさまざまな入力クロックで動作させる方法や，割り込みの使い方など，タイマを利用するときの参考になるでしょう．

LPTMRや，サンプルで使用しているレジスタなどの詳細についてはデータシートを参照してください．

● 内部ブロック

LPTMRの内部ブロックは図7のようになっています．また，タイマのカウント動作用のクロック入力の系統は図8のようになっています．

LPTMRのレジスタはタイマ1チャネルあたり次の4本が用意されています．xはタイマの番号です．サンプルでは0番を使用していますので，例えばLPTMR0_CSRという具合になります．

- LPTMRx_CSR（タイマ・コントロール/ステータス・レジスタ）
- LPTMRx_PSR（タイマ・プリスケーラ・レジスタ）

第2部 プログラミングの基礎知識

ビット	31	…	24	23	22	21	20	19	18	17	16
リード	0											
ライト											
初期値	0x00											

ビット	15	…	8	7	6	5	4	3	2	1	0
リード	0			TCF w1c	TIE	TPS		TPP	TFC	TMS	TEN
ライト										
初期値	0x00			0	0	0	0	0	0	0	0

TCF：タイマ・コンペア・フラグ
　　　"1"：CNRレジスタ値がCMRレジスタ値と一致した
　　　　　("1"を書き込むとクリアされる)
TIE：タイマ割り込みイネーブル
　　　"1"：LPTMR割り込み発生
　　　　　(TCFフラグがセットされた)
TPS：タイマ・ピン・セレクト
　　　(パルス・カウント時の入力ピン設定)
　　　"11"：パルス・カウンタ入力3
　　　"10"：パルス・カウンタ入力2
　　　"01"：パルス・カウンタ入力1
　　　"00"：パルス・カウンタ入力0
TPP：タイマ・パルス極性
　　　"1"：アクティブLow
　　　　　(立ち下がりエッジでカウントアップ)
　　　"0"：アクティブHigh
　　　　　(立ち上がりエッジでカウントアップ)
TFC：タイマ・フリーランニング・カウンタ
　　　"1"：CNRはオーバ・フローで0に戻る
　　　"0"：CNRはTCFがセットされると0に戻る
TMS：タイマ・モード選択
　　　"1"：パルス・カウンタ・モード
　　　"0"：タイム・カウンタ・モード
TEN：タイマ・イネーブル
　　　"1"：LPTMR・イネーブル

図9　LPTMR*x*_CSRレジスタのビット配置

ビット	31	…	23	22	21	20	19	18	17	16
リード	0								
ライト								
初期値	0x00								

ビット	15	…	7	6	5	4	3	2	1	0
リード									
ライト			PRESCALE				PBYP	PCS	
初期値			0				0	0	

PRESCALE：プリスケール値(分周値)
　　　　　 1/($2^{PRESCALE+1}$)分周される
　　　　　 (例：0x04なら1/(2^{4+1})=1/32になる)
PBYP：プリスケーラ・バイパス
　　　"1"：プリスケーラ/グリッジ・フィルタ・
　　　　　バイパス(CNRのクロック入力直結)
　　　"0"：プリスケーラ/グリッジ・フィルタ・
　　　　　イネーブル
PCS：プリスケーラ・クロック選択
　　　"11"：プリスケーラ/グリッジ・フィルタ・
　　　　　　クロック3を選択
　　　"10"：プリスケーラ/グリッジ・フィルタ・
　　　　　　クロック2を選択
　　　"01"：プリスケーラ/グリッジ・フィルタ・
　　　　　　クロック1を選択
　　　"00"：プリスケーラ/グリッジ・フィルタ・
　　　　　　クロック0を選択

図10　LPTMR*x*_PSRレジスタのビット配置

ビット	31	…	23	…	16
リード	0				
ライト				
初期値	0x00				

ビット	15	…	7	…	0
リード					
ライト		COMPARE			
初期値	0x00				

COMPARE：
CNR値との比較値

図11　LPTMR*x*_CMRレジスタ

ビット	31	…	23	…	16
リード	0				
ライト				
初期値	0x00				

ビット	15	…	7	…	0
リード					
ライト		COUNTER			
初期値	0x00				

COUNTER：
現在のカウント値

図12　LPTMR*x*_CNRレジスタ

- LPTMR*x*_CMR(タイマ・コンペア・レジスタ)
- LPTMR*x*_CNR(タイマ・カウント・レジスタ)

　以下，それぞれCSR，PSR，CMR，CNRと略します．
　LPTMRタイマの動作がイネーブルされているとき，CNRレジスタの値がインクリメントされていきます．CNRの値はCMRと比較されており，一致したときにステータスで検出する他，一致時点でCPUに割り込みをかけることもできます．
　LPTMRの動作の制御や一致ステータスなどを行うのがCSRレジスタ，LPTMRの動作クロックの選択やプリスケーラ(分周器)の設定を行うのがPSRレジスタです．
　それぞれのレジスタのビット配置を図9，図10，図11，図12に示します．

● main関数

　タイマサンプルのmain()関数はlpt.cにあります．この中ではポートの初期化等を行った後，次の5種類のテストを順番に行っており，タイマの基本的な使い方がわかるようになっています．

1) LPO(1kHzの内部クロック)を使ったウェイト・テスト
2) LPOとプリスケーラ(内部分周器)を使ったウェイト・テスト
3) クロック入力切り替え(内部リファレンス高速クロック，LPO1kHzクロック，32kHz発信器，外部50MHz入力)による，ウェイト・テスト
4) タイマ割り込みテスト
5) パルス入力カウント・テスト

● LPOによるウェイト・テスト

　最初に実行しているのがLPOによるウェイト動作テストです．テスト・プログラムはlptmr_counter.c

第10章　基本機能1…タイマ

リスト2　LPOによるウェイト・テスト・プログラム

```c
void lptmr_time_counter()
{
    int compare_value = 5000;   // カウント値
    int value;                   // カウント値をCMRにセット
    lptmr_clear_registers();  // LPTMR 初期化
    LPTMR0_CMR = LPTMR_CMR_COMPARE(compare_value);
    LPTMR0_PSR = LPTMR_PSR_
PCS(0x1) | LPTMR_PSR_PBYP_MASK;   // 入力クロックをLPOにする
    ...
    in_char();   // キー入力(スタート)待ち
    LPTMR0_CSR |= LPTMR_CSR_TEN_MASK;   // LPTMR動作開始
    while ((LPTMR0_CSR & LPTMR_CSR_TCF_MASK)
                                    == 0) {
    ...
    }
    // カウント値が0になり，TENフラグが'1'になるまでウェイト
}
-----------------------
// PTMR 初期化(lpt.c の中にある)
void lptmr_clear_registers()
{
    LPTMR0_CSR = 0x00;
    LPTMR0_PSR = 0x00;
    LPTMR0_CMR = 0x00;
}
```

リスト3　プリスケーラを使ったウェイト・テスト

```c
void lptmr_prescale()
{
    int compare_value = 250;   // コンペア値を250に設定
    int value;                  // LPOをプリスケーラで1/32にする(周波数：31.25Hz)
    lptmr_clear_registers();
    LPTMR0_CMR = LPTMR_CMR_COMPARE
                                (compare_value);
    LPTMR0_PSR = LPTMR_PSR_PCS(0x1) | LPTMR_
                                PSR_PRESCALE(0x4);
    ...
    in_char(); /* wait for keyboard press */
    LPTMR0_CSR |= LPTMR_CSR_TEN_MASK;   // タイマ動作開始
    while ((LPTMR0_CSR & LPTMR_CSR
                    _TCF_MASK) == 0) {
    ...                              // カウント到達待ち
    }
}
```

0からインクリメントされていって，5秒後にCMR値（ここでは5000）に達するとTCFフラグが'1'になってwhileループを抜けます．

です．リスト2のlptmr_time_counter()がLPOによるウェイト・テストのソースコードです（ページ数の都合により，デバッグ用のメッセージ出力等は削除しています）．

このウェイト・テストはCMRレジスタに5000をセットして，一致するまで待ちます．LPOは周波数1kHzの内部クロックで，1周期が1msですので，5000カウント分で5秒待つことになります．実際の処理は次のような手順になっています．

1) lptmr_clear_register()でCSR, PSR, CMRを全て0クリアして，初期状態にしています．CSRレジスタのタイマ動作イネーブル・ビット(TEN)も'0'になりますので，動作は停止状態になります．
2) CMR（コンペア・レジスタ）に5000をセットしています．この値が実際のカウント値(CNR)と比較されるわけです．
3) PSRレジスタで入力クロック選択を行います．PCSを"01"にしてLPOを選択し，PBYPビットを'1'にしてプリスケーラ/グリッジ・フィルタをバイパスさせることで，1kHzのLPOクロックをカウンタ・クロックとして利用します．
4) キー入力を待った後にCSRレジスタのTEN（タイマ・イネーブル）ビットを'1'にしてカウントを開始します．
5) この後，CSRレジスタのTCFフラグ（タイマ・コンペア・フラグ）ビットが'1'になるまで待ちます．このフラグ・ビットはCNRレジスタの値がインクリメントされてCMRレジスタ値と一致したときに'1'になります．CNR値が1msごとに

● LPOとプリスケーラ（内部分周器）を使ったウェイト・テスト

LPOとプリスケーラを使ったウェイト・テストは，lptmr_counter.cのlptmr_prescale()です．プログラムはリスト3のようになっています．クロックの設定切り替えと，カウント数が5000から250に減っているだけで，基本的にはLPOによるウェイト・テストと同じです．

LPOによるウェイト・テストではプリスケーラをバイパスしていましたが，今度はプリスケーラを使いますので，PSRのPBYPビットは'0'のままにして，PRESCALEビットを0x04にして32分周します．

これにより，動作クロックは31.25Hz［1kHz（LPOクロック周波数）÷32］になります．ウェイト時間は

リスト4　クロック入力切り替えテスト（内部高速リファレンス・クロック）

```c
void lptmr_internal_ref_input()
{
    unsigned int compare_value = 15625;   // コンペア値
    ...
    lptmr_clear_registers();
    MCG_C1 |= MCG_C1_IRCLKEN_MASK;   // 内部リファレンス・クロック・イネーブル
    MCG_C2 |= MCG_C2_IRCS_MASK;   // 高速内部クロック選択
    LPTMR0_CMR = LPTMR_CMR_COMPARE(compare_value);   // コンペア値設定
    LPTMR0_PSR = LPTMR_PSR_PCS(0x0)
                | LPTMR_PSR_PRESCALE(0x8);   // MCGIRクロックを512分周
    in_char();
    LPTMR0_CSR |= LPTMR_CSR_TEN_MASK;   // タイマ動作開始
    while ((LPTMR0_CSR & LPTMR_CSR_TCF_MASK) ==
                                        0) {
    ...                              // カウント到達待ち
    }
}
```

第2部 プログラミングの基礎知識

ビット	7	6	5	4	3	2	1	0
リード ライト	CLKS		FRDIV			IREFS	IRCLKEN	IREFSTEN
初期値	0	0	0	0	0	1	0	0

CLKS ：クロック・ソース選択
 0x03：予約済み
 0x02：外部リファレンス・クロック
 0x01：内部リファレンス・クロック
 0x00：FLL/PLL出力クロック
FRDIV ：FLL外部リファレンス分周
 (RANGE='0'かOSCSEL='1'／：その他)
 0x07：÷128 ／ ÷1536
 0x06：÷64 ／ ÷1280
 0x05：÷32 ／ ÷1024
 0x04：÷16 ／ ÷512
 0x03：÷8 ／ ÷256
 0x02：÷4 ／ ÷128
 0x01：÷2 ／ ÷64
 0x00：÷1 ／ ÷32
IREFS ：内部リファレンス・クロック選択
 '1'：低速内部リファレンス・クロック
 '0'：外部リファレンス・クロック
IRCLKEN ：内部リファレンス・クロック・イネーブル
 '1'：MCGIRCLKアクティブ
 '0'：MCGIRCLK非アクティブ
IREFSTEN：内部リファレンス・ストップ・イネーブル
 '1'：MCGがEFI/FBI/BLPIモードからStop状態になったときでも内部リファレンス・イネーブル
 '0'：Stopモード時に内部リファレンス・クロックはディセーブル

図13　MCG_C1レジスタのビット配置

ビット	7	6	5	4	3	2	1	0
リード ライト	LOCRE0	FCFTRIM	RANGE		HGO	EREFS	LP	IRCS
初期値	1	0	0	0	0	0	0	0

LOCRE0 ：OSC0基準クロック停止(Loss of Clock)
 リセットイネーブル
 '1'：停止検出時にリセット発生
 '0'：停止検出時に割込み発生
FCFTRIM ：高速内部リファレンス・クロック調整
RANGE ：水晶振動子の周波数領域
 0x03/0x02：最も高い周波数の水晶振動子
 0x01：高い周波数の水晶振動子
 0x00：低い周波数の水晶振動子
HGO ：高利得発振選択
 '1'：高利得動作
 '0'：低利得(低消費電力)動作
EREFS ：外部リファレンス・クロック選択
 '1'：発振器選択
 '0'：外部リファレンス・クロック
LP ：ロー・パワー選択
 (BLPI/BLPE時にFLL/PLLをディセーブルするか否か)
 '1'：FLL/PLLはバイパス・モード時にディセーブル
 '0'：FLL/PLLはバイパス・モード時にも動作
IRCS ：内部リファレンス・クロック選択
 '1'：高速リファレンス・クロック(4MHz)
 '0'：低速リファレンス・クロック(32kHz)

図14　MCG_C2レジスタのビット配置

250カウント分ですので，約7.8秒（1/32.25×250）のウェイトになります．

● クロック入力切り替えによるウェイト・テスト

クロック入力切り替えテストでは，LPTMRのクロック入力を，

- 内部リファレンス・クロック（MCG）
- LPO 1kHzクロック
- 32kHz発振器
- 外部50MHz入力

と順番に切り替えながらTCFフラグがセットされるまでウェイトさせて，実際に動作していることを確認しています．LPOによるテストは先のLPOによるウェイト・テストと同じですが，カウント値を変えており，ここでは4秒間のウェイトになっています．

▶ (1) 内部リファレンス高速クロックを使ったウェイト・テスト

Kinetis内部のMCG（Multipurpose Clock Generator）によるリファレンス・クロック（MCGIRCLK）のうち高速クロック（4MHz）を使ったサンプルです．**リスト4**がソースコードです．

・MCGの設定

サンプルでは，内部高速リファレンス・クロックを使用するため，MCG_C1レジスタとMCG_C2レジスタを操作しています．それぞれのビット配置を**図13**，および**図14**に示します．

MCG_C1レジスタのIRCLKENビットで内部リファレンス・クロックをイネーブルします．次にMCG_C2レジスタのIRCSビットを'1'にします．これでMCGIRCLKが4MHz（高速リファレンス・クロック）になります．

・ウェイト動作の実行

さらにタイマのクロック切り替えを行っているLPTMR_PSRを0x01に，PRESCALEビットを0x08にすることで，MCGIRCLKを512分周した約7.8kHz（4MHz÷512）がタイマの動作クロック周波数になります．

これでLPOによるウェイト・テストと同様にタイマをイネーブルにしてCSRレジスタのTCFフラグが'1'になるのを待ちます．

CMRレジスタの設定値が15625ですので，約2秒（1/7.8kHz×15625）のウェイトになります．

▶ (2) LPOクロックを使ったウェイト・テスト

プログラムリストは**リスト5**のようになっています．先に行ったLPOによるウェイト・テストと同じです．先ほどはCMRへの設定値を5000にして5秒のウェイトにしていましたが，ここでは4000にして4秒のウェイトにしている点が異なります．

第10章 基本機能1…タイマ

リスト5 クロック入力切り替えテスト（LPO使用）

```
void lptmr_lpo_input()
{
    unsigned int compare_value = 4000;   // カウント値4000（4秒ウェイト）
    lptmr_clear_registers();              // 入力クロックをLPOに切り替え
    LPTMR0_CMR = LPTMR_CMR_COMPARE(compare_value);
    LPTMR0_PSR = LPTMR_PSR_PCS(0x1)
               | LPTMR_PSR_PBYP_MASK;

    in_char();                            // タイマ動作イネーブル
    LPTMR0_CSR |= LPTMR_CSR_TEN_MASK;
    while ((LPTMR0_CSR & LPTMR_CSR_TCF_MASK) == 0) {
    ...
    }                                     // CNRがCMRと一致するまで待つ
}
```

リスト6 クロック入力切り替えテスト（RTCクロック使用）

```
void lptmr_32khz_input()                 // RTCモジュールへのアクセス許可  32kHz発振器イネーブル
{
    unsigned int compare_value = 32768;
    lptmr_clear_registers();
    SIM_SCGC6 |= SIM_SCGC6_RTC_MASK;     // RTCの32kHz発振回路に切替
    RTC_CR    |= RTC_CR_OSCE_MASK;
    SIM_SOPT1 &= ~SIM_SOPT1_OSC32KSEL_MASK;
    SIM_SOPT1 |= SIM_SOPT1_OSC32KSEL(2);
    LPTMR0_CMR = LPTMR_CMR_COMPARE(compare_value);
    LPTMR0_PSR = LPTMR_PSR_PCS(0x2)
               | LPTMR_PSR_PRESCALE(0x1); // ERCLK32kを4分周

    in_char();                            // タイマ動作イネーブル  PTB7[7]を反転
    LPTMR0_CSR  |= LPTMR_CSR_TEN_MASK;
    GPIOB_PTOR  |= GPIO_PDDR_PDD(1 << 7);
    while ((LPTMR0_CSR & LPTMR_CSR_TCF_MASK) == 0) {
    ...
    }                                     // カウント終了まで待つ
    GPIOB_PTOR  |= GPIO_PDDR_PDD(1 << 7); // PTB7[7]を反転
}
```

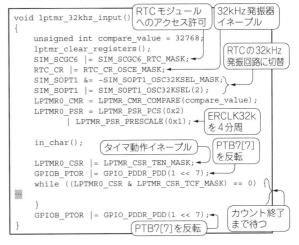

ビット	31	30	29	28	27	26	25	24	23	22	21	20	19	18	17	16
リード/ライト	DAC0	1	RTC	0	ADC0	FTM2	FTM1	FTM0	PIT	PDB	USBDCD	0		CRC	0	
初期値	0	1	0	0	0	0	0	0	0	0	0	0	0	0	0	0

ビット	15	14	13	12	11	10	9	8	7	6	5	4	3	2	1	0
リード/ライト	I2S	0	SPI1	SPI0	0		RNGA	0				FLEXCAN0	0	DMAMUX		FTF
初期値	0	0	0	0	0	0	0	0	0	0	0	0	0	0	0	1

DAC0/ADC0/FTM0〜2
PIT/PDB/USBDCD
CRC/I2S/SPI0〜1
RNGAFLEXCAN0(Flex CAN)
DMAMUX(DMA Mux)
FTF(Flash Memory)

各モジュールのクロック・ゲート
'1'：クロック供給イネーブル
'0'：クロック供給ディセーブル

RTC：RTCアクセス・コントロール
'1'：RTCへのアクセス/RTC割り込みイネーブル
'0'：RTCへのアクセス/RTC割り込みディセーブル

図15 SIM_SCGC6レジスタのビット配置

● 32kHz発振器

プログラム・リストは**リスト6**のようになっています．RTC用として用意された32.768kHz（以下簡単のため，32kHzと表記します）の発振回路が生成したクロックを利用して4秒のウェイトを行っています．

RTCの発振回路を動かすため，SIM_SCGC6レジスタのRTCビット（RTCモジュールへのアクセス許可ビット）と，RTCのRTC_CRレジスタのOSCE（発振回路イネーブル）ビットをセットしています（**図15**）．

ここで使用する32kHzのクロックはRTC用の発振回路から供給されるものですので，RTCレジスタの発振のON/OFFビット（RTC_CRレジスタのOSCEビット）をセットしてONにします（**図16**）．ただし，時刻情報は不用意に書き換わらないように保護されています．この保護ビットがRTC_CRレジスタの操作直前に操作している，SIM_SCGC6のRTCビットです．

32kHzの発振回路が動作するようになったら，次にLPTMRの動作クロックを切り替えて32kHzの外部クロックにします．今回のテストではさらにこのクロックをプリスケーラで4分周して利用しています．

コンペア・レジスタの値を32768にして，LPOのテストのときと同様にカウント終了まで待ちます．LPTMRの動作クロックが32.768÷4（kHz）ですので，32768カウントで4秒のウェイトになります．

● 外部50MHz入力

プログラムは**リスト7**のようになっています．

評価ボードには50MHzの水晶振動子が付いています．このクロックはOSCERCLKです．このテストでは50MHzのクロックをプリスケーラで65536分周したものをLPTMRのクロックにしています．

CMRレジスタを7630にセットすることで，スタートしてからTCFフラグがセットされるまで約10秒（$1/(50 \times 10^6) \times 65536 \times 7630$）のウェイトにしています．

OSC_CRレジスタを使ってLPTMRのクロック源に

第2部 プログラミングの基礎知識

ビット	31	30	29	28	27	26	25	24	23	22	21	20	19	18	17	16
リード								0								
ライト																
初期値	0	0	0	0	0	0	0	0	0	0	0	0	0	0	0	0

ビット	15	14	13	12	11	10	9	8	7	6	5	4	3	2	1	0
リード	0	*	SC2P	SC4P	SC8P	SC16P	CLKO	OSCE		0		WPS	UM	SUP	WPE	SWR
ライト		0	SC2P	SC4P	SC8P	SC16P	CLKO	OSCE				WPS	UM	SUP	WPE	SWR
初期値	0	0	0	0	0	0	0	0	0	0	0	0	0	0	0	1

SC2P：
SC4P：　発振器の負荷容量調整
SC8P：　2pF/4pF/8pF/16pFのコンデンサのON/OFF
SC16P：

CLKO：32kHzクロック出力
　'1'：出力イネーブル
　'0'：出力ディセーブル
WPS：ウェイクアップ・ピン選択
　'1'：32kHz出力
　'0'：RTC割り込み
UM：アップデート・モード
　'1'：限定条件下で書き込み可能
　'0'：ロックされているときは書き込み不可

SUP：スーパーバイザ・アクセス
　'1'：スーパーバイザ・モードでなくても書き込み可
　'0'：スーパーバイザ・モード時のみ書き込み可
WPE：ウェイクアップ・ピン・イネーブル
　'1'：イネーブル（RTC割り込み発生時にON）
　'0'：ディセーブル
SWR：ソフトウェア・リセット
　'1'：RTCリセット

図16 RTC_CRレジスタのビット配置

リスト7 クロック入力切り替えテスト（50MHz外部クロック使用）

```
void lptmr_external_clk_input()
{
    unsigned int compare_value;
    lptmr_clear_registers();
    SIM_SOPT1 &= ~SIM_SOPT1_OSC32KSEL_MASK;
    OSC_CR |= OSC_CR_ERCLKEN_MASK;
    compare_value = 7630;
    LPTMR0_CMR = LPTMR_CMR_COMPARE(compare_value);
    LPTMR0_PSR = LPTMR_PSR_PCS(0x3)
               | LPTMR_PSR_PRESCALE(0xF);

    in_char();

    LPTMR0_CSR |= LPTMR_CSR_TEN_MASK;
    while ((LPTMR0_CSR & LPTMR_CSR_TCF_MASK) == 0) {
    ...
    }
}
```

注釈：
- OSC32KCLK（50MHz水晶発振回路）使用
- 水晶発振回路動作イネーブル
- LPTMRのクロックをOSCERCLK プリスケーラ：65536 分周
- TCF が'1'になるまでウェイト

ビット	7	6	5	4	3	2	1	0
リード	ERCLKEN	0	EREFSTEN	0	SC2P	SC4P	SC8P	SC16P
ライト	ERCLKEN		EREFSTEN		SC2P	SC4P	SC8P	SC16P
初期値	0	0	0	0	0	0	0	0

ERCLKEN：外部リファレンス・クロック
　'1'：イネーブル
　'0'：ディセーブル
EREFSTEN：CPUがSTOPモードになったときの外部リファレンス・クロック
　'1'：動作を継続
　'0'：動作停止
SC2P：
SC4P：　負荷容量
SC8P：　'1'：負荷容量ON（2pF/4pF/8pF/16pF）
SC16P：

図17 外部リファレンス・クロック用レジスタのビット配置

なる，水晶発振回路をONにします．このクロックがOSCERCLKになりますので，PSRの設定ではクロック源をOSCERCLKにしています．また，同時にプリスケーラを65536分周に設定することで，LPTMRの動作クロックは約763Hz（50MHz÷65536）になります．

最後にTCFフラグがセットされるまで待つと10秒（1/50MHz × 65536 × 7630）のウェイトになります．

外部リファレンス・クロック用のレジスタを図17に示します．

◆引用文献◆
(1) Kinetis K64Fリファレンス・マニュアル．

くわの・まさひこ

第11章

必ず使う基本中の基本

基本機能2…ディジタル信号入出力GPIO

桑野 雅彦

構成

GPIOはGeneral-Purpose Input/Outputの頭文字をとったもので、汎用のディジタルI/Oという意味です。マイコンの入出力としては最も基本的なもので、マイコンのI/O端子（以下I/Oピンと呼びます）に '1'／'0' を出力したり、ピンの状態（HighレベルかLowレベルか）を読んだりするものです。

Cortex-M4マイコンKinetis K64FのGPIOのGPIOの大まかな構造を図1に示します。K64FではI/Oピンの駆動モードや、どのI/O機能ブロックと接続するのか（どのファンクションとして使うのか）を決めるPORT部分と、入出力レジスタであるGPIO部分があります。

マイコンによってはこの両者が一体のものとして扱われているものもありますが、K64FではGPIOはタイマやA-DコンバータなどとI/O機能ブロックの一つとして扱われています。

GPIO制御レジスタの構成

K64FにはPORTA～PORTEの5グループのGPIOポートがあります。それぞれのGPIOは32ビット幅ですので、最大160(=32×5)本のI/Oピンと入出力が行えることになります。実際に使えるものは使用するデバイスに依存します。

GPIOのグループ一つ分のレジスタの構成を図2に示します。図のGPIOnの「n」の部分がポート種別（A～E）になります。例えばPORTBのポートセットアウトプットレジスタであれば、GPIOB_PSORになるという具合です。

上の四つがポートの状態を '1' や '0' にする、出力用のレジスタ、その下のGPIOn_PDIRがデータを読み出すレジスタ、一番下のGPIOn_PDDRがポートの入出力を決めるレジスタです。

出力関係のレジスタが四つもあるのは、使い勝手が

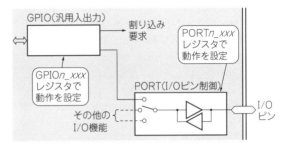

図1 Cortex-M4マイコン Kinetis K64Fのディジタル入出力の構成

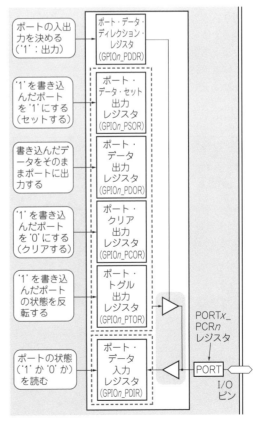

図2 GPIO制御レジスタ

第2部 プログラミングの基礎知識

よいように配慮したものです．

例えば，GPIOのうちビット1だけを操作したい場合，他のビットに影響を与えないようにするには通常，現在出力しているデータを変数で保持しておくか，ポートをいったん読み出してビット1だけを変更して再書き込みしなくてはなりません．

この操作が1命令で処理できればよいのですが，複数の命令になると，この間に割り込みが入る可能性が出てきます．もし，通常のタスクの中と，割り込み処理の中で同じポートを操作していたり，マルチタスク環境で複数のタスクでポートを操作していたりすると，両方の操作が交錯してつじつまが合わなくなる可能性があります．

例えば，ポートの出力が0x00だとします．タスクは0x01とORをとって出力し，割り込み処理では0x02とORをとって出力したとすると，

- タスクが読み出した時点では0x00
- ここで割り込みが入り，割り込みの中では0x00と0x02のORをとって0x02を出力
- タスクは先ほど読み出した0x00と0x01のORをとって0x01を出力

ということで，0x02のビットが '0' に戻ってしまいます．

このような問題を避けるには，ポートを操作するたびに割り込み禁止にして，操作が終わったら許可にするといったような細工が必要です．このようなとき，特定のビットだけ '1' にできる仕組みがあれば，単純にそこに書き込むという1動作だけですので，先ほどのような交錯に伴う問題は起きません．ANDをとって特定のビットを '0' にするような場合も同様です．

K64Fではこのような場合に備えて次の4種類のレジスタが用意されています．

1) 書き込みデータをそのまま出力するGPIO*n*_PDCRレジスタ
2) 書き込みデータが '1' のビットを '0' にする（書き込みデータが '0' のビットは現状維持）GPIO*n*_PCORレジスタ
3) 書き込みデータが '1' のビットを '1' にする（書き込みデータが '0' のビットは現状維持）GPIO*n*_PSORレジスタ
4) 書き込みデータ '1' のビットを反転する（書き込みデータが '0' のビットは現状維持）GPIO*n*_PTORレジスタ

例えば，GPIOが全て出力になっているとき，GPIO*n*_PDCRレジスタに0x55を書き込んだ後，GPIO*n*_PCORレジスタに0x0Fを書き込むと，下位4ビットが全てクリアされるので，出力は0x50になります．

GPIO*n*_PDCRレジスタに0x55を書き込んだ後にGPIO*n*_PSORレジスタに0x0Fを書き込むと，下位4ビットが全てセットされて，出力は0x5Fになります．

同様にGPIO*n*_PDCRレジスタに0x55を書き込んだ後にGPIO*n*_PTORレジスタに0x0Fを書き込むと，下位4ビットが反転して，出力は0x5Aになります．

このように，ビット操作レジスタが用意されていることでさまざまなビット操作が簡単に行えるのです．

ビット	31	30	29	28	27	26	25	24	23	22	21	20	19	18	17	16	15	14	13	12	11	10	9	8	7	6	5	4	3	2	1	0
リード								ISF					IRQC				LK		0			MUX			0	DSE	ODE	PFE	0	SRE	PE	PS
ライト								w1c					IRQC				LK		0			MUX			0	DSE	ODE	PFE	0	SRE	PE	PS
初期値	0	0	0	0	0	0	0	0	0	0	0	0	0	0	0	0	0	0	0	0	0	0	0	0	*	*	*	0	*	0	*	*

ISF：割り込みステータス・フラグ（'1'：割り込み発生，'1' を書き込むとクリア）
IRQC：割り込みコンフィグレーション
　0x00：割り込み/DMAディセーブル
　0x01：立ち上がりエッジでDMA要求発生
　0x02：立ち下がりエッジでDMA要求発生
　0x03：両エッジでDMA要求発生
　0x08：'0' で割り込み発生
　0x09：立ち上がりエッジで割り込み発生
　0x0A：立ち下がりエッジで割り込み発生
　0x0B：両エッジで割り込み発生
　0x0C：'1' で割り込み発生
LK：ロック・レジスタ（'1'：リセットされるまでピン・コントロール・レジスタの変更不可）
MUX：ピン・マルチプレクス制御
　0x00：ディセーブル（アナログ用）
　0x01：GPIO
　0x02～0x07：（チップ依存）
DSE：ドライブ能力選択（'0'：高ドライブ能力　'1'：低ドライブ能力）
ODE：オープン・ドレイン・イネーブル（'1'：オープン・ドレイン・モードに切り替える）
PFE：パッシブ・フィルタ・イネーブル（'1'：パッシブ・フィルタをイネーブルする）
SRE：スルー・レート制御（'0'：低スルー・レート　'1'：高スルー・レート）
PE：プルアップ・ダウン・イネーブル（'1'：内部プルアップ・ダウン・イネーブル）
PS：プルアップ・ダウン選択（'1'：プルアップ　'0'：プルダウン）

図3　PORT*x*_PCR*n*レジスタのビット配置

第11章 基本機能2…ディジタル信号入出力GPIO

ポート制御

ポート（I/Oピン）の制御を行うのがPORTx_PCRnレジスタです．ここで，xはポートのグループ（PORTAやPORTCなど）を示し，nはポートのビット位置（0〜31）を示します．

例えば，PTA6であれば，PortAのビット6なので，制御レジスタはPORTA_PCR6という具合になります．

ビット配置は図3のようになっています．次にPORTn_PCRnそれぞれのビットの概要を説明します．さらに詳細な説明についてはデータシートを見てください．

● I/Oピン割り込み関係ビット

上位ビット（ビット31〜16）側にある，ISFとIRQCが割り込み関係で，これを利用してI/OピンからCPUに割り込みをかけることができるようになります．

IRQCが割り込みやDMA要求の発生条件を決めるビットです．割り込み発生とDMA要求の両方を同時に使う（CPUに割り込みをかけながら，DMAにも要求を出す）ことはできません．

割り込みやDMA要求は次の条件で発生させることができます．

- 立ち上がりエッジ（'0' から '1' への変化）
- 立ち下がりエッジ（'1' から '0' への変化）
- 両りエッジ（'0' から '1' への変化と '1' から '0' への変化の両方）

この3通りの他，割り込みについては，

- 入力が '1' なら割り込みを発生（'1' が継続すれば連続して割り込み発生）

というモードを選ぶことができます．

ISFは割り込み/DMAステータス・フラグです．IRQCを割り込みモードで使っていたときはIRQCで設定した割り込み条件が成立すると，CPUに割り込み要求が行われるのと同時にISFが '1' になります．CPUはこのビットに '1' を書き込むことでISFをクリアします．

IRQCをDMA要求モードにしていたときも条件成立でISFは '1' になりますが，DMAによるデータ転送が終わったときに自動的にクリアされます．

割り込み動作については後で説明します．

● アクセス保護

LKビットを '1' にすると，以後リセットするまでPORTx_PCRnレジスタを変更できなくなります．プログラムのミスなどで不用意に書き換わってしまうことを防ぐための仕組みです．

● ピン・マルチプレックス

内部I/Oが必要とする外部入出力が全て専用ピンに引き出せればよいのですが，実際にはピン数にも限りがありますので，一つのピンを複数のI/Oで共有し，切り替えて使用することがよく行われます．この切り替えを行うのがMUXビットです．

出力ディセーブル状態（アナログ・ピンとして使うときもこのモードにする）とGPIO接続だけが決められていて，その他については各デバイスに依存します．

● 出力制御

ディジタル出力モード時に関与するのがDSE，ODE，SREの三つです．

▶ DSE（ドライブ能力選択）

ピンが吐き出したり（'H' レベル時）吸い込んだり（'L' レベル時）することができる電流の大きさを選択します．詳細はデータシートに記載されていますが，3.3V動作時だと '0' のときは2mA，'1' のときは9mA程度です．

▶ ODE（オープン・ドレイン・イネーブル）

図4（a）のように，通常のディジタル出力はV_{DD}側との間のFETスイッチとGND側との間のFETスイッチがある状態で，どちらか一方をONにすることで，'H' レベルや 'L' レベルの出力を行っています．

一方，オープン・ドレイン出力というのは，図4（b）のようにGND側との間のFETスイッチだけがあるような状態です．トーテムポールのようにFETのドレイン同士の接続がなく，宙に浮いたような形でド

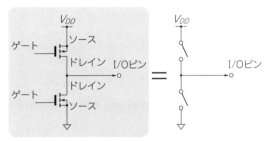

（a）トーテムポール出力

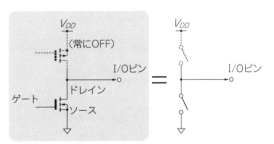

（b）オープン・ドレイン出力

図4　GPIOの出力回路

第2部 プログラミングの基礎知識

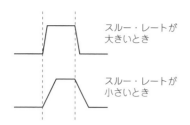

図5 スルー・レートによる波形の違い

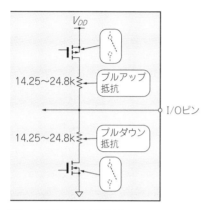

図6 プルアップ/プルダウン

表1 Cortex-M4マイコン KinetisK64Fの割り込みベクタ・テーブル

アドレス	ベクタ番号	IRQ	割り込みソース	補足
0x0000_0000	0		ARMコア	スタック・ポインタ初期値
0x0000_0004	1		ARMコア	プログラム・カウンタ初期値
0x0000_0008	2		ARMコア	NMI
0x0000_000C	3		ARMコア	ハード・フォールト
0x0000_0010	4		ARMコア	メモリ・マネージャ・フォールト
0x0000_0014	5		ARMコア	バス・フォールト
0x0000_0018	6		ARMコア	Usage Fault
0x0000_001C	7		–	–
0x0000_0020	8			
0x0000_0024	9			
0x0000_0028	10			
0x0000_002C	11		ARMコア	スーパバイザ・コール (SVCall)
0x0000_0030	12		ARMコア	デバッグ・モニタ
0x0000_0034	13		–	–
0x0000_0038	14		ARMコア	ペンディング可能割り込み要求
0x0000_003C	15		ARMコア	SysTickタイマ
0x0000_0040	16	0	DMA	DMAチャンネル0
0x0000_0044	17	1	DMA	DMAチャンネル1
…	…	…		…
0x0000_012C	75	59	GPIO	ポートA
0x0000_0130	76	60	GPIO	ポートB
0x0000_0134	77	61	GPIO	ポートC
0x0000_0138	78	62	GPIO	ポートD
0x0000_013C	79	63	GPIO	ポートE

レイン端子がピンに出ているため,オープン・ドレインと呼びます.

オープン・ドレインはI²Cバスなど,複数の機器が1本の信号線を双方向で利用するような場合によく利用されます.

一般的にオープン・ドレインというと,V_{DD}側のFETスイッチが存在しないものを指しますが,図のようにトーテムポールのV_{DD}側を常にOFF状態にすることで擬似的にオープン・ドレインと同じ動作にすることができます.

これと同様に,ODEビットを'1'にするとV_{DD}側のスイッチが常時OFFになって,オープン・ドレイン・モードになるわけです.

▶SRE(スルー・レート・イネーブル)

スルー・レートというのは,信号の立ち上がりや立ち下がりの急しゅんさを示します.図5のように,スルー・レートが大きいほど,立ち上がりや立ち下がりが速くなり,小さいほど遅くなります.これを選択するのがSREビットです.'1'にするとスルー・レートを小さく(立ち上がり/立ち下がりを遅く)することができます.

立ち上がりや立ち下がりが急しゅんなほど都合がよいように思えますが,急しゅんであるということはそれだけ高い周波数成分を多く含むため,信号の反射による誤動作が発生しやすくなったり,電波ノイズの放射(不要輻射)が増えたりすることにもなるため,むやみに急しゅんにしない方がよいことも多いのです.

詳細はデータシートに記載されていますが,K64Fでは3.3V動作時にSREビットによって立ち上がり/立ち下がり時間を6nsから18nsに切り替えられます.

▶プルアップ/プルダウン関係ビット

図6のように,ピンとV_{DD}(プルアップ),またはピンとGNDの間(プルダウン)に抵抗が用意されていて,どちらか一方をONにすることができるようになっています.

スイッチなどON状態で短絡状態,OFF状態では開放(オープン)状態になるような出力と接続する場合,OFF状態で'H',または'L'にするため,V_{DD}やGNDとの間に抵抗をつなぎます.'H'レベルにするものをプルアップ抵抗,'L'レベルにするものをプルダウン抵抗と呼びます.例えばピンとV_{DD}との間にプルアップ抵抗をつなぎ,スイッチをピンとGNDの間につなげば,スイッチがOFFなら'H',ONなら'L'になります.

第11章　基本機能2…ディジタル信号入出力GPIO

リスト1　GPIOサンプル・プログラム（GPIO.C）

```c
// PTA4 - スイッチ(SW3)
// PTC6 - スイッチ(SW1)
// PTE6 - 緑色LED(D5)
// PTE7 - 黄色LED(D6)
// PTE8 - 橙色LED(D8)   :未使用
// PTE9 - 青色LED(D9)   :未使用
void main(void)
{
    SIM_SCGC5 = SIM_SCGC5_PORTA_MASK |
                            // GPIOへのクロック供給をON（動作開始）
                SIM_SCGC5_PORTB_MASK |
                SIM_SCGC5_PORTC_MASK |
                SIM_SCGC5_PORTD_MASK |
                SIM_SCGC5_PORTE_MASK;

    enable_irq(INT_PORTC - 16);
                //ポートC割り込みイネーブル（ベクタ77、IRQ#61）
    enable_irq(INT_PORTA - 16);
                //ポートA割り込みイネーブル（ベクタ75、IRQ#59）
    init_gpio();

    lptmr_init();

    while (1) {
        GPIOD_PDOR &= ~GPIO_PDOR_PDO(GPIO_PIN(6));
                                    // 緑色LED点灯
        GPIOD_PTOR |= GPIO_PDOR_PDO(GPIO_PIN(7));
                                    // 黄色LED点灯
        /* Look at status of SW1 on PTC6 */
        if ((GPIOC_PDIR & GPIO_PDIR_PDI(GPIO_
                              PIN(6))) == 0)
                        { //SW1(PTC6)のONで緑色LED点灯
            GPIOE_PDOR &= ~GPIO_PDOR_PDO(GPIO_PIN(6));
        } else {
            GPIOE_PDOR |= GPIO_PDOR_PDO(GPIO_PIN(6));
                            //SW1がOFFなら緑色LED消灯
        }
        if ((GPIOA_PDIR & GPIO_PDIR_PDI(GPIO_PIN(4)))
                              == 0)
                        { //SW3(PTA4)がONで黄色LED点灯
            GPIOE_PDOR &= ~GPIO_PIN(7);
        } else {
            GPIOE_PDOR |= GPIO_PIN(7);
                            // SW3がOFFなら黄色LED消灯
        }
        time_delay_ms(500); // 0.5秒ウェイト
    }
}
```

（a）main()

```c
// PTA4 - SW3
// PTC6 - SW1
// PTE6 - 緑色LED (D5)
// PTE7 - 黄色LED (D6)
// PTE8 - 橙色LED (D8) :未使用
// PTE9 - 青色LED (D9) :未使用
void init_gpio()
{
    PORTC_PCR6 =
    // PTC6入力の立ち下がりエッジで割り込み発生，プルアップイネーブル
        PORT_PCR_MUX(1) | PORT_PCR_IRQC(0xA) |
                PORT_PCR_PE_MASK | PORT_PCR_PS_MASK;
    PORTA_PCR4 =
    // PTA6入力の立ち下がりエッジで割り込み発生，プルアップイネーブル
        PORT_PCR_MUX(1) | PORT_PCR_IRQC(0xA) |
                PORT_PCR_PE_MASK | PORT_PCR_PS_MASK;

    PORTE_PCR6 = (0 | PORT_PCR_MUX(1));
                                    //PE6をGPIO用にする
    PORTE_PCR7 = (0 | PORT_PCR_MUX(1));
                                    // PE7をGPIO用にする
    GPIOE_PDDR = GPIO_PDDR_PDD(GPIO_PIN(6) | GPIO_
                        PIN(7));// PE6とPE7を出力にする
}
// 割り込み処理
void portc_isr(void)
{
    if (PORTC_ISFR & GPIO_PIN(6)) {
                        // PTC6のISFビットが立っている（割り込み要求発生）
        PORTC_ISFR = 0x40;
                        // ISFビットをクリア（'1'を書くとクリアされる）
        printf("SW1 ");
    }
    if (PORTA_ISFR & GPIO_PIN(4)) {
                        // PTA6のISFビットが立っている
        PORTA_ISFR = 0x10;       // ISFビットをクリア
        printf("SW3 ");
    }
    printf("Pressed¥n");
}
```

（b）割り込みベクタ init_gpio()

　K64Fではプルアップ抵抗とプルダウン抵抗の両方が内蔵されています．このプルアップ/プルダウン抵抗を制御するのがPEビットとPSビットです．プルアップ/プルダウン機能を使用するか否かを決めているのがPE（プルイネーブル）ビットで，'1'にするとイネーブルになり，プルアップとプルダウンのどちらにするのかを決めるのがPS（プルセレクト）ビットで，'0'でプルダウン抵抗，'1'でプルアップ抵抗がイネーブルになります．

割り込み動作

　ARMでは割り込みベクタ方式を採用しています．割り込み要因ごとに割り込み処理プログラムの開始番地を示すテーブル（ベクタ・テーブル）を用意しておいて，割り込み要求が受け付けられるとCPUはベクタ・テーブル上に書かれたアドレスを読み出して，その番地から割り込み処理を開始するわけです．

　表1はCortex-M4マイコンKinetis K64Fの割り込みベクタ・テーブルです．ベクタ番号0～15はARMコア内部で発生する割り込みです．

　16以降が外部のI/Oからの割り込みで，ベクタ番号とは別に0番から順にIRQ（割り込みリクエスト）番号が割り振られます．

　GPIOの割り込みはPORTA～PORTEの各ポートにベクタ番号75～79（IRQ59～63）が割り付けられています．ポートからの割り込みで注意が必要なのは，同一のポート内からの割り込みは全て同一のベク

第2部 プログラミングの基礎知識

リスト2 割り込み処理関数の登録を行っているisr.h

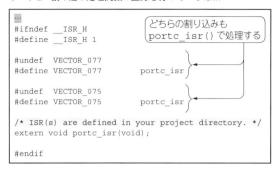

タの割り込みとして扱われることです.

　例えば, PTA3(PORTAのビット3)とPTA5(PORTAのビット5)を割り込み発生可能に設定した場合, PTA3とPTA5のどちらが割り込み発生条件になっても, 同じベクタ番号75(IRQ59)の割り込みが発生します. どのビットからの割り込み要求なのかは, 割り込み処理プログラムの中でPORTA_PCR3やPORTA_PCR5のISFフラグを見て判断します.

サンプル・プログラム

　GPIOのサンプル・プログラムをリスト1に示します. また, 割り込み処理関数の登録を行っている, isr.hの内容をリスト2に示します.

　サンプルではPTA6とPTC6を入力に使っていて, enable_irq()を使って両方とも割り込みを発生するように設定しています.

　while()ループの中でポートの状態をチェックしてLEDのON/OFFを行っています. 一方, 割り込み処理の方は, ポートが異なる(PORTAとPORTC)ので別々の割り込み処理にすればISFを見る必要はないのですが, サンプルのisr.hを見ると両方とも同じ関数(portc_isr())で処理するようになっています.

　portc_isr()の中ではISFビットをチェックして, '1'になっていれば割り込み発生と判断して, ISFフラグをクリア('1'を書くとクリアされて'0'に戻る)して, 割り込み発生のメッセージを出力しています.

◆引用文献◆
(1) Kinetis K64Fリファレンス・マニュアル

くわの・まさひこ

第12章

ずっと使えるUART通信入門

基本機能3…シリアル通信

桑野 雅彦

最近のワンチップ・マイコンには，必ずといっていいほど汎用シリアル通信モジュールが内蔵されています．

Cortex-M4内蔵KinetisマイコンにはUART0～UART5の六つのシリアル通信（UART）ポートがあります．PCのCOMポートのような，単純な非同期シリアル通信として使える他，IrDA 1.4などで使われるRZI（Return to Zero Invert）フォーマットや，SIMカードやスマートカード向けのISO 7816プロトコルに対応するなど，さまざまな機能を持っており，レジスタ構成がかなり複雑なものになっています．

ここでは，UARTの最も基本的な動作である，非同期シリアル通信を使ったサンプルをベースに，必要となるレジスタ類について説明していきます．

内蔵回路の基本構成

UARTの内部ブロックも複雑ですが，最も基本的な骨となる部分を抜き出すと図1のようなものと考えるとよいでしょう．

● 送信側

左上の送信バッファが送信データを収めるFIFO（First-In First-Out）バッファで，ここにデータが入っていると，右側のシフト・レジスタに転送され，ここで1ビットずつデータが出て行きます．実際には最初にスタート・ビットが付いたり，データの後にパリティやストップ・ビットが付加されたりします．

送受信はあらかじめ9600bps（ビット／秒）や19200bpsなど，プログラマが決めたビットレートに従って1ビットずつ行われます．このタイミングを決めるのがボーレート・ジェネレータです．図ではビットレートの16倍のボーレート・クロックが生成されるようになっていますが，これは受信処理で必要なためです．

● 受信側

受信側は少し面倒です．非同期シリアルの場合，データの取り込みタイミングを指定する信号がありません．データの伝送速度（ビットレート）はあらかじめレジスタなどで設定されていますが，読み込み開始のタイミングは受信データの動きを見て自分で作り出すしかありません．

図2はシリアル・データとして，0x53（01010011）が送られてきたときを示したものです．左から右に時間が進んでいきます．わかりやすいように最初のスタート・ビットのあたりを中段のところに拡大表示しています．

まず，UARTはビットレートよりも速い頻度で受信データラインをサンプリングします．KinetisのUARTの場合には16倍のレートでサンプリングしています．

UARTはデータ送信が行われていない（アイドル状態）ときはデータラインが '1' になっており，データの開始を示すスタート・ビットは '0' ですので，'1' から '0' になる変化をとらえて送信開始と判断し，ここから8クロック後，つまり1ビットの中央と思われる位置をサンプリングします．これを行っているのが「スタート・ビット検出」です．

ここから後は16クロック，つまり1ビット分のタイミングごとにデータを取り込めばビットの中央部分を

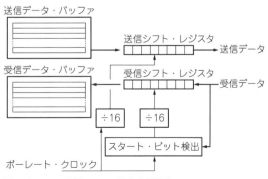

図1 シリアル通信UARTの基本内部構造

第2部 プログラミングの基礎知識

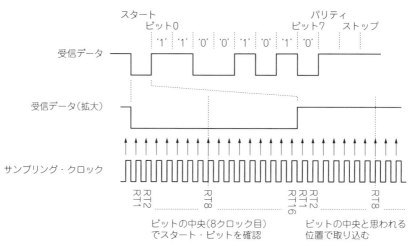

図2 非同期シリアル受信の基本動作

取り込むことになります.

データは下位ビットから送られてきますので，0x53というデータであれば，11000101という順番で送られてきます．

送信側と受信側はそれぞれ別々の発信器で動いていますので，ビットレートが完全に一致するということはまれで，必ずわずかながら差があります．従って，サンプルしている位置もビットの中央からずれていきます．これが1/2ビット以上ずれるとデータを誤認することになります．

そこで，非同期シリアル通信では，データの最後に必ずストップ・ビット（'1'状態）を送るようにしています．もし，ストップ・ビットがあるべき場所で'0'が読めてしまった場合はエラーになります．

ストップ・ビットが検出されたら，再びスタート・ビットが来るのを待つことで，複数データを送ったときに送受信速度の差が蓄積されつづけないようにしているわけです．

受信できたデータは受信バッファ（受信FIFOバッファ）に蓄えられます．

リスト1 UART初期化呼び出し（cpu/sysinit.c）

```
void sysinit(void)
{
    ...
    if ((TERM_PORT == UART0_BASE_PTR) | (TERM_PORT
                                == UART1_BASE_PTR))
        uart_init(TERM_PORT, core_clk_khz, TERMINAL_
                                BAUD); // UART 初期化
    else
        uart_init(TERM_PORT, periph_clk_khz,
                        TERMINAL_BAUD); // UART 初期化
}
```

レジスタ

UARTシリアル通信では，使用するレジスタの数が多いので，サンプル・プログラムを追いながら使っているものを順に説明します．

KinetisのUARTのサンプルは，
`/src/projects/hello_world`
にあります．これは単にRS-232Cポート経由で1文字受け取ったら同じ文字を返す（エコーバック）というものです．シンプルなサンプルですが，これでUARTの基本的な設定や送受信処理ができています．

● **初期化処理**（`cpu/sysinit.c`：`sysinit()`）

UARTの初期化の呼び出しは`cpu/sysinit.c`の中の`sysinit()`関数の最後の方で呼ばれています．これは`main()`に来る前の処理なので，`main()`の実行が始まったときには既に初期化が終わった状態でスタートします．

リスト1のように，`uart_init()`関数を呼び出して初期化しています．`TERM_PORT`がどのUARTチャネルを使うかを決めているもので，UARTレジスタのベース・アドレスを指しています．

UART0，UART1とそれ以外（UART2～5）で分かれているのはボーレート・ジェネレータのクロック源が違っていて，UART0と1はCPUのコア・クロック，UART2～5はペリフェラル・クロックから生成するためです．

このサンプルでは`platforms/tower.h`の中で，
`define TERM_PORT UART1_BASE_PTR`
という具合に，UART1を使っています．

また，伝送ボーレートも同様に`platforms/`

リスト2　UART初期化関数(uart/uart.c)

```
void ua r t_init(UART_MemMapPtr ua r tch, int
                                        sysclk, int baud)
{
    register uint16 sbr, br fa;
    uint8 temp;
    if (u a r tch == UART0_BASE_PTR)
                              // クロックの設定(UART0 を使用)
    SIM_SCGC4 | = SIM_SCGC4_UART0_MASK;
    else if (u a r tch == UART1_BASE_PTR)
                                          // UART1 を使用
    SIM_SCGC4 | = SIM_SCGC4_UART1_MASK;
    else if (u a r tch == UART2_BASE_PTR)
                                          // UART2 を使用
    SIM_SCGC4 | = SIM_SCGC4_UART2_MASK;
    else if (u a r tch == UART3_BASE_PTR)
                                          // UART3 を使用
    SIM_SCGC4 | = SIM_SCGC4_UART3_MASK;
    else if (u a r tch == UART4_BASE_PTR)
                                          // UART4 を使用
    SIM_SCGC1 | = SIM_SCGC1_UART4_MASK;
    else                                  // UART5 を使用
    SIM_SCGC1 | = SIM_SCGC1_UART5_MASK;
    UART_C2_REG(u a r tch) &= ~(UART_C2_TE_MASK |
                   UART_C2_RE_MASK); // 一旦送受信停止
    UART_C1_REG(u a r tch) = 0;
                 // 8 ビットパリティなしに設定(デフォルトのまま)
    sbr = (u int16) ((sysclk * 1000) / (bau d * 16));
                                  // ボーレートの分周比計算
    temp = UART_BDH_REG(u a r tch) & ~(UART_BDH_SBR
                 (0x1F)); // ボーレート設定以外のビットを保存
    UART_BDH_REG(u a r tch) = temp | UART_BDH_SBR
                 (((sbr & 0x1F00) >> 8)); // 上位ビット
    UART_BDL_REG(u a r tch) = (u int8) (sbr &
                    UART_BDL_SBR_MASK); // 下位ビット
    brfa = (((sysclk * 32000) / (baud * 16)) -
                   (sbr * 32)); // ボーレート微調整値計算
    temp = UART_C4_REG(u a r tch) & ~(UART_C4_BRFA
                               (0x1F));// 微調整値設定
    UART_C4_REG(u a r tch) = temp | UART_C4_BRFA
                                            (br fa);
    UART_C2_REG(u a r tch) | = (UART_C2_TE_MASK |
                   UART_C2_RE_MASK); //送受信イネーブル
}
```

tower.hの中で,

```
define TERMINAL_BAUD    115200
```

と，115.2kbpsに設定しています.

実際の初期化処理を行うuart_init()関数はuart/uart.cの中にあります．**リスト2**はuart_init()関数の処理です.

● UARTへのクロック供給

まず，第1引き数で指定されたUARTにクロックを供給して動作を開始させています．これを制御するのがSIM_SCGC1とSIM_SCGC4レジスタです.

UART4とUART5はSCGC1に，UART0～3はSCGC4レジスタに制御ビットがあります．ビット配置を**図3**に示します．UART0～5に'1'を書き込むとクロックが供給されます.

● 送受信ディセーブル

次にUARTの送受信動作を止めます．初期値で止まっているはずですが，念のため送受信停止操作をし

ビット	31	30	29	28	27	26	25	24	23	22	21	20	19	18	17	16
リード	0							0	0		0	0				
ライト																
初期値	0	0	0	0	0	0	0	0	0	0	0	1	0	0	0	0

ビット	15	14	13	12	11	10	9	8	7	6	5	4	3	2	1	0
リード	0				UART5	UART4	0		0	I2C2	0					
ライト					UART5	UART4				I2C2						
初期値	0	0	0	0	0	0	0	0	0	0	0	0	0	0	0	0

UART4～5：UART4～5クロック・ゲート
　　　　　（'1'：クロック・イネーブル）
I2C2：I2C2クロック・ゲート
　　　　　（'1'：クロック・イネーブル）

(a) UART4/5用SIM_SCGC1レジスタ

ビット	31	30	29	28	27	26	25	24	23	22	21	20	19	18	17	16
リード	1				0							VREF	CMP	USBOTG	0	
ライト												VREF	CMP	USBOTG		
初期値	1	1	1	1	0	0	0	0	0	0	0	1	0	0	0	0

ビット	15	14	13	12	11	10	9	8	7	6	5	4	3	2	1	0
リード	0		UART3	UART2	UART1	UART0	0		I2C1	I2C0	1		0	CMT	EWM	0
ライト			UART3	UART2	UART1	UART0			I2C1	I2C0				CMT	EWM	
初期値	0	0	0	0	0	0	0	0	0	0	1	1	0	0	0	0

VREF：基準電圧源(V_{ref})クロック・ゲート
　　　（'1'：クロック・イネーブル）
CMP：コンパレータ(CMP)クロック・ゲート
　　　（'1'：クロック・イネーブル）
USBOTG：USBクロック・ゲート・コントロール
　　　（'1'：クロック・イネーブル）
UART3～0：UART3～UART0クロック・ゲート・コントロール（'1'：クロック・イネーブル）
I2C1～0：I2C1～I2C0クロック・ゲート・コントロール
　　　（'1'：クロック・イネーブル）
CMT：CMT(キャリア変調トランスミッタ)クロック・ゲート（'1'：クロック・イネーブル）
EWM：外部ウォッチドッグ・モニタ・クロック・ゲート（'1'：クロック・イネーブル）

(b) UART0～3用SIM_SCGC4レジスタ

図3　UARTへのクロック供給レジスタのビット配置

ビット	7	6	5	4	3	2	1	0
リード	TIE	TCIE	RIE	ILIE	TE	RE	RWU	SBK
ライト	TIE	TCIE	RIE	ILIE	TE	RE	RWU	SBK
初期値	0	0	0	0	0	0	0	0

TIE：送信割り込み/DMA転送要求イネーブル（'1'：イネーブル）
TCIE：送信完了割り込み/DMA転送要求イネーブル
　　　（'1'：イネーブル）
RIE：受信フル割り込み/DMA転送要求イネーブル
　　　（'1'：イネーブル）
ILIE：受信ライン・アイドル状態での割り込み/DMAイネーブル（'1'：イネーブル）
TE：送信イネーブル（'1'：イネーブル）
RE：受信イネーブル（'1'：イネーブル）
RWU：受信ウェイクアップ制御
　　　（'1'：ウェイクアップ機能イネーブル '0'：通常動作）
SBK：ブレーク送信（'1'：ブレーク送信 '0'：通常動作）

図4　UARTx_C2レジスタのビット配置

第2部 プログラミングの基礎知識

ビット	7	6	5	4	3	2	1	0
リード ライト	LOOPS	UARTSWAI	RSRC	M	WAKE	ILT	PE	PT
初期値	0	0	0	0	0	0	0	0

LOOP：ループ・モード選択（'1'：ループ・モード '0'：通常動作）
UARTSWAI：WaitモードにUARTをSTOP（'1'：停止 '0'：Wait中も動作継続）
RSRC：レシーバ・ソース選択（LOOP＝'1'のときのみ有効：'1'：送信ピンと接続 '0'：トランスミッタと直結）
M：9ビット/8ビット・データ・モード選択（'1'：9ビット・データ・モード '0'：8ビット・データ・モード）
WAKE：レシーバのウェイクアップ方法選択（'1'：アドレス・マーク '0'：レシーバ・ピンのアイドル状態）
ILT：アイドル・ライン・タイプ選択（'1'：ストップ・ビット以降カウント開始 '0'：スタート・ビット以降カウント開始）
PE：パリティ・イネーブル（'1'：パリティあり '0'：パリティなし）
PT：パリティ・タイプ（'1'：奇数パリティ '0'：偶数パリティ）

図5　UARTx_C1レジスタのビット配置

て，初期化途中の半端な設定値で動作してしまうことを防いでいます．

設定はUARTx_C2（xはUARTの番号）レジスタです．UARTx_C2レジスタは図4のようになっています．TEとREビットを'0'にして送受信動作をディセーブルしています．

● 伝送パラメータ設定

UARTx_C1レジスタでパリティの有無やデータ長などを設定します．ビット配置は図5のようになっています．使用するのは，

- M（ビット長）
- PE（パリティ有無）
- PT（パリティ種別：偶数/奇数）

です．サンプルでは8ビット長，パリティなしで行うため，デフォルトのまま（0x00）でよいので，単に0を書き込んでいます．

UARTx_BDH

ビット	7	6	5	4	3	2	1	0
リード ライト	LBKDIE	RXEDGIE	SBNS	SBR[12:8]				
初期値	0	0	0	0	0	0	0	0

UARTx_BDL

ビット	7	6	5	4	3	2	1	0
リード ライト	SBR[7:0]							
初期値	0	0	0	0	0	1	0	0

LBKDIE：LINブレーク検出割り込み/DMA転送要求イネーブル（'1'：イネーブル）
RXEDGIE：RxD入力アクティブ・エッジ割り込みイネーブル（'1'：イネーブル）
SBNS：ストップ・ビット長選択（'1'：2ビット '0'：1ビット）
SBR：UARTボーレート設定値

図6　UARTx BDH/BDLレジスタのビット配置

● 通信速度ボーレート設定

次にボーレート・クロックを設定します．ボーレート・ジェネレータには，13ビットの SBR と，微調整用の5ビットの $BRFD$（後述図7のBRFA）があり，次のような関係式になります．

UARTボーレート ＝ UARTモジュール・クロック周波数/$(16 \times (SBR + BRFD))$

これを変形して，設定値を左辺に持ってくると，

$(SBR + BRFD) = $ UARTモジュール・クロック周波数/$(16 \times$ UARTボーレート$)$

となります．$BRFD$値は整数ではなく1/32単位の値です．ボーレートを16倍しているのは，先ほど説明したように，UARTではビットレートの16倍の周波数のクロックを使うためです．

サンプル中では第2引き数のクロック周波数（sysclk：単位はkHz）と，第3引き数のボーレート値（baud）から，まず SBR を計算し，次に $BRFD$ 値で微調整するという2段階で計算しています．

まず SBR 値は次のように算出しています．
`sbr＝(uint16)((sysclk * 1000)/(baud×16));`

$BRFD$ 値は後から調整することにして，ここでは $BRFD=0$ として整数部分である SBR 値を計算しています．sysclkを1000倍しているのは，sysclkがkHz単位になっているためです．

算出された値はUARTx_BDH/BDLレジスタ（ビット配置は図6）に設定します．UARTx_BDLが下位8ビット，UARTx_BDHが上位5ビットです．

● 通信速度ボーレート微調整

SBR 値が決まったので，微調整値である $BRFD$ 値を計算します．SBR は1/32単位の値です．

$(SBR + BRFD) = $ UARTモジュール・クロック周波数/$(16 \times$ UARTボーレート$)$

第12章 基本機能3…シリアル通信

ビット	7	6	5	4	3	2	1	0
リード ライト	WAEN1	WAEN2	M10	BRFA				
初期値	0	0	0	0	0	0	0	0

WAEN1：マッチ・アドレス・モード・イネーブル1
　　　（'1'：MSBが'1'のデータをMA1レジスタと比較）
WAEN2：マッチ・アドレス・モード・イネーブル2
　　　（'1'：MSBが'1'のデータをMA2レジスタと比較）
M10：10ビット・モード選択（'1'：パリティは10ビット
　　目　'0'：パリティは9ビット目）
BRFA：ボーレート・ファイン・チューニング

図7　UARTx_C4レジスタのビット配置

から，

$BRFD = $ UARTモジュール・クロック周波数 $/ (16 \times$ UARTボーレート$) - SBR$

となります．$BRFD$が1/32単位の値ですので，両辺を32倍して設定値をレジスタへの設定値（整数値）にすると，

$(BRFD \times 32) = $ UARTモジュール・クロック周波数 $\times 32 / (16 \times$ UARTボーレート$) - SBR \times 32$

となります．プログラム中では，

`brfa=(((sysclk*32000)/(baud*16))-(sbr×32));`

となっています．32000倍になっているのは，やはりsysclkがkHz単位の値になっているためです．

● 送受信イネーブル

初期設定が終わったので，最後にUARTx_C2レジスタのTEビットとREビットを'1'にして，送受信動作を開始します．

図7にUARTx_C4レジスタのビット配置も示しておきます．

メイン・プログラムの記述

メイン・プログラムはhello_world/hello_world.cです．リスト3のようになっています．

while()ループの中で，uart_getchar()とuart_putchar()を繰り返し呼んでいるだけです．

uart_getchar()とuart_putchar()はuart/uart.cにあります．

● 送受信関数

送受信関数であるuart_getchar()とuart_putchar()はリスト4のようになっています．ここで使うのは，UARTx_S1レジスタとUARTx_Dレジスタです．

UARTx_Dレジスタは図8のように，送信データの書き込みや受信データを読み込むものです．

リスト3　UARTテスト・メイン・プログラム
hello_world/hello_world.c

```c
void main (void)
{
    static char ch;
    printf("\nRunning the 'hello world' project for
                        the %s %d MHz family\n",
            TWR_STRING, TWR_SYSCLOCK);
    while(1)
    {
        ch = uart_getchar(TERM_PORT);
                                // 受信データを受け取り
        uart_putchar(TERM_PORT, ch);    // 送り返す
    }
}
```

リスト4　UART送受信関数
uart/uart.c

```c
// 1文字受信
char uart_getchar (UART_MemMapPtr channel)
{
    // 受信バッファにデータが入るまで待つ
    while (!(UART_S1_REG(channel) & UART_S1_RDRF_
                                            MASK)) ;
    // 受信データを読み込んで返す
    return UART_D_REG(channel);
}
// 1文字送信
void uart_putchar (UART_MemMapPtr channel, char ch)
{
    // 送信データバッファに空きができるまで待つ
    while (!(UART_S1_REG(channel) & UART_S1_TDRE_
                                            MASK)) ;
    // 空きができたら，データ書き込み（送信）
    UART_D_REG(channel) = (uint8)ch;
}
```

ビット	7	6	5	4	3	2	1	0
リード	RT							
ライト	RT							
初期値	0	0	0	0	0	0	0	0

RT：Read時は受信データが読める
　　Write時書き込んだデータが送信される

図8　UARTx_Dレジスタのビット配置

UARTx_S1レジスタのビット配置は図9のようになっています．UARTx_S1レジスタには，バッファの状態ステータスや各種のエラー・フラグなどが収められています．

uart_getchar()では，UARTx_S1レジスタのRDRFビットを見て，受信バッファにデータが入っているのかをチェックします．RDRFビットはRWFIFOレジスタの設定値以上の数のデータが受信FIFOバッファに入っていれば'1'になります．RWFIFOの初期値は0x01ですので，1バイトでも入ってくればRDRFビットが'1'になります．RDRFビットが'1'になったら，UARTx_Dレジスタからデータを読み込

101

第2部 プログラミングの基礎知識

ビット	7	6	5	4	3	2	1	0
リード	TRDE	TC	RDRF	IDLE	OR	NF	FE	PF
ライト								
初期値	1	1	0	0	0	0	0	0

TRDE：送信データ・レジスタ・エンプティ・フラグ('1'：送信バッファ中のデータ数がTWFIFO [TXWATER] 値以下)
　TC：送信完了フラグ('1'：送信動作中 '0'：送信アイドル状態)
RDRF：受信データ・レジスタ・フル('1'：RWFIFO [RXWATER] 値以上入っている)
IDLE：アイドル(受信ラインがアイドル状態)
　OR：受信オーバラン('1'：オーバラン発生)
　NF：ノイズ受信('1'：受信ラインにノイズの発生を検出した)
　FE：フレーミング・エラー('1'：フレーミング・エラー発生=ストップ・ビットが検出できなかった)
　PF：パリティ・エラー・フラグ('1'：パリティ・エラー発生)

TWFIFO [TXWATER] のデフォルト値は0x00 (バッファに空きがなくなったら '1' になる)
RWFIFO [RXWATER] のデフォルト値は0x01 (1バイト受信したらRDRFが '1' になる)

図9　UARTx_S1レジスタのビット配置

んでmain()に戻ります．

uart_putchar()の方は，送信バッファに空きがあるかをチェックして，空きができるまで待って，データを書き込みます．

まず，UARTx_S1レジスタのTRDEビットをチェックします．これが '1' になっていれば，送信バッファに空きがあるということなので，データを書き込みます．TRDEビットはTWFIFOレジスタの設定値以下になると '1' になります．初期値は0x00なので，入っているデータの数が0個すなわちFIFOバッファが空だと '1' になります．

バッファが空いたらUARTx_Dレジスタにデータを書き込みます．

◆ 引用文献 ◆
(1) Kinetis K64Fリファレンス・マニュアル

くわの・まさひこ

第13章

複雑になりがち…センシングに重要なアナログ信号の取り込み

基本機能4…A-Dコンバータ

桑野 雅彦

内部回路の基本構成

　最近のワンチップ・マイコンは，何かしらのA-Dコンバータを内蔵していることがほとんどです．

　Cortex-M4マイコンKinetis K64Fには16ビットの逐次比較型（SAR）型A-Dコンバータが2チャネル内蔵されています．

　A-D変換の方式にはいろいろなものがありますが，逐次比較型は大小比較を行いながら上位ビットから順に確定させていくという方式で，変換速度が比較的速いことが特徴です．

　K64FのA-Dコンバータはいろいろな用途に対応できるようにかなり凝った作りになっています．データシートにもブロック図がありますが，このレベルでもかなり複雑でわかり難いと思いますので，思い切って大幅に簡略化した回路ブロックを図1に示してみました．

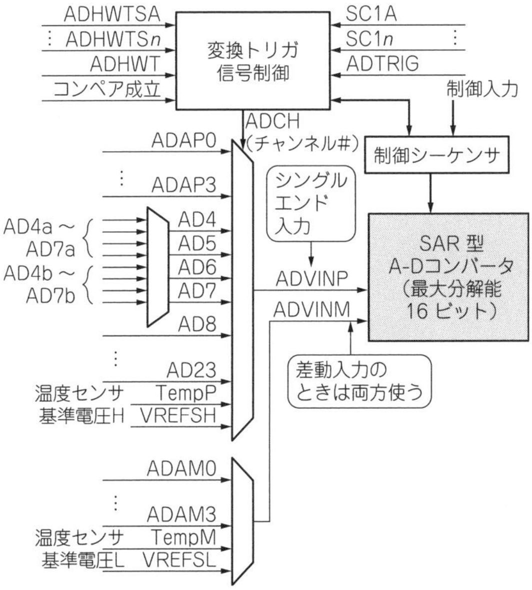

　K64FのA-Dコンバータ（以下，ADC）は，一般的なシングルエンド入力のほか，二つの入力の電位差を変換する，差動入力にも対応しています．A-Dコンバータの入力になっているADVINPとADVINMが差動入力で，差動モードのときはADAP0/ADAM0～ADAP3/ADAM3の4組の入力と，温度センサ，基準電圧が利用できます．シングルエンドのときはADVINP側の入力になっているものがすべて利用できます．

　また，図には描いていませんが，K64FのA-Dコンバータにはオフセットやゲインの補正機能，DMAや割り込み要求信号の発生はもちろんのこと，変換結果が設定した範囲内にあるかを自動的に行う大小比較機能もあります．

　このほか，複数回のサンプリング・データの平均値をとる機能，PDB（プログラマブル・ディレイ・ブロック）などと連携して定周期で自動的に変換を行ったり，二つのチャネルを交互に変換したりすることもできる（ハードウェア・トリガ時）など，さまざまな使い方に対応できるようになっています．

　サンプル・プログラムではPDBを使って二つのアナログ入力を交互に変換して，結果を表示しています．

説明に使うサンプル・プログラム

　A-Dコンバータのサンプル・プログラムはほかのテスト・プログラムと一体になっています．

　¥src¥projects¥TWR-K64F120M-OOBE¥TWR-K64F120M-OOBE.cにmain()があり，ここから，呼ばれているHw_Trig_Test()（hw_trig_test.cにあります）がADCを動かすサンプルになっています．

　また，drivers/adc16/adc16.cにADC16のレジスタ設定処理などのライブラリ関数が用意されています．

図1　内蔵A-Dコンバータの回路構成
Kinetis K64Fマイコンのデータシートから筆者が思い切って簡略化

第2部 プログラミングの基礎知識

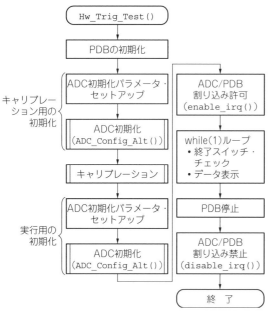

図2 Cortex-M4マイコン KinetisK64F 内蔵 A-D コンバータの処理フロー
サンプル・プログラム Hw_Trig_Test() の例

リスト1 ADC 割り込み処理

```c
void adc1_isr(void)
{
    if ((ADC1_SC1A & ADC_SC1_COCO_MASK) ==
            ADC_SC1_COCO_MASK) { // Aチャネルが変換完了
        result0A = ADC1_RA;
// Aチャネル・データを読み取り. COCOフラグや割り込み要求フラグもクリア
        exponentially_filtered_result1 += result0A;
                                       // フィルタ処理
        exponentially_filtered_result1 /= 2;
                                // 古いデータほど影響が小さくなる
        cycle_flags |= ADC1A_DONE;
                                       // Aチャネル完了フラグ
    } else if ((ADC1_SC1B & ADC_SC1_COCO_MASK) ==
            ADC_SC1_COCO_MASK) { // Bチャネルが変換完了
        result0B = ADC1_RB;
// Bチャネル・データを読み取り. COCOフラグや割り込み要求フラグもクリア
        exponentially_filtered_result1 += result0B;
                                       // フィルタ処理
        exponentially_filtered_result1 /= 2;
                                // 古いデータほど影響が小さくなる
        cycle_flags |= ADC1B_DONE;
                                       // Bチャネル完了フラグ
    }
    return;
}
```

K64FにはADC0とADC1という二つのADCがありますが，プログラムではADC1を使っています．PDBブロックの出力をADC1のトリガ（変換開始）信号として使い，二つの入力チャネル（チャネル0とチャネル18）を交互に変換します．各チャネルがそれぞれ入力がボリュームにつながっていて，CPUでは両方の値と，交互に得られた値を重み付け加算した結果（指数平滑フィルタ）を計算し，表示しています．

A-D コンバータの処理フロー

サンプル・プログラム Hw_Trig_Test() を見ると，初期化のためのコードだらけで，行数も多く，面くらいそうですので，フローを図2に表してみました．

● キャリブレーション

まず，ADCのキャリブレーション（誤差補正）を行います．PDBとADCをキャリブレーション用に初期化してからキャリブレーションを実行し，その後実行用に初期化しなおして，実際のテストに入ります．

詳細は後ほど見ていきますが，ADCの各レジスタにセットする値は構造体で保持しており，この構造体のアドレスを引き数にしてADC_Config_Alt()を呼び出すことで，実際のADCレジスタを初期化しています．

初期化が終わった後は割り込みを許可にして，終了スイッチが押されるまでデータの表示をしつづけます．

● データ取得

ADCの処理で一番の要となる実際のADCの変換結果の読み取りは，ADCからの割り込み[adc1_isr()]の中で行っています．リスト1は，ADCからの割り込み処理部分を抜き出したものです．

このサンプルではADC1の二つのチャネル（AチャネルとBチャネル）を使って，二つの入力を交互に変換しています．

Aチャネルのコントロール/ステータス・レジスタがADC1SC1A，BチャネルはADC1SC1Bレジスタです．ビット配置は図3のようになっています．

ビット	31	30	29	28	27	26	25	24	23	22	21	20	19	18	17	16
リード	0															
ライト																
初期値	0	0	0	0	0	0	0	0	0	0	0	0	0	0	0	0

ビット	15	14	13	12	11	10	9	8	7	6	5	4	3	2	1	0
リード									COCO	AIEN	DIFF	ADCH				
ライト										AIEN	DIFF	ADCH				
初期値	0	0	0	0	0	0	0	0	0	0	0	1	1	1	1	1

COCO：変換完了フラグ（'1'：変換完了）
AIEN：割り込みイネーブル（'1'：変換完了割り込みイネーブル）
DIFF：差動モード・イネーブル（'1'：差動入力 '0'：シングルエンド入力）
ADCH：入力チャネル選択

図3 コントロール/ステータス用 ADCxSC1n レジスタのビット配置

第13章 基本機能4…A-Dコンバータ

ビット	31	30	29	28	27	26	25	24	23	22	21	20	19	18	17	16
リード								0								
ライト																
初期値	0	0	0	0	0	0	0	0	0	0	0	0	0	0	0	0

ビット	15	14	13	12	11	10	9	8	7	6	5	4	3	2	1	0
リード								データ								
ライト																
初期値	0	0	0	0	0	0	0	0	0	0	0	0	0	0	0	0

(a) レジスタのビット配置

	15	14	13	12	11	10	9	8	7	6	5	4	3	2	1	0	
16ビット差動	S							データ									符号付き2の補数
16ビット・シングルエンド								データ									符号なし
13ビット差動	S	S	S	S				データ									符号付き2の補数
12ビット・シングルエンド	0	0	0	0				データ									符号なし
11ビット差動	S	S	S	S	S	S		データ									符号付き2の補数
10ビット・シングルエンド	0	0	0	0	0	0		データ									符号なし
9ビット差動	S	S	S	S	S	S	S	S					データ				符号付き2の補数
8ビット・シングルエンド	0	0	0	0	0	0	0	0					データ				符号なし

S：符号

(b) DATAフィールドのフォーマット

図4 A-D変換値を読み出せるADCx_Rnレジスタ

変換終了を示すのがCOCO (COnversion COmplete) ビットです．Aチャネル，Bチャネルのどちらが完了してもadc1-isr()が呼ばれるため，どちらのチャネルが動作完了したのかを，COCOビットで判定します．

完了した側が判定できたら，ADC1_RA (Aチャネル)，またはADC1_RB (Bチャネル)レジスタを読み出します．

ADCx_Rnレジスタは16ビット長で，図4のようになっています．このサンプルでは16ビット・シングルエンド・モードを利用していますので，符号なしの16ビット・データが読み出されます．

データを読んだら指数平滑処理を行って，exponentially_filtered_result1の値を更新し，cycle_flagsに処理完了フラグを立てています．

● プログラマブル・ディレイ・ブロックPDBの初期化

データの読み取り方がわかったところで，初期化の方に目を移しましょう．ADCのトリガにはプログラマブル・ディレイ・ブロックPDB (K64Fに内蔵されているのは1個だけなのでPDB0のみ有効)のチャネル1を使っています．サンプルではPDBの初期化の

リスト2 プログラマブル・ディレイ・ブロックPDBの初期化プログラム

```
uint8_t Hw_Trig_Test(void)
{
    //ADC1とPDBのクロック供給ON
    SIM_SCGC3 |= SIM_SCGC3_ADC1_MASK;
    SIM_SCGC6 |= SIM_SCGC6_PDB_MASK;

    // ADC1のトリガにPDBを使う(オルタネート・トリガではないので，TRGSELは無効)
    SIM_SOPT7 &= ~(SIM_SOPT7_ADC1ALTTRGEN_MASK | SIM_SOPT7_ADC1PRETRGSEL_MASK);
    SIM_SOPT7 = SIM_SOPT7_ADC1TRGSEL(0);

    // PDB_SCをデフォルト値に(動作停止)
    PDB0_SC = 0x00000000;
    // PDB動作イネーブル，ソフトウェア・トリガモード
    // 動作クロック=バス・クロック(60MHz)÷2
    PDB0_SC |= PDB_SC_PDBEN_MASK | PDB_SC_TRGSEL(0xF) | PDB_SC_PRESCALER(5) | PDB_SC_MULT(2);
    // PDB連続動作(continuous)モード
    PDB0_SC |= PDB_SC_CONT_MASK;
    // PDBのチャネル1のADCプリトリガAとBの出力イネーブル
    PDB0_CH1C1 = PDB_C1_EN(3) | PDB_C1_TOS(3);
    // ディレイ値：トリガA(ADC1_DLYA=0x4000)，トリガB(ADC1_DLYB=0x8000)
    // PDBの分周比設定(最大値にする)：60MHz÷2÷65536≒458Hz(2.18ms)
    // 0,1,2…0x4000(トリガA発生)，0x4001…0x8000(トリガB発生)…0xffff,0,1,…
    PDB0_CH1DLY0 = ADC1_DLYA;
    PDB0_CH1DLY1 = ADC1_DLYB;
    PDB0_MOD = 0xFFFF;
    // 割り込みディレイ(PDBのカウント値0で割り込み発生)
    PDB0_IDLY = 0;
    // PDB割り込みをイネーブルし，今まで設定したレジスタ値をPDBレジスタに転送
    PDB0_SC |= PDB_SC_PDBIE_MASK | PDB_SC_PDBEIE_MASK | PDB_SC_LDOK_MASK;
```

第2部 プログラミングの基礎知識

ビット	31	30	29	28	27	26	25	24	23	22	21	20	19	18	17	16
リード	0	0	0		ADC1	0	FTM3	FTM2				0			SDHC	0
ライト																
初期値	0	0	0	0	0	0	0	0	0	0	0	0	0	0	0	0

ビット	15	14	13	12	11	10	9	8	7	6	5	4	3	2	1	0
リード	0		SPI2				0					0				RNGA
ライト																
初期値	0	0	0	0	0	0	0	0	0	0	0	0	0	0	0	0

```
ADC1：ADC1クロック・ゲート・コントロール（'1'：クロック・イネーブル）
FTM3：FTM3クロック・ゲート・コントロール（'1'：クロック・イネーブル）
FTM2：FTM2クロック・ゲート・コントロール（'1'：クロック・イネーブル）
SDHC：SDHCクロック・ゲート・コントロール（'1'：クロック・イネーブル）
SPI2：SPI2クロック・ゲート・コントロール（'1'：クロック・イネーブル）
RNGA：RNGAクロック・ゲート・コントロール（'1'：クロック・イネーブル）
```

図5 クロック供給を設定できるSIM_SCGC3レジスタのビット配置

ビット	31	30	29	28	27	26	25	24	23	22	21	20	19	18	17	16
リード	DAC0	1	RTC	0	ADC0	FTM2	FTM1	FTM0	PIT	PDB	USBDCD		0		CRC	0
ライト																
初期値	0	1	0	0	0	0	0	0	0	0	0	0	0	0	0	0

ビット	15	14	13	12	11	10	9	8	7	6	5	4	3	2	1	0
リード	I2S	0	SPI1	SPI0		0		RNGA			0		FLEXCAN0	0	DMAMUX	FTF
ライト																
初期値	0	0	0	0	0	0	0	0	0	0	0	0	0	0	0	1

```
    DAC0：DAC0クロック・ゲート・コントロール（'1'：クロック・イネーブル）
     RTC：RTCアクセス・コントロール（'1'：RTCアクセス＆割り込みイネーブル）
    ADC0：ADC0クロック・ゲート・コントロール（'1'：クロック・イネーブル）
  FTM2～0：FTM2～0クロック・ゲート・コントロール（'1'：クロック・イネーブル）
     PIT：PITクロック・ゲート・コントロール（'1'：クロック・イネーブル）
     PDB：PDBクロック・ゲート・コントロール（'1'：クロック・イネーブル）
  USBDCD：USBDCDクロック・ゲート・コントロール（'1'：クロック・イネーブル）
     CRC：CRCクロック・ゲート・コントロール（'1'：クロック・イネーブル）
     I2S：I2Sクロック・ゲート・コントロール（'1'：クロック・イネーブル）
   SPI1～0：SPI1～0クロック・ゲート・コントロール（'1'：クロック・イネーブル）
    RNGA：RNGAクロック・ゲート・コントロール（'1'：クロック・イネーブル）
 FLEXCAN0：FlexCAN0クロック・ゲート・コントロール（'1'：クロック・イネーブル）
  DMAMUX：DMAマルチプレクサ・クロック・ゲート・コントロール（'1'：クロック・イネーブル）
     FTF：フラッシュ・メモリ・クロック・ゲート・コントロール（'1'：クロック・イネーブル）
```

図6 クロック供給を設定できるSIM_SCGC6レジスタのビット配置

後にADCの初期化を行っています．

PDB等の初期化コードは**リスト2**のようになっています．最初にクロックの設定やADCのトリガ条件などを設定します．まず，SIM_SCGC3とSIM_SCGC6レジスタでADCとPDBへのクロック供給を行うようにして，動作できる状態にします．それぞれのレジスタのビット配置は**図5**，**図6**のようになっています．その後，SOPT7レジスタ（**図7**）を使ってADC1のト

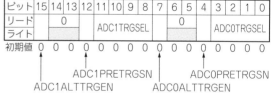

```
 ADC0/1ALTTRGEN：ADC0/ADC1 オルタネート（代替）トリガ・イネーブル
                  '0'：ADCのトリガにPDBを使う
                  '1'：ADCのトリガにオルタネート・トリガ（ADC0/1TRGSELで選択した入力）を使う
ADC0/1PRETRGSEL：ADCがオルタネート・トリガ時プリトリガ入力選択
                  '0'：プリトリガA
                  '1'：プリトリガB
    ADC0/1TRGSEL：ADC0/ADC1トリガ選択
                  "0000"：PDB外部トリガ・ピン入力（PDB0__EXTRG）   "1000"：FTM0トリガ
                  "0001"：ハイスピード・コンパレータ0出力            "1001"：FTM1トリガ
                  "0010"：ハイスピード・コンパレータ1出力            "1010"：FTM2トリガ
                  "0011"：ハイスピード・コンパレータ2出力            "1011"：FTM3トリガ
                  "0100"：PITトリガ0                              "1100"：RTCアラーム
                  "0101"：PITトリガ1                              "1101"：RTC秒
                  "0110"：PITトリガ2                              "1110"：ロー・パワー・タイマ（LPTMR）トリガ
                  "0111"：PITトリガ3                              "1111"：予約
```

図7 トリガ条件を設定できるSIM_SOPT7レジスタ

第13章 基本機能4…A-Dコンバータ

ビット	31	30	29	28	27	26	25	24	23	22	21	20	19	18	17	16
リード/ライト													LDMOD		PDBEIE	0
初期値	0	0	0	0	0	0	0	0	0	0	0	0	0	0	0	0 (SWTRIG)

ビット	15	14	13	12	11	10	9	8	7	6	5	4	3	2	1	0
リード/ライト	DMAEN	PRESCALER			TRGSEL				PDBEN	PDBIF	PDBIE	0	MULT		CONT	LDOK
初期値	0	0	0	0	0	0	0	0	0	0	0	0	0	0	0	0

- LDMOD：ロード・モード選択（バッファからレジスタへの転送タイミング）
  - "00"：LDOKに '1' を書き込むとすぐ転送される
  - "01"：LDOKに '1' を書いた後，PDBがMODレジスタ値に達すると転送される
  - "10"：LDOKに '1' を書いた後，トリガ入力イベントが発生すると転送される
  - "11"：LDOKに '1' を書いた後，PDBがMODレジスタ値に達するか，トリガ入力イベントが発生すると転送される
- PDBEIE：PDBシーケンス・エラー割り込みイネーブル（'1'：イネーブル）
- SWTRIG：ソフトウェア・トリガ（'1' を書き込むとカウンタがリセットされて再スタートする）
- DMAEN：DMAイネーブル（'1'：DMAイネーブル）
- PRESCALER：プリスケーラ分周比設定
  - "000"：MULT設定値で割った値   "100"：MULT×16で割った値
  - "001"：MULT×2で割った値   "101"：MULT×32で割った値
  - "010"：MULT×4で割った値   "110"：MULT×64で割った値
  - "011"：MULT×8で割った値   "111"：MULT×128で割った値
- TRGSEL：トリガ入力ソース選択
  - "0000"～"1110"：トリガ入力0～14選択
  - "1111"：ソフトウェア・トリガ選択
- PDBEN：PDBイネーブル（'1'：イネーブル '0'：ディセーブル．カウンタOFF）
- PDBIF：PDB割り込みフラグ（カウント値がIDLY値になると '1' になる．'0' を書くとクリア）
- PDBIE：PDB割り込みイネーブル
- MULT：プリスケーラの倍率設定
  - "00"：×1   "00"：×20
  - "01"：×10   "11"：×40
- CONT：コンティニュアス・モード（連続モード）イネーブル
  - '1'：コンティニュアス・モード '0'：ワンショット・モード
- LDOK：ロードOK（LDMODフィールドの説明も参照）
  - '1'：MOD，IDLY，CHnDLYm，DACINTx，POyDLYの値をバッファに書いた値で更新

図8 PDBx_SCレジスタのビット配置

リガ入力としてPDBを使うように設定します．

この後がPDBの初期化です．PDBの設定レジスタは少し変わった構造になっています．PDBの内部レジスタはCPUから書き込むバッファ用のレジスタと，内部の動作に使う2段構えになっていて，PDBxSCレジスタのLDOKビットを '1' にすると，バッファ用のレジスタから動作用の内部レジスタに一斉に転送されるという仕組みになっています．

一般的なタイマなどはこのような構造になっておらず，書き込みを行うとそのまま内部レジスタに反映されるため，一部のレジスタだけを更新した中途半端な状態で動作しないように，すべての書き換えが終わるまで動作を止める必要があります．

PDBの場合には，LDOKビットに '1' をセットするまで実際のレジスタの更新は行われませんので，動作させたまま変更できるのです．

PDBの初期化で使用しているのは，
- PDB0_SC（図8）
- PDB0CH1C1（図9）
- PDB0_CH1DLY0/PDB0_CH1DLY1（図10）
- PDB0_MOD（図11）
- PDB0_IDLY（図12）

ビット	31	30	29	28	27	26	25	24	23	22	21	20	19	18	17	16
リード/ライト			0					BB								
初期値	0	0	0	0	0	0	0	0	0	0	0	0	0	0	0	0

ビット	15	14	13	12	11	10	9	8	7	6	5	4	3	2	1	0
リード/ライト			TOS									EN				
初期値	0	0	0	0	0	0	0	0	0	0	0	0	0	0	0	0

- BB：チャネル・プリトリガBack-to-Back（継続）動作イネーブル（'1'：イネーブル）
- TOS：PDBチャネル・プリトリガ出力選択
  - '1'：カウンタがチャネル・ディレイ・レジスタ値に達し，選択されたトリガ入力の立ち上がりか，ソフトウェア・トリガ・モードでSETRIGが '1' になって1ペリフェラル・クロック後アサート
  - '0'：バイパス・モード．選択されたトリガ入力の立ち上がりか，ソフトウェア・トリガ・モードでSETRIGが '1' になって1ペリフェラル・クロック後アサート（カウンタ値は無視）
- EN：PDBチャネル・プリトリガ・イネーブル
  - '1'：プリトリガ・イネーブル

図9 PDBx_CHnC1レジスタのビット配置

第2部 プログラミングの基礎知識

ビット	31	30	29	28	27	26	25	24	23	22	21	20	19	18	17	16
リード	\multicolumn{16}{c}{0}															
ライト																
初期値	0	0	0	0	0	0	0	0	0	0	0	0	0	0	0	0

ビット	15	14	13	12	11	10	9	8	7	6	5	4	3	2	1	0
リード																
ライト								DLY								
初期値	0	0	0	0	0	0	0	0	0	0	0	0	0	0	0	0

DLY：PDBチャネル・ディレイ
　　　カウンタの値がDLYと一致するとプリトリガがアサートされる

図10　PDBx_CHnDLY0/PDBx_CHnDLY1レジスタのビット配置

ビット	31	...	16
リード		0	
ライト			
初期値	0	...	0

ビット	15	...	0
リード			
ライト		MOD	
初期値	1	...	1

MOD：PDB周期

図11　PDBx_MODレジスタのビット配置

ビット	31	...	16
リード		0	
ライト			
初期値	0	...	0

ビット	15	...	0
リード			
ライト		IDLY	
初期値	1	...	1

IDLY：PDB割り込みディレイ
　　　割り込みがイネーブルされているとき,
　　　カウンタがIDLY値と一致したら割り込み発生

図12　PDBx_IDLYレジスタのビット配置

の6本です．

PDB0_SCで動作クロックをバスクロックの1/2の周波数で動作させます．PDBのカウンタはスタート時が0になっていて，ここから1ずつ増えていって，PDB_MODで設定した値になると0に戻ります．サンプルではPDB_MODを0xFFFFにしていますので，1周期が0x10000カウントです．

PDB0_CH1C1レジスタでAとBの出力が行われるように設定した後，PDBのカウント値がPDB0_CHDLY0/PDB_CHDLY1と一致するとトリガAとトリガB出力がONになり，ADC1の変換要求が行われます．サンプルではCHDLY0を0x4000，CHDLY1を0x8000に設定しています．

また，PDBからはカウントが1周するごとに割り込みを発生させることができます．このときのタイミングを決めているのがPDB_IDLY（割り込みディレイ）レジスタで，カウント値がPDB_IDLY値と一致すると割り込みが発生します．サンプルでは0になったときに割り込みを発生させて，ここでLEDを点滅しています．

PDBはADCのキャリブレーションでは使用しませんので，ここではまだPDBのスタート（PDB0_SCレジスタのSWTRIGビットを'1'にする）はしません．

● ADCのキャリブレーション

続いて，ADCをキャリブレーション用に初期化します．リスト3がADCをキャリブレーション用に初期化しているところです．設定しているのは，

リスト3　ADC1のキャリブレーション用初期化プログラム記述

```
// ADCの初期化用データリストの準備
// 入力クロックの1/8で動作，ロング・サンプル・タイム，16ビット・モード，バス・クロック÷2を入力クロック
Master_Adc_Config.CONFIG1 = ADLPC_NORMAL | ADC_CFG1_ADIV(ADIV_8) | // ADC1_CFG1
                ADLSMP_LONG | ADC_CFG1_MODE(MODE_16) |
                ADC_CFG1_ADICLK(ADICLK_BUS_2);
// Aチャンネルを選択，非同期クロック出力停止，ハイスピード・モード，20クロック・サイクル追加
Master_Adc_Config.CONFIG2 = MUXSEL_ADCA | ADACKEN_DISABLED | // ADC1_CFG2
                ADHSC_HISPEED | ADC_CFG2_ADLSTS(ADLSTS_20);
// コンペア値設定（特に使用しない）
Master_Adc_Config.COMPARE1 = 0x1234u; // ADC1_CV1
Master_Adc_Config.COMPARE2 = 0x5678u; // ADC1_CV2
// ソフトウェア・トリガモード，コンペア機能は使わない，DMAも使わない，外部リファレンス使用
Master_Adc_Config.STATUS2 = ADTRG_SW | ACFE_DISABLED | // ADC1_SC2
                ACFGT_GREATER
                ACREN_ENABLED | DMAEN_DISABLED |
                ADC_SC2_REFSEL(REFSEL_EXT);
// キャリブレーション・フラグOFF（まだ開始しない），単発変換，ハードウェアで32回分平均をとる
Master_Adc_Config.STATUS3 = CAL_OFF | ADCO_SINGLE | AVGE_ENABLED | // ADC1_SC3
                ADC_SC3_AVGS(AVGS_32);
// ADC割込み使わない，シングルエンド・モード，チャンネルは31番（キャリブレーションなので入力無し）
Master_Adc_Config.STATUS1A = AIEN_OFF | DIFF_SINGLE | ADC_SC1_ADCH(31); // ADC1_SC1A
Master_Adc_Config.STATUS1B = AIEN_OFF | DIFF_SINGLE | ADC_SC1_ADCH(31); // ADC1_SC1B
// レジスタ・リストに設定した値をADC1のレジスタにセットアップ
ADC_Config_Alt(ADC1_BASE_PTR, &Master_Adc_Config);
// ADC1のキャリブレーション実行
ADC_Cal(ADC1_BASE_PTR);
```

第13章 基本機能4…A-Dコンバータ

ビット	31	30	29	28	27	26	25	24	23	22	21	20	19	18	17	16
リード	0															
ライト																	
初期値	0	0	0	0	0	0	0	0	0	0	0	0	0	0	0	0

ビット	15	14	13	12	11	10	9	8	7	6	5	4	3	2	1	0
リード	0								ADLPC	ADIV		ADLSMP	MODE		ADICLK	
ライト																	
初期値	0	0	0	0	0	0	0	0	0	0	0	0	0	0	0	0

```
ADLPC：ロー・パワー・コンフィグレーション('1'：ロー・パワー '0'：通常動作)
 ADIV：クロック分周選択
       "00"：分周比1
       "01"：分周比2
       "10"：分周比4
       "11"：分周比8
ADLSMP：サンプル・タイム選択('1'：ロング・サンプル・タイム '0'：ショート・サンプル・タイム)
 MODE：ADC分解能選択
       "00"：8ビット(シングルエンド)/9ビット(差動)
       "01"：12ビット(シングルエンド)/13ビット(差動)
       "10"：10ビット(シングルエンド)/11ビット(差動)
       "11"：16ビット(シングルエンド，差動とも)
ADICLK：入力クロック選択
       "00"：バス・クロック
       "01"：オルタネート・クロック2(ALTCLK2)
       "10"：オルタネート・クロック(ALTCLK)
       "11"：非同期クロック(ADACK)
```

図13 ADCx_CFG1レジスタのビット配置

ビット	31	30	29	28	27	26	25	24	23	22	21	20	19	18	17	16
リード	0															
ライト																	
初期値	0	0	0	0	0	0	0	0	0	0	0	0	0	0	0	0

ビット	15	14	13	12	11	10	9	8	7	6	5	4	3	2	1	0
リード	0								0			MUXSEL	ADACKEN	ADHSC	ADLSTS	
ライト																	
初期値	0	0	0	0	0	0	0	0	0	0	0	0	0	0	0	0

```
  MUXSEL：ADC入力マルチプレクサ選択('1'：ADxxbチャネル選択 '0'：ADxxaチャネル選択)
ADACKEN：非同期クロック出力イネーブル
         '0'：非同期クロックがADICLKで選択され，変換がアクティブであるときだけ出力される
         '1'：ADCの状態によらずイネーブル
   ADHSC：ハイ・スピード設定('1'：ハイ・スピード変換シーケンス '0'：通常速度動作)
  ADLSTS：ロング・サンプル・タイム時間選択
         "00"：20クロック延長(計24ADCKサイクル)…デフォルト
         "01"：12クロック延長(計16ADCKサイクル)
         "10"：6クロック延長(計10ADCKサイクル)
         "11"：2クロック延長(計6ADCKサイクル)
```

図14 ADCx_CFG2レジスタのビット配置

ビット	31	…	23	…	16
リード	0				
ライト						
初期値	0	…	0	…	0

ビット	15	…	7	…	0
リード	CV				
ライト						
初期値	0	…	0	…	0

CV：コンペア(比較)値

図15 ADCx_CVnレジスタのビット配置

ビット	31	30	29	28	27	26	25	24	23	22	21	20	19	18	17	16
リード	0															
ライト																	
初期値	0	0	0	0	0	0	0	0	0	0	0	0	0	0	0	0

ビット	15	14	13	12	11	10	9	8	7	6	5	4	3	2	1	0
リード	0								ADACT	ADTRIG	ACFE	ACFGT	ACREN	DMAEN	REFSEL	
ライト																	
初期値	0	0	0	0	0	0	0	0	0	0	0	0	0	0	0	0

```
 ADACT：変換動作アクティブ・フラグ('1'：A-D変換中)
ADTRIG：変換トリガ(開始)信号選択('1'：ハードウェア・トリガ '0'：ソフトウェア・トリガ)
  ACFE：コンペア(比較)機能イネーブル('1'：イネーブル '0'：ディセーブル)
 ACFGT：以上(Greater Than)比較機能選択('1'：スレッショルド以上判定 '0'：スレッショルド以下判定)
 ACREN：CV1/CV2による範囲内比較('1'：範囲比較イネーブル '0'：CV1のみ比較に使用)
 DMAEN：DMAイネーブル('1'：データ変換完了でDMA要求発生 '0'：DMAディセーブル)
REFSEL：電圧リファレンス選択
        "00"：デフォルトの電圧リファレンス(VREFH/VREFLピン入力)
        "01"：代替リファレンス(VALTH/VALTLピン，または内部リファレンス)
        "10"：予約
        "11"：予約
```

図16 ADCx_SC2レジスタのビット配置

第2部 プログラミングの基礎知識

ビット	31	30	29	28	27	26	25	24	23	22	21	20	19	18	17	16
リード									0							
ライト																
初期値	0	0	0	0	0	0	0	0	0	0	0	0	0	0	0	0

ビット	15	14	13	12	11	10	9	8	7	6	5	4	3	2	1	0
リード									CAL	CALF		0		ADC0	AVGE	AVGS
ライト																
初期値	0	0	0	0	0	0	0	0	0	0	0	0	0	0	0	0

> CAL：キャリブレーション（'1'：キャリブレーション開始．キャリブレーションが終了すると'0'に戻る）
> CALF：キャリブレーション失敗（'1'：キャリブレーション失敗．精度は保障されない '0'：正常終了）
> ADC0：連続変換イネーブル（'1'：連続変換 '0'：単発変換）
> AVGE：ハードウェア平均化機能イネーブル（'1'：イネーブル）
> AVGS：ハードウェア平均化機能選択
> "00"：4サンプリング分を平均
> "01"：8サンプリング分を平均
> "10"：16サンプリング分を平均
> "11"：32サンプリング分を平均

図17 ADCx_SC3レジスタのビット配置

リスト4 A-Dコンバータ・キャリブレーション実行関数ADC_Cal()

```
uint8 ADC_Cal(ADC_MemMapPtr adcmap)
{
    unsigned short cal_var;
    // ソフトウェア・トリガにする
    ADC_SC2_REG(adcmap) &= ~ADC_SC2_ADTRG_MASK;
    // シングル・コンバージョン(単発変換)，32回分の平均化に設定して
    // キャリブレーション開始
    ADC_SC3_REG(adcmap) &= (~ADC_SC3_ADCO_MASK &
                            ~ADC_SC3_AVGS_MASK);
    ADC_SC3_REG(adcmap) |= (ADC_SC3_AVGE_MASK |
                            ADC_SC3_AVGS(AVGS_32));
    ADC_SC3_REG(adcmap) |= ADC_SC3_CAL_MASK;
    //キャリブレーション完了を待つ
    while ((ADC_SC1_REG(adcmap, A) & ADC_SC1_COCO_
                                MASK) == COCO_NOT)
    ;
    // キャリブレーション失敗したら0x01を返す
    if ((ADC_SC3_REG(adcmap) & ADC_SC3_CALF_MASK) ==
                                CALF_FAIL) {
    return (1);
    }
    // プラス側のキャリブレーション値の算出
    cal_var = 0x00;
    cal_var = ADC_CLP0_REG(adcmap);
    cal_var += ADC_CLP1_REG(adcmap);
    cal_var += ADC_CLP2_REG(adcmap);
    cal_var += ADC_CLP3_REG(adcmap);
    cal_var += ADC_CLP4_REG(adcmap);
    cal_var += ADC_CLPS_REG(adcmap);
    cal_var = cal_var / 2;
    cal_var |= 0x8000; // 最上位ビットをセット
    // プラス側のゲイン設定
    ADC_PG_REG(adcmap) = ADC_PG_PG(cal_var);
    // マイナス側のキャリブレーション値の算出
    cal_var = 0x00;
    cal_var = ADC_CLM0_REG(adcmap);
    cal_var += ADC_CLM1_REG(adcmap);
    cal_var += ADC_CLM2_REG(adcmap);
    cal_var += ADC_CLM3_REG(adcmap);
    cal_var += ADC_CLM4_REG(adcmap);
    cal_var += ADC_CLMS_REG(adcmap);
    cal_var = cal_var / 2;
    cal_var |= 0x8000; // 最上位ビットをセット
    // マイナス側のゲイン設定
    ADC_MG_REG(adcmap) = ADC_MG_MG(cal_var);
    // キャリブレーション・ビットをクリアして終了
    ADC_SC3_REG(adcmap) &= ~ADC_SC3_CAL_MASK;
    return (0);
}
```

- ADC1_CFG1（図13）
- ADC1_CFG2（図14）
- ADC1_CV1/ADC1_CV2（図15）
- ADC1_SC2（図16）
- ADC1_SC3（図17）
- ADC1_SC1A/ADC1_SC1B

です．

レジスタの本数も，細かい設定も多く面倒そうですが，基本的には16ビットのシングルエンド入力にして，入力チャネルを31番（入力を使わない）に設定した後，キャリブレーション実行関数ADC_Cal()を呼び出しているだけです．

ビット	31	30	29	28	27	26	25	24	23	22	21	20	19	18	17	16
リード									0							
ライト																
初期値	0	0	0	0	0	0	0	0	0	0	0	0	0	0	0	0

ビット	15	14	13	12	11	10	9	8	7	6	5	4	3	2	1	0
リード					0						CPLS/CLMS/ CLP0/CLM0					
ライト																

ビット	15	14	13	12	11	10	9	8	7	6	5	4	3	2	1	0
リード						0						CLP1/CLM1				
ライト																
初期値	0	0	0	0	0	0	0	0	0	0	0	0	0	0	0	0

ビット	15	14	13	12	11	10	9	8	7	6	5	4	3	2	1	0
リード				0							CLP2/CLM2					
ライト																

ビット	15	14	13	12	11	10	9	8	7	6	5	4	3	2	1	0
リード				0							CLP3/CLM3					
ライト																

ビット	15	14	13	12	11	10	9	8	7	6	5	4	3	2	1	0
リード					0							CLP4/CLM4				
ライト																
初期値	0	0	0	0	0	0	0	0	0	0	0	0	0	0	0	0

図18 CLPS，CLMS，CLP0〜4，CLM0〜4レジスタのビット配置

第13章 基本機能4…A-Dコンバータ

リスト5 計測用のADC初期化&実行プログラム

```
// 計測動作用に初期化
    Master_Adc_Config.CONFIG1 = ADLPC_NORMAL |
                                ADC_CFG1_ADIV(ADIV_8) |
                ADLSMP_LONG | ADC_CFG1_MODE(MODE_16) |
                ADC_CFG1_ADICLK(ADICLK_BUS_2);
    Master_Adc_Config.CONFIG2 = MUXSEL_ADCA |
                                ADACKEN_ENABLED |
            ADHSC_HISPEED | ADC_CFG2_ADLSTS(ADLSTS_20);
    Master_Adc_Config.COMPARE1 = 0x1234u;
    Master_Adc_Config.COMPARE2 = 0x5678u;
    Master_Adc_Config.STATUS2 = ADTRG_HW |
                    ACFE_DISABLED | ACFGT_GREATER |
                    ACREN_DISABLED | DMAEN_DISABLED |
                    ADC_SC2_REFSEL(REFSEL_EXT);
    // 4回分を平均化
    Master_Adc_Config.STATUS3 = CAL_OFF | ADCO_SINGLE
                    | AVGE_ENABLED | ADC_SC3_AVGS(AVGS_4);
    // ADC1のA入力はシングルエンド，チャンネル#0
    Master_Adc_Config.STATUS1A = AIEN_ON | DIFF_SINGLE
                                | ADC_SC1_ADCH(0);
    // ADC1のB入力はシングルエンド，チャンネル#18
    Master_Adc_Config.STATUS1B = AIEN_ON | DIFF_SINGLE
                                | ADC_SC1_ADCH(18);
    // ADCの初期化
    ADC_Config_Alt(ADC1_BASE_PTR, &Master_Adc_Config);

    // ADC1とPDB0の割り込み許可
    enable_irq(INT_ADC1 - 16);
    enable_irq(INT_PDB0 - 16);

    cycle_flags = 0;
    // PDB動作開始
    PDB0_SC |= PDB_SC_SWTRIG_MASK;

    while (1) {
        if (irq_sw == 0x01) {    // 終了スイッチが押された
            irq_sw &= ~0x01;
            break;
        }
        // 変換完了待ち
        while (cycle_flags != (ADC1A_DONE | ADC1B_DONE))
            ;
        // データ表示
        printf("- R0A=%6d R0B=%6d POT=%6d\r",
                result0A, result0B,
                exponentially_filtered_result1);
    }
    // PDB動作停止，割り込み禁止して終了
    PDB0_SC = 0;
    disable_irq(INT_ADC1 - 16);
    disable_irq(INT_PDB0 - 16);
    return 0;
}
```

ビット	31	…	24	23	…	16
リード			0			
ライト						
初期値	0	…	0	0	…	0

ビット	15	…	8	7	…	0
リード			MG/PG			
ライト						
初期値	0	…	0	0	…	0

MG：マイナス側ゲイン値
PG：プラス側ゲイン値

図19 ADCxPG/ADCxMGレジスタのビット配置

ADC_Cal()の内容をリスト4に示します．行数はそれなりにありますが，ソフトウェア・トリガ・モードにして，ADC1_SC3レジスタで動作モードを設定した後，ADC1_SC3レジスタのCALビットを'1'にしてキャリブレーション用の変換動作を開始します．

キャリブレーション終了は，通常のA-D変換と同じようにADC1_SC1のCOCOビットが'1'になることでわかります．

この後，ADC_CLPxやADC_CLMxレジスタを使って補正値を計算し，プラス側とマイナス側それぞれのゲインを調整するわけです．

CLPS，CLMS，CLP0〜4，CLM0〜4レジスタのビット配置は図18，ゲイン調整用のADC1PG/ADC1MGレジスタは図19のようになっています．

● ADCの初期化と動作開始

キャリブレーションが終わった後は実動作用にADCを初期化しなおして，計測を行います（リスト5）．初期化内容はキャリブレーション用とほとんど同じです．

大きく違うのは，ハードウェアによる平均化処理が4回分の平均をとるようにしていること，入力チャネルは0と18に設定している点です．

次にPDB0_SCのSWTRIGビットを'1'にして，PDBの動作を開始します．これにより，PDBの出力でADC1が二つの入力チャネルを交互に変換するようになります．

この後は，while()ループ内で，終了スイッチの押下検出がされるまで，取得データを表示します．

終了スイッチが押下されたらループを抜け，PDBの動作を停止し，PDBとADCの割り込みを禁止状態にして終了します．

◆ 引用文献 ◆
(1) Kinetis K64Fリファレンス・マニュアル

くわの・まさひこ

第14章

プロトコルとモジュールの仕組みを基本から

基本機能5…USB通信

桑野 雅彦

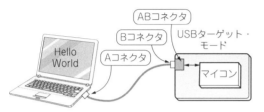
(a) PCなどAタイプ機器と繋がるとABコネクタにはBコネクタが挿入され，ターゲット・モードで動作する

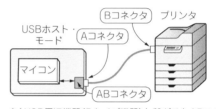
(b) USB周辺機器(Bタイプ機器)と繋がるとABコネクタにはAコネクタが挿入され，ホスト・モードで動作する

図1 最近のマイコン内蔵USBコントローラはUSBホスト(PCなど)とUSBデバイス(マウスなど)のどちら役にもなれるOTG(On-The-Go)に対応している

ここまで取り上げてきたCortex-MマイコンKinetisには，USBホスト/ターゲット・コントローラが搭載されています．伝送速度はフル・スピード(12Mbps)までです．USB 2.0で追加されたハイ・スピード・モード(480Mbps)などには対応していません．

USBホストにもUSBターゲット・デバイスにもなれるOTG(On-The-Go)に対応しています(図1)．

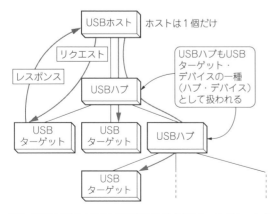

図2 USBは基本1対1なので複数のデバイスをつなぎたいときはハブを使う

USB通信のあらまし

● 基本は1対1通信

ここでUSBについて簡単におさらいしておきましょう．図2のように，USBは1台のホスト・コントローラの下にターゲット・デバイスが接続されるという形態をとります．ターゲット・デバイスが複数必要なときは，USBハブを介して増設します．それぞれのUSBターゲット(USBハブも含め)には別々のUSBバス・アドレスが割り付けられます(このアドレスはターゲット接続時にホストからのコマンド(SET_ADDRESSリクエスト)を使って与えられる)．

● 必ずUSBホストから通信を始める

図に示したように，USBの伝送はホストがターゲットにコマンドやデータを送信し，ターゲット側はホストから来た要求への応答としてデータを送るというようになっています．ターゲットから自発的にデータを送ることはなく，あくまでもホストがターゲットに問い合わせるという方法をとっています．

このように，USBはホストが接続されているすべてのターゲットのデータ伝送の面倒を見るという方式です．USBコネクタへのデバイスの着脱などの状態検出，接続されたデバイス種別の判定とそれに応じた

第14章 基本機能5…USB通信

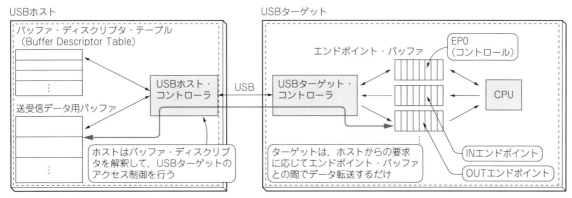

図3 USB通信のメカニズム

データ入出力処理，外された機器へのアクセス停止処理などもすべてホストで行います．

● USBターゲット・デバイスは応答するだけなので簡素に作れる

一方，ターゲットはホストからの要求に応答するだけで，処理は比較的簡素です．これにより，マウスやジョイスティックなど，低コストが求められる装置にも適用しやすくなっています．

このようにUSBはホストとターゲットでは処理内容が大きく異なります．USBコントローラもホスト用のコントローラとターゲット用のコントローラは大きく異なるため，コントローラの作りも異なってきます．

● ホストにもターゲット・デバイスにもなれるOTG

USBはもともとPC用の周辺機器インターフェースとして発展してきましたので，PCなどのUSBホストと，マウスなどのUSBターゲット・デバイスにはっきり役割が分かれています．しかし，近年の携帯型の機器などでは，図1のように，PCと連携するときにはPCの周辺機器のように振る舞いながら，PCを経由せずにUSBプリンタに直接印刷したいときにはUSBホストとして振る舞わせたいという具合に，ホストとターゲットの両方になれるような機器が必要になってきました．

こうしたニーズに対応したのがUSBのOTGです．ホストになるのかターゲットになるのかは，接続されるケーブルのコネクタがAタイプなのかBタイプなのかによって決まります．USBケーブルは，片方がAコネクタに，もう一方がBコネクタになっています．OTG対応の機器は，AコネクタもBコネクタも挿入できるABコネクタが付いています．

PCなど，ホスト機能しかないものであれば，本体にはAコネクタが付いていますので，本体側にAコネクタが差されるため，OTG側にはBコネクタが差し込まれます．これによってOTG機器はBコネクタとしての動作，すなわちUSBのターゲットとしての動作を行います．

プリンタなどUSB周辺機器を接続しようとすると，周辺機器側にはBコネクタが挿入されますので，OTG側はAとなり，ホストとして動作するようになるわけです．

Cortex-MマイコンKinetis内蔵USBコントローラは，このOTG対応です．

● データ伝送動作

図3は，USBのホストとターゲット間の大まかなデータ伝送動作を示したものです．

▶ターゲット側

まず，ターゲット側を見てみましょう．

USBターゲットは，いくつかのエンドポイントと呼ばれるバッファ・メモリをもっています．EP0（コントロール・エンドポイント）と呼ばれる，コマンドのやりとりなどに使われるエンドポイント・バッファは双方向ですが，その他の通常データ伝送に使われるエンドポイントは単方向です．ホストから見た方向によってIN（ターゲットからホスト方向）エンドポイントとOUT（ホストからターゲット方向）エンドポイントに分かれます．

エンドポイントには番号（エンドポイント・アドレス）が付いていて，最大16本のエンドポイントをもつことができます．

USBのデータ伝送は「パケット」と呼ばれるブロック単位で行われます．OUT方向のデータ伝送時は，ホストが作成したデータ・パケットがターゲットのエンドポイント・バッファにコピーされますし，IN方向のデータ伝送時は，ホストのIN要求に対応して，ターゲットのUSBコントローラがエンドポイントの中のデータをパケット化してホストに送るという動作

第2部 プログラミングの基礎知識

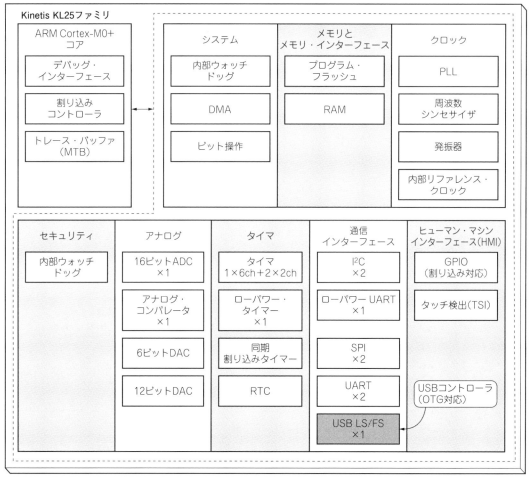

図4 Cortex-MマイコンKinetisの内部回路ブロックの例…USB通信機能内蔵タイプがある

を行います．この部分の動作はすべてUSBコントローラ内で行われます．

エンドポイント・バッファはCPUからもアクセスされるわけですが，USBホストとCPUの両方から同時にアクセスされると困ったことになりますので，アクセス権フラグがあります．CPUがアクセス権をもっているときは，USBコントローラはエンドポイントにアクセスできませんので，ホストからINやOUTの要求があってもNAK（Not Acknowledge）ステータスを返し，リトライを要求することになります．

少々複雑に見えますが，こうした処理はすべてUSBターゲット・コントローラ内部で行われるため，CPUがやることは，USBコントローラから発生したエンドポイントへのアクセス要求に応答して，データのリード／ライトをする程度です．

▶ホスト側

ターゲット側がエンドポイントというバッファ・メモリのアクセスでデータ入出力を行えばよいだけなのに対して，ホスト側は数多くのエンドポイントに効率よくアクセスしなくてはなりません．USBは，

1.5Mbps（ビット／秒）のLow-Speed
12MbpsのFull-Speed
480MbpsのHigh-Speed

といった具合に伝送速度が何種類もありますが，これらの切り替え動作もホストの仕事です．このようにホストはUSBバス全般について面倒を見なくてはならないため，作りも複雑になります．

ホスト・コントローラにもいろいろなものがありますが，図のように，どのようなアクセスを行うのかを記述したテーブル（Kinetisではバッファ・ディスクリプタ・テーブルと呼んでいる）と，実際の転送データを保持するバッファ・メモリを与えると，自動的にテーブルの内容を取り出して解釈し，バッファとの間でデータ伝送を行うものが一般的です．

第14章 基本機能5…USB通信

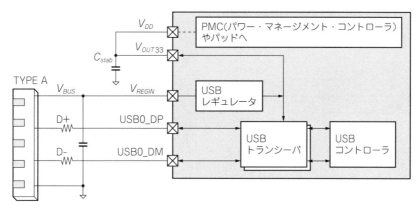

図5 USB通信回路

ホスト側ではUSBバス上に接続されているターゲットすべての状態を管理して，どのターゲットのどのエンドポイントにアクセスするのかなどといった，スケジュールを作成しなくてはなりません．

Cortex-Mマイコン内蔵のUSBコントローラ

図4は，今回使用した評価用ボードに搭載されているKinetis KL25の内部回路ブロックです．

USBコントローラは図の下部にある，「USB LS/FS」です．「LS」は，マウスなどの低速デバイス向けのロー・スピード（Low-Speed）モード（1.5Mbps）と，「FS」はUSBメモリなどに使われるFull-Speedモード（12Mbps）の略です．図には書いてありませんが，このUSBコントローラはOTG対応なので，ホスト/ターゲットのいずれのモードでも動作できます．

ちなみにUSBコントローラ部分の回路構成は図5のようになっています．USBコントローラとUSBバスの駆動を行うUSBトランシーバのほか，内部にレギュレータをもっており，USBバスのバス電源VBUS（+5V）から，3.3Vを生成できるようになっています．

● Kinetis USBコントローラの内蔵レジスタ

KinetisのUSBコントローラの内蔵レジスタを整理したのが表1です．大まかに分けるとUSBコントローラの割り込み制御などコントローラ全体の動作に絡む前半部分と，伝送動作の制御に絡む後半部分に分かれます．

かなりの数のレジスタが絡んでいることもあり，詳細な設定や動作などを説明するのは無理ですので，KinetisのUSBコントローラの骨格部分ともいえる，ディスクリプタ部分の考え方を説明しておきましょう．

● バッファ・ディスクリプタの考え方

Kinetisのバッファ・ディスクリプタ（Buffer Descriptor: Kinetisのマニュアル中ではBDと略記されている）の考え方を図6に示します．バッファ・ディスクリプタの考え方はホスト・モード，ターゲット・モードとも共通です．ターゲット・モードのときには，バッファ領域がエンドポイント・バッファになるわけです．

このほかの部分についても同様で，KinetisのUSBコントローラを読み解くときは，まずホスト・モードがあり，その中身に多少手を加えてターゲット・モードに対応できるようにしたと考えるとわかりやすいと思います．

さて，バッファ・ディスクリプタ・テーブルの考え方を見ていきましょう．図6の左上のように，BDTページ・レジスタ（USB0_BDTPAGE1/2）など，複数のレジスタの値やフィールド値，送信動作なのか否か（TXビット）などが組み合わされて，32ビットのデータとなります．

この32ビットの値が伝送動作で利用されるBD（Buffer Descriptor）の先頭アドレスを示しています．

図6のビット配置に示すように，BDTPAGE1/2レジスタの値によって，メイン・メモリの中のどの512バイトの領域を使用するのかが決まります．この領域をBDT（Buffer Descriptor Table）ページ領域と呼びます．使用しているエンドポイント・アドレスが小さい値しかなければ（通常，0から順番に割り付けるので，使っているエンドポイントの数が少なければ）図のようにBDTページ領域の後ろの方は未使用領域になります．

BDTページの中には実際の転送制御用の設定や，データ転送先などを記述したブロック（BD：バッファ・ディスクリプタ）が並んでいます．BDの集まりをBDT（Buffer Descriptor Table）と呼んでいます．

115

第2部 プログラミングの基礎知識

表1 Cortex-MマイコンKinetisのUSBコントローラ関連レジスタ

名　称	略　称	内　容
ペリフェラルIDレジスタ	USB0_PERID	USBコントローラのIDコード（04H固定）
ペリフェラルIDコンプリメント・レジスタ	USB0_IDCOMP	USB_PERIDの反転（FBH固定）
ペリフェラル・レビジョン・レジスタ	USB0_REV	USBコントローラのIレビジョン（33H固定）
ペリフェラル追加情報レジスタ	USB0_ADDINFO	USBコントローラの割り込み番号設定・ホスト・モード動作指定
OTG割り込みステータス・レジスタ	USB0_OTGISTAT	IDピンやVBUS端子の変化割り込みステータス
OTG割り込みコントロール・レジスタ	USB0_OTGICR	IDピンやVBUS端子の変化割り込みマスク
OTGステータス・レジスタ	USB0_OTGSTAT	IDピンやVBUS端子の状態判定
OTGコントロール・レジスタ	USB0_OTGCTL	USBのプルアップ／ダウン抵抗のON/OFF設定等
割り込みステータス・レジスタ	USB0_ISTAT	USB割り込みステータス
割り込みイネーブル・レジスタ	USB0_INTEN	USB割り込みイネーブル
エラー割り込みステータス・レジスタ	USB0_ERRSTAT	USB伝送エラー（CRCエラー等）割り込みステータス
エラー割り込みイネーブル・レジスタ	USB0_ERREN	USB伝送エラー割り込みイネーブル
ステータス・レジスタ	USB0_STAT	直前の送受信種別やエンドポイント番号など
コントロール・レジスタ	USB0_CTL	USBライン制御／リセット／ホスト・モード・イネーブル等
アドレス・レジスタ	USB0_ADDR	伝送速度切り替え／USBデバイス・アドレス
BDTページ・レジスタ	USB0_BDTPAGE1〜3	バッファ・ディスクリプタ・テーブルの先頭を示す
フレーム・ナンバ・レジスタ	USB0_FRMNUML／USB0_FRMNUMH	バッファ・ディスクリプタ・テーブルの位置指定に使う
トークンレジスタ	USB0_TOKEN	ホスト・モード時にUSBトランザクションを開始させる
SOFスレッショルド・レジスタ	USB0_SOFTHLD	SOF送信タイミング調整
エンドポイント・コントロール・レジスタ	USB0_ENDPT0〜15	各エンドポイントの送受信イネーブルやホスト・モード時の自動リトライ・イネーブル等
USBコントロール・レジスタ	USB0_USBCTRL	サスペンド／USBラインの高抵抗プルダウンのイネーブル
USB OTGオブサーブ・レジスタ	USB0_OBSERVE	USBラインのプルアップ／ダウン監視（OTG用）
USB OTGコントロール・レジスタ	USB0_CONTROL	USBプルアップ制御（non-OTGデバイス・モード時）
USBトランシーバ・コントロール・レジスタ0	USB0_TRC0	USBリセット出力／レジューム割り込みイネーブル等
フレーム・アジャスト・レジスタ	USB0_USBFRMADJUST	SOF送信周期微調整

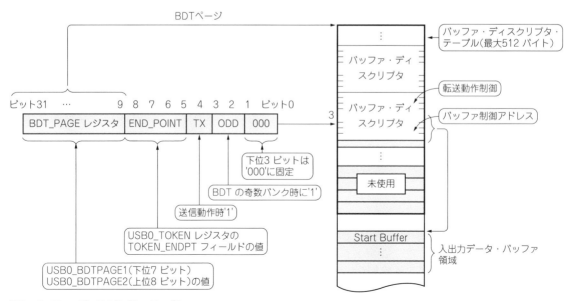

図6 バッファ・ディスクリプタ・テーブル

第14章　基本機能5…USB通信

- BC：受信されたデータ・バイト数
- OWN：バッファのアクセス権（'0'：CPU，'1'：USBコントローラ）
- DATA0/1：USBのDATA0/DATA1パケット種別（エラー検出用としてIDが交互に使われる）
- KEEP：'1'になっていると，FIFOとの間で連続転送される
- NINC：Not Increment．DMA転送時のアドレスをインクリメントしない
- DTS：'1'：Data Toggle Synchronizationを行う
- BDT_STALL：'1'：STALLハンドシェークを行う
- TOK_PID[3：0]：USBのPID（Packet ID：パケットの種別を示す）

図7　USB通信のキモ…バッファ・ディスクリプタの中身

ビット7	6	5	4	3	2	1	ビット0
LSEN			USBバス・アドレス				

'1'：ロー・スピード
'0'：フル・スピード

図8　USBバス・アドレス格納用USB0_ADDRレジスタのビット配置

どのバッファ・ディスクリプタを利用するかがTOKEN_ENDPTフィールドなどを使って決まります．

● バッファ・ディスクリプタの中身

バッファ・ディスクリプタには，伝送制御などの設定情報などと，実際のデータ入出力用のバッファ領域のアドレスが収められています（図7）．USBコントローラは，これらの情報を利用してデータ伝送を自動的に実行します．

どのエンドポイントにアクセスするのか，リード動作なのかライト動作なのかなどによって指し示すアドレスが変わりますので，アクセス先や動作に応じたBDTが利用されることになります．

● USBバス・アドレスは専用レジスタで指定する

ここで気になるのはUSBのデバイス・アドレスが含まれていない点です．PC用のUSBホスト・コントローラなどでは，多数のUSBターゲットを利用するのが前提ですので，当然USBバス・アドレスもディスクリプタ中に含まれるのですが，Kinetisマイコンの USBコントローラではアクセスする相手のUSBアドレスは専用のアドレス・レジスタ（USB0_ADDR）で指定するようになっています．

USB0_ADDRレジスタのビット配置は図8のようになっていて，最上位ビットで伝送スピードを，下位7ビットでUSBアドレスを指定しています．つまり，複数のターゲット・デバイスを自動的に切り替えなが

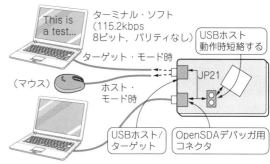

図9　USB通信の実験構成
Cortex-MマイコンKinetisボードには入手しやすいFRDM-KL25Zを使用

ら伝送するということができません．

OTGデバイスがUSBホストになる場面というのは，プリンタやキーボードなどとの接続であり，同時に複数のデバイスを接続しなくてはならないという場面はほとんどありません．

このため，KinetisのUSBコントローラでは自動的にUSBアドレスを切り替える機能を省略し，USBコントローラを簡略化しているのです．

実際，PCなどで使われているUSBコントローラ（UHCIやOHCIなど）は仕様がさらに複雑で，ソフトウェアの負荷も重くなっています．KinetisマイコンのUSBコントローラはこれらに比べると単純で，比較的扱いが簡単な作りです．

USB通信の実験

● ハードウェア

それでは，サンプル・プロジェクトを使って実際にUSBポートを動かしてみることにしましょう．今回は，Kinetisマイコンを搭載した入門ボードFRDM-KL25Z（Freedom開発プラットフォーム）を利用し，

第2部 プログラミングの基礎知識

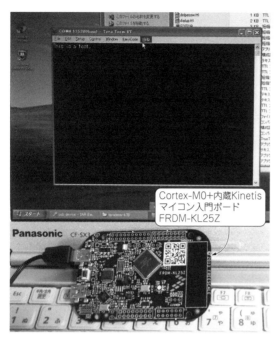

写真1 USB通信の実験…入門ボードを使えば簡単に試せる

図10 USBターゲット・デバイス通信用サンプル・プロジェクトを開く

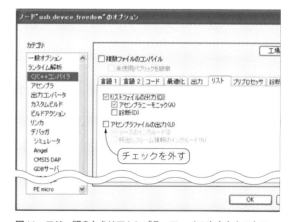

図11 フリー版のときはアセンブラ・ファイル出力をさせない

開発環境はIARのEmbedded Workbenchを使用しました．

図9はUSB通信の実験環境を，写真1は実験の様子を示したものです．

▶今回試すのはUSBデバイス機能だけ

KinetisのUSBコントローラはOTG対応です．ホスト/ターゲットのいずれにもなることができますが，FRDM-KL25ZのUSBポートに付いているコネクタはMini-Bコネクタですので，USBターゲットとして接続することしかできません．

USBホストとなってUSBマウスを接続するサンプルも用意されていますので，コネクタを交換し，タイプAからMini-Aへの変換アダプタを用意すれば，市販のマウスをつないで実験できるはずです．筆者は試しにA-Aケーブルを作って試してみましたが，やはりIDピンなどの問題からか，手持ちの3ボタン・マウスをつないでも残念ながら動作しませんでした．

● ソフトウェア

サンプル・コードは，ここまで説明してきたサンプルの中に含まれているはずです．

もし見つからない場合は，メーカのウェブ・サイト（NXP社，http://www.nxp.com/ja/）で「FRDM-KL25Z Sample Code」などと検索すると見つけることができます．インストーラKL25_SC.exeを実行して，C:/KinetisProjディレクトリに展開した場合，USBターゲットのサンプルはUSBのCDC（Communication Device Class）に準拠したものとして動作させるもので，PCと接続すると，USBシリアル変換アダプタとして振る舞います．写真1は実験中の様子です．

プロジェクトは，

C:/KinetisProj/klxx-sc-baremetal/build/iar/usb_device/

の下にあります．

CDCデバイスを認識したとき，ドライバの本体はWindowsに標準で用意されていますので不要ですが，INFファイルだけは必要です．サンプルは，

C:/KinetisProj/klxx-sc-baremetal/src/projects/usb_device/

の下（/build/と/src/の違いに注意）にあるCDCデバイス用のINFファイルです．

● 実験用プロジェクト・ファイルを開く

図10のように，先ほどのディレクトリにある，usb_device.ewwをダブルクリックします．IAR

第14章　基本機能5…USB通信

図12　通信用のUSBコネクタにケーブルをつなぐとCDCデバイスとして認識される

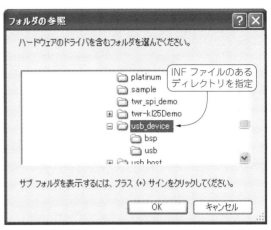

図13　ドライバ用ディレクトリを指定する

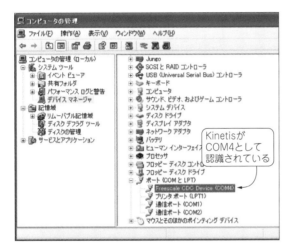

図14　Cortex-MマイコンKinetisがCOMデバイスとして認識される
筆者の環境ではCOM4として認識された

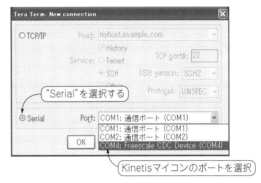

図15　Tera Termのポート設定画面

Embedded Workbenchが起動しますので，ビルドし，ダウンロードしてください．

なお，無償評価版のIAR Embedded Workbenchではアセンブラのリスト・ファイル出力機能がありませんので（させようとするとエラーになる）ビルドの前にプロジェクト->オプションの設定画面で図11のように，C/C++コンパイラの「リスト」設定で「アセンブラファイルの出力」のチェックを外してからビルドしてください．

ビルドして書き込んだら，コネクタを外して，USBコネクタ側につなぎ換えます．図12のように，CDCデバイスとして認識され，ドライバの組み込み用のウィザードが立ち上がりますので，図13のように先ほどのinfファイルのあるディレクトリを指定して組み込みます．

ドライバが組み込まれたらデバイスマネージャを開いてみます．図14のように，KinetisがCOMポートとして認識されています．

認識されたらターミナル・ソフトウェアを起動します．ここでは，Tera Termを使用しました．図15のように，ポートの選択ウィンドウになりますので，"Serial"のKinetisのポート（この例ではCOM4）を選択します．

Tera Termが起動したら，シリアル・ポートの設定画面で，図16で，のようにボーレートを115200bpsに設定します．その他はデフォルトで図のようになっていると思います．

これで設定は終わりです．図17のように，文字を入力すると，入力した文字がエコーバックされて画面に表示されます．

● USBホスト・プロジェクトについて

KinetisはUSBターゲットとして動作させることを前提にしていたようで，USBコネクタからは電源供給を受けるだけで，電源を供給するのを基本としてい

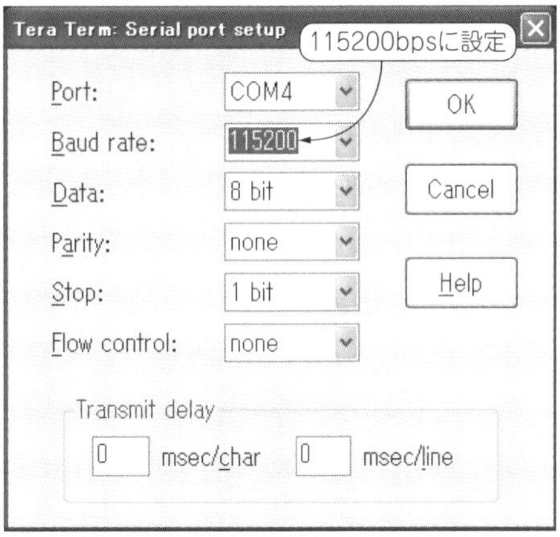

第2部 プログラミングの基礎知識

図16 シリアル・ポートの設定

図17 PCとCortex-MマイコンKinetisとのUSB通信に成功した

ます．

これではUSBホストとして動作させるときに問題があることから，Rev.Eになってから電源供給用のジャンパ端子，JP21が追加されました．JP21を短絡することで，OpenSDA用のUSBコネクタのVBUSとUSBコネクタのVBUS端子が短絡され，OpenSDAからUSBコネクタに電源が供給できるようになります．

USBホスト・プロジェクトは，
`C:/KinetisProj/klxx-sc-baremetal/build/iar/usb_host/`
にあります．

*　　*　　*

KinetisのUSBコントローラの概要と，FRDM-KL25Zボードを使ったサンプルを実際に動かしてみました．

レジスタの数も多く，最初のとっかかりがなかなかつかみ難いものではありますが，USBのデータ伝送の基本とバッファ・ディスクリプタの考え方がわかってくれば，比較的容易に理解できるのではないかと思います．

くわの・まさひこ

第3部

実際のアーキテクチャ

第15章

定番ARMコア×老舗モトローラから続くテクノロジで安心
ターゲットCortex-Mマイコン Kinetis入門

中森 章

選んだ理由

● Kinetis誕生の背景

Kinetis(キネティス)は，NXPセミコンダクターズ（旧フリースケール・セミコンダクタ，以下フリースケール[注1]）のARMコア内蔵マイコンです．ここで，「マイコン」というのはCortex-Mシリーズ，特にCortex-M4，Cortex-M0+を意味しています．

旧フリースケールは，i.MXという定番の汎用ARMプロセッサをもっていました（ARM9/ARM11/Cortex-Aコア内蔵）．それ以外にも，以下のようなさまざまなマイコン/プロセッサをもつ，老舗半導体メーカでした．

- ARM Cortex-Aプロセッサ：i.MX，VyBrid
- 独自(68k系)マイコン：ColdFire
- PowerPCプロセッサ[注2]：QorIQ，PowerQUICC

それに加えて，「ARMマイコンが欲しい」というユーザの声に応えてKinetisシリーズが誕生しました．Kinetisは同社初めてのARMマイコンという位置づけです．

Kinetis登場のニュースバリューは，32ビット・マイコンではColdFireという有名な68K系の独自マイコンをもっていた当時のフリースケールが，外様CPUであるARMを採用した点です．定番となったCortex-M4コアをいち早くマイコンに採用したのが当時のフリースケールです．

● 定番Cortex-M4と小規模Cortex-M0+を最初から作り込んできている

本書で，ARM Cortex-MマイコンとしてKinetisをターゲットにする理由に，定番Cortex-M4と小規模Cortex-M0+を，それぞれの発表後いち早く採用している点があります．

ARM Cortex-Mシリーズは，基本的にはCortex-M4が最高位，Cortex-M0+が最低位のCPUコアです．つまり，Cortex-M4は何でもできる組み込み用途の万能CPU，Cortex-M0+はCortex-M4の香りを残しながらも超低消費電力を売りとするCPUです．この二つのCPUを押さえることでKinetisマイコンのシリーズのスケーラビリティを確保しています．さすが，目の着けどころがいいです．

図1と図2にKinetisシリーズでもっとも普及しているCortex-M4搭載のKシリーズとCortex-M0+搭載のLシリーズのスケーラビリティを示す図を示します[7]．現在ではKinetis Kシリーズのフラッシュ2Mバイト版も存在するようです．

ARM Cortex-Mマイコン Kinetisの特徴

● あの68K系マイコンとの位置づけ

旧フリースケールは，ARM Cortex-MマイコンKinetisシリーズだけでなく，あの伝説の68Kの流れをくむColdFireシリーズのマイコンを有していました．KinetisとColdFireのすみ分けが当時気になったので触れておきます．

2010年6月当時のKinetisのプレス・リリース[1]では「ColdFireを補完する位置づけのマイコン」となっていました．その後，マーケティング責任者のインタビュー[4]では，ColdFireはASSPと述べられています．これをもってKinetisシリーズは旧フリースケールにおいて，32ビット汎用マイコンの主流になったといえると思います．

● 幅広くシリーズを完備

現在ではKinetis(NPX)には，K，L，M，W，E，EA，Vなどのシリーズがあります（図3）．周辺機能のバリエーションもさることながら，応用分野別に特化した製品展開です．それぞれのシリーズの特徴を表1にまとめます．

注1：老舗モトローラの半導体部門から設立された米国の半導体メーカで，2015年に同じくフィリップスの半導体部門であったNXPセミコンダクターズと合併しました（正確にはNXPセミコンダクターズに買収された）．

注2：正確には，Power Architecture

第15章 ターゲットCortex-MマイコンKinetis入門

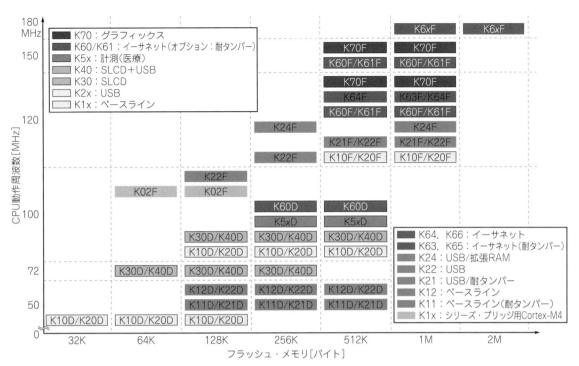

図1[(7)] CPU性能とメモリ・サイズの組み合わせを好きに選べるようになっている
Cortex-M4搭載マイコンKinetis Kシリーズの例．詳細はメーカの最新情報参照

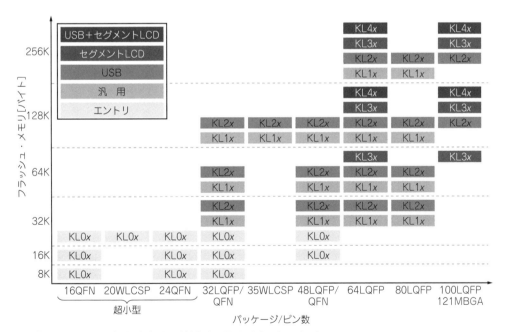

図2[(7)] メモリ・サイズや小型パッケージを好きに選べるようになっている
Cortex-M0+搭載マイコンKinetis Lシリーズの例．詳細はメーカの最新情報参照

　Kinetisは汎用品，ColdFireはASSPであると説明しましたが，Kinetisの内部でも汎用品とASSPに分かれています．Kinetisの中では，W，M，V，EAがASSPで，それぞれ，コネクティビティ，電力・ガス計量，モータ制御・デジタル電源，車載，を応用分野としています[注3]．

　そのほか，以下のような特徴をもつマイコンもあり，幅広いラインナップが用意されています．

123

第3部 実際のアーキテクチャ

コラム1 あなたはKinetisでいうとどのシリーズか？性格診断サイト（笑） 中森 章

息抜きに参考文献(8)を紹介します．これは，あなたはKinetisでいうとどのタイプになるのかをクイズ形式で判断するサイトです（**図A**）．具体的には，
① あなたを一番よく示す形容詞は？
② 電気製品はなにをよく買う？
③ 1000ドルあったら何を買う？
④ フリースケール主催のオースチン・マラソンをどう思う？（注：サイトは執筆時点ではフリースケール表記のままになっている）
⑤ あなたのあこがれの職業は？

という五つの質問に4択または5択で回答すると結果が出ます．Kinetisシリーズの特徴と性格を結びつけることで，よりKinetisの各シリーズの特色を知ってもらおうとするにはいい試みだと思います．

筆者が実施した結果は「Kinetis Mシリーズ」でした．個人的にはKinetis MはKinetisシリーズの中でも変わった特徴をもっていると感じていますから，ちょっと複雑な気分です．血液型性格判断でB型の人が「あなたはB型そのもの」と言われて腹が立つようなものでしょうか．

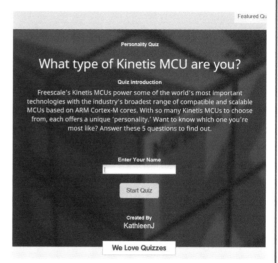

図A なんてピンポイント！Kinetisマイコン性格診断なんてサイトが用意されている

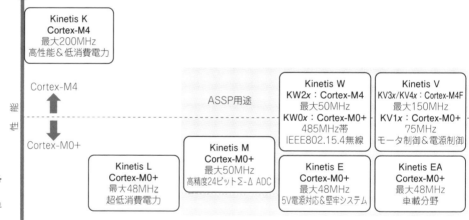

図3 Kinetisマイコンの各種シリーズ
完全汎用と半汎用/半専用（ASSP）がある

- Kinetis Vシリーズ（KV5x）：Cortex-M7搭載．動作周波数は240MHzで，内蔵RAMはTCMを含めて256Kバイト
- Kinetis K2シリーズ（K8x）：IoT時代のセキュリティ機能に特化
- Kinetis Wシリーズ（KW4xZ）：Bluetooth Low Energy対応

● マイコンとしての特徴

今回Kinetisというマイコンを紹介するにあたり，筆者は各シリーズのリファレンス・マニュアルを読みふけり，実機（フリーダム・ボード）での実プログラミングもやり込みました．その結果の感想は，**表2**に示したKinetisの特徴が有言実行されているなということです．もっとも，**表2**に示したKinetis Kシリーズの特徴は，特別というよりは，ありふれた機能のような気がしないでもありません．ただ，**表2**の中で特

注3：Kinetis Xに関しては2011年11月11日（1並びですね！）に発表されましたが，今ではこのときのプレス・リリース以外の情報を見つけることができません．メーカのコミュニティ・サイト（https://community.nxp.com/community/kinetis）の中でもKinetis Xはどうなったのかという問いを見かけることがありますが，回答はいまだに「開発中」ということです．

第15章　ターゲットCortex-MマイコンKinetis入門

表1　Kinetisマイコンの各種シリーズの特徴

シリーズ	特徴	ラインナップ	説明
K	Kinetis（基本）	K1x/K2x/K3x/K4x/K5x/K6x/K7x	ARM Cortex-M4コアをベースとする高性能な低消費電力32ビット・マイクロコントローラ（MCU）で，600種以上のメンバ製品がすべて互換性を備えています．このシリーズは，スケーラブルな性能，統合性，コネクティビティ，通信，HMI，セキュリティ機能を求めるアプリケーションに幅広く対応します．複数の高速16ビットA-Dコンバータ（ADC），D-Aコンバータ（DAC），プログラマブル・ゲイン・アンプ（PGA）を統合しつつ，強力で費用対効果に優れた信号変換，シグナル・コンディショニング，信号制御を実現します．高集積チップで提供されるため，部品点数を大幅に削減できます．
L	Low-Power	KL0/KL02/KL03/KL1x/KL2x/KL3x/KL4x	業界初のARM CorteR-M0+プロセッサ・ベース・マイコンです．「高エネルギ効率」と「使いやすさ」に32ビット性能，ペリフェラルセット，開発環境，スケーラビリティを組み合わせています．動作時，停止時ともに超低消費電力を追求しています．処理性能やオンチップ・フラッシュ・メモリのサイズはいろいろ選べます．アナログ，コネクティビティ，HMIなどの広範なペリフェラル・オプションを備えており，消費電力が重視される設計においても，8ビット/16ビット・マイクロコントローラの枠にとどまる必要がなくなります．ARM Cortex-M4ベースのKinetis Kシリーズとハードウェアおよびソフトウェアの互換性を備えています．
M	Metering & Measurement	KM1x/KM3x	低消費電力のARM Cortex-M0+コアを採用し，単相，2相，3相の電力メータ，および流量メータやその他の高精度の計測アプリケーション向けに設計されています．24ビットの複数のシグマ・デルタ型A-Dコンバータ，プログラマブル・ゲイン・アンプ，全動作温度範囲で低ドリフトを維持する電圧リファレンス，および位相変位補償器などのアナログ・フロントエンドを内蔵します．また，メモリ保護ユニット，外部改ざん検出ピン，改ざん検出機能付きiRTC，乱数ジェネレータをはじめとする幅広いセキュリティ機能により，マイクロコントローラ内部およびマイクロコントローラから電力網に送信される供給者/利用者のデータを保護します．
W	Wireless	KW0x/KW2x	クラス最高レベルのSub-1GHzおよび2.4GHz RFトランシーバとARM Cortex-M0+コアを統合しており，信頼性，安全性，低消費電力が重要視される組み込みワイヤレス・ソリューションのための堅牢な機能セットを備えています．性能，集積度，コネクティビティ，およびセキュリティが適切に組み合わせられ，ワイヤレス・ソリューション向けに最適化されています．
E	EMI & ESD	KE02/KE02 40MHz/KE04/KE06	5Vの電源に対応し，家電や産業機器の分野をターゲットとします．これらの分野では一般的に8ビット/16ビットのマイコンが使用されていますが，性能や消費電力の点で優位性のある32ビット・マイコンへの置き換えを進めるのが狙いです．複雑な電気ノイズ環境や高信頼性アプリケーションに対応する優れた堅牢性を備えた本シリーズは，メモリ，ペリフェラル，パッケージのオプションを幅広くそろえています．ペリフェラルやピン数が共通しているため，マイクロコントローラ・ファミリ内やマイクロコントローラ・ファミリ間の移行が容易で，メモリ拡張や機能統合を促進できます．
EA	クルマ	KEA128	クルマの開発を容易にします．本シリーズは，シンプルなツール，包括的な開発環境，−40〜+125℃温度範囲の車載グレード品質を備えています．
V	Vector-motor	KV1x	Vシリーズのエントリ製品です．ハードウェアによる平方根と除算演算機能を備え，75MHzで動作するARM Cortex-M0+コアをベースとしており，演算処理要件の厳しいアプリケーションにおいて，競合マイクロコントローラを35％上回る性能を実現します．そのため，BLDCモータをはじめとして，さらに演算処理要件の厳しいPMSMにも使えます．
V	Vector-motor	KV3x	BLDC/PMSM/ACIMモータ制御アプリケーション向けの高性能ソリューションです．DSPと浮動小数点演算ユニットを搭載した動作周波数100MHz/120MHzのARM Cortex-M4コアをベースとしており，最大1.2MSps（Mサンプル/秒）でサンプリングを実行するデュアル16ビットA-Dコンバータ（ADC）や，各種のモータ制御タイマ，64K〜512Kバイトのフラッシュ・メモリといった特徴を備えています．
V	Vector-motor	KV4x	要求の厳しいモータ制御/電力制御アプリケーションを対象に，高精度，センシング，および制御性能を実現する高性能ソリューションです．DSPと浮動小数点演算ユニットを搭載した動作周波数150MHzのARM Cortex-M4コアをベースとしています．変換時間240nsのデュアル12ビット・A-Dコンバータ（ADC）や，分解能312ps（ピコ秒）のNanoEdge対応eFlexPWMモジュール，マルチモータ・システムをサポートする最大30のPWMチャネル，デュアルFlexCANモジュールなどを備えています．

に低消費電力モードがよく考えられて実現されていると感じました．

10種類に近い動作モード（電力モード）は，Cortex-M0+/M4がCPUコアとして有しているSleep機能，Deep-Sleep機能を最大限に利用していると感じます．個々のモジュールごとのパワー・ゲーティング（電源の自動ON/OFF）は，低価格が必須のマイコンとしては，非常に頑張った実装を行っています．電源をOFFするDeep-Sleepモードからの起動時間も他社とくらべて2倍以上高速です．

その他にも，Kinetis MCUには，

①フラッシュ領域としてもEEPROMのバックアップ領域としても使用可能なFlexMemoryという不揮発メモリ（FlexNVM），および他社比10倍の高速アクセスが可能なEEPROM．
②通信のセキュリティのためのCRC計算機能，乱数生成機能，暗号化補助機能．
③Cortex-MのCPUが有しているのと同等なメモリ保護ユニットMPU（Memory Protection Unit）によるメモリ保護機能をDMAやイーサネットなどのバス・マスタでも使用できる拡張MPU．
④外部からのフラッシュ・メモリやRTCの情報を

第3部 実際のアーキテクチャ

表2 メーカ(NXP)による独自拡張機能

番号	機　能
1	命令/データ・キャッシュ
2	複数のマスタ/スレーブの同時バス・アクセスを可能とするクロスバー・スイッチ
3	DMAコントローラ
4	豊富な省電力モード，高速ウェイクアップ
5	独自のIPで，さらなる性能向上と低消費電力化を実現

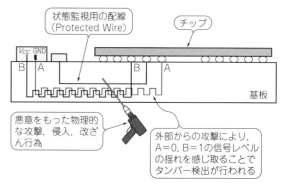

図4 Kinetisマイコンのセキュリティに対するこだわりの1つ…外部からの物理攻撃タンパーの検出

改ざんする行為(タンパ)を検知して情報を消し去る機能.
⑤制御用マイコンで便利に使えるCortex-Mコアが提供するビット操作(ビット・バンドリング)よりもインテリジェントなBME(Bit Manipulation Engine).
⑥フラッシュ・メモリをノー・ウェイトでアクセスすることを可能にするフラッシュ・キャッシュ/プリフェッチ・バッファ.

など，興味深い機能が実装されています．低消費電力機能は当たり前として，これら6つの機能だけでも(すべてのKinetisシリーズが6つすべてを実装しているとは限らない)「Kinetisが素晴らしい」と言えるだけの資格を有していると思います．

● こだわりポイント

Kinetisマイコンの特徴のなかで特に感動した3点に関して，もう少しかみ砕いて説明します．

▶その①：セキュリティに対するこだわり

Kinetisの仕様をみて最初にすごいと思ったのは④のタンパー検出機能です．タンパーというのはあまり聞き慣れない言葉かもしれません．しかし，マイコンの世界では10年以上前から話題になっている機能です．マイコンの価値の1つ(あるいはすべて)は内蔵フラッシュやROMに格納されているソフトウェアにあります．これらのソフトウェアに格納されているノウハウには企業秘密が含まれています．その開発費は当然マイコンの価格に上乗せされています．しかし，そのソフトウェアをコピーして，マイコンのクローン品を安く売ろうと考える悪意のメーカが存在します．彼らはチップを開封し物理的にフラッシュやROMコードのパターンを読み出します．あるいは，チップを動作させたままで，特殊な顕微鏡のような装置で，その電流の変化からソフトウェアを解析します(図4)．当然これらの解析装置を使用するためには膨大な費用がかかるのですが，その費用を遣ってもソフトウェア解析を行うことで利益が出るのです．そういう解析行為をタンパといいます．従来，マイコンにはタンパーを防ぐための何らかの機能が内蔵されています．しかし，それは企業秘密でした．Kinetisではタンパー検

出機能とタンパー検出時にフラッシュ・メモリと電池でバックアップされているレジスタの内容を消去する機能をマイコンの仕様として明確に記してあります．これは画期的なことだと考えます．仕様書に記載するだけで抑止力になるのではないでしょうか．タンパー検出の具体的な方法は後述します．

▶その②：電源系は簡単なのに！低消費電力に対するこだわり

2番目に感動したのは，低消費電力機能です．KinetisにはRTCの内容をバックアップするための専用電源をオプションでもっていますが，基本的には3.3V(Kinetis Eは5V)の単一電源です．そういう簡単な電源供給ですが，Kinetisのチップ内部では複雑な電源構造になっています．すなわち，チップ内部は多数の電源領域(パワー・ドメイン)に分離されており，それらの電源を独立してON/OFFすることが可能です(図5)．これらの電源領域の電源のON/OFFを最適化するのが10種類(数え方では9種類)の電源モードです．電源をOFFする以上の低電力の仕組みはありませんから，10種類の電源モードを駆使すれば非常に低消費電力なシステムが実現できます．

もっとも，個別の電源領域の電源ON/OFFという構造は他社のマイコンでも採用していると思います．しかし，Kinetisでは電源領域の多さが圧倒的です(その分細かい電力制御が可能)．

▶その③：ローエンドCortex-M0+内蔵シリーズも機能ダウンを感じさせない

そして，最後に，個人的に特にすごいと思ったのは，Kinetis Lシリーズ，というかCortex-M0+を搭載するKinetis(基本的にKシリーズ以外全部)の周辺モジュールによる機能補完です．

KinetisのCPUコアには，基本的には，Cortex-M4とCortex-M0+の2種類があります．Cortex-M4はARM社こん身のマイコンであるCortex-M3の直系で，組み込み制御のための機能がこれでもかというくらいにてんこ盛りです．Cortex-M3/M4の仕様はもう

第15章 ターゲットCortex-MマイコンKinetis入門

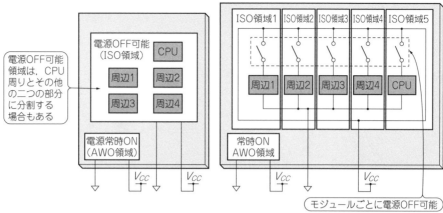

図5 使う機能だけ電源をONしておけばよいので低消費電力に動かせる

(a) 一般的な電源分離（ISO領域は1個程度）…「常時ON」と「OFF可能」という二つの電源領域に分かれる

(b) Kinetisの電源分離（ISO領域が複数）…モジュール単位で電源のON/OFFが可能

変更はないのではと思えるくらい組み込み制御向けマイコンとしては完成しています．

Cortex-M0+はCortex-M3/M4のダウンサイジングで低消費電力に重点をおいたCPUコアになっています．しかし，ダウンサイジングの過程で，Cortex-M3/M4から削除された機能もあります．つまり，CPUコアとしてみれば完全にはスケーラブルとは言い切れません．しかし，Kinetis Lでは，Cortex-M4からCortex-M0+で抜け落ちた機能を周辺機能として補完し，Kinetisシリーズとしてのスケーラビリティを実現しようとしています．その1つがBME（ビット操作エンジン）です（図6）．Cortex-M3/M4にはビット操作のためのビット・バンド機能が装備されていましたが，Cortex-M0+には装備されていません．ビット操作は組み込み制御では必須の機能ですが，この仕様削除には納得できません．ARM社によれば「Cortex-M System Design Kit」に含まれるビット・バンド・ラッパを利用すればビット・バンド機能が使えるとしています．しかし，ビット・バンドだけのために「Cortex-M System Design Kit」を採用するのも大げさな気がします．それよりも「さも当然」のようにビット操作機能を実現するBMEはすごいと感じました．BMEは単一ビットの操作だけではなく，ビット・フィールドの操作も可能です．

なお，Kinetis K80シリーズでは，暗号機能として，RSAや楕円曲線暗号のアクセラレータを他社に先駆けて搭載しました．これもIoT分野に対するNXPのアンテナの高さを伺わせます．

低消費電力機能と上述の6点（+α）の機能は別の章で詳細に説明します．

● もはや使い捨て時代！？ ホントに小さくて安い

Kinetisの機能というわけではありませんが，KinetisシリーズではCSP（Chip Scale Package）の展開も行われています．CSPとは，その名のとおり，裸のチップであるダイ・サイズと同程度の大きさのパッケージにチップを封止するものです．民生および医療ポータブル・アプリケーションのみならず，実装スペースに制約のある産業用アプリケーションにも使えます．

CSP供給が行われる，いわゆる，Kinetis MINIシリーズでは，基本的にはKinetis K10やL0がパッケージ内部に入っています．そのラインナップではKL02とKL03が特に有名です．KL02のパッケージ・サイズは1.9mm×2.0mm，KL03のパッケージ・サイズは1.6mm×2.0mmの大きさです．感覚的にいえば，KL02はキーボードのキートップの約36分の1の大きさ，KL03はゴルフボールのディンプル（くぼみ）よりも小さい大きさです（写真1）．筆者になじみの深い例えでは2.54mmピッチのジャンパー・ピン程度の大きさでしょうか．それでいて，KL02やKL03はアナログ機能（A-Dコンバータとアナログ比較器）も内蔵しています．砂粒の小ささまでではないですが，こんなに小さいパッケージ・サイズはいろいろな可能性を想像させます．まさに，小さな巨人です．事実，KL03は世界最小のマイクロコントローラとして2014年度のEDNの賞「EDN Hot 100 products of 2014: MCUs, Processors & Programmable Logic」を受賞しています．

例えば，Digi-KeyにおけるKL02の値段は，執筆時に1円台（QFNパッケージの場合）でした（KL03は約13円）．この値段だと使い捨て用途も十分考えられます．ウェアラブル機器にも使えそうです．

近年はIoT，ウェアラブルの時代といわれていますが，その実体はあまり見えてきていません．しかし，このような小型パッケージを実際に目の当たりにすると，シャツに貼り付けて使い捨てにするマイコンの姿が見えてきます．ラルフローレン社がシャツに割り付けて心拍数，体温，血圧や呼吸数を測定するマイコン

127

第3部 実際のアーキテクチャ

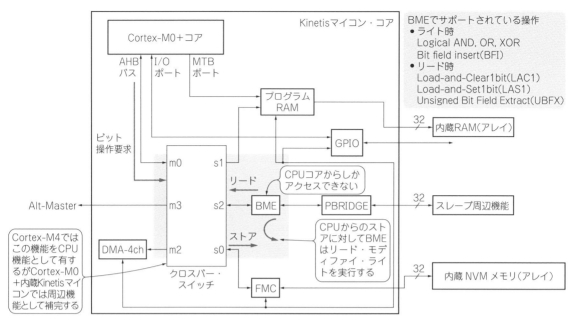

図6 Cortex-Mマイコン・コアで用意されているビット操作と同等以上に拡張して使いやすくしたビット操作エンジン(BME)

内蔵のTシャツ「Polo Tech shirt」を発表していますが，それのマイコン・モジュールをもっと小型化したモジュールが可能になりそうです．あるいは数年前にはやりましたが実用化という点では疑問が残った電子タグなども実用化できそうです．ただし，KL02やKL03は無線機能がないので通信という面では弱いのですが，一般的な無線モジュールと組み合わせても大した大きさにはならないと思うので，RFモジュール(Wi-Fi/Bluetooth/Bluetooth Low Energyなど)と同一基板上に統合する解は十分考えられます．

その他の理由…開発環境の充実

● ビギナもプロも…統合開発環境が充実している

Kinetisは，ソフトウェア環境も充実しています．NXPセミコンダクターズは，KDS(Kinetis Design Studio，以下後継品MCUXpresso IDEとも適宜読み換えてください)という開発環境を無償で供給しています(図7)．しかも，無償でありながら，使用できる機能

とソフトウェアのコード・サイズに制限がないという優れものです．

筆者のようにKinetisを個人的に使用している者にとってはWindowsベースの開発環境で十分なのですが，実際に製品開発している人にとってはLinux環境が望ましいようです．KDSはWindowsとLinuxの両方の環境が用意されています．これだけでも値打ちがあります．

ほかにもKinetisマイコンの開発環境としては，IAR Systems社のEWARM(Embedded Workbench for ARM)が有名です．NXPセミコンダクターズの統合開発環境Code Warriorもあります．

KDSはCode Warriorと同様のEclipseベースの開発環境ですが，環境もコンパイラも最新のものになっています．

また，使い勝手に関してはKDSやCode WarriorよりもEWARMの方が使いやすいという声もあります．確かにプロジェクトの作成のし易さなどでEWARMに軍配が上がります．ただし，EWARMも，コード・サイズの制限なし版となると高価になります．

● サンプル・プログラムが充実している

ソフトウェア関連でいえば，NXPセミコンダクターズ社は，それぞれのMCUに対して数多くの現実的なサンプル・プログラムを無償で提供しているところが素晴らしいと思います．基本的にEWARM向けが多いのですが，このサンプル・プログラムにはプロジェクトの生成ツールが含まれていて，プロジェクトとかワーク・スペースという統合開発環境のシキタリに慣

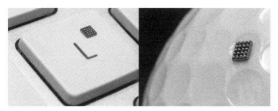

(a) Kinetis KL02　　(b) Kinetis KL03

写真1 最近のARMマイコンは究極で価格1円台とか砂粒サイズとかになっている

第15章 ターゲットCortex-MマイコンKinetis入門

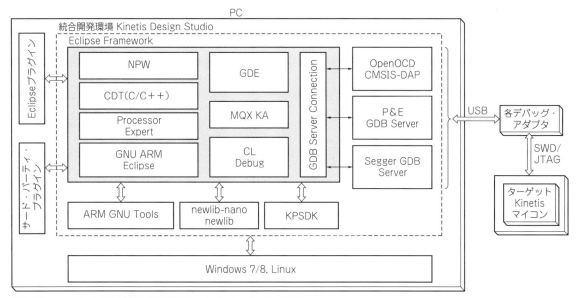

図7 Kinetisマイコン用無償統合開発環境 Kinetis Design Studio (KDS)
WindowsでもLinuxでも同様に動かせる

れていない人でも簡単にプログラムが作成できるようになっています．しかも，それぞれのサンプル・プログラムは即実戦という優れものも少なくありません．これは個人的には非常に画期的だと思っていました（執筆当時）．現在では，EWARMやKDS，MDK-ARM，GCCなどに対応しています（Code Warriorは保守扱い）．

また，Processor Expertという，使用しているMCUに対して目的のソースコード（デバイス・ドライバ）を対話的に自動生成するツールを無償で提供しています（**図8**）．これは，KDSなどと組み合わせて使用するツールですが，使用している人はかなり多いようです．

さらに，Kinetisの開発環境はARMのmbedや

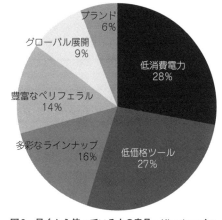

図9 早くから使っている人の意見…Kinetisマイコンは開発環境が整っていて低消費電力

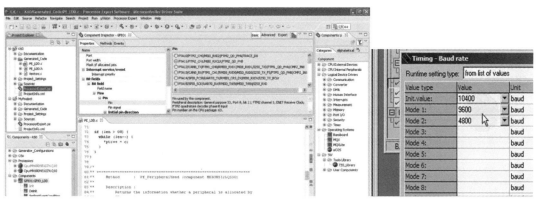

(a) 実行画面　　　　　　　　　(b) 設定したら自動生成

図8 デバドラ自動生成ツールも用意されている
Processor Expertという

第3部 実際のアーキテクチャ

コラム2　Kinetisの定番シリーズは何か？
中森 章

　多くのシリーズがあるKinetisですが，何が一番注目されているのでしょうか？そのヒントになるのが件のKinetisのコミュニティ・サイト（https://community.nxp.com/community/kinetis）です．ここでは，Kinetisのシリーズごとのフォーラムに分かれて情報交換が行われています．例として，2014年11月から2015年7月までの累計の投稿数を図Bに示します．どの月も傾向は同じで，定番Cortex-M4ベースKinetis Kの話題が圧倒的です．やはり，Kinetisの定番はKシリーズなのでしょうか．

　Kinetis LがKinetis Kの約半数で第2位です．個人的には，Cortex-M0+を搭載するKinetis LやE，W，Vを応援したいです．Cortex-M0+は「お手軽なマイコン」という意味では群を抜いていると思っているからです．

　あるいは，Kinetis Kシリーズのラインナップの多さ（K10〜K70）のため，それが1つのカテゴリに集中していることを考慮すれば，Kinetis Lシリーズがもっとも使われているといってもいいかもしれません．Cortex-M0+の素晴らしさに関しては別の機会に述べたいと思います．

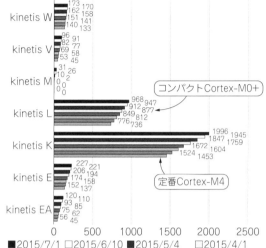

図B　よく使われるのはCortex-M4ベースKシリーズやCortex-M0+ベースLシリーズ

　CMSISとの連携も考慮されており，FRDMボードやTWRボード，ソフトウェア開発環境，サンプル・コードを統合してプラットフォーム的なソリューションを積極的に提供しようとしていることに企業努力をかいま見ることができます．

　図9にFTF Japan 2014で示されたKinetisの魅力のアンケート結果を示します．低消費電力と低価格ツールがトップ2を占めていて，筆者の感覚と一致します．

◆参考・引用＊文献◆
(1) 旧フリースケールのプレス・リリース，「ARMR Cortex-M4コアを採用した業界で最もスケーラブルな ミックスド・シグナル設計マイクロコントローラ『Kinetis』ファミリを発表」
(2) 旧フリースケールのプレス・リリース，「アグレッシブに製品展開を続けるフリースケールのKinetisマイクロコントローラ・ポートフォリオ」
(3) FTF Japan 2010 - Kinetisとe5500を読み解く
http://news.mynavi.jp/articles/2010/09/27/ftfj2010_kinetis/
(4) Freescaleが考えるMCU戦略 - 汎用はKinetis，特定分野はColdFireを活用
http://news.mynavi.jp/articles/2011/04/25/freescale_mcu/
(5) 旧フリースケールのプレス・リリース，「世界で最もエネルギー効率に優れたマイクロコントローラ，Kinetis Lシリーズの製品ファミリ詳細を発表」
(6) Applications Development on the ARM Cortex-M0+
http://www.arrowar.com/iweb/files_registracion/355czoyMToibm92KzZ0aF9raW5ldGlzK2wucGRmIjs%3D.pdf
(7) マイクロコントローラ市場をリードするフリースケールKinetis（キネティス），APSマガジンVolume.6
(8) What type of Kinetis MCU are you?
http://uquiz.com/PY1HeM?cid=social33702737
(9) Kinetis KL0xマイコンのページ＆関連資料
(10) Kinetis KL1xマイコンのページ＆関連資料
(11) Kinetis KL2xマイコンのページ＆関連資料
(12) Kinetis KL3xマイコンのページ＆関連資料
(13) Kinetis KL4xマイコンのページ＆関連資料
(14) MCU on Eclipse
http://mcuoneclipse.com/2014/09/28/comparing-codewarrior-with-kinetis-design-studio/
(15) NXPのウェブ・サイト
http://www.nxp.com/ja/

なかもり・あきら

第16章

アクセス速度/書き換え回数対策に
キャッシュ&独自フレックス・メモリ

Cortex-Mマイコンの内蔵フラッシュ・メモリ

中森 章

ARM Cortex-MマイコンKinetis

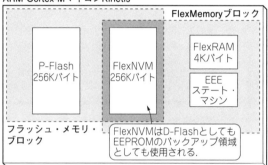

図1 ターゲットCortex-MマイコンKinetisのフラッシュ・メモリの基本構成
メモリの実装はマイコンごとに異なる．例えばKinetisマイコンの場合，フラッシュ・モジュールと独自フレックス・メモリ・ブロックで構成される．256Kバイト版の例

　Cortex-Mシリーズは，組み込み向けCPUコアとして完成されていると思います．その機能を生かすも殺すも，半導体（マイコン）メーカによる周辺機能の実装次第です．

　本書のターゲットARM Cortex-MマイコンKinetisは，周辺機能も充実しています．本章と次章ではその中でも，マイコン（マイクロコントローラ）のアーキテクチャを理解する上で特に重要となるメモリ周り，内蔵ROMと内蔵RAMについて解説します．

　なお，タイマやGPIOなどのワンチップ・マイコンとして基本的・共通的な周辺機能については使い方を交えながら第2部で，もののインターネット（IoT；Internet of Things）向けに特に重要な低消費電力機能やセキュリティ機能については第4部と第5部で詳しく解説します．

ワンチップ・マイコンで求められること…性能のネックになるフラッシュの高速化

　マイコン（MCU）といえば，フラッシュ内蔵が常識になりました．しかし，フラッシュ・メモリへのアクセスは，通常は40MHz～50MHz程度のスピードで

す[注1]．

　これは，Cortex-MマイコンのCPU動作周波数が最高で100MHz～200MHzであることと比べると，かなり遅いスピードです．下手をすると，CPUが200MHzで動作しようとしても，フラッシュ・メモリからの命令フェッチに影響されて，実質50MHz程度で動作する処理効率しか得られない恐れもあります．

　こういった性能低下を防ぐために，ワンチップ・マイコンには，フラッシュ・メモリに高速アクセスするための仕組みが実装されています．Kinetisマイコン内蔵フラッシュ・モジュールの構成とアクセスの高速化方式について説明します．

内蔵フラッシュ・メモリの構成

　Kinetisではフラッシュ・メモリを効率的にアクセスするためにフラッシュ・メモリ・コントローラを内蔵しています．

　フラッシュ・メモリ・コントローラはCPUを含む周辺デバイスと2バンクで構成されるフラッシュ・メモリ間のアクセスを管理します．フラッシュ・メモリは一般に4バンクから構成され，前半のバンク0と1にはプログラム・フラッシュ・メモリ（P-Flash）が含まれます．後半のバンク0と1（バンク2，3と呼ばれる場合もあり）は，FlexNVMと呼ばれる特殊なメモリが含まれます[注2]．

　図1，図2にフラッシュ256Kバイト版のフラッシュ・メモリの構成を示します．フラッシュ・ブロックとフレックス・メモリ・ブロック（詳細は後述）で構成されます．

　P-Flash（Program Flash）は，プログラム（命令）を格納するためのフラッシュ・メモリです．データを格

注1：一部のメーカは80MHz～120MHzでアクセス可能な高速フラッシュを採用しています．

注2：Kinetisの実装によっては，FlexNVMをサポートせず，4バンクがすべてプログラム・フラッシュの場合があります．その場合はバンクのスワップ機能が利用できます．

第3部 実際のアーキテクチャ

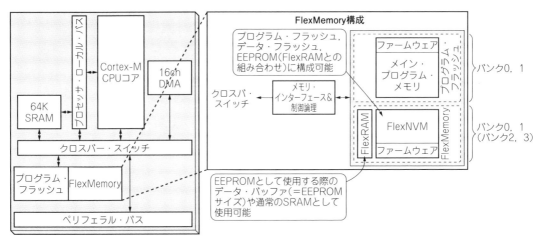

図2 フレックス・メモリ(FlexMemory)の構成

納することもできます．
FlexNVMは，

- 追加フラッシュ・メモリ（D-Flash：Data Flash）
- または，バックアップのための不揮発メモリ（E-Flash：Flash for EEPROM）
- あるいはD-FlashとE-Flashの混在

として構成可能です．正確にはFlex-NVMのE-Flashでない部分がD-Flashです．これは主として（リード・オンリな）データを格納するためのフラッシュですが，命令を格納することもできます．

FlexNVM，FlexRAM，EEE（Enhanced EEPROM）ステートマシンを組み合わせたブロックをKinetisで

はフレックス・メモリと呼びます．FlexRAMは周辺デバイスとFlexNVM間のバッファとして機能します．

高速アクセスの仕組み

● 種類

Kinetisでは，次の3種類のメカニズムによりフラッシュ・メモリへのアクセスを高速化します（図3）．

▶仕組み1：アドレス先読み用…投機バッファ

連続した次の32ビット（あるいは，64ビットまたは128ビット）を先読みします．これにより連続したアドレスのアクセスを高速化できます．

▶仕組み2：アクセス高速化用…フラッシュ・キャッシュ

頻繁にアクセスする，フラッシュ上のデータ，プログラムのアクセスの高速化を図るために，リプレース方式選択可能，ウェイロック機構を備えたキャッシュを搭載しています．

NXPセミコンダクターズ以外の各社もフラッシュ・アクセス高速化のための仕組みを用意していますが，その多くはプリフェッチ機能を有するFIFOがほとんどです．キャッシュ構成にしているのは珍しく，FIFOよりも高いヒット率が期待できます[注3]．

また，動作周波数がそれほど速くないKinetis L（Cortex-M0+）の場合もフラッシュ・キャッシュを備

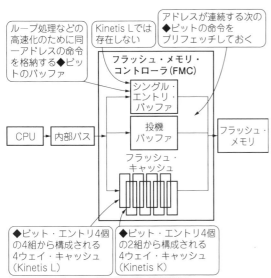

図3 最近のワンチップ・マイコンで必ず求められること…フラッシュ・メモリに高速にアクセスする仕組み

注3：他社製マイコンでは動作スピードにかかわらず128ビットを単位とするバッファ構成が多いです（超高速版では256ビットのものもありますが…）．それがオーバ・スペック（かもしれない）とはいえ，バッファ（1エントリ）ビット数だけを比較すればKinetisの仕様は見劣りするように感じます．動作周波数に応じてビット数を調整するのは，回路規模の最適化を狙ったものと考えられます．宣伝文句よりは実をとったというところでしょう．

第16章　Cortex-Mマイコンの内蔵フラッシュ・メモリ

えるというのはちょっと特異です．動作周波数が遅い場合はフラッシュ・アクセスもノーウェイトでできるはずです．実際には，フラッシュ・キャッシュを備える方が，消費電力が低くなるからでしょう．実際，フラッシュをアクセスするよりもSRAM（キャッシュ）をアクセスする方が低消費電力というレポートは多く出ています．

動作周波数によってサイズが異なり，高速なほど大きなキャッシュを備えています．

32ビット/64ビット/128ビット・エントリ×4ウェイ×2セット・アソシアティブ＝32バイト/64バイト/128バイト

▶仕組み3：直前のデータを覚えておく…シングル・エントリ・バッファ

直前にアクセスされたフラッシュ・メモリ上のデータを格納しておきます．これにより同一アドレスのアクセスを高速化します．

これらのバッファやキャッシュにヒットすることで，マスタ側から要求されたフラッシュのデータを1システム・クロック（0ウェイト）でアクセス可能にします．

動作周波数によってサイズが異なり，高速なほど大きなバッファ（32ビット/64ビット/128ビット）を備えています．

● 動作周波数が高いほど大きなバッファ・メモリが要る

各バッファのエントリ長は32ビット（50MHz），64ビット（72MHz/100MHz），128ビット（120MHz/150MHz）とCPUの動作周波数が高くなるにつれてビット長が大きくなります（表1）．この理由は，フラッシュのアクセス速度が40MHz程度と仮定した場合，フラッシュ・アクセスとCPUからのアクセス速度の相対差を考慮して，CPUが1～2命令を一定の絶対時間内にフェッチできるようにするためです．1～2命令というのは，Cortex-Mの採用するThumb/Thumb-2命令セットの命令長が16ビットまたは32ビットだからです．

つまり，フラッシュのアクセスが40MHzの場合，1～2命令をフェッチするのに，50MHzならば1サイクル，100MHzならば2サイクル，150MHzならば4サイクル必要です．このサイクル数に応じてバッファ

の1エントリのビット長が大きくなっているのです．こうすることにより，すべて200ns程度で1～2命令をフェッチ可能になります．

● 低速向けCortex-M0+シリーズはちょっと変えてある

Cortex-M0+内蔵Kinetis Lではシングル・エントリ・バッファがサポートされません．その代わり，フラッシュ・キャッシュの容量がCortex-M4内蔵Kinetis Kの2倍（4セット）になっています．

また，次の特徴がKinetis KとKinetis Lで異なりますので注意しましょう．

▶[差分1]フラッシュ・メモリ・コントローラの動作周波数

Kinetis K … コアの動作周波数と同じか1/2以下
Kinetis L … コアの動作周波数の1/2以下

▶[差分2]命令長

Kinetis K … 32ビットと16ビット混在（ほとんどは32ビット長）
Kinetis L … 16ビット（BL命令のみ32ビット）

Kinetis Lでは命令長がKinetis Kの半分[注4]なので，フラッシュ・メモリ・コントローラの動作周波数が半分でも，実質的な性能に差がないようです．

また，これらのフラッシュ・アクセスを高速化の仕組みはコアの動作周波数が大きくなる程，大容量化が図られています（表1）．これは（上述しましたが，大切なことなのでもう一度いいますが）フラッシュ・アクセスの周波数（25MHz程度）とコア周波数の差が大きくなるにつれ，同等の性能を維持するためには，動作周波数の倍率差だけ容量を増加する必要がある（ヒット率を同一にする必要がある）からです．

動作メカニズム

● 仕組み1：投機バッファ

投機バッファはプリフェッチ・バッファとも呼ばれます．プリフェッチ・バッファはMCUのクロスバー・

注4：Kinetis Kでは16ビット長と32ビット長の命令が混在していますが，Kinetis LではBL命令が32ビット長である以外は他の命令は16ビット長です．

表1 高速なマイコンほど大容量なフラッシュ・メモリ用キャッシュ/バッファを用意しておかないといけない

動作周波数	50MHz品	72M/100MHz品	120M/150MHz品
プリフェッチ投機バッファ	32ビット（4バイト）×1	64ビット（8バイト）×1	128ビット（16バイト）×1
フラッシュ・キャッシュ	32バイト（1バイトEntry×4way×2set）LRU，wayごとのlock，wayごとに命令/データの格納を指定可	256バイト（8バイトEntry×4way×8set）LRU，wayごとのlock，wayごとに命令/データの格納を指定可	256バイト（16バイトEntry×4way×4set）LRU，wayごとのlock，wayごとに命令/データの格納を指定可
シングル・エントリ・バッファ	32ビット（1バイト）×1	64ビット（8バイト）×1	128ビット（16バイト）

第3部 実際のアーキテクチャ

> **コラム** フラッシュ・マイコンは厳密なリアルタイム処理に向かない？　　　　中森 章
>
> 　Cortex-Mシリーズの特徴の一つとして，処理時間の確定性があります．つまり，ある処理の実行は必ず同一の処理時間となるということです．しかし，投機バッファやフラッシュ・キャッシュを内蔵する場合，それに対するヒット/ミスにより，処理時間が変動します．これは，ハード・リアルタイムの観点から問題にならないのでしょうか？
> 　この疑問をKinetisマイコンのメーカ（当時フリースケール）の担当者に投げかけたところ，次のような回答が返ってきました．フラッシュ・キャッシュのミス/ヒットはMCUの内部処理の深い部分で発生するので，それがMCU外部の変動として現れてくることはほとんどないそうです．
> 　また，ハード・リアルタイムの定義に関しては，以下の回答をもらいました．
> 　「ハード・リアルタイムとソフト・リアルタイムの差ですが，動作処理時間が保証されていることがハード・リアルタイムの定義ではなく，システムとして保証しなければいけない時間を超えた場合に，著しい障害が発生する処理をハード・リアルタイムと定義されていると思います．例えばオーディオ処理や電話などはシステムが処理時間を超えても人命が損なわれるわけではないのでソフト・リアルタイムになります．しかし，火災報知器やエアバッグ制御装置などはハード・リアルタイムになります．CPUの応答性だけではなくシステム全体として処理を行う際にあるタスクに対して応答時間を守れるかどうかがリアルタイム処理に対応しているかどうかになると思います．」
> 　以上は，ごもっともな回答です．しかし，本当に確定的処理時間を必要とされる場面はないのでしょうか？それに対する回答にはなっていません．
> 　本当に確定的処理時間が必要な場合は，投機バッファやフラッシュ・キャッシュを禁止することが可能ですから，その機能を使うことになります．その場合，フラッシュ・メモリの読み出し速度に処理速度が依存するのは仕方ないことです．

スイッチのマスタ（0～7）ごとに存在し，それぞれ個別に許可/禁止が設定可能です．これは，フラッシュ・アクセス保護レジスタ（Flash Access Protection Register, FMC_PFAPR）によって設定します．保護レジスタというだけあって，各マスタからのリード・アクセスとライト・アドレスの許可/禁止も指定可能です．通常はリード・オンリなフラッシュに対してライト・アクセスが考慮されている理由は後述します．

　また，フラッシュ・バンク制御レジスタ（Flash Bank 0-1 Control Register/ Flash Bank 2-31 Control Register, FMC_PFB01CR/FMC_PFB23CR）によって，命令コードをプリフェッチするか，データをプリフェッチするのかを指定できます．

　プリフェッチ・バッファを無効化する指定もフラッシュ・バンク制御レジスタで行います．

　通常，フラッシュ・バンクは0と1のみが使用されます．フレックス・メモリを実装しない構成では，フレックス・メモリの代わりにフラッシュが内蔵されており，そこをフラッシュ・バンク2と3としてアクセスできます．また，フレックス・メモリの一部をデータ・フラッシュとして使用する場合も，そこをフラッシュ・バンク2と3としてアクセスできます（アーキテクチャ上はバンク0，1ですが，使用するレジスタはバンク2，3用になる）．

● 仕組み2：フラッシュ・キャッシュ

　フラッシュ・キャッシュに関してはタグ部とデータ部がソフトウェアから見えるようになっています．これはフラッシュとキャッシュ内容のコヒーレンシ（整合性）をソフトウェアに委ねるという意味があります．フラッシュ・キャッシュに関連するレジスタを**表2**に示します．基本的にはフラッシュ・キャッシュは変更を伴わない命令アクセスのみに適用することが多いので，そのような場合は，キャッシュのコヒーレンシに神経質になる必要はないと思います．

　また，フラッシュ・バンク制御レジスタ（Flash Bank 0-1 Control Register/ Flash Bank 2-31 Control Register, FMC_PFB01CR/FMC_PFB23CR）によって，命令コードをキャッシュするか，データをキャッシュするのかを指定できます．

　フラッシュ・バンク制御レジスタによって，フラッシュ・キャッシュをウェイ単位でのロックダウンを行うことも可能です．ウェイ単位の無効化もフラッシュ・バンク制御レジスタで行います．

● 仕組み3：シングル・エントリ・バッファ

　シングル・エントリ・バッファはMCUのクロスバー・スイッチのマスタ（0～7）ごとに存在し，それぞれ個別に許可/禁止が設定可能です．これは，フラッシュ・バンク制御レジスタ（Flash Bank 0-1 Control

第16章　Cortex-Mマイコンの内蔵フラッシュ・メモリ

表2　フラッシュ・キャッシュ関連のレジスタ

キャッシュ	先頭アドレス	32ビット・リード時の内容	レジスタ名	レジスタ名の例
タグ	0x4001F100	{12'h, tag[19:6], 5'h0, valid}	TAGVDWxSy (x:ウェイ y:セット)	TAGVDW2S3(ウェイ2, セット3のキャッシュ・エントリに対する14ビットのタグと1ビットのバリッド・フラグ)
データ	0x4001F200	128ビットのキャッシュ・エントリを構成する4個の32ビット・データの一つ	DATAWxSyUM/ DATAWxSyMU/ DATAWxSyML/ DATAWxSyLM(x:ウェイ y:セット UM:最上位 MU:中間上位 ML:中間下位 LM:最下位)	DATAW1S3UM(ウェイ1, セット3のデータ・エントリのビット[127:96])/DATAW1S3MU (ウェイ1, セット3のデータ・エントリのビット[95:64])/DATAW1S3ML(ウェイ1, セット3のデータ・エントリのビット[63:32])/DATAW1S3LM(ウェイ1, セット3のデータ・エントリのビット[31:0])

Register/ Flash Bank 2-31 Control Register, FMC_PFB01CR/FMC_PFB23CR)レジスタによって行います．

シングル・エントリ・バッファはプリフェッチ・バッファと連動して動作します．例えば，プリフェッチ・バッファを無効化すると，シングル・エントリ・バッファも無効化されます．

その他の仕組み

● その1：フラッシュ・メモリのバンク構成

フラッシュ・メモリ・コントローラではバンク0-1とバンク2-3の単位でフラッシュ・キャッシュやプリフェッチ・バッファの設定を行います．しかし，ここでバンク2-3とはどこなのかという疑問がわきます．Kinetis K60のリファレンス・マニュアルからフレックス・メモリ搭載時のバンク構成を図4(a)に，フレックス・メモリ非搭載時のバンク構成を図4(b)に示します．フレックス・メモリ非搭載時では素直にバンク0-1とバンク2-3が分かれています．しかし，フ

レックス・メモリ搭載時はプログラム・フラッシュとデータ・フラッシュがどちらもバンク0-1となっています．その場合，FMC_PFB01CRの設定はプログラム・フラッシュに，FMC_PFB23CRの設定はデータ・フラッシュに適用されます．

例えば，バンク0-1を命令専用としてフラッシュ・キャッシュのみを許可し，バンク2-3をデータ専用としてシングル・エントリ・バッファを許可する構成も可能になります．

● その2：フラッシュ・アクセス保護レジスタ

フラッシュ・アクセス保護レジスタ(Flash Access Protection Register, FMC_PFAPR)は，クロスバー・スイッチの各マスタからフラッシュへのアクセスを許可するか否かを指定します．本来はリード・オンリのフラッシュ・メモリなのに，FMC_PFAPRには各マスタに対するライト・アクセスの許可指定があります．これは，フラッシュに対するコマンド発行や，フレックス・メモリ(次節で説明)へのライト保護を指定するものだそうです．

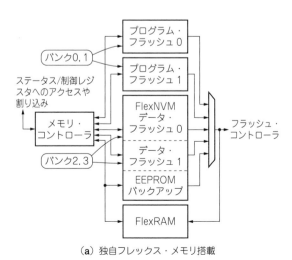

(a) 独自フレックス・メモリ搭載

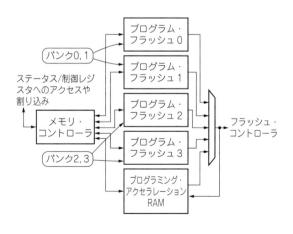

(b) 独自フレックス・メモリ非搭載

図4　フラッシュ・メモリのバンク構成

第3部 実際のアーキテクチャ

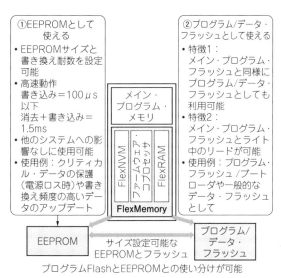

図5 独自フレックス・メモリのイメージ

表3 フレックス・メモリはEEPROMだけど高速なSRAMのように使える

属性	従来の組み込みEEPROM	フレックス・メモリ
プログラム・メモリへのライト中にリード	可能	可能
アクセス単位	バイト write/erase	バイト write/erase
書き込み時間	1〜5msまで(バイト単位のライトのみ)	〜100μs(ワードまたはバイト単位のプログラム,データの消失やデータ化けなしに電源降下可能)
消去&書き込み時間	5〜10msまで	750μs〜1.5msまで
保証された書き換え耐数	5〜30万サイクル(固定)	1000万サイクルを超えることが可能(ユーザが構成可能)
ライト時の最小電圧	≧2.0V	1.71V
柔軟性	デバイスで固定	アクセス単位や書き換え耐数を考慮して選べる

独自フレックス・メモリの特徴

● 実体は書き換えが得意なEEPROM

フレックス・メモリとは,SRAMまたは,データ・フラッシュ(プログラム・フラッシュとしても使用可)または,EEPROMとして構成可能なNXP独自メモリです.実体は,90nm薄膜ストレージ(Thin Film Storage:TFS)フラッシュ技術を採用したMCUに混載される,機能強化されたEEPROM(Electrically Erasable Programmable Read-Only Memory:電気的消去/書き込み可能ROM)ですが,フラッシュ・メモリとして利用することも,EEPROMとフラッシュ・メモリを組み合わせて利用することも可能です(プレス・リリースより).

フラッシュ・メモリもEEPROMも不揮発性(電源を切っても値を保持する)のメモリですが,フラッシュ・メモリとEEPROMの違いは,動的に書き換えができるか否かにあります.フラッシュ・メモリも動的に書き換え(セルフ・プログラミング)は可能ですが,基本的にフラッシュ・メモリは書き換えを行わないことが前提です.それに対してEEPROMは頻繁に書き換えが行われることを想定しています.このため,EEPROMはフラッシュ・メモリと比べて100〜1000倍の書き換え(これを書き換え耐数という)が可能です.このような特性の違いから,フラッシュには命令コードや変更しない定数データが格納されますが,EEPROMは変数データのバックアップに使用されます.

それならば,すべてをEEPROMにしてしまえばいいのにという発想が当然あります.しかし,容量が大きくなれば大きくなるにつれて書き換え耐数が減って行きます.非常に大きな書き換え耐数が必要な場合は,EEPROMの容量を少なくしなければなりません.一般的なMCUではEEPROMの容量は固定されていますが,Kinetisではその容量を自由に指定できます.このような仕様は,フレキシブル(柔軟性のある)なメモリという意味でフレックス・メモリと呼ばれます.フレックス・メモリの概要を図5に示します.ユーザから見えるフレックス・メモリはFlexRAMと呼ばれます.

● フレキシブル! 高速な不揮発RAMのようにも使える

また,FlexRAMをEEPROMとして使用する場合,他社製や従来のEEPROMと比べて10倍以上高速アクセスが可能です.その比較を表3に示します.

FlexRAMは最大構成で4Kバイト〜16Kバイトの容量のSRAMです.この一部または全部を電源OFFでも値を保持するEEPROMとして構成できます.EEPROMに割り当てない場合は通常のSRAMとして使用できます.しかし,FlexRAMを一部でもEEPROMに割り当てると,残りの部分はSRAMとしては使用できなくなります.さて,FlexRAM内のEEPROM領域はFlexNVM(E-Flash)内にバックアップされます.EEPROMのデータ領域がFlexNVMのどこに対応するかはプログラムからは知ることができません.

単純に考えると,FlexRAMの全部をEEPROMに割り当ててしまえばよいと思われるかもしれません.しかし,これは書き換え耐数に関連します.EEEPROMの容量が小さければ小さくなるほど,そのバックアップ領域であるE-Flashの容量が相対的に大きくなります.つまり,割り当てるEEPROMの容量が小さいほ

第16章　Cortex-Mマイコンの内蔵フラッシュ・メモリ

ど書き換え耐数が大きくなるのです．ユーザは必要な書き換え耐数に応じてEEPROMの容量を調節することができます．

　先に，フラッシュの容量が大きくなればなるほど書き換え耐数が小さくなると書いたので混乱している人もいると思います．今の場合，フラッシュの容量とは，EEPROMに割り当てられるFlexRAMの容量ではなく，それに対応するE-Flash（バックアップ用フラッシュ）の容量のことです．E-Flash自体は容量が大きくなるほど書き換え耐数が少なくなるのは事実です．しかし，E-Flashに対応するEEPROMの容量がE-Flashに比べて小さい場合，E-Flashは（E-Flashの容量÷EEPROMの容量）の領域に分割できます．この領域を自動的に順次使いまわしてEEPROMのバックアップ領域に割り当てることで，見かけ上のEEPROMの書き換え耐数が想定の（E-Flashの容量÷EEPROMの容量）で示される倍数の容量になるのです（E-Flashの容量は一定なので，EPROMの容量が小さくなるほど相対的に大容量になる）．

　フレックス・メモリの設定（パーティショニング）においては，EEPROMの容量の他にE-Flashの容量も指定できます（正確にはD-Flashに指定した残りがE-Flashになる）．高い書き換え耐数が必要な場合は，EEPROMの容量を少なくし，E-Flashの容量を大きくすればいいのです．

　ところで，EEPROMと聞くと，データ専用のフラッシュ領域と思う人もいるかもしれません．すなわち，書き換え時には所定の手順でコマンドを発行して書き換えるものと思われるかもしれません注5．しかし，KinetisでいうところのEEPROMは通常のSRAMと同様にストア命令やロード命令でアクセスできます．ただし，連続ストアを行う場合は，FlexRAMからE-Flashにデータが転送される時間を待つ必要があります．このためには，フラッシュ構成レジスタ（Flash Configuration Register，FTFE_FCNFG）のEEERDYビットが1になるのを待って次のデータをストアします．フラッシュに対するコマンドを発行しなくても，通常のストア命令でEEPROMにライト可能な点もフレックス・メモリのフレックス（柔軟）たるゆえんです．

● EEPROMの構成方法

　フレックス・メモリはいろいろなメモリ構成が可能です．EEPROM（FlexRAMとFlexNVM）の容量はプログラム可能です．これはユーザがEEPROMの容量

と書き換え耐数を自由に設定できることを意味します．EEPROMの構成は次の三つのパラメータにより構成されます．

▶ (1) EEPROM設定容量（EEEサイズ）

　これはFlexRAMで使用するEEPROM部の容量を指定します．32バイト〜4Kバイトまでの間で2のべき乗（32，64，128，……）で指定可能です．なお，最大が4KバイトというのはK60シリーズの場合です．K70シリーズではFlexRAMは16Kバイトに拡張されましたので，EEPROMも最大16Kバイトの容量で使用可能です．

▶ (2) EEPROM分割比率（EEEスプリット）

　EEEステートマシンはEEPROMを二つの独立したサブシステムとして扱います．それぞれのサブシステムはE-Flashによってバックアップされますが，サブシステムのFlexRAMの容量は一致している必要はありません．サブシステムAはFlexRAMの1/2，1/4，1/8の容量が指定できます．サブシステムBはその残りの容量が割り当てられます．

　EEEスプリット機能に対応していない製品もあります．

▶ (3) FlexNVMパーティション

　これはFlexNVM内で通常フラッシュ（D-Flash）として使用される領域とEEPROMのバックアップ・メモリ（E-Flash）として使用される領域を指定するものです．もし，EEPROMが使用される場合は最小でFlexNVMの32KバイトがE-Flashとして割り当てられます．最大の書き換え耐数を得るためには，FlexNVMのすべてをE-Flashとして指定する必要があります．

　図6にFlexRAMからFlexNVMへのマッピングの概念を示します．FlexRAMは通常は高速RAMとして使用可能ですが，その一部をEEPROMに割り当てると，その残りの部分はSRAMとして使用できなくなる仕様となっています．メーカによれば，「高速（と，リファレンス・マニュアルに書いてある）」といっても，その動作周波数はフラッシュ・メモリと同

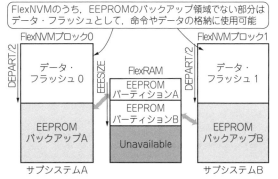

図6　FlexRAMからFlexNVMへのマッピングのイメージ

注5：多くの場合データ専用フラッシュは，命令専用フラッシュと比べると，書き換え耐数が10〜100倍程度多いフラッシュ・メモリを指します．その書き換えには（命令フラッシュ）と同様にコマンドを発行して実施します．

第3部 実際のアーキテクチャ

$$Endurance = \frac{Eflash - (2 \times SPLIT \times EEESIZE)}{SPLIT \times EEESIZE} \times RecordEfficiency \times BaselineEndurance$$

Endurance：書き換え耐数
Eflash：サブシステムのE-Flash（バックアップ・メモリ）として割り当てられているFlexNVM容量
SPLIT：サブシステムの分割値（1/2, 1/4, 1/8）．EEEスプリット機能がない場合はSPLIT＝1で計算
EEESIZE：FlexRAMの合計容量．
RecordEfficiency：バイト・ライトの場合0.25，32ビット/16ビット・ライトの場合0.5．
BaselineEndurance：フラッシュの通常書き換え耐数（1万サイクル）

図7 EEPROMの書き換え耐数計算式

表4 RAMとして使うサイズを小さくすると書き換え可能回数が多くなる

EEPROM (FlexRAM) 設定サイズ [バイト]		32	1K	2K	4K	8K	16K
FlexNVM 使用サイズ [バイト]	32K	999万回	31万回	15万回	7万回	3万回	1万回
	64K	1999万回	63万回	31万回	15万回	7万回	3万回
	128K	3999万回	127万回	63万回	31万回	15万回	7万回
	256K	7999万回	255万回	127万回	63万回	31万回	15万回
	512K	1億5999万回	511万回	255万回	127万回	63万回	31万回

・EEPROMの設定サイズは搭載されるFlexRAMのサイズが上限
・数値は16ビットまたは32ビットの書き込みでの回数
・EEPROM用に使用しないFlexNVMは，P-Flash（プログラム・フラッシュ）として使用可能

リスト1 フレックス・メモリの設定プログラム（図8の条件に対応）

```
/* Write the FCCOB registers */
FTFE_FCCOB0 = FTFE_FCCOB0_CCOBn(0x80);
                    // Selects the PGMPART command
FTFE_FCCOB1 = 0x00;
FTFE_FCCOB2 = 0x00;
FTFE_FCCOB3 = 0x00;
FTFE_FCCOB4 = 0x32;
                    // Subsystem A and B are both 2 KB
FTFE_FCCOB5 = 0x08; // Data flash size = 0 KB
// EEPROM backup size = 256 KB
FTFE_FSTAT = FTFE_FSTAT_CCIF_MASK;
                    // Launch command sequence
while(!(FTFE_FSTAT & FTFE_FSTAT_CCIF_MASK))
                    // Wait for command completion
```
（a）E-Flash256Kバイト/サブシステムA＝4バイト/サブシステムB＝28バイトの場合

```
/* Write the FCCOB registers */
FTFE_FCCOB0 = FTFL_FCCOB0_CCOBn(0x80);
                    // Selects the PGMPART command
FTFE_FCCOB1 = 0x00;
FTFE_FCCOB2 = 0x00;
FTFE_FCCOB3 = 0x00;
FTFE_FCCOB4 = 0x09;
            // Subsystem A is 4B, Subsystem B is 28B
FTFE_FCCOB5 = 0x08; // Data flash size = 0 KB
// EEPROM backup size = 256 KB
FTFE_FSTAT = FTFE_FSTAT_CCIF_MASK;
                    // Launch command sequence
while(!(FTFE_FSTAT & FTFE_FSTAT_CCIF_MASK))
                    // Wait for command completion
```
（b）E-Flash256Kバイト/サブシステムA＝2Kバイト/サブシステムB＝2Kバイトの場合

```
/* Write the FCCOB registers */
FTFE_FCCOB0 = FTFL_FCCOB0_CCOBn(0x80);
                    // Selects the PGMPART command
FTFE_FCCOB1 = 0x00;
FTFE_FCCOB2 = 0x00;
FTFE_FCCOB3 = 0x00;
FTFE_FCCOB4 = 0x32;
                    // Subsystem A and B are both 2 KB
FTFE_FCCOB5 = 0x05; // Data flash size = 128 KB
// EEPROM backup size = 128 KB
FTFE_FSTAT = FTFE_FSTAT_CCIF_MASK;
                    // Launch command sequence
while(!(FTFE_FSTAT & FTFE_FSTAT_CCIF_MASK))
                    // Wait for command completion
```
（c）E-Flash128Kバイト/サブシステムA＝1Kバイト/サブシステムB＝1Kバイトの場合

じ（25MHz程度）なので使い勝手はよくないということです．つまり，EEPROMに割り当てていないFlex RAMを通常SRAMとして使用することは想定外なのだそうです．

● EEPROMの書き換え耐数

EEPROMの書き換え耐数は図7の式で計算できます．図8に3ケースの設定例による書き換え耐数の計算結果を示します．アクセス単位として32ビットまたは16ビットを想定していますので，Record Efficiencyは0.5になっています．さらにさまざまなケースでの書き換え耐数を表4に示します．

少容量のEEPROMを大容量のFlexNVM（E-Flash）でバックアップする構成になるにつれて書き換え耐数が多くなります．逆に大容量（といっても最大16Kバイト）のEEPROMを少量量のFlexNVM（E-Flash）でバックアップする構成になるにつれて書き換え耐数は少なくなります．これはEEPROMのステートマシンが，EEPROMのバックアップ領域をFlexNVMの中で徐々にずらして割り当てられた容量を均等に使うようにしていると考えると，直感的にわかります．

EEPROMの構成は1回のみ可能です．複数回異なる構成を指定した場合の動作は不定になります．つまり，記憶されているデータが消失したり所望の書き換え耐数が得られなくなったりします．

● EEPROMを使う準備

EEPROMを使う場合はフラッシュ・メモリ・コントローラを利用して，FlexRAMのパーティションを行います．このために使用するのが，FCCOB（Flash Common Command Object）レジスタによって行います．このレジスタはFCCOB0～FCCOBBの12個が存在します．これらにライトをすることで，P-FlashやD-Flashのプログラミングを行います．

第16章 Cortex-Mマイコンの内蔵フラッシュ・メモリ

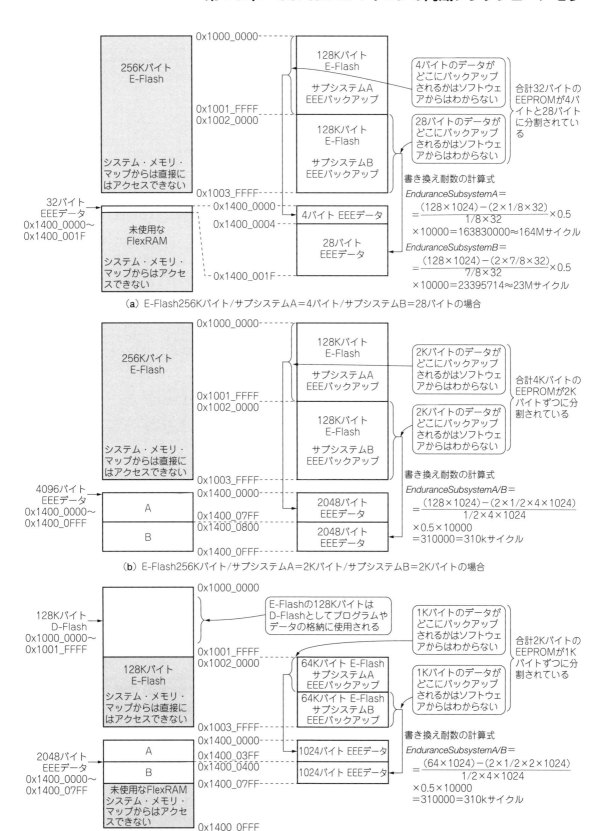

図8 フレックス・メモリの構成例

第3部 実際のアーキテクチャ

表5 EEPROMのパーティションのためのコマンド（K60ファミリ）

FCCOB番号	FCCOB[7:0]の内容
FCCOB0	0x804（PGMPART）
FCCOB1	未使用
FCCOB2	未使用
FCCOB3	未使用
FCCOB4	EEPROMデータ・セット・サイズ
FCCOB5	FlexNVMパーティション

表6 EEPROMのデータ・セット・サイズのコード（K60ファミリ）

EEPROMデータ・セット・サイズのコード		EEPROMのデータ・サイズ[バイト]
EEESPLIT (FCCOB4 [5:4])	EEESIZE (FCCOB4 [3:0])	サブシステム A ＋ サブシステム B
11	0xF	0
00/01/10/11	0x9	4 + 28/8 + 24/16 + 16/16 + 16
00/01/10/11	0x8	8 + 56/16 + 48/32 + 32/32 + 32
00/01/10/11	0x7	16 + 112/32 + 96/64 + 64/64 + 64
00/01/10/11	0x6	32 + 224/64 + 192/128 + 128/128 + 128
00/01/10/11	0x5	64 + 448/128 + 334/256 + 256/256 + 256
00/01/10/11	0x4	128 + 896/256 + 768/512 + 512/512 + 512
00/01/10/11	0x3	256 + 1792/512 + 1536/1024 + 1024/1024 + 1024
00/01/10/11	0x2	512 + 3584/1024 + 3072/2048 + 2048/2048 + 2048
00/01/10/11	0x1	1024 + 7168/2048 + 6142/4096 + 4096/4096 + 4096
00/01/10/11	0x0	1024 + 14336/4096 + 12284/8192 + 8192/8192 + 8192

表7 FlexNVMパーティション・コード（K60ファミリ）

FlexNVMパーティション DEPART (FCCOB5[3:0])	D-Flashサイズ [Kバイト]	EEPROMバックアップ領域サイズ [Kバイト]
0000	512	0
0011	448	64
0100	384	128
0101	256	256
0110	0	512
1000	0	512
1100	64	448
1101	128	384
1110	256	256
1111	512	0

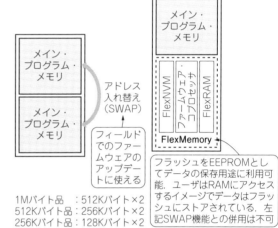

1Mバイト品　：512Kバイト×2
512Kバイト品：256Kバイト×2
256Kバイト品：128Kバイト×2

（a）FlexMemory非搭載製品のフラッシュ・メモリの構成　（b）FlexMemory搭載製品のフラッシュ・メモリの構成

図9 2ブロックに分けて使えるフラッシュ・スワップ機能

FlexRAMのパーティションもフラッシュ・コマンドの一つです．**図8**で示されるパーティションの設定方法を**リスト1**（p.138）に示します（Kinetis K60シリーズの場合）．また，パーティション設定のコマンド一覧を**表5**〜**表7**に示します（Kinetis K60の場合）．

2ブロックに分ける フラッシュ・スワップ機能

フラッシュ・スワップ機能とは，Kinetisデバイスのフラッシュ領域が二つのブロックに分かれていて，片方のブロックでプログラムが動作中に，他方のブロックに新しいプログラムを書き込み，その新しいプログラムを実行することが可能にする機能のことです．

例えば，1Mバイト内蔵フラッシュ製品の場合512Kバイトの二つのブロックが用意されます．この場合，各512Kバイトのフラッシュ・ブロックに独立した2種類のプログラムを格納することが可能です．そして，必要に応じて，自由にどれか一つのブロックからプログラムが実行できます．

フラッシュ・スワップ機能を実装することによって，プログラムを後から更新することも可能ですし，同じプログラムを二つのブロックに書き込むことでプログラムを二重化して保存することも可能です．

フラッシュ・スワップ機能の概念を**図9**に示します．

なお，ここでは説明を簡単にする関係で，フラッシュを二つのブロックからなるとしています．しかし実際には，フラッシュは四つのブロックから構成され，2ブロックを組にして，スワップが行われます．

フラッシュのタイプ＆ 関連レジスタ

● フラッシュのタイプ

Kinetis KシリーズとKinetis Lシリーズはすべて TFS（Thin Film Storage）技術（NXP社）を使ったフラッシュ・メモリを採用しています．TFSフラッシュには，FTFA，FTFL，FTFEの3種類のタイプが存在します．それぞれのタイプの違いを**表8**に示します．

Kinetisのリファレンス・マニュアルを参照したところ，Kinetis Eシリーズ，Kinetis EAシリーズに採

第16章　Cortex-Mマイコンの内蔵フラッシュ・メモリ

表8　Kinetisマイコンのフラッシュ・メモリの種類

タイプ	FTFA	FTFL	FTFE
採用デバイス	Kinetis Lシリーズ/Kinetis Vシリーズ/Kinetis Mシリーズ/Kinetis KW0シリーズ	フラッシュ・サイズが512Kバイト以下のKinetis Kシリーズ/Kinetis KW2xシリーズ	フラッシュ・サイズが512Kバイト以上のKinetis Kシリーズ
プログラム・コマンドの種類	Program longword (32ビット)	Program section/ Program longword (32ビット)	Program section/ Program phrase (64ビット)
EEE (EEPROM) のサポート	なし	あり (デバイスに依存)	あり (デバイスに依存)
SWAPサポート	なし	あり (デバイスに依存)	あり (デバイスに依存)
フラッシュ・バス・インターフェース	ハンドシェークで実施…MCM_PLACR [ESFC] ビットにより，フラッシュがビジー状態でのフラッシュ・リードにて自動的にストールを発生することが可能	ウェイトを挿入する…フラッシュがビジー状態でフラッシュ・ブロックをリードしようとするとエラーが発生する．他のブロックがコマンド処理をしている期間，ビジー状態でないブロックをリード可能	ウェイトを挿入する…フラッシュがビジー状態でフラッシュ・ブロックをリードしようとするとエラーが発生する．他のブロックがコマンド処理をしている期間，ビジー状態でないブロックをリード可能

表9　フラッシュ・メモリ・コントローラのレジスタ

レジスタ・アドレス	レジスタ名
0x4001_F000	フラッシュ・アクセス保護レジスタ (FMC_PFAPR)
0x4001_F004	フラッシュ・バンク0-1制御レジスタ (FMC_PFB01CR)
0x4001_F008	フラッシュ・バンク2-3制御レジスタ (FMC_PFB23CR)
0x4001_F100 + (x × 0x10) + (y × 4)	フラッシュ・キャッシュのタグ内容 (FMC_TAGVDWxSy) x：ウェイ (x = 0, 1, 2, 3) y：セット (y = 0, 1, 2, 3)
FMC_DATAWxSyUM 0x4001_F200 + (x × 0x40) + (y × 0x10) FMC_DATAWxSyMU 0x4001_F204 + (x × 0x40) + (y × 0x10) FMC_DATAWxSyML 0x4001_F208 + (x × 0x40) + (y × 0x10) FMC_DATAWxSyLM 0x4001_F20C + (x × 0x40) + (y × 0x10)	フラッシュ・キャッシュのデータ内容 (FMC_DATAWxSyUM, FMC_DATAWxSyMU, FMC_DATAWxSyML, FMC_DATAWxSyLM) x：ウェイ (x = 0, 1, 2, 3) y：セット (y = 0, 1, 2, 3) UM：最上位 MU：中間上位 ML：中間下位 LM：最下位

表10　フラッシュ・メモリ (FTFE) 操作レジスタ

レジスタ・アドレス	レジスタ名	略称
0x4002_0000	フラッシュ・ステータス・レジスタ	FTFE_FSTAT
0x4002_0001	フラッシュ・コンフィギュレーション・レジスタ	FTFE_FCNFG
0x4002_0002	フラッシュ・セキュリティ・レジスタ	FTFE_FSEC
0x4002_0003	フラッシュ・オプション・レジスタ	FTFE_FOPT
0x4002_0004	フラッシュ共通コマンド・オブジェクト・レジスタ	FTFE_FCCB3
0x4002_0005		FTFE_FCCB2
0x4002_0006		FTFE_FCCB1
0x4002_0007		FTFE_FCCB0
0x4002_0008		FTFE_FCCB7
0x4002_0009		FTFE_FCCB6
0x4002_000A		FTFE_FCCB5
0x4002_000B		FTFE_FCCB4
0x4002_000C		FTFE_FCCBB
0x4002_000D		FTFE_FCCBA
0x4002_000E		FTFE_FCCB9
0x4002_000F		FTFE_FCCB8
0x4002_0010	プログラム・フラッシュ保護レジスタ	FTFE_FPROT3
0x4002_0011		FTFE_FPROT2
0x4002_0012		FTFE_FPROT1
0x4002_0013		FTFE_FPROT0
0x4002_0016	EEPROM保護レジスタ	FTFE_FEPROT
0x4002_0017	データ・フラッシュ・保護レジスタ	FTFE_FDPROT

用されているフラッシュのタイプが不明でした．もっとも，Kinetis Eシリーズ，Kinetis EAシリーズにはフレックス・メモリを搭載していませんから，TFSフラッシュ技術ではない別のフラッシュ技術が採用されているものと推測されます．

　Kinetis Eシリーズ，Kinetis EAシリーズではフラッシュ・メモリ (プログラム・フラッシュ/データ・フラッシュ) とEEPROMが分離されています．ただし，実際に (フレックス・メモリとは別の) 専用のEEPROMを搭載しているのは，例えば，以下の2種類のデバイスがあります．これらのEEPROMの容量は256バイトです．さらに，これらのEEPROMのプログラムは通常のフラッシュ・メモリと同様にコマンド発行で行います．

- Kinetis KE02サブ・ファミリ
- Kinetis KEA64サブ・ファミリ

　Kinetis KE1xではFTFEを搭載し，フレックス・メモリをサポートしています．

● フラッシュ・メモリ関連レジスタ
　フラッシュ・メモリ・コントローラ (FMC) のレジスタを表9に，フラッシュ・メモリ (FTFE) 操作用のレジスタを表10に示します．

なかもり・あきら

第17章

高性能処理には内部アーキテクチャの理解が欠かせない

Cortex-Mマイコンの内蔵SRAM

中森 章

ターゲット・マイコン独自の工夫…内部キャッシュ

● 一般論…マイコンにはキャッシュは入ってない

通常，マイクロコントローラ（MCU）にはキャッシュ・メモリが搭載されません．大きな理由としては一般に次の2点があります．

(1) CPUの動作速度と周辺バス／周辺デバイスの動作クロックが同一であるため，周辺デバイスへのアクセスが十分高速（サイクル単位）に行える．
(2) キャッシュにヒットする場合とミスする場合で処理時間が異なるため，確定的な実行時間が保証できない．

● 実際のマイコンの動作周波数を見てみる…内蔵メモリには1クロックでアクセスできない

Kinetis K70 MCUの場合，周辺デバイスのクロック構成は次のようになっています．

▶ (1) オプション1
- コア（CPU）クロック（最大）　→150MHz
- システム・クロック（最大）　→150MHz
- バス・クロック（最大）　→75MHz
- FlexBusクロック（最大）　→50MHz
- フラッシュ・クロック（最大）　→25MHz
- DDRクロック（最大）　→125MHz

▶ (2) オプション2
- コア（CPU）クロック（最大）　→120MHz
- システム・クロック（最大）　→120MHz
- バス・クロック（最大）　→60MHz
- FlexBusクロック（最大）　→40MHz
- フラッシュ・クロック（最大）　→20MHz
- DDRクロック（最大）　→150MHz

このように，周辺デバイスの動作クロックであるバス・クロックやフラッシュ・クロックはコア（CPU）コアの動作クロックを分周したものになっています．ローカル・メモリに属する内蔵SRAMや内蔵フラッシュはこれらのクロックに同期して動作しますから，これらの空間にノー・ウェイトでアクセスしようとするとキャッシュ・メモリの存在が必要になります．

● 高性能タイプにはキャッシュを内蔵してある

このため，Kinetis MCUには，（フラッシュ・キャッシュとは別に）キャッシュ・メモリを内蔵している製品が存在します．キャッシュ・メモリを内蔵するKinetisマイコンの例を表1に示します．基本的に動作周波数が120MHz以上のKinetis Kシリーズ（Cortex-M4採用）のみのようです．低い動作周波数のCPUコアでは効果がないという判断なのでしょう．実際，キャッシュ・メモリを搭載していないMCUでは，キャッシュの設定をしても，何の影響もありません．

● キャッシュの構成

Kinetis K MCUのキャッシュはローカル・メモリ・コントローラに属します．キャッシュは次のような特徴があります．

- 8Kバイトのメモリ容量
- 2ウェイ・セット・アソシアティブ
- 16バイトのライン・サイズ

表1 高速（120MHz以上）なCortex-M4マイコン Kinetis Kシリーズではキャッシュ（フラッシュ・キャッシュとは別）を内蔵しているタイプがある

シリーズ	キャッシュ内蔵タイプの型名の例
Kinetis K10	MK10FX512VLQ12, MK10FN1M0VLQ12, MK10FX512VMD12, MK10FN1M0VMD12
Kinetis K20	MK20FX512VLQ12, MK20FN1M0VLQ12, MK20FX512VMD12, MK20FN1M0VMD12
Kinetis K60	MK60FX512VLQ12, MK60FN1M0VLQ12, MK60FX512VMD12, MK60FN1M0VMD12, MK60FX512VLQ15, MK60FN1M0VLQ15, MK60FX512VMD15, MK60FN1M0VMD15
Kinetis K61	MK61FX512VMD12, MK61FN1M0VMD12, MK61FX512VMD15, MK61FN1M0VMD15, MK61FX512VMJ12, MK61FN1M0VMJ12, MK61FX512VMJ15, MK61FN1M0VMJ15
Kinetis K70	MK70FX512VMJ12, MK70FN1M0VMJ12, MK70FX512VMJ15, MK70FN1M0VMJ15

第17章 Cortex-Mマイコンの内蔵SRAM

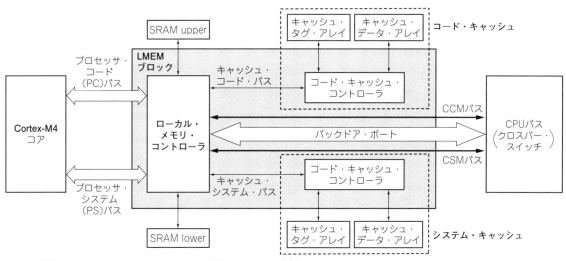

図1 高性能Cortex-Mマイコンにはキャッシュを内蔵しているタイプもある
Kinetis Kシリーズ（動作周波数120MHz以上）の場合

- キャッシュ・ライン単位でフラッシュ（無効化/ライト・バック）可能
- 全キャッシュを一括してフラッシュ（無効化/ライト・バック）可能
- リセット後のキャッシュの状態
  - キャッシュ機能は無効
  - 有効化のためにはキャッシュのクリアと初期化が必要
  - キャッシュ情報（タグとデータ）はリセットではクリアされない

　この構成のキャッシュがプロセッサ・コード・バス（PCバス）とプロセッサ・システム・バス（PSバス）に対してそれぞれ備えられています．つまり2組のキャッシュが存在します．Kinetisの発表時，この2組のキャッシュを指して，2ウェイ・セット構成ではないかと解説した記事もありましたが，完全に2個のキャッシュに分割されています．

　PCバスとPSバスはメモリ空間のアドレスで区別されています．PCバスは0x00000000〜0x1FFFFFFF番地，PSバスは0x20000000〜0xFFFFFFFF番地に割り当てられています．PCバスは，基本的に，フラッシュと命令/データが格納されている領域を示します．PSバスはSDRAMと周辺デバイスが接続されている領域を示します．

　ここで，PCバスは命令とリード・オンリなデータ，PSバスはデータをアクセスするのに使うのが作法のようです．メーカの資料の中には，コード・キャッシュを命令キャッシュ，システム・キャッシュをデータ・キャッシュと表現しているものがあります．

　Kinetis K MCUのローカル・メモリ・コントロー

表2 ローカル・メモリのキャッシュ領域（K60の場合）

アドレス領域	対象となるスレーブ	領域番号	対応するキャッシュ属性
0x0000_0000〜0x07FF_FFFF	プログラム・フラッシュ（リード・オンリ・データ）	R0	ライト・スルー/非キャッシュ（注）
0x0800_0000〜0x0FFF_FFFF	DRAMコントローラ（エイリアス領域）	R1	ライト・スルー/非キャッシュ
0x1000_0000〜0x17FF_FFFF	FlexNVM	R2	ライト・スルー/非キャッシュ（注）
0x1800_0000〜0x1BFF_FFFF	FlexBus（エイリアス領域）	R3	ライト・スルー/非キャッシュ
0x1C00_0000〜0x1FFF_FFFF	SRAM_L（下位SRAM（ICODE/DCODE））	R4	非キャッシュ
0x2000_0000〜0x200F_FFFF	SRAM_U（上位SRAM）	R5	非キャッシュ
0x6000_0000〜0x6FFF_FFFF	FlexBus（外部メモリ・ライト・バック）	R6	ライト・バック/ライト・スルー/非キャッシュ
0x7000_0000〜0x7FFF_FFFF	DRAMコントローラ	R7	ライト・バック/ライト・スルー/非キャッシュ
0x8000_0000〜0x8FFF_FFFF	DRAMコントローラ（ライト・スルー）	R8	ライト・スルー/非キャッシュ
0x9000_0000〜0x9FFF_FFFF	FlexBus（外部メモリ・ライト・スルー）	R9	ライト・スルー/非キャッシュ

（注）フラッシュ書き込みはフラッシュ・プログラミングを要するため，プログラム・フラッシュやFlexNVMへのキャッシュ・ライトによるヒットは構わないがライト・スルーにしてライトを発生させてはいけない（命令の自己修正コードを意識した注釈ですが，そもそも自己修正は推奨されない）．

第3部　実際のアーキテクチャ

表3　キャッシュ関連レジスタ

レジスタ・アドレス	レジスタ名	対象	機能
0xE008_2000	キャッシュ制御レジスタ（LMEM_PCCCR）	コード・キャッシュ	キャッシュ許可/ウェイ単位の無効化/ウェイ単位のプッシュ（ライト・バックのみ）
0xE008_2004	キャッシュ・ライン制御レジスタ（LMEM_PCCLCR）	コード・キャッシュ	ライン単位の無効化/ライン単位のプッシュ（ライト・バックのみ）/ライン単位のクリア（ライト・バックと無効化）/ライン単位のサーチ（読み出し/変更）
0xE008_2008	キャッシュ・サーチ・アドレス・レジスタ（LMEM_PCCSAR）	コード・キャッシュ	サーチ・アドレスを指定
0xE008_200C	キャッシュ・リード/ライト・バリュー・レジスタ（LMEM_PCCCVR）	コード・キャッシュ	キャッシュ操作のリード結果またはライト・データを格納
0xE008_2020	キャッシュ領域モード・レジスタ（LMEM_PCCRMR）	コード・キャッシュ	キャッシュ領域ごとのライト・スルー/ライト・バック/非キャッシュを指定
0xE008_2800	キャッシュ制御レジスタ（LMEM_PSCCR）	システム・キャッシュ	キャッシュ許可/ウェイ単位の無効化/ウェイ単位のプッシュ（ライト・バックのみ）
0xE008_2804	キャッシュ・ライン制御レジスタ（LMEM_PSCLCR）	システム・キャッシュ	ライン単位の無効化/ライン単位のプッシュ（ライト・バックのみ）/ライン単位のクリア（ライト・バックと無効化）/ライン単位のサーチ（読み出し/変更）
0xE008_2808	キャッシュ・サーチ・アドレス・レジスタ（LMEM_PSSCSAR）	システム・キャッシュ	サーチ・アドレスを指定
0xE008_280C	キャッシュ・リード/ライト・バリュー・レジスタ（LMEM_PSCCVR）	システム・キャッシュ	キャッシュ操作のリード結果またはライト・データを格納
0xE008_2820	キャッシュ領域モード・レジスタ（LMEM_PSCRMR）	システム・キャッシュ	キャッシュ領域ごとのライト・スルー/ライト・バック/非キャッシュを指定

ラの構成を図1に示します．

また，ローカル・メモリ領域のどこがどういうキャッシュ・アルゴリズム（ライト・スルー/ライト・バック/非キャッシュ）に対応するかを表2に示します．

キャッシュ対応の領域は256Mバイトごとに16個の領域で指定可能です．表2はKinetis K60の場合ですが，どの領域にどの周辺デバイスが対応するかはデバイスごとに異なります（領域9までしか示していない）．

またキャッシュ関連のレジスタを表3に示します．

● 使用上の注意…低消費電力モードでは使えない

キャッシュはLLSとVLLSx（$x=0\sim 3$）の低電力モードでは電源が落ちます．つまり，内容が無意味になります．このため，低電力モードに入る前にキャッシュの内容をフラッシュ（メイン・メモリにライト・バックすること）する必要があります．

● 使い方

キャッシュ関連のレジスタ一覧を表3に示します．キャッシュはローカル・メモリに付属しますので，レジスタ名には「LMEM_」という前置詞が付いています．

リスト1にキャッシュを初期化するサンプル・コードを示します．コマンド発行で注意する項目は，LMEM_PxCCRあるいはLMEM_PxCLCR/PxSCARのGOビットやLGOビットがコマンドの実行開始を指示するのですが，これらGO/LGOビットがビジー・ビットになっているので，GO/LGOビットをセットした後はそれらがクリアされるのを待ち合わせる必要があるということです．

リスト1　キャッシュ初期化のサンプルコード

```
#define LMEM_PCCCR *(long*)(0xE0082800)
#define LMEM_PCCCR_GO_MASK (1<<31)
#define LMEM_PCCCR_INVW1_MASK (1<<21)
#define LMEM_PCCCR_INVW0_MASK (1<<24)
#define LMEM_PCCCR_ENWRBUF_MASK (1<<1)
#define LMEM_PCCCR_ENCACHE_MASK (1<<0)

#define LMEM_PSCCR *(long*)(0xE0082000)
#define LMEM_PSCCR_GO_MASK (1<<31)
#define LMEM_PSCCR_INVW1_MASK (1<<21)
#define LMEM_PSCCR_INVW0_MASK (1<<24)
#define LMEM_PSCCR_ENWRBUF_MASK (1<<1)
#define LMEM_PSCCR_ENCACHE_MASK (1<<0)
```

(a) define部

```
LMEM_PCCCR = (LMEM_PCCCR_GO_MASK | LMEM_PCCCR_INVW1_MASK |
  LMEM_PCCCR_INVW0_MASK |LMEM_PCCCR_ENWRBUF_MASK |
  LMEM_PCCCR_ENCACHE_MASK);   // コード・キャッシュを無効化する
while( LMEM_PCCCR & LMEM_PCCCR_GO_MASK );
                              // 操作が終了するのを待ち合わせる

LMEM_PSCCR = (LMEM_PSCCR_GO_MASK | LMEM_PSCCR_INVW1_MASK |
  LMEM_PSCCR_INVW0_MASK | LMEM_PSCCR_ENWRBUF_MASK |
  LMEM_PSCCR_ENCACHE_MASK);   // システム・キャッシュを無効化する
while( LMEM_PSCCR & LMEM_PSCCR_GO_MASK );
                              // 操作が終了するのを待ち合わせる
```

(b) 初期化記述

第17章 Cortex-Mマイコンの内蔵SRAM

内蔵SRAMをアクセスする

ローカル・メモリの主役であるSRAMについても少し説明しておきます．

SRAMはCPUコアや周辺バス・マスタから自由にアクセス可能な作業用のメモリです．メモリ・マップ上は0x20000000番地を境界として下位メモリ(SRAM_L)と上位メモリ(SRAM_U)に分かれています．SRAM_Lには全SRAM容量の1/4，SRAM_Uには全SRAM容量の3/4が割り当てられます．つまり，SRAM全体の容量が16Kバイトの場合，メモリ・マップ上のアドレスは，

SRAM_L：0x1FFFF000 ～ 0x1FFFFFFF
SRAM_U：0x20000000 ～ 0x20002FFF

となります(図2)．

CPUコアはPCバスやPSバスからSRAMにアクセスしますが，(DMAなどの)周辺バス・マスタはバックドア・ポートと呼ばれるアドレス領域からSRAMにアクセスします．SRAMのアドレスは，CPUコア見えと周辺バス・マスタ見えで同一です．このように，SRAMは3種類のポートからアクセスできるわけですが，ここにSRAMがSRAM_L，SRAM_Uと2分割されている大きな理由があります．これは，複数のバス・マスタがSRAM領域を同時にアクセスできるようにするためです．とはいえ，SRAMへの同時アクセスは次の3通りのケースに限られます．

1) CPUコアからのPCバスを通じてのSRAM_Lアクセスと，CPUコアからのPSバスを通じてのSRAM_Uアクセス．
2) CPUコアからのPCバスを通じてのSRAM_Lアクセスと，周辺バス・マスタからのバックドア・ポートを通じてのSRAM_Uアクセス．
3) CPUコアからのPSバスを通じてのSRAM_Uアクセスと，周辺バス・マスタからのバックドア・

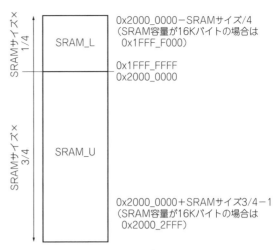

図2 内蔵SRAMのメモリ・マップ

ポートを通じてのSRAM_Lアクセス．

ところが，KinetisLのCPUコアであるCortex-M0+にはPCバスとPSバスの区別はなく，システム・バスが1本存在するだけです．バックドア・ポートも存在しません．その意味で，KinetisL(というか，Cortex-M0+をCPUコアとするMCU)はSRAMへの同時アクセスは不可能です．KinetisLシリーズではSRAM_LとSRAM_Uに分割する必要はないのですが，メモリ・マップを統一するために，便宜上2分割されているのだと思われます．

図3にKinetisKシリーズのローカル・メモリ構成，図4にKinetisLのローカル・メモリの構成を示します．

なお，KinetisKシリーズでは，SRAM_LとSRAM_UはMCM(Miscellaneous Control Module：雑多な制御モジュール)の制御レジスタ(Control Register，MCM_CR)により，個別にライトを禁止できます．さらに，MCM_CRでは，SRAMへのCPUコア・アクセスと周辺デバイスのバックドア・ポートからのアクセ

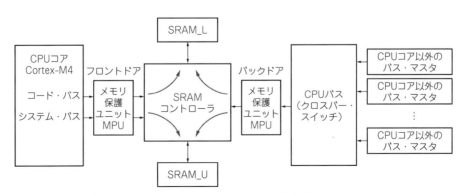

図3 内蔵SRAMの構成1…Cortex-M4マイコンKinetisKシリーズの場合

第3部 実際のアーキテクチャ

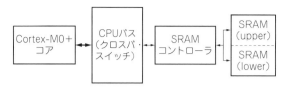

図4 内蔵SRAMの構成…Cortex-M0+マイコンKinetis Lシリーズの場合

スの優先順位を指定することもできます．

MCM_CRのアドレスは0xE009000C番地です．Kinetis Lシリーズには，そのような機能をもったレジスタは存在しないようです．

● SRAMのアクセス性能

Cortex-M3/M4ではロード命令またはストア命令が連続する場合は，AHB-Liteバスのパイプライン構造の特徴を利用して，実質1サイクルで命令処理を行うことができます．つまり，AHB-Liteのデータ・フェーズに次のロード/ストア命令のアドレスを発行してパイプライン的にメモリ・アクセスを行うことができます（図5）．このためには，ロード/ストアがアン・アライン・アクセスでないこととメモリがウェイトなしでアクセスできることが条件です．また，32ビット長のロード/ストア命令では，命令が32ビット境界のアドレスに整列されていることも条件です．なお，ARMv7Mのアーキテクチャ・リファレンス・マニュアルでは，ロード/ストア命令の実行時間は（単体時の性能で）2サイクルとなっています．この2サイクルの期間のうち，ロード命令の前半1サイクルとストア命令の後半1サイクルは「バブル」と呼ばれ，単純な1サイクル実行の命令と同時に実行することが可能です．ロード命令とストア命令の連続が実質的に1サイクル実行になるのは，この「バブル」をうまく活用しているためです．このように，Cortex-M3/M4では命令実行を効率的に処理するための地道な設計がされているのです．この特徴はCortex-M3/M4のみの機能で，Cortex-M0/M0+/M7には存在しないそうです（http://community.arm.com/message/27397#27397）．

ところで，普通に考えたらSRAMへのアクセスは高速にアクセスできると思います．しかし，SRAM関連のキャッシュが存在しない場合，SRAMへのアクセスはそれほど高速ではありません．これは驚くがの事実です．表4にGPIOやSRAMへの連続アクセスをロード/ストア命令で実行した場合のSysTickタイマでサイクル数を計測した処理時間を示します．なお，ロード/ストア命令の処理は通常2サイクルかかりますが，連続実行の場合は，パイプライン的に実質1サイクルで処理できます．SRAMキャッシュが存在しない場合，GPIOアクセスでは1サイクルでアクセス可能ですが，SRAMでアクセスでは2サイクルかかってます．おそらく，クロスバー・スイッチとSRAMの間にSRAM制御回路が存在するためではないかと推測されます．なお，SRAMキャッシュを有効にした場合の性能は不明です．

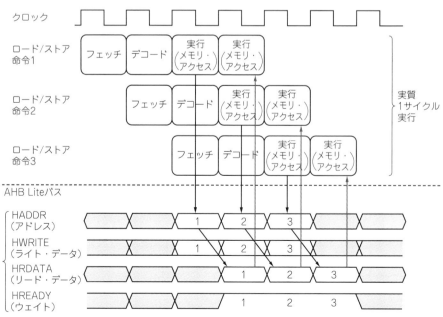

図5 Cortex-M3/M4のロード/ストア命令の連続タイミング

第17章 Cortex-Mマイコンの内蔵SRAM

表4 SRAMアクセスとGPIOアクセスの性能差
K20D50Mで計測

アクセス （ソース）	アクセス （デスティ ネーション）	ロード/ ストア命令 連続（8組）	ロード連続 （ソースから 8回）	ストア連続 （ソースに対 して9回）
SRAM	SRAM	16	15	15
GPIO	SRAM	16	9	10
SRAM	GPIO	16	15	15
GPIO	GPIO	10	9	10

単位：サイクル数

SRAMキャッシュが存在しない場合，GPIOアクセスでは1サイクルでアクセス可能だが，SRAMでアクセスでは2サイクルかかっている．SRAMキャッシュを有効にした場合の性能は不明．SRAMに1サイクルでアクセスできる他社製品もある．

STM32マイコン（STマイクロエレクトロニクス）などではSRAMは1サイクルでアクセスできる模様です．

● SRAMのテスト・プログラム
▶ IARシステムズの統合開発環境EWARMで使う場合

リスト2にSRAMをライトしてリードするだけの簡単なSRAMテストのプログラムを示します．これは，ターゲットKinetisマイコン入門ボードFRDM-KL25Zで動作させることを念頭においているので，SRAMの容量は16Kバイトを想定しています．また，IAR社のEWARM統合開発環境での実行を想定しています．

実は，リスト2をそのまま実行すると「hard fault」例外が発生します．これは，Kinetis MCUのせいというよりも，コンパイラに原因があります．正確にいうと，リンカが原因です．コンパイルしてリンク時に0x20000000番地からのSRAM領域はヒープやスタックなどの領域に割り当てられます．つまり，FRDMボード（というか，EWARM IDE）においてSRAM_Uは不可侵領域なのです（リードはできる）．

それでは，どうすればSRAM_Uにライトできるようになるのでしょうか？そのためには，リンカへの指定を書き換える必要があります．FRDMボードの場合，プロジェクトの中のIARフォルダに「128KB_Pflash.icf」というファイルがあります（IAR EWARM使用の場合）．このファイルのRAM領域を小さくすればよいのです．具体的には，

```
define symbol __ICFEDIT_size_cstack__
 = (2*1024);
define symbol __ICFEDIT_size_heap__
 = (1*1024);
define symbol __region_RAM2_start__
 = 0x20000000;
define symbol __region_RAM2_end__ =
```

リスト2 SRAMアクセス実験プログラム

```
int err;
int i;
int *p;
printf("\nSRAM_L\n");
err = 0;
p = (int*)0x1ffff000;
 for(i=0;i<0x1000;i+=4) *p++ = i;
p = (int*)0x1ffff000;
for(i=0;i<0x1000;i+=4){
  if(*p++ != i) err++;
}
if(err) printf("SRAM_L test was failed.\n");
else    printf("SRAM_L test was passed,\n");

printf("\nSRAM_U\n");
err = 0;
p = (int*)0x20002000;
for(i=0;i<0x1000;i+=4) *p++ = (i>>2);
p = (int*)0x20002000;
for(i=0;i<0x1000;i+=4) {
  if(*p++ != (i>>2)) err++;
}
if(err) printf("SRAM_U test was failed.\n");
else    printf("SRAM_U test was passed,\n");
```

```
__region_RAM2_start__ + ((16*1024)*3)/
4;
```

という記述を，

```
define symbol __ICFEDIT_size_cstack__
 = (1*1024);
define symbol __ICFEDIT_size_heap__
 = (1*1024);
define symbol __region_RAM2_start__
 = 0x20000000;
define symbol __region_RAM2_end__ =
 __region_RAM2_start__ + ((16*1024)*2)
/4;
```

と書き換えれば，0x20002000番地以降のSRAM_U領域をアクセスできるようになります．ファイルの実体は他の場所にありますので，EWARM上のエディタで書き換えてください．これは，スタック領域を4Kバイト減少させていることを意味します．リスト2は，この変更をした上で実行することを想定しています．

なかもり・あきら

第4部
IoTの重要技術その1
低消費電力化

第18章

まずは半導体目線で見てみる
マイコンの低消費電力化の基本方針

中森 章

ARM Cortex-MシリーズのCPUの特徴の一つに低消費電力があげられます．第4部では，ここまで紹介してきたKinetisマイコンを例に，Cortex-Mコアや半導体メーカが個別に用意している低消費電力モードの仕組みや使い方を紹介していきます．

マイコンの消費電力

まずはどのような仕組みをマイクロコントローラに実装すれば低消費電力になるのかについて説明します．一般的にMOSトランジスタの電力は次の式で与えられるといわれています．

$P = aCV^2f$
a：動作率，C：負荷容量，V：電源電圧，
f：動作周波数

経験的に動作周波数が高くなれば消費電力が増えることはわかると思います．オームの法則などから，

$P = IV = V^2/R$

と，電力は電圧の2乗に比例しますから，この式は素直に受け入れられると思います．ということは，低消費電力を実現するためには

(1) a（動作率）を減らす
(2) C（負荷容量）を減らす
(3) V（電源電圧）を減らす
(4) f（動作周波数）を減らす

といった選択肢しかありません．aはプログラム依存，Cは回路論理依存なので，これらを制御して低消費電力を実現するのは難しいでしょう．すると残りは電源電圧と動作周波数を減らすという方法です．実際に，低消費電力を実現するためには，電源電圧と動作周波数を制御するしか方法はありません．つまり，

(1) 動作周波数をできるだけ下げる
(2) 電源電圧をできるだけ低くする

というアイディアを，ハードウェア的にどう実装するかということです．この少ない持ち駒をどう活用するかでマイクロコントローラの低消費電力の達成度が決定します．

特に電源電圧は2乗で電力に効いてきますので，電源電圧を下げることは効果的です．しかし，電源電圧を可変できる範囲は，製造する半導体プロセスで制限されてしまいますし，電源供給を行うレギュレータの出力を可変にするにはコストがかかります．このため，比較的簡単な，動作周波数を下げるという手法が最初に採られます．

▶マイコンで採用されている電源電圧を下げる方法

動的に電源電圧や動作周波数を変化させて消費電力の最適化を図るDVFS（Dynamic Voltage and Frequency Scaling）という方法があります．これは処理内容に応じて電源電圧や動作周波数を動的に変化させる方法ですが，主たる操作は電源電圧の制御です．まっとうなDVFSでは数種類の電源電圧が可能なのですが，マイコンに採用する場合は「通常」と「低電力」の2種類のサポートが多いようです．

方針1：動作周波数を下げる

● CPUコアの動作周波数を下げる

これは文字どおり回路に供給するクロックの動作周波数を下げることを意味します．しかし，通信デバイスなどは規格で決められたクロックで動作しているため，動作周波数を変更することが難しいのが実情です．

一番簡単なのはCPUコアの動作周波数を下げることです．CPUコアは各周辺デバイスに指令を出すだけですから，動作周波数が遅くなっても「指令」の発行が遅くなるだけです．

● 使っていない周辺モジュールのクロックを停止する

動作周波数を下げることと同等の効果があるのがクロックを停止することです．CPUを含む各周辺モジュールに対して，動作するときのみクロック供給を行う手法です．このクロック停止技術をクロック・ゲーティング（Clock Gating）といいます．

クロック・ゲーティングは周辺モジュールごとにソ

第18章　マイコンの低消費電力化の基本方針

フトウェアでクロック供給を制御する方法もありますが，論理回路やトランジスタ・レベルで自動的に（ハードウェア的に）クロック供給を制御する方法もあります．

▶ソフトウェア的なクロック・ゲーティング

前者はクロック・マスク・ユニットという特別な周辺モジュールが各モジュールへのクロック供給を司ります．クロック・マスク・ユニットは，あまりにも一般的なのか，低電力モードとしてカウントされることは少ないようです．

▶ハードウェア的なクロック・ゲーティング

後者は，クロックの供給許可信号を何らかの方法でハードウェア的に生成し，その信号に従ってクロック供給を行う仕組みです．論理回路レベルでは通常，CPUコアがクロック停止信号を生成します．トランジスタ・レベルではトランジスタのデータ変化許可信号（レジスタに対するライト信号のようなもの）の発生時のみにクロック供給を行うという回路構成を採用します．このトランジスタ・レベルでのクロック・ゲーティングが一般にいわれる「クロック・ゲーティング」とか「ゲーティッド・クロック」と呼ばれる手法です．今となってはあたりまえの技術なので，低消費電力モードとしてカウントされることはまれです．

低消費電力モードとわざわざいわなくても，現状の回路実装はそれなりに低消費電力になっているのです．

● クロックを停止する命令

低消費電力モードという場合，通常は，CPUからの指令（命令実行）で動作クロックを遅くしたりいくつかのモジュールへのクロック供給を停止したりすることを意味します．通常，CPUの命令セットには「HALT（停止）」命令が存在します．HALT命令を実行するとCPUでは割り込み検出回路以外のクロック供給を自発的に停止し，割り込みが来るまで「寝て待つ」処理に入ります．また，HALT命令を実行中という信号をCPU外部に出力して，周辺モジュールのクロック・ゲーティングの目印にします．

ARMアーキテクチャにはHALT命令はありませんが，それと同等なWFI命令やWFE命令が存在します．これらの命令を実行すると，CPUは自身のクロックを停止するとともに，外部には「SLEEPING」，「SLEEPDEEP」という信号を出力します．

● なぜ動作周波数を下げたりクロックを停止すると，低消費電力になるのか？

低消費電力を実現するための機能としては大まかにクロック・ゲーティングとパワー・ゲーティングがあります．ゲーティングとはゲート（せき止める）の名詞形で，クロックやパワー（電源）の供給を停止することを示します．

まず，クロック・ゲーティングに関して説明します．クロック・ゲーティングの低消費電力について語る場合，フリップフロップへの言及を避けては通れません．フリップフロップとは論理回路で使われる記憶素子のことで，1ビットのレジスタのようなものです（というか，フリップフロップをレジスタということもあります）．

フリップフロップ（ここではDフリップフロップについて説明）は，クロック入力CLKとデータ入力D，およびデータ出力Qから構成され，クロックの立ち上がりまたは立ち下がりで入力を取り込む記憶素子です[図1(a)]．書き込み要求（イネーブルという）信号があれば，データ入力から新しい値を取り込んで保持します．イネーブル入力はENという記号で示されることが通常です．つまり，フリップフロップは，書き込み要求（EN入力）があれば新しい値，なければ自身の出力（Q）をフィードバックして，クロックごとに値を更新します[図1(b)]．しかし，最近ではイネーブル入力（EN）付きフリップフロップも存在します[図1(c)]．基本的には，図1(b)と(c)のフリップフロップは等価です．

▶フリップフロップはクロックが動いているだけで電力を消費する

KinetisのMPUなどを製造している半導体プロセス

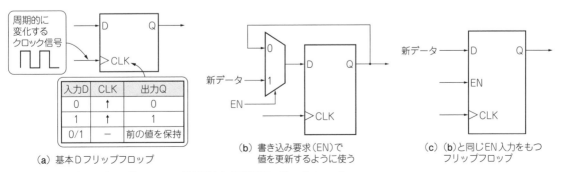

(a) 基本Dフリップフロップ　　(b) 書き込み要求(EN)で値を更新するように使う　　(c) (b)と同じEN入力をもつフリップフロップ

図1　マイコン内部でたくさん使われている値を記憶する回路素子フリップフロップ

第4部 IoTの重要技術その1 低消費電力化

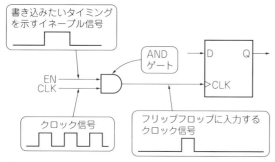

図2 クロック・ゲーティングのイメージ…クロック信号を必要なときしか変化させなければフリップフロップの消費電力を抑えられる
クロック・ゲーティング回路の詳細はコラム参照

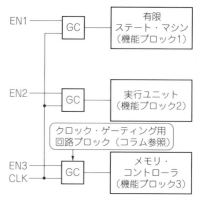

図3 機能ブロックごとに回路のクロック・ゲーティングを行えると効率が良い

の論理回路は，CMOSというトランジスタ構造を採用しています．CMOS論理回路はそれが保持する値が変化する場合のみ電流が流れ電力を消費します．フリップフロップの場合，入力データ（D）が変化しない場合でも，クロックが"0"，"1"の間で変化を続ける限り，フリップフロップの内部状態は変動し続けます．つまり，電流が流れ続けます．

▶フリップフロップへのクロック供給を止めると…
そこで，書き込み要求のない場合はクロック供給を停止するという考えが生まれます．これがクロック・ゲーティングです（図2）．クロック・ゲーティングを行う場合，書き込み要求（EN）が活性化される付近の1クロック間だけクロックを供給します．それ以外の場合は以前の値が保持されます．

以上はフリップフロップ単位の局所的なクロック・ゲーティングです．しかし，もっと大局的に，機能ブロック単位にクロック・ゲーティングを行うことも考えられます（図3）．このような大局的なクロック・ゲーティングにおいては，ある程度大きな論理ゲートとフリップフロップの集まりで低消費電力を実現できるので，より効果的です．

なお，クロックの変化率が大きい場合，つまり動作周波数が高い場合は，消費電流が流れる確率が大きくなります．このため，クロックの変化率（＝動作周波数）を下げることでも消費電流を下げることができます．

最近の論理合成ツールは（クロック・ゲーティングの設定を行っておけば）自動的に回路的なイネーブル端子を見つけて大局的，局所的なクロック・ゲーティングを実現します．

方針2：電源電圧を下げる＆使わない領域の電源を切る

電源電圧を下げるのは回路的には難しい問題を含んでいます．上述したレギュレータの問題もありますが，電源電圧が低くなると，トランジスタのスレッショルド電圧との差分が小さくなり，動作周波数に影響を与えます．つまり，電源電圧が低くなると正常動作できる動作周波数が低下します．

しかし，それでも「背に腹は代えられない」と動作周波数を下げた状態で電源電圧を下げる低消費電力手法も見受けられます．今回説明したDVFS構造ならともかく，通常は，動作周波数を下げるのはソフトウェアの役割，電源電圧を下げるのはマイクロコントローラの外部回路の役割です．

一般的には，電源電圧を下げるのではなく，電源を切るという手法が採用されます．もっとも，チップ全体の電源を切ってしまうと「何もないのと同然」なのでナンセンスです．必ず電源電圧が供給されるAWO領域（Always ON Area）が存在します．電源を切ってもよい領域はISO領域（Isolated Area）などと呼ばれます．AWO領域とISO領域は別電源ラインが存在します．そして，ISO領域の電源を切ることでISO領域の電力を0（ゼロ）にします．このような構造を電源分離と呼びます．

電源分離においては，切れる電源と切れない電源ラインが分離されているのが通常（従来方式）ですが，電源ラインを共通にして，マイクロコントローラのチップ内で電源分離を行う場合もあります．これは回路構造が複雑になりますが，ユーザにとってはシステム設計が容易になります．

● クロック停止だけでは生ぬるい…なぜ電源を切るのか？

▶無視できないリーク電流
ところで，クロックを停止したり入力の値を固定したりしていても，トランジスタにはリーク（漏れ）電流というものがあります．つまり，トランジスタをON

第18章 マイコンの低消費電力化の基本方針

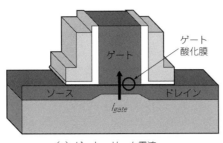
(a) ゲート・リーク電流

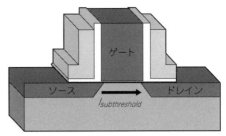
(b) サブスレッショルド・リーク電流

図4 低消費電力化で問題になること：実は信号が変化しなくても電圧が加わっているだけでジワジワ電流が流れている…リーク電流

しなくても，シリコン基板側からゲートに向かって漏れる電流（ゲート・リーク電流），あるいはソースからドレインに向かって漏れる電流（サブスレッショルド・リーク電流）が微少ながら存在します（図4）．これはトランジスタに電圧を加える限り避けることはできません．リーク電流が微小だといっても，製造プロセスの微細化が進んだ現在においては，クロックの変化による消費電流の変化よりも，リーク電流の方が多い場合がざらにあります．このような状況ではクロック・ゲーティングの効果は低消費電力化にそれほど寄与しません．

▶解決策

そこで，トランジスタの電源を落とすという解決策が考えられます．回路全体の電源を落としてしまっては，マイクロコントローラ自体が動作しなくなってしまいますので，ある条件に応じて電源を落としてもよい領域を決めておきます．この領域のことを電源ドメインといいます．電源ドメインごとに電源を落とす制御をパワー・ゲーティングといいます（図5）．通常は電源ドメインごとに電源端子があり，それを落とすことでパワー・ゲーティングを実現するのです．

Kinetisの場合は，電源は基本的に単一電源ですが，内部的に電源ドメインが定義されており，動作モード（低消費電力モード）に応じて指定された電源ドメインの電源を落とすという構造を採用しています．つまり，外部回路の介入なしに部分的に電源が落ちるのが賢いところです．

▶パワー・ゲーティング技術の課題と対策

パワー・ゲーティング技術の課題としてラッシュ・カレント（突入電流）の問題があります．つまり，電源遮断状態からの復帰時に電源から機能ブロックに向かって一気に大きな電流が流れ込む状況が発生します．

この突入電流により，電源ラインにノイズが乗り，同じ電源ラインにつながっている別の常時ONの機能ブロックの誤動作要因になります（図6）．

電源ノイズの大きさは電源ラインのインピーダンスが高いほど，あるいはONする回路規模が大きいほど大きくなります．復帰時間を短くしようとすると，それに反比例して電源ノイズも大きくなります．

突入電力の対策としては，電源遮断中の機能ブロックを同時にではなく，順番に少しずつONにしていく方法や，突入電流を逃す電源ラインを特別に設ける方法が考えられます．

各デバイス・メーカはパワー・ゲーティングからの

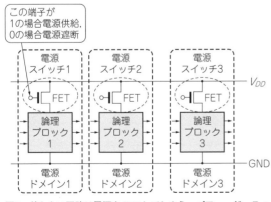

図5 使わない回路は電源をOFFしてしまう…パワー・ゲーティング

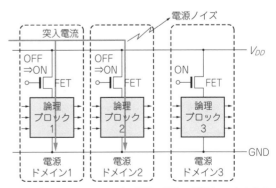

図6 パワー・ゲーティングの課題…回路の電源をONしたときの突入電流で周辺回路が誤動作してしまうかも

第4部 IoTの重要技術その1 低消費電力化

コラム　実際のクロック・ゲーティング回路

中森 章

実は，図2のクロック・ゲーティングは正しくありません．クロック（CLK）とイネーブル（EN）を単純にANDして，クロック・ゲーティングを行うと誤動作します［図A(a)］．図2のANDの図は単なるイメージと思ってください．実際の回路［図B(a)］は，クロックの立ち下がりでENをラッチしてクロックとANDします．これにより正しいクロック・ゲーティングが可能になります［図A(b)］．このラッチとANDを組み合わせた回路は一つの部品として供給されます．この部品は「GC（Gated Cell）」とか「CG（Clock Gating）」とか呼ばれます［図B(b)］．

図A　クロック・ゲーティングの補足…ホントは図2のように単純にANDをとると誤動作する
このようにENとCLKをANDしただけでは誤動作する．クロック・ゲーティングでENとCLKをANDする図は誤りで，単なるイメージ図です

図B　クロック・ゲーティングの実際の回路

復帰時間をいかに短くするかに持てる技術をつぎ込んでいます．Kinetisの場合，（電源OFF以外で）一番低消費電力であるVLLS1モードからの復帰時間が500nsから1.5μsと，かなり高速な復帰時間を実現しています．

なかもり　あきら

第19章

各回路ブロックのクロック/電源のON/OFFを理解する

Cortex-Mマイコン共通の低消費電力モード

中森 章

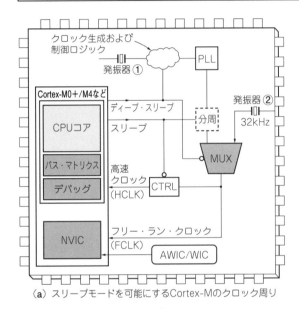

(a) スリープモードを可能にするCortex-Mのクロック周り

図1 Cortex-Mコアの基本スリープ・モード

動作モード	HCLK	FCLK	詳細
通常モード	高速(発振器①)	高速(発振器①)	—
スリープ・モード(スリープ信号出力時)	オフ	低減(発振器①)	コア，デバッグ，バスへのクロックを停止．発振器①を分周して電力削減
ディープ・スリープ・モード(ディープ・スリープ信号出力時)	オフ	低減(発振器②)	発振器①とPLLをオフ．クロック・ソースを低周波数(発振器②)に切り替え

(b) Cortex-Mの動作モードに対するHCLK/FCLKの振る舞い

Cortex-Mマイコンの動作モード

● CPUコアに用意された低消費電力モード移行の仕組み

低消費電力モードに移行するには，クロックの動作周波数を下げる方法と，ARM CPUのWFI/WFE命令を実行する方法の二つがあります．WFI/WFE命令による低消費電力モードには，さらに周辺モジュールのクロック停止にとどまる場合と電源供給を切る場合の二つに大別されます．

WFI/WFE命令を実行するとCortex-MのCPUはスリープ・モードと呼ばれるモードに遷移し，割り込み検知回路以外のクロックを停止します．Cortex-MのCPUからは，スリープ・モード時に，「SLEEPING」，「SLEEPDEEP」という信号が出力されます．この二つの信号の組み合わせで「スリープ(SLEEP)」と「ディープ・スリープ(DEEPSLEEP)」という低消費電力モードが定義されます．マイコンの実装においては，これらの信号を利用してクロック・ゲーティング，部分的な電源OFFなどの機能を実現できます．つまり，設計依存で各種の低消費電力機能を実現できます．その一例を図1に示します．

● Cortex-Mコアの動作モード…RUN/スリープ/ディープ・スリープ

Cortex-MのCPUが提供する動作モードは，通常動作の「RUN」モードと低消費電力の「スリープ」，「ディープ・スリープ」モードです．

「スリープ・モード」については割り込み応答との関連で「スリープ・ナウ」と「スリープ・オン・イグジット」という二つのモードに分類できます．詳細については次回で示します．

● 備わっているモードはだいたい同じ…マイコン・メーカの実装

実際のCortex-Mマイコンが実装している低消費電力モードもこれらの手法の組み合わせに過ぎません．参考にCortex-Mマイコンの低消費電力モードを表1に示します．

第4部 IoTの重要技術その1 低消費電力化

表1 Cortex-Mマイコンの基本的な低消費電力モードは各社同じようなもの
性能を直接比較できるわけではないので，誤解のないようにメーカ名などはふせています．モード名がややこしい…

MCU CPU動作モード	CPUクロック低速 実行(RUN)	CPUクロック停止 スリープ(SLEEP)	周辺クロック停止 ディープ・スリープ(DEEPSLEEP)	電圧低下/電源OFF ディープ・スリープ(DEEPSLEEP)
A社製マイコン①		アイドル状態(IDLE)	スタンバイ(STANDBY)	
A社製マイコン②		スリープ(SLEEP)	ウェイト(WAIT)	バックアップ(BACKUP)
B社製マイコン①		スリープ(SLEEP)	停止(STOP)	スタンバイ(STANDBY)
B社製マイコン②	ローパワー・モードで実行(Low-Power-RUN)	スリープ(SLEEP) ローパワー・モードでスリープ(SLEEP)	停止(STOP…RTCオン)	停止(STOP…RTCオフ) スタンバイ(STANDBY…RTCオン) スタンバイ(STANDBY…RTCオフ)
C社製マイコン①		スリープ(SLEEP)	ディープ・スリープ(DEEPSLEEP)	パワー・ダウン(POWER-DOWN) ディープ・パワー・ダウン(DEEP-POWER-DOWN)
C社製マイコン②		アイドル状態でスリープ(SLEEP…IDLE)	スタンバイ状態でスリープ(SLEEP…STANDBY)	ディープ・スリープでスタンバイ(DEEP-SLEEP-STANDBY)
D社製マイコン①		アイドル状態(IDLE)		停止(STOP1)
D社製マイコン②	低速モード(SLOW)	アイドル状態(IDLE)	スリープ(SLEEP)	停止(STOP)
E社製マイコン		スリープ(SLEEP)	停止(STOP)	サブ・タイマ(SUB-TIMER)
本書で紹介しているKinetisマイコン	超低消費電力モードで実行(VLPR)	ウェイト(WAIT) 超低消費電力モードでウェイト(VLPW)	停止(STOP) LVPS	電源OFFモードなどもいろいろ用意されている → 低リーク電流モードで停止(LLS) 超低リーク電流モード1〜3で停止(VLLS1, 2, 3) 超低リーク電流モード0で停止(BAT≈VLSS0)

● 本書で紹介するKinetisマイコンは自由自在にモードを選べる

表1をみると，本書で主にとりあげてきたKinetisマイコンも他のCortex-Mマイコンも電源電圧制御が関わらない限り，ほぼ同等の低消費電力モードを持っているといえます．しかし，電源OFFモードについてはKinetisは5種類ものモードをもっています．他社は多くて2種類，しかも電源OFF可能な領域(ISO領域；Isolated Area)は1種類だけのようです．これが本書でCortex-Mマイコンの低消費電力モードを紹介するのにKinetisを例にする理由です．「ようです」というのは，他のマイコンのリファレンス・マニュアルには電源OFFモード時の詳細が触れられてないためです．

総括すると，Kinetisのように細かい単位でクロック制御，電力制御を行うマイコンはまれです．その分，より柔軟な低消費電力制御ができるのです．Kinetisでは表1に示す全部で10種類の動作モード(低消費電力モード)をサポートします．

マイコンへの実装例を見てみる

例として，表1に示すB社の2番目のマイコンの低消費電力モードを説明しておきます．

このマイコンで最も特徴的なことは3種類のDVFS(Dynamic Voltage and Frequency Scaling)が可能な点です．マイコンに「Low Dropレギュレータ」を内蔵し，次の3種類の実行レンジを選択できます．

(1) レンジ1：電源電圧(コア電圧)は1.71〜3.6V
    CPU動作周波数は最大32MHz.
(2) レンジ2：フル電源電圧レンジは1.65V〜3.6V
    CPU動作周波数は最大16MHz.
(3) レンジ3：フル電源電圧レンジは1.65V〜3.6V
    CPU動作周波数は最大4.2MHz.

これらの動作レンジに加えて，B社のマイコンでは次の7種類の低消費電力モードを有しています．

▶ SLEEPモード

CPUのクロックだけが停止している状態です．WFI/WFE命令を実行している状態です．

次回で説明する「スリープ・ナウ」と「スリープ・オン・イグジット」の2種類のモードで使えます．これらは，CPUコアが本来提供している低消費電力モードです．

▶ Low-Power RUNモード

内部RC発振器(MSI RCオシレータ)の発振周波数を131kHz(最大)に設定するモードです．動作可能な周辺モジュールは限定されます(動作する場合でも動作クロックは遅くなります)．

▶ Low-Power SLEEPモード

MSI RCオシレータの発振周波数を131kHz(最大)に設定しつつ，SLEEPモードに移行するモードです．ただし，動作可能な周辺モジュールは限定されます(動作する場合でも動作クロックは遅くなります)．

第19章　Cortex-Mマイコン共通の低消費電力モード

> **コラム**　えっ！そうなの？…最新プロセスで製造したマイコンほど待機時消費電流が大きくなりがち
>
> 中森 章
>
> 　リーク電流を下げる方法は，前章で紹介した電源をOFFしたり電圧を下げたりする制御だけではありません．トランジスタのV_T（スレッショルド電圧）が高い論理セルを使用するという方法も考えられます．V_Tはトランジスタがスイッチする境界の電圧です．V_Tを高くすることでサブスレッショルド電流が流れにくくなります．すなわちリーク電流が少なくなります．しかし，V_Tが高いということは電圧の振幅を大きくとらないとトランジスタがスイッチしないことを意味します．つまり，V_Tが高くなれば高くなるほどトランジスタのスイッチング速度が遅くなります．つまり，動作周波数が低くなってしまいます．しかし，1チップ全体の論理を見渡した場合，本当に高速で動作しなければならない箇所は（経験的に）全体の10％程度の面積（ゲート規模）でしかありません．残りは低速動作で十分な場合がほとんどです．このため，高速動作が必要な（極小な）箇所は低V_Tセルを使い，低速動作で十分な（大部分の）箇所は高V_Tセルを使って，リーク電流を最適化するという手法があります．この手法は異なるV_Tのセルを1チップに混載するという意味でマルチV_Tと呼ばれます．通常は高速，中速，低速のセルが用意されています（場合によっては超高速セルがある場合もある）．最近の論理合成ツールはスピードの制約に従って最適な速度のセルを選択してくれます．
>
> 　ともかく，最近の低消費電力設計では，クロック・ゲーティング，マルチV_T，パワー・ゲーティングの三位一体で限りなく電力を最小にする努力が払われます．
>
> 　ところで，製造プロセスの微細化が古くなる程，V_Tも高くなります．つまり，世代の古い製造プロセスを意図的に使って（サブスレッショルド）リーク電流（前章参照）を下げるという手法もあります．最新の微細プロセスでは動作電圧が低くなりますので，動的な電力は小さくなりますが，V_Tも低くなりますので，リーク電流は増大する方向です．

▶ STOPモード（RTCあり）

　STOPモードはCPUでいうところのDEEPSLEEPモードに対応します．

　SLEEPモードの実行と同時に，高速外部オシレータ（HSEオシレータ），MSI RCオシレータ，PLLが停止しているモードです．内部SRAMやレジスタの値は保持されます．低速外部オシレータ（LSEオシレータ），低速内部オシレータ（LSIオシレータ）は動作を続けます．

　STOPモードからの起動は，外部入力端子のほか，RTC，UART，I²C，LPTIMERなどで可能です．

▶ STOPモード（RTCなし）

　HSI，LSI，HSE，LSE，MSI RCオシレータ，PLLが停止することにより，全クロックが停止するモードです．電圧レギュレータは定電圧モードに入ります．外部割り込みのほかに，UART，I²C，LPTIMERなどはHSIオシレータをオンすることができるため，これらの要因でSTOPモードから起動できます．

▶ STANDBYモード（RTCあり）

　STANDBYモードもDEEPLSLEPモードの一種です．STOPモードとの違いはコア電源（1.8V系）がOFFになっている点です．

　電源電源（コア電源）がOFFします．HSI，HSE，MSI RCオシレータとPLLはOFFになりますが，LSI，LSEオシレータは動作を続けます．内部SRAMやレジスタの値は保持されません．ただし，一部のスタンバイ回路のレジスタは保持されます．また，RTCやウォッチドッグ・タイマは動作しています．リセット入力，WKUP端子入力，RTC，ウォッチドッグ・タイマでSTANDBYモードから起動できます．

▶ STANDBYモード（RTCなし）

　基本的にはSTANDBYモード（RTCあり）と同じですが，RTCとウォッチドッグ・タイマも停止しています．このSTANDBYモードからの起動はリセット入力またはWKUP端子によって行います．

　　　　＊　　　＊　　　＊

　次章からCortex-MコアおよびCortex-Mを搭載するKinetisマイコン・シリーズの低消費電力モードの詳細に関して説明します．Kinetisは電源電圧をOFF（つまり0V）にできる領域がたくさんあります．電源電圧はあまり変えられないのですが，電源電圧を変動させるという（システム的には）面倒な方法を採用していないのかもしれません．

なかもり・あきら

第20章

アクティブ時間は極力短く

スリープ状態から自動で復帰/移行する仕組み

中森 章

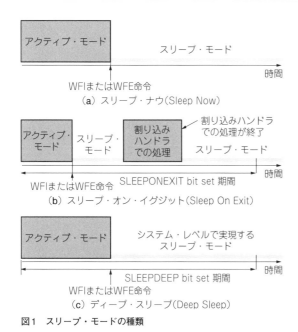

図1 スリープ・モードの種類

リブン(事象が発生したことをきっかけに動作を開始する)方式にすると，スリープ・モードを効果的に活用できます．

● 自動的にスリープ状態から復帰/移行してくれるので便利

　特に，スリープ・オン・イグジット・モードを使用することで，動作していない期間(逆に動作する期間は割り込みハンドラを実行している時だけ)は，自動的に，常にスリープ・モードに入るので便利です．

　スリープ・モード実行時にディープ・スリープを使用することで，さらなる低消費電力を期待できます．スリープ・モードやディープ・スリープ・モードのようすを図1に示します．

　図2はARM社のプレゼンテーション資料によく登場します．ある処理を実現する場合，スリープ・モードにいる割合が長いほど低消費電力になるという図です．一定周期で行われる処理に対して，アクティブ時に9mW，スリープ時に1μWと仮定した場合に，処理の実行サイクル数が半分になったと仮定すると，平均電力も約半分(47%削減)になるという意味です．ここでアクティブ・デューティ(Active Duty)比とは，処理時間のうちスリープ・モードにいない時間です．スリープ・オン・イグジット・モードを使用すれば，アクティブ・デューティ比を半分にすることが可能です．

● スリープ・オン・イグジット・モードへの移行方法①…WFI命令を使う

　Sleep-On-Exit(スリープ・オン・イグジット，Exit時にSleepするという意味)モードとは，最も優先順位の低い割り込み(つまり最後の割り込み)のISRから復帰するとスリープするモードです．つまり，通常はスリープ状態にあり，割り込みというイベント発生時だけ起き出して何らかの処理を行い，処理が終わると再びスリープ状態に戻ります(図3)．つまり「必要のないときは寝ている(スリープ状態)」状態です．こ

イベント発生時だけアクティブになるCortex-Mの仕組み…スリープ・オン・イグジット・モード

　ひとくちに低消費電力といっても，さまざまな実現手法があります．それらについて説明します．

● 基本思想…アクティブ時間が短いほど低消費電力で済む

　Cortex-Mシリーズではスリープ・モードを使用することで低消費電力を実現できます．CPUの動作(RUNモード)期間を短くすることが，スリープ・モードを有効に活用するキモです．

　CPUが動作していても，割り込み待ちなどでCPUが何も処理していない場面が多々あります．この何も処理していない時間をスリープ・モードに入れることが，低消費電力実現の基本です．センサなど電池駆動が必須な場面では，割り込みなどによるイベント・ド

第20章 スリープ状態から自動で復帰/移行する仕組み

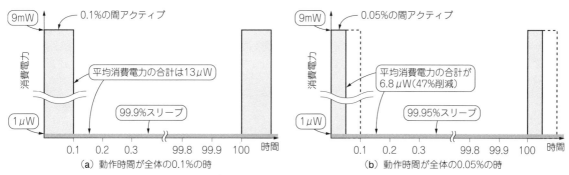

図2 低消費電力化の基本思想…実行時間が短いほど低消費電力になる

のため動作時間を最小にできるので，低消費電力が実現できます．

なお，ARMのテクニカル・リファレンス・マニュアルでは，SCR.SLEEPONEXITを1にするとすぐスリープ状態になるように読めます．しかし，参考文献(2)，(3)などではSCR.SLEEPONEXIT=1としたあとにWFI命令を実行し，そのあとに割り込みが発生して復帰した場合にSleep-On-Exitモードになるようです．

● 移行方法②…WFE命令を使う

WFE命令はWFE命令の実行やそのほかのイベント発生を待ち合わせる命令です．

スリープ状態に入るための命令として，WFI（Wait For Interrupt）とWFE（Wait For Event）の二つが用意されています．この二つの命令は，低消費電力モードから復帰する際のきっかけが異なり，WFIは割り込み，WFEはイベントで復帰します．WFE命令でスリープ状態に入ったとき，イベント通知を行うSEV命令を発行しなくても，SCR.SEVONPEND=1なら，割り込み発生でスリープから脱出できます．一般的には，SEVONPENDを使用すれば，プログラムで何もすることがないとき，WFIで待つよりはWFEで待った方がよいと言われています．その理由はWFIの場合は割り込み発生時に割り込みハンドラに分岐するので，スタックのプッシュ/ポップなどの割り込み処理が発生します（この場合，割り込みレーテンシで十数サイクルかかる）が，WFEの場合は割り込みハンドラには分岐しないので，5サイクルでWFEの次の命令の実行が始まるからです．

個人的にはこの説明は誤解を招く気がします．WFEの場合は割り込みが禁止されていることが前提ですが，割り込みが禁止されていればWFIでも同様にふるまいます．逆に割り込みが許可されていれば，WFEでもWFIと同様に割り込みハンドラに分岐して割り込みレイテンシを消費します．これは，WFIを使用

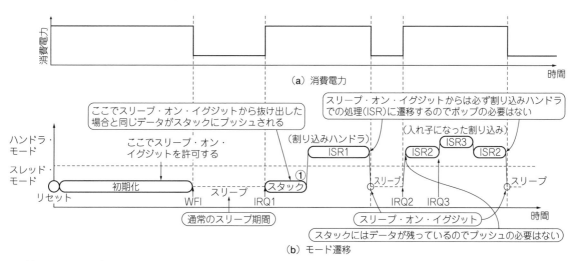

図3[2] イベントが発生すると自動的に起き上がって処理を行い処理が終わるとスリープに戻るCortex-Mのモード「スリープ・オン・イグジット（Sleep-On-Exit）」

第4部 IoTの重要技術その1 低消費電力化

するときは割り込み許可が前提，WFEを使用するときは割り込み禁止が前提なのを暗に示しています．

● **WFI/WFE命令で移行できる低消費電力モード**

Cortex-Mシリーズを採用するマイコンは，さまざまな低消費電力モードを用意しています．Cortex-Mシリーズの側面から見える低消費電力モードの段階を図4に示します．これは各電力モードにおける電力の割合を示すイメージ図です．CPUコアはWFI命令（ま

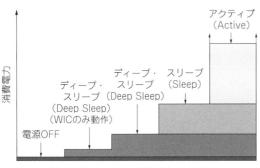

モード	電流の状態	動作状態
アクティブ（Active）	リーク電流と動作電流	動作中
スリープ（Sleep）	リーク電流と一部動作時の電流	CPUへのコア・クロック停止，NVICは起動中
ディープ・スリープ（Deep Sleep）	リーク電流のみ	電源はまだON，ほとんどのクロックはOFF
	状態保持	電源のほとんどがOFF，全てのクロックがOFF
電源OFF	ゼロ・パワー	電源オフ

(a) 各電力モードでの消費電力イメージ　　　　　　　　　　(b) 各電力モードでの状態

図4 Cortex-Mの側面からみた低消費電力モード

> **コラム1　Cortex-Mで採用されている低消費電力化用回路**　　　　　　　　　　　　　　　　　　　　中森 章
>
> ● **不要なクロック供給を停止する…クロック・ゲーティング**
>
> クロック供給が必要ないときはフリップフロップ（記憶素子）に与えるクロック供給を停止します．フリップフロップにはEN（Enable：許可）端子をもつものが存在し，EN端子がアクティブになっている場合に動作します（新しいデータを記憶します）．
>
> フリップフロップでは，クロックごとに記憶されているデータが更新されるので電力を消費します．なぜなら，フリップフロップに入力されるクロックは動作し続けるのが最大の理由だからです．そこで，フリップフロップのデータを更新する場合だけ（EN端子がアクティブな場合だけ）クロックを供給するという方式が考えられます．これにより，フリップフロップが消費する電力が最適化されます．これがクロック・ゲーティングです．
>
> ARMではRTL（論理情報）を論理合成により回路情報に変換しますが，クロック・ゲーティングは論理合成ツールで簡単に挿入できます．ARMでは積極的にクロック・ゲーティングを採用しています．
>
> ● **部分的に電源OFF…パワー・ゲーティング**
>
> クロック・ゲーティングだけでも低消費電力効果はありますが，フリップフロップ（記憶素子）や論理ゲートが停止していても，それらを構成するトランジスタにはリーク（漏れ）電流が発生します．プロセッサの製造プロセスが微細化するにつれ，トランジスタのスレッショルド電圧が低下していくので，リーク電流も大きくなりがちです．つまり，リーク電流も無視できない程度に電力を消費します．
>
> リーク電流を防ぐにはトランジスタへの電源供給を停止するしか方法がありません．しかし，1チップ全体の電源供給を停止するとプロセッサが動作しなくなります．そこで，当面の動作に必要のない機能ブロックの電源供給を停める手法が考えられ，これをパワー・ゲーティングといいます．図A(a)に示すパワー・ゲーティングの概念はいくつかのARMプロセッサ（特にCortex-Mシリーズを採用するマイコン）で採用されています．
>
> ● **内容を消失したら困る場合は最低限保持しておかないといけない…リテンション**
>
> 電源供給を停めるのは低消費電力に非常に効果的ですが，一部のSRAMやレジスタなど電源供給を停止して内容が消失すると困るときがあります．そのためにリテンション（保持）という技術があります．これは，通常の電源とは別にリテンション用の電源を用意し，通常の電源が停止されても内容を保持しなければならない最低限の部分に電源を供給する仕組みです．完全に電源供給を止めると復帰にはパワーアップ・シーケンス（とリセット・シーケンス）を行う必要があり，数十μs〜数msの時間がか

第20章 スリープ状態から自動で復帰/移行する仕組み

たはWFE命令)を実行することで,スリープ・モードやディープ・スリープ・モードに移行します.CPUコア以外にかかわるディープ・スリープ・モード時のクロック・ゲーティング,パワー・ゲーティング,パワー・オフは,マイコンの実装によりシステム・レベルで実現します.

スリープ/ディープ・スリープ状態であることを示すSLEEPING/SLEEPDEEP信号

CPUの低消費電力モードの要ともいえるSLEEPING信号,SLEEPDEEP信号を活性化/不活性化する方法を以下に示します.SLEEPING=1かつSLEEPDEEP=0の場合がスリープ・モードを,SLEEPING=1かつSLEEPDEEP=1の場合がディープ・スリープ・モードを表します.

● スリープ/ディープ・スリープを表すSLEEPING信号の活性化

Kinetisでは,WFI命令またはWFE命令を実行すると活性化されます.これらは,「スリープ・ナウ」と呼ばれます.

または,SCR(System Control Register)のSLEEP ONEXITビット(ビット1)をセットしても活性化されます.これは,「スリープ・オン・イグジット」モードと呼ばれ,もっとも優先順位の低い割り込み処理からの復帰(Exit)時に,自動的にスリープ・モードに移行し,SLEEPING信号が活性化されます.

● ディープ・スリープ・モードかどうかを表すSLEEPDEEP信号の活性化

SCR(System Control Register)のSLEEPDEEPビット(ビット2)がセットされている場合,「スリープ・ナウ」モードまたは,「スリープ・オン・イグジット」

かります.しかし,リテンションを行っている部分は,パワーアップ・シーケンスが不要なので,遅くても数μsでの復帰が可能です.リテンションの概念を図A(b)に示します.

このように,パワー・ゲーティングは,低消費電力をうたうCortex-Mマイコンのほとんどで採用されています.

なお,クロック・ゲーティングにしろ,リテンション付きのパワー・ゲーティングにしろ,CPUはWFI命令やWFE命令で停止していますから,WIC(Wakeup Interrupt Controller)により復帰用の割り込みを発生させて,通常のRUNモードに戻します.Cortex-Mシリーズを採用するマイコンのブロック図を図Bに示します.Kinetisの内部構造も基本的に同じです.

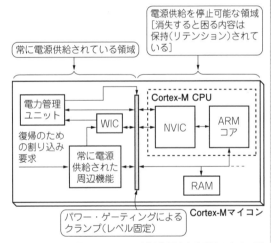

図B Cortex-M採用マイコンの低消費電力を実現するための回路構成

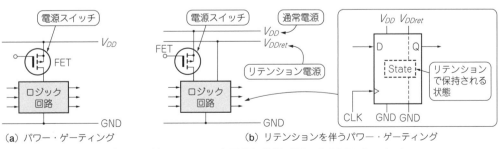

図A パワー・ゲーティングの概念…電源をOFFしても最低限の情報は保持できるようになっている

第4部 IoTの重要技術その1 低消費電力化

> **コラム2　Cortex-M0+が他のCortex-Mより低消費電力といわれる理由？**　中森 章
>
> ● パイプライン段数を減らすと低消費電力化できる
>
> 　Cortex-Mシリーズは基本的に3段パイプラインを採用しています．しかし，Cortex-M0+では2段パイプラインになりました．パイプライン構造では，クロックごとに各段（ステージ）の状態を保持しながら次の段（ステージ）に渡します．
>
> 　パイプラインの段数を減らすことは，状態を次の段に受け渡すための保持論理を減らすことを意味します．これによるゲート規模削減で，低消費電力になります．参考文献(1)ではCortex-M0+の場合で30%の電力削減（リーク電流を除く）だそうです．それでいて，特定のベンチマークでは（パイプラインの段数削減により）7～9%の性能アップですから，（3段パイプラインのCortex-Mシリーズと比較して）全体として40%以上の電力効率が達成できるそうです．

モードに移行することで活性化されます．

　周辺システムとしては長時間の（DEEP：深い）スリープ機能を実装するために，PLLのクロックを非常に低い周波数に変更したり，部分的に電源をOFFしたりする実装を行います．

　SLEEPDEEP信号をどのように活用して，いかに消費電流を低減するかはマイコン製造メーカの腕の見せどころです．Kinetisマイコンでもこのこのような SLEEPDEEP信号を最大限に活用して各種の低消費電力モードを実現しています．

● 脱スリープ/ディープ・スリープ! SLEEPING信号の不活性化

　割り込み要求の発生で不活性化されます．これは，割り込みが許可されているか禁止されているかには無関係です．割り込みが禁止されている場合は，WFIの次の命令から実行を再開します．

　WFI命令またはSCR.SLEEPONEXIT=1でスリープしている場合は新しい割り込み処理が実施されます．WFE命令でスリープしている場合はWFE命令の次の命令から実行が再開されます．

● 脱ディープ・スリープ! SLEEPDEEP信号の不活性化

　基本的にはSLEEPING信号の不活性化と同じで，割り込み発生で不活性化されます．深いスリープなので，周辺システムとしては，クロック発振の安定や電源供給が安定していることを確認したあとで，実際に割り込みをCortex-Mプロセッサに通知する必要があります．もちろん，SLEEPDEEP信号をどう扱うかはシステム設計次第です．例えば割り込みコントローラNVICのクロックが，SLEEPDEEP信号のために停止されている場合は，割り込みが発生しませんから，ディープ・スリープ・モードのままです．

　ところで，WFI命令，WFE命令を実行するだけでCortex-MのCPUコアへのクロック供給は自動的に停止します．周辺機能によるクロック停止ではなく，CPUは自発的にクロックを停止させます．ただし，割り込みで再起動するために，NVICやSysTickタイマへのクロック供給は停止しません（コラム1参照）．

　これはスリープ・モードの場合ですが，ディープ・スリープ・モードではCPU内の全クロック供給が停止します．この場合は，Cortex-Mプロセッサ外部のWIC（Wake-up Interrupt Controller）により，割り込みを検出してディープ・スリープ・モードを抜け出します．WICは，割り込みを発生させる前に，必要ならば電源オンやクロック入力などの前処理を行う役割も果たします．

　なお，Kinetisの場合は，非同期に動作するAWIC（Asynchronous Wakeup Interrupt Controller）が起動要因を検出してCortex-M CPUが通常モードへ復帰するための割り込みを発生します．

　機能的にはWICもAWICも同じですが，AWICはクロックの供給がなくても動作します．WICはCortex-Mコンポーネントに含まれますが，Kinetisマイコンが提供する各種の低消費電力モードには対応できません．Kinetis内部には，Cortex-Mとは別でAWICモジュールが独自に実装されています．

◆参考文献◆

(1) Five things you may not know about ARM Cortex-M0+.
http://community.arm.com/docs/DOC-7413
(2) Using the Sleep-on-Exit Feature.
http://my.safaribooksonline.com/book/electrical-engineering/computer-engineering/9780123854773/chapter-17dot-using-low-power-features-in-programming/using_the_sleeponexit_feature
(3) A Beginner's Guide on Interrupt Latency - and Interrupt Latency of the ARM Cortex-M processors.
http://community.arm.com/docs/DOC-2607

なかもり・あきら

第21章

Kinetisは1μA…メーカの工夫がぎっしり

使えると差がつく マイコン固有ロー・パワー・モード

中森 章

ARMマイコンには低消費電力モード満載…Kinetisの例

● 低消費電力モードは，なんと10種類

Kinetisマイコンにはさまざまな低消費電力モードが用意されています．CPUのスリープ・モードをウェイト(WAIT)・モード，CPUのディープ・スリープ・モードをストップ(STOP)・モードと呼びます．これに加え，チップ全体では，さらに8種類の低消費電力モードをサポートします．つまり低消費電力モードは合計10種類になります．

Kinetisのサポートする10種類の動作モードを表1に，それぞれの動作モードへの遷移を図1に示します．表2に各動作モードの詳細を示します．

▶供給クロック周波数を制限した低消費電力モード

CPUコアに供給するクロックを最大4MHzに制限した状態で，CPUコアがRUNモード，スリープ・モード，ディープ・スリープ・モードに遷移すると，それぞれ，VLPR(Very Low Power RUN)，VLPW(Very Low Power Wait)，VLPS(Very Low Power Stop)モードに遷移します．これは，消費電力は動作周波数に比例するという事実を根拠とする低消費電力モードです．

この場合，システム・クロックやバス・クロックが4MHzに，バス・クロックが1MHzに落ちています(クロック供給時)から，周辺デバイスの中には動作

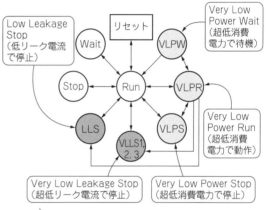

図1 Kinetisの動作モードの遷移…低消費電力(ロー・パワー)モードはたいていRUNモードを介さなくても遷移できる

表1 ARMマイコンには低消費電力モード満載…Kinetisマイコンの動作モードと消費電流

一般的な動作モード	Cortex-Mの動作モード	拡張されたKinetisの動作モード	復帰時間	消費電流(参考値)	
RUN(動作)	RUN(動作)	RUN(動作)	—	70μA/MHz〜	CPUコアを最大4MHzで動作させる
		VLPR(超低消費電力で動作)	—	50μA/MHz〜	
Wait(待機)	Sleep(スリープ)	Wait(待機)	—	1.79mA*	CPUコアへのクロック供給なし．バス・クロックが最大1MHzで動作
		VLPW(超低消費電力で待機)	4μs	218μA*	
Stop(停止)	DeepSleep(ディープ・スリープ)	Stop(停止)	4μs	160μA*	
		VLPS(超低消費電力で停止)	4μs	2.09μA*	
メーカが独自に追加した1μAレベルの超ロー・パワー・モード		LLS(低リーク電流で停止)	4μs	1.2μA〜7μA	CPUコアへのクロック供給なし，バス・クロックの供給なし
		VLLS3(超低リーク電流で停止)	35μs	1μA〜5μA	
		VLLS2(超低リーク電流で停止)	35μs	750nA〜2μA	
		VLLS1(超低リーク電流で停止)	100μs+外部割り込み有効復帰時間	500nA〜1.5μA	

＊：https://community.nxp.com/community/training Overview.pdf

ドキュメント：Kinetis MCU Portfolio

第4部 IoTの重要技術その1 低消費電力化

表2 Kinetisマイコンの動作モード(低消費電力モード)

Kinetisの モード	CPUコア・ モード	説明	標準的な復帰方法
Run	Run	マイクロコントローラはフルスピードで動作可能(このモードはノーマルRunモードとも呼ばれる), レギュレータ:Runモード・レギュレーション	—
Wait	Sleep	コア・クロック:停止, システム・クロック:動作継続, バス・クロック:動作継続(イネーブルされてる場合), レギュレータ:Runモード・レギュレーション	
Stop	Sleep Deep	コア・クロック:停止, システム・クロック:停止, バス・クロック:停止, レギュレータ:Runモード・レギュレーション	
VLPR	Run	コア・クロック, システム・クロック, バス・クロック:1MHzに制限, フラッシュ用クロック:1MHzに制限(Flashの消去/書き込み, およびFlexMemory(EEPROM)の書き込みはできない)	割り込み
VLPW	Sleep	コア・クロック:停止, システム・クロック:動作継続, バス・クロック:動作継続(イネーブルされてる場合), システム・クロック, バス・クロック:1MHzに制限, フラッシュ用クロック:1MHzに制限	
VLPS	Sleep Deep	コア・クロック:停止, システム・クロック:停止, バス・クロック:停止	
LLS	Sleep Deep	コア・クロック, システム・クロック, バス・クロック:停止. 内部ロジックのパワーを落としてLow Leakageモードに入る. 内部ロジックの状態は保持	ウェイクアップ割り込み(LLWUの割り込みサービス・ルーチンでRunモードに復帰)
VLLS3	Sleep Deep	コア・クロック, システム・クロック, バス・クロック:停止. 内部ロジックのパワーを落としてLow Leakageモードに入る. システムRAMとI/Oの状態は保持. 内部ロジックの状態は保持しない	ウェイクアップ・リセット(リセットに引き続きLLWUがNVICのための割り込みフラグをセット)
VLLS2	Sleep Deep	コア・クロック, システム・クロック, バス・クロック:停止. 内部ロジックと一部のシステムRAMのパワーを落としてLow Leakageモードに入る. 残りのシステムRAMとI/Oの状態は保持. FlexRAMはオプションで保持可能. 内部ロジックの状態は保持しない	
VLLS1	Sleep Deep	コア・クロック, システム・クロック, バス・クロック:停止. 内部ロジックとすべてのシステムRAMのパワーを落としてLow Leakageモードに入る. 32バイトのレジスタ・ファイルとI/Oの状態は保持. 内部ロジックの状態は保持しない	
VLLS0	Sleep Deep	基本的にVLLS1と同じ	LLWUとRTC以外が停止. PORP0ビットでPORを許可/禁止可能
BAT	OFF	チップはV_{BAT}供給以外の電源を遮断. RTCと, カスタマが必要なデータである32バイトのV_{BAT}レジスタは, 電源供給が続けられる	パワーアップ・シーケンス

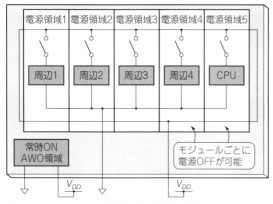

図2 Kinetisマイコンは複数の電源領域を独立にON/OFFできるようになっている

は停止されています.

▶不要な部分の電源をOFFにするモード

　残りの, LLS(Low Leakage Stop), VLLS(Very Low Leakage)1〜3という4種類の動作モードは不要な部分の電源をOFFするモードです. これらのモードに遷移すると, 各モードであらかじめ定義されている電源領域への電源供給が停止されます.

● 独立してON/OFF可能な多数の電源領域

　Kinetisの電源制御で特徴的なことは, チップ内部で分離された多数の電源領域(パワー・ドメイン)をを独立してON/OFFできることです(図2). KinetisにはRTCの内容をバックアップする専用電源をオプションでもっていますが, 基本的には3.3V(Kinetis Eは5V)の単一電源です. ということで, チップへの電源供給は簡単になりますが, チップ内部への電源供給が複雑になるのです. これらの電源領域の電源のON/OFFを最適化するのが, 10種類もある電源モードなのです. 電源をOFFする以上の低電力機能はあ

しなくなるものも出てきます. 動作できない周辺デバイスへのクロック供給は無駄なので, これらの動作モードでは周辺デバイスへのクロック供給は基本的に

第21章　使えると差がつくマイコン固有ロー・パワー・モード

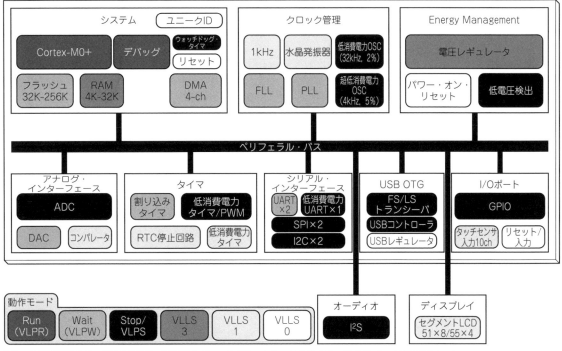

図3　各低消費電力モード時の活性化/不活性化ブロック(Kinetis Lの最大構成時，VLLS2モードは存在しない)

りませんから，10種類の電源モードを駆使すれば非常に低消費電力なシステムが可能になります．

また，Kinetis Lにおける最大構成時のブロック図において，各低消費電力モードで，どの部分が活性化/不活性化しているかのイメージを**図3**に示します．複数の電源領域を個別にON/OFFする構造は各社のマイコンでも採用していますが，Kinetisでは電源領域の多さが圧倒的です．よって，その分，細かい電力制御が可能になっています．

Cortex-Mマイコンにはたいてい超ロー・パワーなメーカ固有モードが用意されている

本書のターゲット・マイコンKinetisには10種類の動作モードが存在します．Cortex-Mで用意されているモード以外に，超低消費電力なメーカ特有モードが追加されています(**表1**)．概要を以下に示します．

通常の割り込み待ちではWFI命令を実行して割り込みを待つのが定番です．これはスリープ(Wait)モードに相当します．

基本的にはCPUが動き続けているのが前提であり，WFI命令を実行すると割り込み要求が発生するまでの間，CPUコアへのクロック供給が停止します．このWFI命令でクロックは止まっている時間はわずかですので，低電力の観点でも塵積の効果でしかありません．しかし，割り込み待ちを自己ループ(分岐命令による無限ループ)で行うよりははるかに低消費電力ですが，WFI命令を実行するとCPUの動作が停止してしまいます．

割り込み待ちはポーリングで行う場合もありますが，この場合は，CPUは自由に動作できる状況ですが，自己ループと同程度の消費電力になってしまいます．このポーリング時の消費電力を下げるには動作周波数自体を下げるしかありません．これを実現するのがVLPR(Very Low Power Run)モードです．動作周波数を下げながらもCPUを動作させ続ける必要がある場合にはVLPRモードを使用します．

RUNモードとVLPRモード以外はCPUへのクロックが停止しています．その分，低電力になります．それに加えて周辺デバイスのクロックを停止したり一部の領域の電源を止めることで，より低消費電力を実現できます．電力モードにおける低消費電力は次のような順序になっています(**表1**, **図1**を参照)．

RUN ＞ WAIT ＞ STOP ＞ VLPR ＞ VLPW ＞ VLPS ＞ LLS ＞ VLLS3 ＞ VLLS2 ＞ VLLS1 ＞ VLLS0

● 停止状態からの復帰時間も重要！

CPUの停止時間に応じて，より消費電力が小さい動作モードを使用することが想定されています．たとえば，火災報知器のようにほとんど動作することはないけれど，MCU自体が停止するのが困る場合は

第4部 IoTの重要技術その1 低消費電力化

> **コラム** 低消費電力モードではクロック供給に注意
>
> 中森 章

● CPUコアに入力されるクロック

図Aに示すように，CPUコアに入力されるクロックにはHCLK(High Speed Clock)とFCLK(Free Running Clock)が存在します．HCLKがいわゆるCPUの動作クロックで，MCUがうたう動作周波数で発振しています．FCLKは通常はバス・クロックや周辺デバイスへのクロックとして使われます．WFI命令やWFE命令を実行すると，HCLKは動作を停止し，低消費電力を実現します．

● WFI命令やWFE命令の影響を受けないFCLK

FCLKはWFI命令やWFE命令に影響を受けません．NVICにはFCLKが入力されています．SysTickは(通常は)HCLKとFCLKを切り替えられるようになっています．WFI命令やWFE命令の実行時にSysTickが停止しないというのはFCLKが入力として選択されている場合です．

● Kinetisの実装とFRDMボードでの異なるふるまい

しかし，Kinetisの実装ではSysTickへのFCLK入力の代わりにHCLKの分周クロックを入力するようになっている場合も少なくありません．この場合，WFI命令やWFE命令の実行時にはSysTickは停止してしまいます．しかし，Kinetis マイコン搭載のFRDMボードで実験すると，WFI命令やWFE命令を実行してもHCLKが停止しません．つまり，SysTickタイマの割り込みでDeepSleepモードからウェイクアップできてしまいます．この理由は，FRDMボードが常にデバッグ・モードになっているためHCLKが停止しないような細工が施されているためと推測されます．

▶メーカからの回答

本件，メーカ(旧フリースケール社)にサンプル・プログラムを添えて質問し回答を得ました．それによると，マイコン内部にはCPUのコア・クロックと同じ動作周波数のプラットホーム・クロックというものがあって，SysTickに供給されていることもあるようです．低消費電力を追求したいときにはクロック供給に気をつけた方がよさそうです．

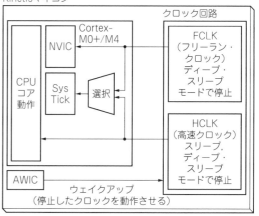

図A　Cortex-Mに入力されるクロック
出典：Kinetisマイコンのアプリケーション・ノート：AN4503

VLLS1モードが使用できます．このようなときは電池(バッテリ)で使用する場合がほとんどなので，消費電力は低いに越したことはありません．

本来ならば，すべての場合でVLLS1モードに遷移していればよいのですが，より低消費電力の動作モードであるほど，RUNモードに復帰するまでの時間が長くなりますから，停止状態からの復帰時間も考慮して，使う動作モードを選択する必要があります．

● 定期的に休止する用途だと低消費電力モードを生かしやすい

M2M，IoTの時代になるとセンサ端末にマイコンを使用することも多くなります．センサは何か変化を感知したら起き上がって通信を始めるものですから，何か変化が発生するまでひたすら待ち続けます．その変化時間の間隔はセンサの用途によって千差万別です．

この変化時間の間隔をCPUの停止時間とみなせば，最適な動作モードが選択できます．特にセンサなどの用途では電池駆動が前提です．電池を長持ちさせるためにも低消費電力化は必須です．

また，最初はSTOPモードで停止していて，ある程度状況の変化なしに時間が経過したらVLPSモードに遷移，VLPSモードで停止していても，さらにある程度の変化なしに時間が経過したらLLSモードに遷移，という具合に，周囲の環境に合わせてより低消費電力な動作モードに遷移させていくという手法も考えられます．

低消費電力モードへの意図的な遷移に関係するレジスタ

Kinetisの低消費電力モードは，PMC(Power Management Control)，SMC(System Mode

第21章 使えると差がつくマイコン固有ロー・パワー・モード

Controller），LLWU（Low Leakage Wakeup Unit）という三つの回路によって制御されます．それぞれの回路の概要を以下に示します．

● 低電圧検出と電圧レギュレータをON/OFF するPMC回路

▶低電圧検出機能（LVD）の制御（PMC_LVDSC1, 2 レジスタ）

低電圧状態になっても動作し続けられるようにメモリやMCUシステムを保護します．

▶電圧レギュレータの制御（PMC_REGSCレジスタ）

電圧レギュレータ関連のON/OFF制御を行います．また，RUNモード・レギュレーション（通常のRUN，Wait，Stopモードで使われるモード），Stopモード・レギュレーション（Very Low PowerモードとLow Leakageモード）を示すフラグを保持します．

● 低電力モードの切り替えとリセット要因の記録を行うSMC回路

▶低電力モードのイネーブル/ディセーブル（SMC_PMPROTレジスタ）

VLP，LLS，VLLS1～3の各モードに遷移できるかどうかを指定する1回のみ書き込みできるレジスタです．ここでイネーブルにしていないモードには遷移しません（プロテクトされる）．SMC_PMPROTレジスタはリセット後1回だけ書き換え可能です．値を変更するためにはリセットを発生させる必要があります．

▶低電力モードへの移行制御（SMC_PMCTRLレジスタ）

ボルテージ・レギュレータの復帰方法（LPWUIビット），VLPRモードへの遷移（RUNMビット），Low PowerかLow Leakage Stopの選択（LPLLSMビット）を設定します．

WFI命令を実行すると，STOPMビットで設定したStopモードに遷移します．LPWUIビットは，割り込み検出時にRUNモードに復帰するか，低消費電力モードを維持するかを指定するビットです．

しかし，LPWUIビットが存在するのはKinetis KシリーズとKinetis KW2xシリーズのみです．その他のKinetis MCUでは，低消費電力でLLWUからの割り込みを受けるとRUNモードに復帰します．

▶リセット要因を示すレジスタ（RCM_SRS0，RCM_SRS1レジスタ）

最後に発生したリセット要因，LLSあるいはVLLSモードから発生したリセット要因を示します．

● ウェイクアップ処理を行うLLWU回路

▶LLS，VLLSからのウェイクアップ要因を設定

外部入力ピンのウェイクアップ要因は最大16本です．外部入力ピンは論理的にはLLWU_P0から

表3[(2)] **低消費電力からのウェイクアップ用の端子**（Kinetis KL25の場合）

ピン名	GPIO時	ウェイクアップ端子
PTB0/LLWU_P5	PTB0	LLWU_P5
PTC1/LLWU_P6/RTC_CLKIN	PTC1	LLWU_P6
PTC3/LLWU_P7	PTC3	LLWU_P7
PTC4/LLWU_P8	PTC4	LLWU_P8
PTC5/LLWU_P9	PTC5	LLWU_P9
PTC6/LLWU_P10	PTC6	LLWU_P10
PTD4/LLWU_P14	PTD4	LLWU_P14
PTD6/LLWU_P15	PTD6	LLWU_P15

LLWU_P15までの16本があります．

しかし，MCUのパッケージの都合ですべての起動端子がサポートされているわけではありません．**表3**にKinetis L（KL25）の場合の起動端子（ウェイクアップ端子）を示します．

▶端子入力検出条件を指定…LLWU_PE1，2，3，4 レジスタ

外部入力ピンを使用する場合は，LLWU_PE1，2，3，4レジスタにより，入力端子と検出条件（立ち上がり，立ち下がりエッジ）を指定します．LLWU_PEの各レジスタごとに4本の端子入力検出条件を指定します．

▶ウェイクアップ要因を選択…LLWU_MEレジスタ

内部モジュールのウェイクアップ要因は6モジュールから選択できます．

LLWU_MEレジスタにより，次のどのモジュールをウェイクアップ要因として使用するかを指定します．

- LPTMR（低消費電力タイマ）
- CMP0（コンパレータ0）
- CMP1（コンパレータ1）
- CMP2（コンパレータ2）
- TSI（タッチ検出入力）
- RTC（リアルタイムクロック）

どの内部モジュールによる要因でウェイクアップしたかは，LLWU_F1，2，3レジスタに保持されます．

ここで，各ウェイクアップ要因とLLMU_MEのビット対応を**表4**に示します．

▶リセット・ピンを設定（LLWUリセット許可）…LLWU_RSTレジスタ

リセット・ピンのディジタル・ノイズ・フィルタのON/OFFを制御します．また，LLS，VLLSxモードからリセット・ピンで抜け出すがどうかの指定を行います．

▶ディジタル・ノイズ・フィルタの状態設定…LLWU端子フィルタ（LLWU_FILT1, 2）

外部ピン，リセット・ピンのディジタル・ノイズ・フィルタのON/OFFを制御します．

第4部 IoTの重要技術その1 低消費電力化

表4(3) 各ウェイクアップ要因とLLMU_MEのビット対応

LLWU_ME [WUME]	ウェイクアップに使用するモジュール
ビット7	リアルタイム・クロック(RTC)による秒割り込み
ビット6	Dryice(タンパ検出)
ビット5	RTCアラーム割り込み
ビット4	TSI
ビット3	CMP2/CMP3
ビット2	CMP1
ビット1	CMP0
ビット0	LPTMR

▶ フラグ制御するレギュレータ・ステータス・コントロール(PMC_REGSCレジスタ)

これはLLWUのレジスタではありませんが,LLWUと密接な関係があります.

I/Oの状態を保持していることを示すフラグ(ACKISO)を制御します.

ACKISO = 1の場合,ペリフェラル,I/Oは保持(ラッチ)状態にあり,I/Oの状態はACKISOビットがクリアされるまで保持されます.なお,LLS,VLLSからリセット・ピンで復帰した場合は,リセットからの処理となるためI/Oの状態は保持されません.

超ロー・パワーな メーカ固有モードからのウェイクアップ

● 復帰時にリセットをかけたくなければLLSモードを使う

LLSモードとVLLS(VLLS1,VLLS2,VLLS3)モードの決定的な違いは,ウェイクアップ時にリセットがかかるかどうかです.

LLSモードからの起動ではLLWU用の割り込みハンドラを実行します.VLLSモードではウェイクアップ時にリセットがかかります.

LLSモードでは,ウェイクアップ要因発生後,RUNモードに復帰しますが,VLLS(VLLS1,VLLS2,VLLS3)モードではウェイクアップ後,リセット処理から開始されます.不用意に周辺回路がリセットされるのを嫌う場合は現実にはLLSモードしか使えません.LLSモードの場合はウェイクアップ時にLLWUの割り込みハンドラが起動されます.

ウェイクアップ要因が何によるものかは,LLWU_F1,LLWU_F2,LLWU_F3レジスタによって識別できます.

LLWU_F1,LLWU_F2は外部入力ピンによるウェイクアップ要因を保持し,LLWU_F3は内部モジュールによるウェイクアップ要因を保持します.

リスト1 LPTMRの初期化とNVICのWWLU割り込みをクリアする処理

```
SIM_SCGC5  |= SIM_SCGC5_LPTMR_MASK;
                    // LPTMRへのクロック供給
LPTMR0_PSR = ( LPTMR_PSR_PRESCALE(0)
                    // 0000 is div 2
             | LPTMR_PSR_PBYP_MASK
                    // LPO feeds directly to LPT
             | LPTMR_PSR_PCS(LPTMR_USE_LPOCLK)) ;
                    // use the choice of clock

LPTMR0_CMR = LPTMR_CMR_COMPARE(1000);
                    //Set compare value (100ms)
LPTMR0_CSR = ( LPTMR_CSR_TCF_MASK
                    // Clear any pending interrupt
             | LPTMR_CSR_TIE_MASK
                    // LPT interrupt enabled
             | LPTMR_CSR_TPS(0)
                    //TMR pin select
             |!LPTMR_CSR_TPP_MASK
                    //TMR Pin polarity
             |!LPTMR_CSR_TFC_MASK
             // Timer Free running counter is reset
             //  whenever TMR counter equals compare
             |!LPTMR_CSR_TMS_MASK
              //LPTMR0 as Timer
             );
enable_irq(LLWU_irq_no);
 // NVICに保持されているLLWU割り込み要因をクリア
```

● 超ロー・パワーVLLSモードからのウェイクアップのコツ…要因を確認する

VLLSモードからのウェイクアップではリセットがかかります.LLWU_F1やLLWU_F2レジスタをリードする前に,システム・リセット・ステータス・レジスタ(System Reset Status Register 0:RCM_SRS0)をリードして,リセット要因がLLWUからのリセットであることを確認することが推奨されます.RCM_SRS0. WAKEUP = 1の場合がLLWUによるリセットが発生したことを示します.

● ウェイクアップ要因のクリア方法

ウェイクアップ要因が活性化された時点で,LLWU_F1,LLWU_F2,LLWU_F3レジスタの要因ビットがセットされたままになっていると,周辺デバイスが低電力モードから抜け出せません.つまり,通常の動作モードに復帰するためには,LLWU_F1,LLWU_F2,LLWU_F3レジスタの内容をクリアしておく必要があります.

LLWU_F1とLLWU_F2は外部要因(すなわち端子入力)によるウェイクアップです.これの要因をクリアするためには,LLWU_F1やLLWU_F2の対応するフラグに1をライトする(ライト1クリア)ことで実施できます.LLWU_F3に関しては内部要因ですので,そのフラグをセットした周辺モジュールの割り込み要因をクリアしなければなりません.例えば,LPTMRによってウェイクアップした場合,LLWU_F3のビット0がセットされます.

第21章 使えると差がつくマイコン固有ロー・パワー・モード

リスト2　LLWUハンドラの内部に記述する内容

```
if(LLWU_F3 & LLWU_F3_MWUF0_MASK){
    起動要因0(LPTMR)のクリア
}
if(LLWU_F3 & LLWU_F3_MWUF1_MASK){
    起動要因1(CMP0)のクリア
}
if(LLWU_F3 & LLWU_F3_MWUF2_MASK){
    起動要因2(CMP1)のクリア
}
if(LLWU_F3 & LLWU_F3_MWUF3_MASK){
    起動要因3(CMP2)のクリア
}
if(LLWU_F3 & LLWU_F3_MWUF4_MASK){
    起動要因4(TSI)のクリア
}
if(LLWU_F3 & LLWU_F3_MWUF5_MASK){
    起動要因5(RTCアラーム)のクリア
}
if(LLWU_F3 & LLWU_F3_MWUF6_MASK){
    起動要因6(割り当てなし)のクリア
}
if(LLWU_F3 & LLWU_F3_MWUF7_MASK){
    起動要因7(RTC秒割り込み)のクリア
}
```

表5[1]　RunモードからのMCU遷移方法

遷移前	遷移後	復帰方法
RUN	WAIT	WAIT();関数を実行(リスト3参照)(SLEEPDEEPビットをクリアしてから，WFI命令を実行)
RUN	STOP	STOP();関数を実行(リスト4参照)(SLEEPDEEPビットをセットしてから，WFI命令を実行)
RUN	VLPR	バス/コア・クロックを2MHz，フラッシュ用クロックを1MHzにした後に，AVLP = 1 (VLPモード有効)，RUNM=10(VLPRモードに移行)に設定※
RUN	VLPS	AVLP = 1 (VLPモード有効)，STOPM = 010 (VLPS)に設定して，STOP();を実行
RUN	LLS	ALLS = 1 (LLSモード有効)，STOPM = 011 (LLS)に設定して，STOP();を実行
RUN	VLLS (3, 2, 1)	AVLLSxをセット(VLLSx有効)，STOPM = 100に設定(VLLSx選択)して，STOP()を実行　VLLSM=011(VLLS3)，010(VLLS2)，001(VLLS1)

※：MCUがVLPRモードに移行したのを確認(VLPRS = 1)してからVLPRモードのプログラムを実行すること

これをクリアするためには，リスト1のような処理が必要です．要するにLPTMRの初期化とNVICのWWLU割り込みをクリアする処理ですが，LLWU_F3のビット0をクリアするだけの目的には少し冗長かもしれません．

この記述の要点はLPTMR0_CSRのLPTMR_CSR_TCF_MASKビットをセットしてNVIC内に保留されている割り込みをクリアすることです(ライト1クリア).

NVICの割り込みをクリアすることは特に重要です．再度，LLSモードやVLLSxモードに移行する際に割り込みが保留されたままになるとWFI命令がスキップされてしまうので，LLSモードやVLLSxモードに移行できません．もっとも簡単には(横着をするには)，VLLSxモードに移行する際にはLLWU割り込みを許可しないことです．

VLLSxモードからのウェイクアップにはWWLU_MEさえ設定されていれば十分です．LLWU割り込みの許可が必要なのはLLSモードからのウェイクアップのみです．

VLLSxモードからのウェイクアップにおいては上述の処理を通常の(割り込みが発生しない場合に通過する)プログラム・シーケンスの中に書くことになりますが，LLSモードからの起動に関しては，LLWUハンドラの内部に記述することで，通常のプログラム・シーケンスがスッキリと見やすくなります．

LLWUハンドラではリスト2のような記述になります．

実際の移行/復帰方法

Kinetisマイコンの各低消費電力モードへの移行/復

表6[1]　WAIT，STOPモードからRUNモードへの遷移方法

遷移前	遷移後	復帰方法
WAIT	RUN	割り込み，またはリセット
STOP	RUN	割り込み，またはリセット

帰の手順を表5～表9にまとめます．また，そのためのサンプル・コードをリスト3～リスト6に示します．

基本的には，SMC回路でモード設定を行い，Wait()関数またはStop()関数を実行して低消費電力モードに移行し，LLWUにより低消費電力から復帰します．

Wait()関数，Stop()関数の実体はWFI命令です．それはCPUコアがそれぞれ，スリープ・モード，ディープ・スリープ・モードに移行するのと等価です．

LLSからウェイクアップしたときは割り込み処理から実行されますが，VLLSからウェイクアップしたときは(一部のブロックの電源が落ちていますから)リセット処理から実行されます．その意味でVLLS状態はリセットが入り放しの状態とほぼ等価です．

文字だけではわかりにくいので，各低消費電力モードと，ウェイクアップ時に使用されるユニット(WICからLLWUか)を表10に示します．

第4部 IoTの重要技術その1 低消費電力化

表7[1]　VLPRからの遷移

From	To	Trigger Conditions
VLPR	RUN	RUNM = 00に設定，または割り込み（LPWUI = 1の場合[※1]），またはリセット[※2]
VLPR	VLPW	WAIT()；を実行
VLPR	VLPS	LPLLSM = 010（VLPS）として，STOP()；を実行
VLPR	LLS	ALLS = 1（LLSモード有効），STOPM = 011（LLS）に設定して，STOP()；を実行
VLPR	VLLS (3, 2, 1)	AVLLSxをセット（VLLSx有効），STOPM = 100に設定（VLLSx選択）して，STOP()；を実行　VLLSM = 011（VLLS3），010（VLLS2），001（VLLS1）

※1：LPWUI：ボルテージ・レギュレータの復帰方法を設定する　KinetisKとKinetisW2xにしかLPWUIビットは存在しない
※2：レギュレータがRunレギュレーションに移行したのを確認（REGONS = 1）してからクロック周波数を上げること

表8[1]　VLPW，VLPSからの遷移

From	To	Trigger Conditions
VLPW	RUN	割り込み（LPWUI = 1のとき[※]），またはリセットで復帰
VLPW	VLPR	割り込み（LPWUI = 0のとき[※]）で復帰
VLPS	RUN	割り込み（LPWUI = 1のとき[※]），またはリセットで復帰
VLPS	VLPR	割り込み（LPWUI = 0のとき[※]）で復帰

※：LPWUI：ボルテージ・レギュレータの復帰方法を設定する　KinetisKとKinetisW2xにしかLPWUIビットは存在しない

表9[1]　LLS，VLLSからの遷移

遷移前	遷移後	復帰方法
LLS	RUN	LLWUで有効にしたピン／モジュール，またはリセット
VLLS (3, 2, 1)	RUN	LLWUで有効にしたピン／モジュール，またはリセット　※LLWUでウェイクアップした場合もリセットから実行

リスト3[1]　wait()関数

```
void wait (void)
{
/* Clear the SLEEPDEEP bit to make sure we go into
WAIT (sleep) mode instead
* of deep sleep.
*/
SCB_SCR &= ~SCB_SCR_SLEEPDEEP_MASK;
/* WFI instruction will start entry into WAIT mode
*/
asm("WFI");
}
```

リスト4[1]　stop()関数

```
void stop (void)
{
/* Set the SLEEPDEEP bit to enable deep sleep mode
(STOP) */
SCB_SCR |= SCB_SCR_SLEEPDEEP_MASK;
/* WFI instruction will start entry into STOP mode
*/
asm("WFI");
}
```

リスト5[1]　ノーマルSTOPモードに移行させるサンプル・コード

```
void enter_stop(void)
{
/* Set the LPLLSM =0b000 for normal STOP mode */
//MC_PMCTRL = MC_PMCTRL_LPLLSM(0);/* 古い記述 */
SMC_PMCTRL = SMC_PMCTRL_STOPM(0);
/* Now execute the stop instruction to go into LLS
*/
stop();
}
```

リスト6[1]　LLSモードに移行させるサンプル・コード

```
void enter_lls(void){
/* Write to PMPROT to allow LLS power modes */
//MC_PMPROT = MC_PMPROT_ALLS_MASK; );/* 古い記述 */
SMC_PMPROT = SMC_PMPROT_ALLS_MASK;
//this write-once bit allows the MCU to enter the
//LLS low power mode.
/* Set the LPLLSM =0b011 for LLS mode */
//MC_PMCTRL = MC_PMCTRL_LPLLSM(3););/* 古い記述 */
SMC_PMCTRL = SMC_PMCTRL_STOPM(3);
/* Now execute the stop instruction to go into LLS
*/
stop();
}
```

究極の低消費電力…電源オフ・モード

● 低消費電力モードに分類されない場合もある電源オフ・モード

　表1と図1に示された低電力モードのほかに，究極に電力を減らせるBAT（backup battery only）モードが存在します．BATと似た低消費電力モードにVLLS0があります．Cortex-M0+コア・マイコンでサポートされます．VLLS0モードは，電源供給停止時にRTCのみ生きています．このときRTC割り込みでしか起動できませんが，通常RTC用クロックとして使用する1kHzのLPOクロックが停止してしまうので，外部から供給しないといけません．BATモードは割り込み要因では復帰できないので，低消費電力モードに分類されない場合もあります．

　VLLS0モード時での消費電力はKinetis Lシリーズで411nA（POR動作）または，205nA（POR動作なし）です（PORはオプション機能です）．これはVLLS1モードの半分以下の電力です．BATモードでは，RTCと32バイトのバックアップ・レジスタのみ動作しています．BATモードからの起動はパワーアップ・シーケンスから行うことになります．

第21章 使えると差がつくマイコン固有ロー・パワー・モード

表10[4], [5] 低消費電力モードとウェイクアップ要因のまとめ

低消費電力モード	CPU	SysTick	LPTMR	NVIC	ウェイクアップするためのモジュール
RUN	動作	動作	動作	動作	―
VLPR	動作	動作	動作	動作	CPUによるSCG5のレジスタ設定
WAIT, VLPW	停止	動作	動作	動作	NVIC
STOP, VLPS	停止	停止※	動作	停止	WIC (AWIC)
LLS	停止	停止	動作	停止	LLWU
VLLS3	停止	停止	動作	停止	LLWU（リセット・シーケンスから開始）
VLLS2	停止	停止	動作	停止	LLWU（リセット・シーケンスから開始）
VLLS1	停止	停止	動作	停止	LLWU（リセット・シーケンスから開始）
VLLS0	停止	停止	動作	停止	LLWU（リセット・シーケンスから開始）
BAT	停止	停止	動作	停止	外部リセット回路

※：デバッガ接続時は動作

◆参考・引用＊文献◆

(1)＊NXP（旧フリースケール）資料，Kinetis 低消費電力モード(Low Power Mode).
(2) KL25 Sub-Family リファレンス・マニュアル
Document Number：KL25P80M48SF0RM，Rev.3，September 2012
(3)＊K60 Sub-Family リファレンス・マニュアル
Document Number：K60P144M150SF3RM，Rev.4，10/2015
(4)＊フリースケールFTF2014資料(FTF-SDS-F0462)
(5)＊AGH科学技術大学資料(MICROPROCESSOR TECHNOLOGY II-AGH：Exceptions and Interrupts)
(6) Five things you may not know about ARM Cortex-M0+
http://community.arm.com/docs/DOC-7413
(7) Using the Sleep-on-Exit Feature
http://my.safaribooksonline.com/book/electrical-engineering/computer-engineering/9780123854773/chapter-17dot-using-low-power-features-in-programming/using_the_sleeponexit_feature
(8) A Beginner's Guide on Interrupt Latency - and Interrupt Latency of the ARM Cortex-M processors
http://community.arm.com/docs/DOC-2607

なかもり・あきら

第22章

意外とややこしいので要注意

内部/外部イベントによる低消費電力モードからの復帰

中森 章

　Cortex-MマイコンKinetisは，消費電流1μAも可能なメーカ固有の超低消費電力モードを各種備えています．この超低消費電力モードへの意図的な移行や復帰方法を前章で紹介しました．

　本章では，内部要因（タイマなど）や外部要因（割り込み入力など）による超低消費電力モードからの復帰方法を紹介します．

内部要因1：低消費電力モード用タイマLPTMRによる復帰

■ 低消費電力モードで使える内部タイマLPTMR

● 機能

　ここまで紹介してきたCortex-MマイコンKinetisファミリは，すべての低消費電力モードからの復帰要因として利用可能な16ビットのアップ・カウント・タイマLPTMR（Low Power Timer）を備えています．LPTMRは，時間計測カウンタ，あるいはパルス計測カウンタとして使用できます．

　比較機能をもっており，比較が一致した場合に割り込みを発生することができます．

　タイマのカウンタはフリーラン動作または比較一致でクリアされる動作が可能です．

　A-Dコンバータ（ADC）などのためにハードウェア・トリガ出力を生成することも可能ですが，低消費電力モードでは使用できません．

● 動作クロック

　動作クロックは次の4種類から選択できます．
（1）内部リファレンス・クロックMCGIRCLK（Low Leakageモードでは使用不可）
（2）内部1kHz ロー・パワー発振器LPO
（3）32kHzセカンダリ外部リファレンス・クロックERCLK32K
（4）外部リファレンス・クロックOSCERCLK

　それぞれのクロックはプリスケーラ（時間カウンタ用）で分周したりノイズ除去のためにグリッチ・フィルタ（パルス・カウンタ用）を通過させたりすることができます．

● パルス・カウンタとして使うときの入力端子

　パルス・カウンタのための入力端子は立ち上がりエッジまたは立ち下がりエッジを検出してカウントします．パルス・カウンタの入力信号は次の3本の外部入力ピンとCMP0から選択できます．
（1）LPT_ALT1（外部入力）
（2）LPT_ALT2（外部入力）
（3）LPT_ALT3（外部入力）
（4）CMP0（内部のコンパレータ出力）

　LPTMRによって発生する割り込みで低消費電力モードからの復帰が可能です．ここでは，LPTMRの低消費電力モードからの復帰機能に関して重点的に説明します．

● 動作モード

　LPTMRの動作モードを表1に示します．低消費電力モードでは割り込みを生成し，それをLLWUに通知することで，低消費電力から抜け出します．

■ LPTMRタイマの基本的な使い方

● クロックの設定方法

　LPTMRはすべての低消費電力モード（VLLS0モー

表1 低消費電力モード用タイマLPTMRの動作モード

低消費電力モード	LPTMRの動作	備考
RUN	通常動作を継続	カウンタとして動作
STOP		発生する割り込みをウェイクアップ・ソースとして利用可能
WAIT		
LLS		
VLLSx		
Debug	パルス・カウンタとして動作	時間カウンタ・モードでは動作しない

第22章 内部/外部イベントによる低消費電力モードからの復帰

ドを除く)で作動しますが，使用するクロック源がその低消費電力モードで作動しなければなりません．たとえば内部リファレンス・クロックはLow Leakage mode (VLLSx, LLS) では利用できません．

以下にLPTRMのクロック・ソースの設定例を示します．

(1) 内部リファレンス・クロック (IRCLK)
```
LPTMR0_PSR[PCS] = 00
MCG_C1|=MCG_C1_IRCLKEN_MASK;
            //Turn on MCGIRCLK
MCG_C2|=MCG_C2_IRCS_MASK;
            //Select Fast clock
```
(2) 内部1kHzロー・パワー・クロック (LPO)
```
LPTMR0_PSR[PCS] = 01
```
LPOは常に動作状態であるため特別な設定は必要ありません．

(3) 32kHzセカンダリ外部リファレンス・クロック (ERCLK32K)
```
LPTMR0_PSR[PCS] = 10
SIM_SCGC6|=SIM_SCGC6_RTC_MASK;
            //Enable RTC registers
RTC_CR  |=  RTC_CR_OSCE_MASK;
            //Turn on RTC oscillator
SIM_SOPT1&=~SIM_SOPT1_OSC32KSEL_
MASK; //Select RTC OSC source
                    for ERCLK32K
```
(4) 外部リファレンス・クロック (ERCLK)
```
LPTMR0_PSR[PCS] = 11
MCG_C2&=~MCG_C2_EREFS_MASK;
            //allow extal to drive
OSC_CR |= OSC_CR_ERCLKEN_MASK;
            //selects EXTAL to drive
                            XOSCxERCLK
```

なお，LPTMRレジスタをアクセスする前にクロック・ゲートを許可する必要があります．そのための設定は以下のようになります．
```
SIM_SCGC5 |= 0x00000001;
            // LPTMRのクロック供給開始
```

● 時間カウンタとして使う方法

LPTMRを以下の内容で設定する例を示します．
クロック・ソース：
　　　　　内部1kHzロー・パワー発振器 (LPO)
プリスケーラ：1/4
タイマ・モード：時間カウンタ・モード
入力クロック周波数：1kHz / 4 = 0.25kHz
コンペア値：4
カウンタ動作：比較一致でクリア

(1) LPTMRのクロック・ゲートを許可
```
/* SIM_SCGC5: LPTIMER=1 */
SIM_SCGC5  |= (uint32_t)0x01UL;
```
(2) 比較値を設定
```
/* LPTMR0_CMR: COMPARE=4 */
LPTMR0_CMR = (uint32_t)0x04UL;
```
(3) 動作モードなどの設定 (時間カウンタ・モード)
```
/* LPTMR0_CSR: TCF=1,TIE=0,TPS=0,
TPP=0,TFC=0,TMS=0,TEN=0 */
LPTMR0_CSR = (uint32_t)0x80UL;
```
(4) プリスケーラの設定
```
/* LPTMR0_PSR:PRESCALE=1,PBYP=0,
PCS=1 */
LPTMR0_PSR = (uint32_t)0x09UL;
```
(5) LPTMRをイネーブル
```
/* LPTMR0_CSR: TCF=0,TEN=1 */
LPTMR0_CSR = (uint32_t)((LPTMR0_
CSR & (uint32_t)~0x80UL) |
            (uint32_t)0x01UL);
```

● パルス・カウンタとして使う方法

LPTMRを以下の内容で設定する例を示します．
クロック・ソース：
　　　　　内部1kHzロー・パワー発振器 (LPO)
グリッジ・フィルタ：2
タイマ・モード：パルス・カウンタ・モード
入力信号：CMP0の出力
極性：アクティブHigh
コンペア値：4
カウンタ動作：比較一致でクリア

(1) LPTMRのクロック・ゲートを許可
```
/* SIM_SCGC5: LPTIMER=1 */
SIM_SCGC5  |= (uint32_t)0x01UL;
```
(2) 比較値を設定
```
/* LPTMR0_CMR: COMPARE=4 */
LPTMR0_CMR = (uint32_t)0x04UL;
```
(3) 動作モードなどの設定 (パルス・カウンタ・モード)
```
/* LPTMR0_CSR:TCF=1,TIE=0,TPS=0,
TPP=0,TFC=0,TMS=1,TEN=0 */
LPTMR0_CSR = (uint32_t)0x82UL;
```
(4) グリッジ・フィルタの設定
```
/* LPTMR0_PSR: PRESCALE=1,
PBYP=0,PCS=1 */
LPTMR0_PSR = (uint32_t)0x09UL;
```
(5) LPTMRをイネーブル
```
/* LPTMR0_CSR: TCF=0,TEN=1 */
LPTMR0_CSR = (uint32_t)((LPTMR0_
CSR & (uint32_t)~0x80UL) |
```

第4部 IoTの重要技術その1 低消費電力化

表2 低消費電力モード用タイマLPTMRのレジスタ

レジスタ・アドレス	レジスタ名
0x4004_0000	ロー・パワー・タイマ制御ステータス・レジスタ (LPTMR0_CSR)
0x4004_0004	ロー・パワー・タイマ・プリスケール・レジスタ (LPTMR0_PSR)
0x4004_0008	ロー・パワー・タイマ・比較レジスタ (LPTMR0_CMR)
0x4004_000C	ロー・パワー・タイマ・カウンタ・レジスタ (LPTMR0_CNR)

表3 低消費電力モードの切り替えを行うシステム・モード・コントローラ(SMC)回路の主なレジスタ

レジスタ・アドレス	レジスタ名
0x4007_E000	パワー・モード保護レジスタ (SMC_PMPROT)
0x4007_E001	パワー・モード制御レジスタ (SMC_PMCTRL)
0x4007_E002	STOP制御レジスタ (SMC_STOPCTRL)
0x4007_E003	パワー・モード・ステータス・レジスタ (SMC_PMSTAT)

表4 ウェイクアップ処理回路LLWUのレジスタ

レジスタ・アドレス	レジスタ名
0x4007_C000	LLWU端子許可1レジスタ (LLWU_PE1)
0x4007_C001	LLWU端子許可2レジスタ (LLWU_PE2)
0x4007_C002	LLWU端子許可3レジスタ (LLWU_PE3)
0x4007_C003	LLWU端子許可4レジスタ (LLWU_PE4)
0x4007_C004	LLWUモジュール許可レジスタ (LLWU_ME)
0x4007_C005	LLWUフラグ1レジスタ (LLWU_F1)
0x4007_C006	LLWUフラグ2レジスタ (LLWU_F2)
0x4007_C007	LLWUフラグ3レジスタ (LLWU_F3)
0x4007_C008	LLWU端子フィルタ1レジスタ (LLWU_FILT1)
0x4007_C009	LLWU端子フィルタ2レジスタ (LLWU_FILT2)

```
                           (uint32_t)0x01UL);
```

● レジスタ一覧

LPTMRのレジスタを表2に示します．また，低消費電力モードから抜け出す(正確には低消費電力モードに抜け出す場合ではなく移行する場合)には，低消費電力モードの切り替えを行うシステム・モード・コントローラ回路(SMC)のレジスタ設定も必要です．レジスタを表3に示します．

さらに，ウェイクアップ回路LLWUを許可するために，LLWUレジスタの設定(許可)も必要です．LLWUレジスタを表4に示します．

■ 復帰のためのサンプル・プログラム

● 処理の手順

Kinetisマイコンの低消費電力モードを表5に示します．LPTMRによりこれらの低消費電力モードから抜け出すには，次の手順を踏みます．

(1) まずはNVICの割り込みレジスタを設定

　　enable_irq(割り込み番号);

　　ここでいう「割り込み番号」とは，ベクタ番号から16を減算した値です．ベクタ番号0〜15の16本はCPUコア固有の割り込みを示します．CPUコア以外のベクタ番号が「割り込み番号」になります．CPUコア以外のベクタ番号はデバイス(Kinetis MCU)の種類で異なります．

(2) ウェイクアップ用回路(起動モジュール)LLWUを設定

　　LLWU_ME = 0xFF;//すべての割り込み要因で起動する場合

(3) LPTMRを設定する

(4) 低消費電力モードに移行する

　　stop();

表5 Kinetisマイコンに用意されているCortex-M共通動作モードとメーカ固有の超低消費電力モード

一般的な動作モード	Cortex-Mの動作モード	拡張されたKinetisの動作モード	復帰時間	消費電流(参考値)	
RUN(動作)	RUN(動作)	RUN(動作)	—	70μA/MHz〜	CPUコアを最大4MHzで動作させる
		VLPR(超低消費電力で動作)	—	50μA/MHz〜	
Wait(待機)	Sleep(スリープ)	Wait(待機)	—	1.79mA[(1)]	CPUコアへのクロック供給なし．バス・クロックが最大1MHzで動作
		VLPW(超低消費電力で待機)	4μs	218μA[(1)]	
Stop(停止)	DeepSleep(ディープ・スリープ)	Stop(停止)	4μs	160μA[(1)]	
		VLPS(超低消費電力で停止)	4μs	2.09μA[(1)]	
		LLS(低リーク電流で停止)	4μs	1.2μA〜7μA	メーカが独自に追加．1μAレベルの超ロー・パワー！
		VLLS3(超低リーク電流で停止)	35μs	1μA〜5μA	CPUコアへのクロック供給なし．バス・クロックの供給なし
		VLLS2(超低リーク電流で停止)	35μs	750nA〜2μA	
		VLLS1(超低リーク電流で停止)	100μs+外部割り込み有効復帰時間	500nA〜1.5μA	

第22章　内部／外部イベントによる低消費電力モードからの復帰

それぞれの低消費電力モードに移行し，LPTMRの割り込みで低消費電力モードから抜け出すサンプル・プログラムを**リスト1**に示します．

リスト1において，次のLOW_PWR_MODEの#define文のコメントを外して，一つのみを選択します．

リスト1　それぞれの低消費電力モードに移行してLPTMRタイマ割り込みで抜け出す動作確認用サンプル・プログラム
FRDM-KL25Z（MCUはKinetis KL25）とFRDM-K20D50M（MCUはKinetis K20）で動作確認済み．マイコンによってLLWU_irq_noとLPTMR_irq_noの値が異なるのが注意点．この値でNVICの割り込み許可設定をenable_irq()で行う．また，Kinetis KシリーズとKinetis KW2xシリーズでは低消費電力モードからRUNモードに復帰するためには，KシリーズとKW2xシリーズ固有のLPWUIビット（SMC_PMCTRLのビット7）をセットする必要がある

```c
#include "common.h"
#define LPTMR_USE_IRCLK 0
#define LPTMR_USE_LPOCLK 1
#define LPTMR_USE_ERCLK32 2
#define LPTMR_USE_OSCERCLK 3
#define STOP_MODE 0x0
#define VLPS_MODE 0x2
#define LLS_MODE 0x3
#define VLLSx_MODE0x4
#define VLLS0_MODE 0x0
#define VLLS1_MODE 0x1
#define VLLS2_MODE 0x2
#define VLLS3_MODE 0x3
#ifdefCPU_MKL25Z128LK4
#define LLWU_irq_no 7   // Vector No 23
#define LPTMR_irq_no 28 // Vector No 44
#define uart_init(x,y,z) {}
#endif
#ifdefMCU_MK20DZ50
#define LLWU_irq_no 9   //25
#define LPTMR_irq_no 39 //55
#include "uart.h"
#define SMC_STOPCTRL SMC_VLLSCTRL
#define SMC_STOPCTRL_VLLSM_MASK SMC
                       _VLLSCTRL_VLLSM_MASK
#endif
#ifndefSMC_PMCTRL_LPWUI_MASK
#define SMC_PMCTRL_LPWUI_MASK 0x80
#endif
#ifndefSIM_SCGC5_LPTMR_MASK
#define SIM_SCGC5_LPTMR_MASK 0x01
#endif

/* LOW_PWR_MODEのどれか1つを定義する */
//#define LOW_PWR_MODE STOP_MODE
//#define LOW_PWR_MODE VLPS_MODE
#define LOW_PWR_MODE LLS_MODE
//#define LOW_PWR_MODE VLLSx_MODE
/* LOW_PWR_MODEがVLLSx_MODEのときはLOW_PWR_SMODEも定義 */
//#define LOW_PWR_SMODE VLLS0_MODE
//#define LOW_PWR_SMODE VLLS1_MODE
//#define LOW_PWR_SMODE VLLS2_MODE
#define LOW_PWR_SMODE VLLS3_MODE

void LPTMR_init()
{
    SIM_SCGC5 |= SIM_SCGC5_LPTMR_MASK;
    LPTMR0_PSR = ( LPTMR_PSR_PRESCALE(0)
                                    // 0000 is div 2
        | LPTMR_PSR_PBYP_MASK
                        // LPO feeds directly to LPT
        | LPTMR_PSR_PCS(LPTMR_USE_LPOCLK)) ;
                        // use the choice of clock
    LPTMR0_CMR = LPTMR_CMR_COMPARE(1000);
                        //Set compare value (100ms)
    LPTMR0_CSR =( LPTMR_CSR_TCF_MASK
                // Clear any pending interrupt
        | LPTMR_CSR_TIE_MASK  // LPT interrupt enabled
        | LPTMR_CSR_TPS(0)    //TMR pin select
        |!LPTMR_CSR_TPP_MASK  //TMR Pin polarity
        |!LPTMR_CSR_TFC_MASK
                // Timer Free running counter is reset
                // whenever TMR counter equals compare
        |!LPTMR_CSR_TMS_MASK //LPTMR0 as Timer
        );
    LPTMR0_CSR |= LPTMR_CSR_TEN_MASK;
                        //Turn on LPT and start counting
}
void STOP_Mode(void)
{
    /* Write to PMPROT to allow AVLP/LLS/AVLLS power
       modes this write-once bit allows the MCU to enter
                    the AVLP/LLS/AVLLS low power mode*/
    SMC_PMPROT = SMC_PMPROT_AVLP_MASK
        | SMC_PMPROT_ALLS_MASK
        | SMC_PMPROT_AVLLS_MASK;
    /* Set the STOPM field to 0b011 for LLS mode */
    SMC_PMCTRL &= ~SMC_PMCTRL_STOPM_MASK;
    SMC_PMCTRL |= (SMC_PMCTRL_STOPM(LOW_PWR_MODE)|
                            SMC_PMCTRL_LPWUI_MASK);
#if (LOW_PWR_MODE == VLLSx_MODE)
    SMC_STOPCTRL &= ~SMC_STOPCTRL_VLLSM_MASK;
    SMC_STOPCTRL |= LOW_PWR_SMODE;
#endif
    /*wait for write to complete to SMC before stopping
                                                core */
    while((SMC_PMCTRL & SMC_PMCTRL_STOPM_MASK) !=
                                        LOW_PWR_MODE);
    /* Now execute the stop instruction (deep sleep) to
                                    go into LLS */
    stop();
}

#ifndefLLWU_LPTMR_ME
#define LLWU_LPTMR_ME 0x01
#endif
    char *LOW_PWR_MODE_NAME[5]={
        "STOP", "", "VLPS", "LLS", "VLLSx"};
    char *LOW_PWR_SMODE_NAME[4]={
        "VLLS0", "VLLS1", "VLLS2", "VLLS3"};
extern intmcg_clk_hz;
extern intcore_clk_khz;

int main (void)
{
    DisableInterrupts;
    enable_irq(LLWU_irq_no);
    enable_irq(LPTMR_irq_no);
            // STOP/VLPSからWake-upする場合に必要
    LLWU_ME = LLWU_LPTMR_ME;
            //Set up more modules to wakeup up
    LPTMR_init(); //STOP wake up after 100 ms
    printf("\nEntering%s mode\n\n\r",
        (LOW_PWR_MODE != VLLSx_MODE) ?
        LOW_PWR_MODE_NAME[LOW_PWR_MODE]
        : LOW_PWR_SMODE_NAME[LOW_PWR_SMODE]);
    MCG_C6 &= ~MCG_C6_CME0_MASK;
        // set 0 before the MCG enters any Stop mode.
    STOP_Mode();
    MCG_C6 |= MCG_C6_CME0_MASK;
    LPTMR0_CSR &= ~LPTMR_CSR_TEN_MASK;
    mcg_clk_hz = pbe_pee(CLK0_FREQ_HZ);
                            // PEEモードになるのを待つ
    uart_init(TERM_PORT, core_clk_khz,
                            TERMINAL_BAUD);// UARTの初期化
    enable_irq(LLWU_irq_no);  // NVICの割り込みクリア
    enable_irq(LPTMR_irq_no); // NVICの割り込みクリア
    printf("\rBackin RUN mode \r");// dummy
    printf("Back in RUN mode \n\r");
    printf("FINISH\n");
}
```

（KL25Zマイコンを搭載した入門ボードFRDM-KL25Zがターゲットの場合）

（K20マイコンを搭載した入門ボードFRDM-K20D50Mがターゲットの場合）

第4部 IoTの重要技術その1 低消費電力化

リスト2 低消費電力モードに移行したときに通信用クロックをもとに戻すためのpbe_pee()関数
クロック・モードを低消費電力モード移行時に設定されるPBE（PLL Bypassed External）から，もともと使っていたPEE（PLL Engaged External）に移行させる

```
(1) MCGがPBEモードであるかチェックする．
if (!(
    (((MCG_S & MCG_S_CLKST_MASK) >>
                    MCG_S_CLKST_SHIFT) == 0x2) &&
    (!(MCG_S & MCG_S_IREFST_MASK)) &&
    (MCG_S & MCG_S_PLLST_MASK) &&
    (!(MCG_C2 & MCG_C2_LP_MASK))
))
{
    return ERROR;
}
(2) PLLがPEE状態に移行するのを待つ．2000ループ以内に移行しないとエラーを返す．
for (i = 0 ; i < 2000 ; i++)
{
    if (MCG_S & MCG_S_LOCK0_MASK) break;
}
if (!(MCG_S & MCG_S_LOCK0_MASK)) return ERROR;
(3) MCGOUTとしてPLL出力を割り当てる．
MCG_C1 &= ~MCG_C1_CLKS_MASK;
(4) 状態が切り替わる（安定する）のを待つ．2000ループ以内に切り替わらないとエラーを返す．
for (i = 0 ; i < 2000 ; i++)
{
    if (((MCG_S & MCG_S_CLKST_MASK) >>
                MCG_S_CLKST_SHIFT) == 0x3) break;
}
if (((MCG_S & MCG_S_CLKST_MASK) >>
            MCG_S_CLKST_SHIFT) != 0x3) return ERROR;
(5) PLLの出力周波数を戻り値とする．
prdiv= ((MCG_C5 & MCG_C5_PRDIV0_MASK) + 1);
vdiv = ((MCG_C6 & MCG_C6_VDIV0_MASK) + 24);
                    // 加える値はMCUによって異なる
return ((crystal_val/ prdiv) * vdiv);
```

リスト3 低消費電力モードに移行したときにリセットされてしまうUART通信回路ブロックを再設定するためのuart_init()関数

```
(0) uartch：第1引き数，sysclk：第2引き数，baud：第3引き数
(1) 指定されたUARTにクロックを供給する．
switch(uartch){
case UART0_BASE_PTR: SIM_SCGC4 |=
                    SIM_SCGC4_UART0_MASK; break;
case UART1_BASE_PTR: SIM_SCGC4 |=
                    SIM_SCGC4_UART1_MASK; break;
case UART2_BASE_PTR: SIM_SCGC4 |=
                    SIM_SCGC4_UART2_MASK; break;
case UART3_BASE_PTR: SIM_SCGC4 |=
                    SIM_SCGC4_UART3_MASK; break;
case UART4_BASE_PTR: SIM_SCGC1 |=
                    SIM_SCGC1_UART4_MASK; break;
case UART5_BASE_PTR: SIM_SCGC1 |=
                    SIM_SCGC1_UART5_MASK; break;
default:
/* エラー*/
}
(2) 送信と受信を不許可にする．設定値を変更するため．
UART_C2_REG(uartch) &=
            ~(UART_C2_TE_MASK | UART_C2_RE_MASK);
(3) 8ビット，ノー・パリティの設定
UART_C1_REG(uartch) = 0;
(4) ボー・レートの設定
sbr = (uint16)((sysclk*1000)/(baud * 16));
                        // ボー・レートの設定値の計算
temp = UART_BDH_REG(uartch) & ~(UART_BDH_SBR(0x1F));
                        // SBRフィールドをクリア
UART_BDH_REG(uartch) = temp |
            UART_BDH_SBR(((sbr & 0x1F00) >> 8));
                        // ボー・レートの上位を設定
UART_BDL_REG(uartch) =
            (uint8)(sbr & UART_BDL_SBR_MASK);
                        // ボー・レートの下位を設定
brfa = (((sysclk*32000)/(baud * 16)) -(sbr * 32));
                        // BRFA（ボーレートの補正値）の計算
temp = UART_C4_REG(uartch) & ~(UART_C4_BRFA(0x1F));
                        // BFRAフィールドをクリア
UART_C4_REG(uartch) = temp | UART_C4_BRFA(brfa);
                        // BFRA値の設定
(5) 送信と受信を許可
UART_C2_REG(uartch) |=
            (UART_C2_TE_MASK | UART_C2_RE_MASK);
```

```
#define  LOW_PWR_MODE  xxxxx
```
（xxxxxは，STOP_MODE, VLPS_MODE, LLS_MODE, VLLSx_MODE）

その低消費電力モードに移行し，100ms後に，LPTMRの割り込みで起動します．ここで，
```
#define  LOW_PWR_MODE  VLLSx_MODE
```
を指定する場合は，
```
#define  LOW_PWR_SMODE  yyyyy
```
（yyyyyはVLLS0_MODE, VLLS1_MODE, VLLS2_MODE, VLLS3_MODE）
も一緒に指定します．

VLLS0モードでは，LPOが停止するためにLPTMRが使えなくなりますが，外部クロックをバイパスしてクロック・ソースに設定することで，使えるようになります．

リスト1の肝は，以下のクロック・モニタ禁止の部分です．
```
MCG_C6 &= ~MCG_C6_CME0_MASK;
```
MCG_C6のCME0ビットを0にクリアしないと，低消費電力モードに移行したときにリセットがかかってしまうようです．

● 低消費電力モードの移行/復帰時の注意点…クロック源変更による外部通信速度の不整合

リスト1の記述に関して少し補足します．低消費電力モードから抜け出したのちに，
```
mcg_clk_hz = pbe_pee(CLK0_FREQ_HZ);
            // PEEモードになるのを待つ
uart_init (TERM_PORT, core_clk_khz,
    TERMINAL_BAUD);// UARTの初期化
```
という二つのおまじない的な関数呼び出しがあります．これらの目的は，UARTの転送速度（ボー・レート）を，低消費電力モードに移行する前と同じ状態に

第22章 内部／外部イベントによる低消費電力モードからの復帰

戻すことです．

　低消費電力モードに入るとPLLはPBE（PLL Bypassed Externa）モードに移行して，外部からの参照クロックがMCGOUTに割り当てられます．このためUARTのボー・レートが低下し，通信が正常に行えなくなります．このため，PBEモードをPEE（PLL Engaged External）モードに戻す必要があります．PEEモードではPLL出力がMCGOUTとなります．このための関数がpbe_pee()関数です．

　ボー・レートの値を回復しても，低消費電力モードに移行することで，UARTモジュール自体がリセットされてしまいますから，UARTの再設定を行います．このための関数がuart_init()関数です．

　参考のために，pbe_pee()関数とuart_init()関数の実体（アルゴリズム）を，それぞれ，リスト2とリスト3に示します．なお，pbe_pee()関数に関してはエラーが返って来ることは想定していません．

　Kinetis L（KL25）用のFREEDOMボードのように，UARTモジュールを初期化しなくても通信を行える場合は，uart_init()関数の中身は空でも動作させることは可能です．

　ところで，ここではSTOPモードと低電力モード（LLS，VLLSx）を，低消費電力モードとして一緒に扱ってきましたが，STOPモードの場合，STOPモードから抜けた場合はPLLの状態はSTOPモードに入る前の値を回復するので，これらの処理は不要です．今回の実験用プログラムは，一律にPLLとUARTの初期化を行っています．

■ LPTMR使用時の注意事項

　リファレンス・マニュアルに記載があるのですが，忘れがちな重要点が2点ありますので記しておきます．

● その1：LPTMR用カウンタLPTMR0_CNRの読み出し

　LPTMRのカウンタLPTMR0_CNRは，停止時，動作時のいつでもカウント値を読み出すことが可能です．しかし，普通に読み出したのでは0という値しか読めません．LPTMR0_CNRを読み出すためにはLPTMR0_CNRに対して適当な値を書き込んだあとでないと値を読めません．これは，LPTMR0_CNRへのライトを契機にカウンタ値を読み出しバッファに保持するためです．

　一般的に，カウンタの読み出しは非常に難しい操作です．カウンタの変化と同時に読み出すと，不定値を読んでしまう恐れがあります．それを防ぐため通常は同期化という操作を行うのですが，KinetisではLPTMR0_CNRへの書き込みによって同期化を行っているのです．

● その2：カウンタ比較値レジスタLPTMR0_CMRの設定値

　LPTMRで比較割り込みを発生させない場合，比較値を格納するLPTMR0_CMRは使用しません．だからといって，0を設定すると予期しない動作が発生します．というか，カウンタが動作しません．これはLPTMR0_CMR=0の場合，規定値では，常にLPTMR0_CNRとの値が一致するためにLPTMR0_CNRがリセットされ続け0にしかなりません．LPTMR0_CMR=0でLPTMRを使用する場合は，LPTMR0_CSRのTFCビット（ビット2）をセットしてLPTMRをフリーラン・モードにしておく必要があります．

内部要因2：リアルタイム・クロック RTCによる復帰

■ 内部リアルタイム・クロックRTC

● 機能

　低消費電力モードからのもう一つの起動要因に内部リアルタイム・クロック（以下RTC，Real Time Clock）があります．RTCは，基本的には，32.768kHzの周波数クロックでカウント・アップするカウンタです[注1]．

　一口にRTCといってもいろいろな種類があります．Kinetisマイコンに内蔵されているRTCは32ビット長の秒カウンタです．比較レジスタを有し，RTCのカウンタが比較レジスタと等しくなった場合にアラーム（警告）を通知する機能をもっています．

● RTCのプリスケーラ

　RTCのカウンタは秒カウンタですが，プリスケーラによって，1カウントの時間を微妙に調整できます．その範囲は0.12ppm～3906ppmの範囲です．通常は，32768サイクルが1カウントで，これがデフォルト値（0x00）です．プリスケーラは1カウントの時間を次の間に設定できます．

$(32768-127) \sim (32768+128)$

　そのオフセット値がプリスケール値なのです．0x01が-1，0x02が-2，…，0x7Fが-127を示し，0xFFが+1，0xFEが+2，…，0x80が+128を表します．8ビットの2の補数の符号反転した値がオフセットとなっています．

注1：リアルタイム・クロックで使われる32.768kHzは中途半端な周波数と思う人がいるかもしれませんが，実はそうではありません．32768という数値は10^{15}（10の15乗）を表します．つまり，0x8000カウントが1秒に相当します．1秒を数えるのに非常に都合がよい周波数です．

第4部 IoTの重要技術その1 低消費電力化

● RTCの割り込み機能

ここでは、RTCの低消費電力モードの起動要因に絞って説明します。低消費電力モードからの起動に使用可能な割り込みは次の3種類です。
(1) オーバフロー割り込み
(2) アラーム割り込み
(3) インバリッド割り込み（V_{BAT}のパワー・オン・リセット（POR）あるいはソフト・リセット）

ここでインバリッド割り込みはリセットが原因です。一方、RTCの時間経過で時限的に発生する割り込みはオーバフロー割り込みとアラーム割り込みのみです。

オーバフロー割り込みはRTCカウンタ（RTC_TSR）が0xFFFFFFFFから0x00000000とけたあふれする場合に発生する割り込みです。

アラーム割り込みはRTCカウンタが比較レジスタ（RTC_TAR）と一致する場合に発生する割り込みです。

上述の3種類の割り込みはリセット時にはすべて許可されています。各割り込みを禁止したい場合はRTC割り込み許可レジスタ（RTC_IER）で指定します[注2]。

オーバフロー割り込みとインバリッド割り込みはRTCカウンタ（RTC_TSR）へのライトによりクリアされます。アラーム割り込みは比較レジスタ（RTC_TAP）へのライトによりクリアされます。つまり、初期値を設定し直すことが、即、発生していた割り込みのクリアになります。

■ リアルタイム・クロックRTCの基本的な設定手順

RTCの基本的な設定手順を以下に示します。
(1) RTC用のクロック・ゲートをイネーブルにする
```
SIM_SCGC6 = SIM_SCGC6_RTC_MASK;
```
(2) RTC用のオシレータをイネーブルにする
```
RTC_CR |= RTC_CR_OSCE_MASK;
```
(3) RTCカウンタにスタート値を書き込む
```
RTC_TSR = 0x00000005;
```
(4) 比較レジスタに比較値を書き込む（アラーム割り込みを使う場合）
```
RTC_TAR = 0x00001000;
```
(5) カウンタをイネーブルにする
```
RTC_SR |= RTC_SR_TCE_MASK;
```

■ 復帰のためのサンプル・プログラム

RTCにより低消費電力モードから抜け出すためには、次の手順を踏みます。
(1) まずはNVICの割り込みレジスタを設定
```
enable_irq(割り込み番号);
```

(2) LLWUの起動モジュールを設定
```
LLWU_ME = 0xFF;
            //すべての割り込み要因で起動する場合
```
(3) RTCを設定する
(4) 低消費電力モードに移行する
```
stop();
```

それぞれの低消費電力モードに移行し、RTCの割り込みで低消費電力モードから抜け出すサンプル・プログラムを作成してみました。

リスト4がオーバフロー割り込みを利用するプログラムです。アラーム割り込みを利用する場合は、NVICやLLWUに設定する値は異なりますが、基本的には、LPTMRの初期化処理がRTCの初期化処理に変わっただけですので、プログラムの変更点をリスト5に示しておきます。

■ RTC使用時の注意点

● オーバフロー割り込みでウェイクアップする場合

リスト4のLLWU_MEの設定は次のようになっています。
```
LLWU_ME =LLWU_RTCA_ME;
            //アラーム割り込みで起動
```

これは、RTCのアラーム割り込みを起動要因に指定しています。実はRTCのオーバフロー割り込みで起動する場合は、LLWUの起動モジュールとしてはRTCのアラーム割り込みを指定しなければなりません。これは重要です。

RTCの割り込みは、割り込みコントローラNVICからは、アラーム割り込みと秒割り込みの2種類しかありません。秒割り込みはRTCのカウンタが変化するごと（つまり通常は1秒間隔）で発生する割り込みですから、RTCのオーバフロー割り込みは、NVICにとってはアラーム割り込みとなるようです。ただし、RTCのステータス・レジスタ（RTC_SR）ではオーバフロー割り込みが表示されます。

ということは、RTCでアラーム割り込みが発生したかオーバフロー割り込みが発生したかを区別するためには、アラーム割り込みハンドラでRTC_SRの値をチェックする必要があるということです。

● アラーム割り込みでウェイクアップする場合

RTCのアラーム割り込みを行う場合は、リスト5に示すように特別に、RTC_init()関数の中で、次のようにNVICに保留されている割り込みのクリアを行っています[注3]。
```
while((*((int*)0xe000e280))!=0)
            // NVIC_ICPR0レジスタ
*((int*)0xe000e280)=0xffffffff;
```

注2：RTC時間秒割り込みは、初期状態では、禁止されています。

第22章　内部/外部イベントによる低消費電力モードからの復帰

リスト4　リアルタイム・クロックRTCのオーバフロー割り込み
お試しプログラム

```
void RTC_init()
{
    SIM_SCGC6 |= SIM_SCGC6_RTC_MASK;
    RTC_CR |= RTC_CR_OSCE_MASK;
            // 32kHzクロックを選択する(本来はこの後発振安定を待つ)
    RTC_TPR = 0; // プリスケーラはデフォルト
    RTC_TSR = 0xFFFFFFFF-5;
        // 5秒後にオーバーフローさせる(TIFビットをクリアする意味もある)
    RTC_TAR = 0xFFFFFFF0;
            // アラームは使わない(TAFビットをクリアする意味もある)
    while((RTC_SR &( RTC_SR_TOF_MASK|RTC_SR_TIF_
                                    MASK))!=0);
                                //割り込みクリアを待つ
    enable_irq(LLWU_irq_no);    // NVICの割り込みクリア
    enable_irq(LPTMR_irq_no);   // NVICの割り込みクリア
    RTC_SR |= RTC_SR_TCE_MASK;
                    // RTCのカウント・アップを許可する
}

intmain (void)
{
    DisableInterrupts;
    enable_irq(LLWU_irq_no);
    enable_irq(RTCA_irq_no);
                // STOP/VLPSからWake-upする場合に必要
    LLWU_ME =LLWU_RTCA_ME;
                    //Set up more modules to wakeup up
    RTC_init(); //STOP wake up after 5 sec

    /* この間, リスト1と同じ*/

    STOP_Mode();
    MCG_C6 |= MCG_C6_CME0_MASK;
    RTC_SR &= ~RTC_SR_TCE_MASK;

    /* 以下はリスト1と同じ*/
}
```

リスト5　リスト4からNVICやLLWUに設定する値を変更すると
リアルタイム・クロックRTCのアラーム割り込みも試せる

```
void RTC_init()
{
    SIM_SCGC6 |= SIM_SCGC6_RTC_MASK;
    RTC_CR |= RTC_CR_OSCE_MASK;
            // 32kHzクロックを選択する(本来はこの後発振安定を待つ)
    RTC_TPR = 0; // プリスケーラはデフォルト
    RTC_TSR = 0x0;
            // 初期値は0 (TIFビットをクリアする意味もある)
    RTC_TAR = 0x5;
            //5秒後にアラーム発生(TAビットをクリアする意味もある)
    while((RTC_SR &( RTC_SR_TAF_MASK|RTC_SR_TIF_
                                    MASK))!=0);
                                //割り込みクリアを待つ
    while((*((int*)0xe000e280))!=0)
      *((int*)0xe000e280)=0xffffffff;
                    // もしNVICに割り込みが残っていたらクリアする
    RTC_SR |= RTC_SR_TCE_MASK;
                    // RTCのカウント・アップを許可する
}

int main(void)
{
    DisableInterrupts;
    enable_irq(LLWU_irq_no);
    enable_irq(RTCA_irq_no);
                // STOP/VLPSからWake-upする場合に必要
    LLWU_ME =LLWU_RTCA_ME;
                    //Set up more modules to wakeup up
    RTC_init(); //STOP wake up after 5 sec

    /* この間, リスト1と同じ*/

    STOP_Mode();
    MCG_C6 |= MCG_C6_CME0_MASK;
    RTC_SR &= ~RTC_SR_TCE_MASK;

    /* 以下はリスト1と同じ*/
}
```

　このサンプル・プログラムは毎回リセットをかけることが前提なので，NVICの割り込み保留ビットをクリアする必要はないと思っていたのですが，（パワー・オン・リセット以外では）リセットをかけてもRTCの内部にアラーム割り込みが残っています．RTCはパワー・オン・リセット以外では初期化されないためです．このため，リセットでクリアされたNVICの割り込みペンディング・ビットが，RTCにクロックを供給（SIM_SCGC6.RTC=1）した直後に，RTCのアラーム割り込みのペンディング・ビット（NVIC_ISPR0やNVIC_ICPR0のビット28）がセットされてしまいます．この余分な割り込みをクリアしないと，低消費電力モードに遷移しても，RTCのアラーム割り込みが既に発生しているとマイコンが勘違いをして，期待したRTCの割り込みが発生する前に低消費電力モードから抜け出してしまいます．これは，RTCのオーバフロー割り込みでも同様です．

注3：この場合は使用する割り込みが最初の32要因であることが前提です．もっともCortex-M0+の場合は割り込みは32要因しかないのでこれで十分です．

　RTCの割り込みのしくみは意外と複雑で筆者も苦労したので，別の機会に紹介できればと思います．

外部イベントによる復帰

● Cortex-Mに備えられたWAIT/STOPモードからの起動

　WAITモードやSTOPモードはCPUがWFI命令で停止しているだけですので，外部入力ピンを駆動して割り込みを入れるだけで起動できます．

　今回は低消費電力モードからの起動の例としてKinetis L（KL25）を使用します．KL25の場合，入力端子で割り込みを発生できるのはPTA（ポートA）とPTD（ポートD）のみです．今回は，のちのちにLLSモードやVLLSxモードからの起動を試すので，共通に使えるPTD6端子を利用することにします（表6）．

　例えば，KL25マイコンの入門ボードFRDM-KL25Zを使うと簡単な配線で実験を行えます．

　PTD6を使って割り込みを入力するためには，PTD6端子とP3V3端子を接続することでPTD6端子を"H"レベルに駆動できます．PTD6端子は通常はプ

第4部 IoTの重要技術その1 低消費電力化

表6 低消費電力モードからのウェイクアップに使える外部入力端子
KL25ファミリの例．KL25にはLLWU_P0〜LLWU_P4やLLWU_P11〜LLWU_P13は存在しない

端子名	GPIO時	ウェイクアップ端子
PTB0/LLWU_P5	PTB0	LLWU_P5
PTC1/LLWU_P6/RTC_CLKIN	PTC1	LLWU_P6
PTC3/LLWU_P7	PTC3	LLWU_P7
PTC4/LLWU_P8	PTC4	LLWU_P8
PTC5/LLWU_P9	PTC5	LLWU_P9
PTC6/LLWU_P10	PTC6	LLWU_P10
PTD4/LLWU_P14	PTD4	LLWU_P14
PTD6/LLWU_P15	PTD6	LLWU_P15

ルダウンされて"L"レベルに見えているようです．

WAIT/STOPモードからPTD6端子で起動するためには，PTD6をGPIOモードに指定して，NVICの設定でPTD割り込みを許可します．このためのサンプル・プログラムをリスト6に示します．プログラムを動作させてWAIT/STOPモードに入ったあと，PTD6端子を"H"レベルに駆動すると，WAIT/STOPモードから起動（ウェイクアップ）します．

● メーカ固有低消費電力LLSモードからの起動

LLSモードの場合はLLWUモード割り込みを使用します．LLSモードからPTD6端子で起動するためには，LLWU_PE4レジスタでLLWU_P15（PTD6）端子からの起動を指定します．このためのサンプル・プログラムをリスト7に示します．プログラムを動作させてLLSモードに入ったあと，PTD6端子を"H"レベルに駆動すると，LLSモードから起動（ウェイクアップ）します．

● VLLSxモードからの起動

VLLSxモードからの起動例の代表としてVLLS3モードからの起動を考えます．VLLSxモードからの起動の設定は，基本的にはLLSモードの場合と同じです．このためのサンプル・プログラムをリスト8に示します．プログラムを動作させてVLLS3モードに入ったあと，PTD6端子を"H"レベルに駆動すると，VLLS3モードから起動（ウェイクアップ）します．ただし，WAIT/STOP/LLSモードとは異なり，リセットからの起動になります．このため，低消費電力モードへの移行と起動を繰り返し実行することはできません．

◆参考文献◆

NXPは旧フリースケール
(1) K20 Sub-Family Reference Manual, Document Number:K20P64M50SF0RM Rev. 2, Feb, 2012, NXP.
(2) KL25 Sub-Family Reference Manual, Document Number:KL25P80M48SF0RM Rev. 3, September 2012, NXP.
(3) Kinetis 低消費電力モード（Low Power Mode），October, 2011, NXP.
(4) Kinetis Low power timer - LPTMR, August, 2011, NXP.
(5) Kinetis Real Time Clock - RTC, October, 2011, NXP.
(6) NXP，サンプルコード．
¥kinetis_50MHz_sc¥k20d50m_sc_baremetal¥build¥iar¥low_power_demo
¥KL25 Sample Code¥kl25_sc_rev10¥klxx-sc-baremetal¥build¥iar¥low_power_demo
(7) KINETIS-SDK.
http://www.nxp.com/KSDK

なかもり・あきら

リスト6 外部イベントによる復帰プログラムその1…Cortex-Mに備えられたWait/Stopモード

```
#include "common.h"
#ifdef CMSIS
#include "start.h"
#endif
#define PortD_irq_no 31
                    // Port Control Moudle Pin detect (Port D)
#ifndef SMC_PMCTRL_LPWUI_MASK
#define SMC_PMCTRL_LPWUI_MASK 0x80
#endif

void clear_interrupt(void)
{
    PORTD_ISFR=0x00000040;
    while((*(long*)0xe000e200)!=0){
     *(volatile long*)0xe000e280=0xffffffff;
    }
}

int main(void)
{
  int t=1;
#ifdef CMSIS // If we are conforming to CMSIS,
                        we need to call start here
  start();
#endif

   printf("¥n¥rRunning the low_power_pin project.¥n¥r");
   asm("cpsid i");
   PORTD_PCR6 &= ~(PORT_PCR_MUX_MASK|PORT_PCR_IRQC_MASK);
   PORTD_PCR6 |= (PORT_PCR_MUX(1)|PORT_PCR_IRQC(9));
                                             // 立ち上がり検出
   GPIOD_PDDR  |= (1<<6);                    // input
   enable_irq(31);             // Port D Interrupt enable
   while(1)
   {
     clear_interrupt();
     printf("PTD (before)=%08x¥n¥r",GPIOD_PDIR);
     printf("NVIC(before)=%08x¥n¥r",*(long*)0xe000e200);
     //wait();              // wait()かstop()の片方を選択
     stop();
     printf("exit %d¥n¥r",t);
     t++;
     printf("PTD (after) =%08x¥n¥r",GPIOD_PDIR);
     printf("NVIC(after) =%08x¥n¥r",*(long*)0xe000e200);
   }
}
```

第22章 内部/外部イベントによる低消費電力モードからの復帰

リスト7 外部イベントによる復帰プログラムその2…メーカ固有低消費電力LLSモード

```
#include "common.h"
#ifdef CMSIS
#include "start.h"
#endif
#define PortD_irq_no 31
                  // Port Control Moudle Pin detect (Port D)
#ifndef SMC_PMCTRL_LPWUI_MASK
#define SMC_PMCTRL_LPWUI_MASK 0x80
#endif

void clear_interrupt(void)
{
    PORTD_ISFR=0x00000040;
    while((*(long*)0xe000e200)!=0){
      *(volatile long*)0xe000e280=0xffffffff;
    }
}

void enter_lls_mode(void){
    SMC_PMPROT = SMC_PMPROT_ALLS_MASK;
                /* Set the STOPM field to 0b011 for LLS mode */
    SMC_PMCTRL &= ~SMC_PMCTRL_STOPM_MASK;
    SMC_PMCTRL |= (SMC_PMCTRL_STOPM(3)|
                                    SMC_PMCTRL_LPWUI_MASK);
    while((SMC_PMCTRL & SMC_PMCTRL_STOPM_MASK) != 3);
    printf("LLS MODE\n\n\r");
    stop();
}

int main (void)
{
  int t=1;
#ifdef CMSIS // If we are conforming to CMSIS,
                              we need to call start here
  start();
#endif
    printf("\n\rRunning the low_power_pin project.\n\r");
    asm("cpsid i");
    PORTD_PCR6 &= ~(PORT_PCR_MUX_MASK|PORT_PCR_IRQC_MASK);
    PORTD_PCR6 |= (PORT_PCR_MUX(1)|PORT_PCR_IRQC(9));
                                              // 立ち上がり検出
    GPIOD_PDDR |= (1<<6); // input
    enable_irq(7); // LLWU Interrupt enable
    LLWU_PE4=0x55;
    while(1)
    {
      LLWU_F1=0xff;
      LLWU_F2=0xff;
      clear_interrupt();
      printf("PTD (before)=%08x\n\r",GPIOD_PDIR);
      printf("NVIC(before)=%08x\n\r",*(long*)0xe000e200);
      MCG_C6 &= ~MCG_C6_CME0_MASK;         // これが大事
      enter_lls_mode();
      MCG_C6 |= MCG_C6_CME0_MASK;
      printf("exit %d\r",t);
      printf("exit %d\n\r",t);
      t++;
      printf("PTD (after) =%08x\n\r",GPIOD_PDIR);
      printf("NVIC(after) =%08x\n\r",*(long*)0xe000e200);
      printf("LLWU_F1=%02x\n\r",LLWU_F1);
      printf("LLWU_F2=%02x\n\r",LLWU_F2);
      printf("LLWU_F3=%02x\n\r",LLWU_F3);
      printf("RCM_SRS0=%02x\n\r",RCM_SRS0);
    }
}
```

リスト8 外部イベントによる復帰プログラムその3…メーカ固有超低消費電力VLLSx(VLLS3)モード

```
#include "common.h"
#ifdef CMSIS
#include "start.h"
#endif
#define PortD_irq_no 31
                  // Port Control Moudle Pin detect (Port D)
#ifndef SMC_PMCTRL_LPWUI_MASK
#define SMC_PMCTRL_LPWUI_MASK 0x80
#endif

void clear_interrupt(void)
{
    PORTD_ISFR=0x00000040;
    while((*(long*)0xe000e200)!=0){
      *(volatile long*)0xe000e280=0xffffffff;
    }
}

void enter_vlls3_mode(void){
    SMC_PMPROT = SMC_PMPROT_AVLLS_MASK;
    SMC_PMCTRL &= ~SMC_PMCTRL_STOPM_MASK;
    SMC_PMCTRL |= (SMC_PMCTRL_STOPM(4)|
                                SMC_PMCTRL_LPWUI_MASK);
    SMC_STOPCTRL &= ~SMC_STOPCTRL_VLLSM_MASK;
    SMC_STOPCTRL |= 3;
    while((SMC_PMCTRL & SMC_PMCTRL_STOPM_MASK) != 4);
    printf("VLLS3 MODE\n\n\r");
    stop();
}

int main (void)
{
#ifdef CMSIS // If we are conforming to CMSIS,
                              we need to call start here
  start();
#endif
    printf("\n\rRunning the low_power_pin project.\n\r");
    asm("cpsid i");
    PORTD_PCR6 &= ~(PORT_PCR_MUX_MASK|PORT_PCR_IRQC_MASK);
    PORTD_PCR6 |= (PORT_PCR_MUX(1)|PORT_PCR_IRQC(9));
                                              // 立ち上がり検出
    GPIOD_PDDR |= (1<<6);                     // input
    enable_irq(7);               // LLWU Interrupt enable
    LLWU_PE4=0x55;
    LLWU_F1=0xff;
    LLWU_F2=0xff;
    clear_interrupt();
    printf("PTD (before)=%08x\n\r",GPIOD_PDIR);
    printf("NVIC(before)=%08x\n\r",*(long*)0xe000e200);
    MCG_C6 &= ~MCG_C6_CME0_MASK;
              // set 0 before the MCG enters any Stop mode.
    enter_vlls3_mode();
}
```

第23章

コード・サイズ最小は消費電力も最小
Thumb-2命令セットによる低消費電力化

中森 章

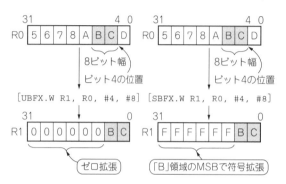

(a) ビット・フィールドの抽出

(b) ビット・フィールドの挿入

図1 Cortex-M3/M4/M7がサポートするThumb-2命令セットはビット・フィールド操作が1命令で済む
本例は4ビット単位での操作になっているが，現実には1ビット単位での指定が可能

Cortex-Mが採用するThumb-2命令セットの特徴

ここではCortex-M採用Thumb-2命令による低消費電力化の効果を考察してみます．

一般に，命令数を減らせると，消費電力も減らせます．この意味するところは，CPUが動作する時間（要するにクロック・ゲーティングでゲートが開いている時間）を最小にするということです．Cortex-Mの命令セットであるThumb-2命令を使用するということです．つまり，Cortex-Mは低消費電力のためにThumb-2命令セットを採用したといっても過言ではないのです（過言かも…）．

Thumb-2命令を使用すれば，場合にもよりますが，より少ないサイクル数で処理が終了します（**図1**，**図2**）．具体的には乗除算命令やビット・フィールド操作命令の採用がそれに当たります．ある動作周波数において特定の処理が想定よりも短い時間で終了するならば，想定の処理時間になるまで動作周波数を下げることができ，消費電力の低減につながります．

▶パイプライン処理の高速化で消費電力が減る

少ないサイクル数で命令を実行するという意味では，命令コード長がほとんど16ビット長になったことによるパイプライン処理（特に命令フェッチ）の高速化（短いサイクルでの処理）も挙げられます．コード・サイズが小さいと，消費電力が減ります．

```
ARM命令（ARMv6以前）              ARM（ARMv7）/Thumb-2命令
MOV r0, r1, LSL #(32-bit_pos-width)   SBFX r0, r1, #bit_pos, #width
MOV r0, r1, ASR #(32-width)
```

(a) ビット・フィールドの抽出（符号拡張）

```
ARM命令（ARMv6以前）              ARM（ARMv7）/Thumb-2命令
AND r2, r1, #bit_mask               BFI r0, r1, #bit_pos, #width
BIC r0, r0, #bit_mask<<bit_pos
ORR r0, r0, r2, LSL #bit_pos
```

(b) ビット・フィールドの挿入

図2 Thumb-2命令セットは従来のARMv6命令セットと違いビット操作が1命令で済むぶん消費電力を減らせる

第23章　Thumb-2命令セットによる低消費電力化

リスト1　条件実行を実現するIT命令の効き目

```
int gcd(int a, int b)
{
    while (a != b)
    {
        if (a > b)
            a = a - b;
        else
            b = b - a;
    }
    return a;
}
```
(a) C言語記述

```
gcd:
    CMP     r0, r1
    BEQ     fin
    BLT     less
    SUBS    r0, r0, r1   /* a = a - b */
    B       gcd
less:
    SUBS    r1, r1, r0   /* b = b - a */
    B       gcd
fin:
```
〔合計7命令〕
(b) IT命令を使わない16ビット
Thumbアセンブリ言語記述

```
gcd:
    CMP     r0, r1
    ITE     GT
    /* x='E', <条件指定>='GT' */
    SUBGT   r0, r0, r1
    /* a = a - b ; 条件フラグは変化しない */
    SUBLE   r1, r1, r0
    /* b = b - a ; 条件フラグは変化しない */
    B       gcd
/* 分岐条件はCMPの結果を使用 */
```
〔合計5命令〕
(c) IT命令を使った16ビット
Thumbアセンブリ言語記述

消費電力を抑える命令①…条件実行用IT命令

32ビット長のARM命令にはほとんどすべての命令を条件フラグに従って実行／不実行を選択することができました．この機能がコード・サイズを最小化させるのに役立っていました（命令数を減少できるうえに分岐命令を最小限に抑えられるので処理速度も向上する）．

しかし，16ビット長が基本のThumb命令では命令コードのビット数が不足しているために条件分岐以外の条件実行を実現できませんでした．

Thumb-2ではARMの条件実行に似た機能を実現するために，IT（If-Then）命令が導入されました．これは，最大4命令を条件実行可能にします．IT命令のアセンブラ形式は次のようになっています．

```
IT{x{y{z}}}  <条件指定>
  {命令1}
  {命令2}
  {命令3}
  {命令4}
```

ここで，x，y，zは「T（Then）」または「E（Else）」を指定します．そして，x，y，zが，それぞれ，命令2，命令3，命令4に対応します．命令1については「T」だけの指定に限定されています．「T」の場合は<条件指定>にマッチしたら実行，「E」の場合は<条件指定>にマッチしなければ実行です．

文章で書いても理解しにくいので実例で示しましょう．2個の数値の最大公約数を求めるユークリッドの互除法（GCD：Greatest Common Divisor）を求めるプログラムを考えます．GCDのアルゴリズムをC言語で表すとリスト1（a）のようになります．

これを，IT命令を使用せずにThumbのアセンブリ言語記述にするとリスト1（b）のようになります．

これは7命令を使用しますのでコード・サイズは14バイトです．

これを，IT命令を使って書き下すとリスト1（c）のようになります．

この場合は5命令を使用しますのでコード・サイズは10バイトです．普通にプログラムを書いた場合より4バイトの節約になります．なお，SUBGT，SUBLEという命令はThumb-2にはありません．これらは，アセンブリ言語の記法でしかなく，実際の命令コードはSUBと同じです．「GT」とか「LE」はIT命令の「Then（成立）」，「Else（不成立）」の効果を視覚的に示しているだけです．

参考までに，上述のプログラムをARMコードで表現すると次のようになります．ARMコードでは現実にSUBGT，SUBLEという命令が存在します．

```
gcd:
    CMP     r0, r1
    SUBGT   r0, r0, r1
    SUBLE   r1, r1, r0
    BNE     gcd
```

これはIT命令がない場合と同じです．ARM命令は32ビット長なのでコード・サイズは全16バイトです．

なお，IT命令はCortex-M0/M0+ではサポートされません．Cortex-M0/M0+では基本的に16ビット長の命令だけのサポートなので，プログラムのコード・サイズはおのずと小さくなるという方針なのでしょうが，Cortex-M3/M4/M7で導入された効率的な命令がサポートされない点で命令数削減による低消費電力の効果が本当にあるのか疑問です．

消費電力を抑える命令②…ビット・フィールド操作命令

ビット・フィールド操作命令のケースを考えましょう．Cortex-M3/M4/M7ではThumb-2命令セットでビット・フィールドの抽出（UBFX命令／SBFX命令）と挿入（BFI命令）をサポートします．こちらは組み込み制御分野では頻繁に利用される命令です．これらの命令の動作を図1に示します．また，ビット・フィールド操作命令をARM命令（ARMv7以降ではビット・フィールド命令が存在するのでARMv6以前）で実現

第4部 IoTの重要技術その1 低消費電力化

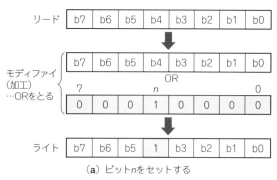

(a) ビットnをセットする　　　　　　　　　(b) ビットnをクリアする

図3 1ビット操作はRISCでは意外とめんどくさくて3命令かかる

する場合と，ビット・フィールド操作命令（1命令で実現）を使用する場合の比較を図2に示します．Thumb-2のビット・フィールド操作命令は32ビット長なので，劇的な命令削減にはなりませんが，ビット・フィールド操作命令を使わないよりは命令数が少なくてすみます．

ビット・フィールド操作もCortex-M0/M0+で必要ですが，UBFX，SBFX，BFI命令はThumb-2の32ビット長命令なので，Cortex-M0/M0+ではサポートされません．Cortex-M0/M0+の命令セットは（Thumb-2以前の）Thumbとほぼ互換なので仕方ないですね（制御命令以外の32ビット長命令はBL命令だけ）．ちょっと矛盾を感じます．

また，ビット・フィールド操作命令はビット位置（0～31ビット：5ビット必要）やビット幅（1～32ビット：5ビット必要）の指定のために10ビットの情報が必要なので，それらを基本が16ビット長のThumbの命令に押し込むのは不可能です．

消費電力を抑える命令③…1ビット操作命令

ビット・バンド機能は単一ビット操作命令を実現します．単一ビット操作命令とはI/O機器のレジスタの任意のビットをセットまたはクリアする命令です．組み込み制御の世界では必須の機能といわれており，その機能を有していないThumb-2命令セットは致命的といいます．その欠点を補うのがビット・バンド機能です．

現在のプロセッサではメモリ空間のアドレスはバイト単位で定義されていますから，任意のアドレスのバイト・データの任意の1ビットをセットまたはクリアするためには，リード・モディファイ・ライトという処理が必要になります．これはデータをリードし，そのデータ中の1ビットを加工し，データをライトし直すという操作です（図3）．実行パイプラインを単純化

している（いわゆる）RISCプロセッサでは，1命令で3ステップの動作を行うという意外と面倒な処理です．

▶ SH-2AやV850にあってARMにない…

その面倒な処理をあえて採用したのがルネサス エレクトロニクスです．SH-2AではBSET命令（指定ビットをセット），BCLR命令（指定ビットをクリア）が，V850ではSET1（指定ビットをセット）命令，CLR1命令（指定ビットをクリア）が実装されているのですが，ARM命令セットでの採用は見送られたようです．

● ビット・バンドのアドレス対応

さて，Cortex-Mシリーズが採用しているビット・バンドとは，特定のアドレスの各ビットを別個のバイト・アドレスにマッピングするというとんでもない機能です．これは，二つの1Mバイトの空間を他のアドレス空間からもアクセス可能なようにアドレス・マップを二重化します．これをエイリアス領域と呼びます．具体的には，次のような割り当てになっています．

図4はCortex-M3/M4/M7のアドレス・マップです．Cortex-M0/M0+でも基本的に同じアドレス割り付けになっています．

0x20000000～0x200FFFFF番地の1Mバイトの領域のエイリアスは0x22000000～0x23FFFFFF番地の32Mバイトの空間にマッピングされています．さらに，0x40000000～0x400FFFFFの1Mバイトの領域のエイリアスは0x42000000～0x43FFFFFF番地の32Mバイトの空間にマッピングされています．前者はSRAM領域，後者は周辺のI/Oレジスタ領域に使用されることを仮定しています．1ビットの領域を1バイトの空間に割り当てれば事足りるのですが，実際には1ビットを4バイトの空間に割り当てる（つまりエイリアス領域は32倍の大きさになる）というぜいたくなメモリの使い方をしています．

第23章 Thumb-2命令セットによる低消費電力化

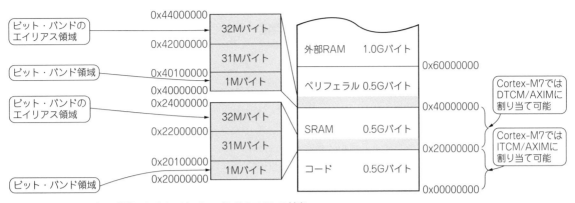

図4 Cortex-Mの1ビット操作のしくみ…ビット・バンドのアドレス対応
Cortex-M3/M4/M7の例．Cortex-M0/M0+やCortex-M7ではビット・バンドをサポートしない

それでいて，現実のビットに反映される値は，エイリアス領域にライトされる最下位ビットだけです．ビット・バンドの実行例を図5に示します．

● Cortex-Mコアの対応

ビット・バンドを活用することで単一ビット操作を行う場合の低消費電力化が実現できます．I/Oレジスタのビット操作は組み込み制御では非常に有用な機能ですが，メモリ空間を無駄使い(？)するビット・バンド機能については「やり過ぎ」と思うユーザもいるかもしれません．

実際に，Cortex-M3のRevison2ではオプション機能になりました．Cortex-M4では最初からオプション機能のようで，最新Cortex-M7ではサポートされません．

ビット・バンドはCortex-M3/M4特有の機能です．なぜか，Cortex-M0/M0+ではサポートされません．しかし，Cortex-M0/M0+でも，CMSDK(Cortex-M System Design Kit)に含まれるビット・バンド・ラッパを使用することでビット・バンド機能を使用することは可能です．

ただし，Cortex-M0/M0+でビット・バンド機能が使用できてデータの1ビット操作が可能だとしても，Thumb-2(現実的にThumb相当)でビット・フィールド命令が使えませんから，複数のビットを一度に操作する場合の使い勝手が良いとは限りません．そのせいか，KinetisLシリーズではBME(Bit Manipulation Engine：ビット操作エンジン)を新設して，より柔軟性のある，ビット・バンド機能とビット・フィールド操作機能を実現しています．

メーカ固有ビット操作機構BME

Cortex-M0+をCPUとするKinetisマイコン(KL,

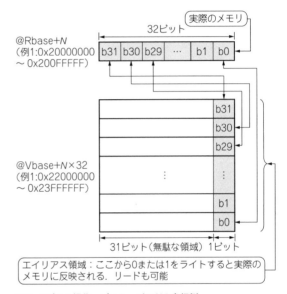

図5 1ビット操作…ビット・バンドの実行例

KW0x, KE, KM, KEA, KV1x)はビット操作エンジンBME(Bit Manipulation Engine)を備えています．

これは，周辺デバイスのレジスタやGPIOに対してビット操作(ビット単位のAND, OR, XOR, セット，クリアおよびビット・フィールドの挿入と抽出)を行うことのできる機能です．Cortex-Mシリーズをよく知っている人はビット・バンドと同じような機能と思うかもしれません．

しかし，ビット・バンドは領域の1ビットに対して"1"または"0"を読み書きする機能ですが，BMEは一度に複数のビットを操作できる点が異なります．

Kinetisマイコンでは，後述のBMEが機能を包括しますから，ビット・バンドは不要な機能です．

Cortex-M0+をCPUとするKinetis マイコンには

第4部 IoTの重要技術その1 低消費電力化

> **コラム** ビット操作機能があれこれ用意されている理由…そもそもRISCが不得意だから！　中森 章
>
> 　少し話が横道にそれますが，Cortex-M0+が対象とする（従来の）8ビット/16ビット・マイコンが採用されていた応用分野ではビット操作は不可欠といっても過言ではありません．しかし，ビット操作の多くは，データを読み込み，加工して，書き戻すというリード・モディファイ・ライト処理が必要です．これは，メモリ・アクセスはロード（リード）とストア（ライト）だけで行い，演算はレジスタ同士で行うというRISC（Reduced Instruction Set Computer）の根本思想（ロード/ストア・アーキテクチャ）とは相いれません．
> 　Cortexシリーズを含むARMプロセッサもRISCですからロード/ストア・アーキテクチャに従って
います．Cortex-M4でビット・バンドという考え方が発生したのは，ロード/ストア・アーキテクチャを維持しながらビット操作を行うためです．
> 　しかし，Cortex-M0/M0+では，なぜか，ビット・バンド機能はサポートされていません．CMSDKのビット・バンド・ラッパを使用するとビット・バンド機能が使用可能になりますが，ビット・バンドだけのためにCMSDKを導入するのは高価過ぎます．そこで，KinetisマイコンではBMEの搭載という方針になったと考えられます．せっかくビット操作機能を搭載するならビット・バンドよりも柔軟性を持たせることにしたのだと思われます．

表1　メモリ空間にマップされている周辺デバイスとGPIOのエイリアス空間

メモリ空間	説明	メモリ空間	説明
0x40000000～0x4007FFFF	通常の周辺デバイス空間	0x4C000000～0x4C0FFFFF	周辺デバイスとGPIOのためのXOR操作を行うエイリアス空間*1
0x40080000～0x400FEFFF	予約済み空間（アクセスするとエラーが発生する）	0x4C200000～0x4FEFFFFF	周辺デバイスとGPIOのためのLAS1操作を行うエイリアス空間*2
0x400FF000～0x400FFFFF	通常のGPIO空間	0x50000000～0x5000EFFF	周辺デバイスのためのBFI，UBFX操作を行うエイリアス空間*1, *2
0x40100000～0x43FFFFFF	予約済み空間（アクセスするとエラーが発生する）	0x5000F000～0x5FF8FFFF	GPIOのためのBFI，UBFX操作を行うエイリアス空間*1, *2
0x44000000～0x480FFFFF	周辺デバイスとGPIOのためのAND，OR操作を行うエイリアス空間*1	0x5FF90000～0x5FFFEFFF	周辺デバイスのためのBFI，UBFX操作を行うエイリアス空間*1, *2
0x48200000～0x4BEFFFFF	周辺デバイスとGPIOのためのLAC1操作を行うエイリアス空間*2		

*1：ライト・アクセス実施
　　（BMEではリード・モディファイ・ライトが発生）
　　AND　：ビットごとの論理積
　　OR　　：ビットごとの論理和
　　XOR　：ビットごとの論理積
　　BFI　 ：ビット・フィールドの挿入

*2：リード・アクセス実施
　　（BMEではリードだけ発生）
　　LAC1：指定したビットをクリアしてリード
　　LAS1：指定したビットをセットしてリード
　　UBFX：ビット・フィールドを抽出してゼロ拡張
　　SBFX（符号拡張）はBMEではサポートされない

BMEが存在するのでビット・バンド機能は存在しません（というか，ビット・バンド機能が存在するのはCortex-M3/M4だけ）．逆に，Cortex-M4をCPUとするKinetisマイコン（K，KW2x，KV3x，KV4x）にはビット・バンド機能は実装されていますが，BMEは搭載されていません．個人的には，ビット・バンドではなく，BMEを搭載した方がよかったのでは，と思います．

● **BMEならメモリ・マップされている周辺レジスタを直接操作できる**

　BMEでは，Cortex-M4が命令セットで持っているビット・フィールド命令の機能もサポートします．しかも，Cortex-M4ではレジスタを介してビット・フィールドを操作しますが，BMEでは，抽出元や挿入先がレジスタではなく，メモリ空間なので，メモリ・マップされている周辺レジスタを直接操作できるという利点があります．

　ビット・バンドの説明は省略しますが，ビット・バンドと同じようにBMEもメモリ空間内に周辺デバイスへのエイリアス空間を持たせて，そのエイリアス空間にライトまたはリードを行うことでビット操作を実現します．具体的には，0x40000000～0x4007FFFF番地（周辺デバイス領域）と0x400FF000～0x400FFFFF

第23章 Thumb-2命令セットによる低消費電力化

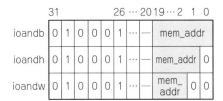

（a）ビットごとのANDの場合のアドレス形式

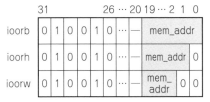

（b）ビットごとのORの場合のアドレス形式　　（c）ビットごとのXORの場合のアドレス形式

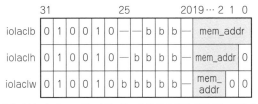

（d）1ビットのロード・アンド・クリアの場合のアドレス形式　　（e）1ビットのロード・アンド・セットの場合のアドレス形式

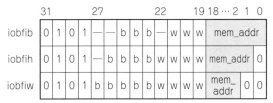

（f）wビット幅のビット・フィールド挿入の場合のアドレス形式　　（g）wビット幅のビット・フィールド抽出の場合のアドレス形式

図6 ビット操作時のアドレス指定（このアドレスにリード／ライトする）
上から，バイト，ハーフ・ワード，ワード・アクセス．
"b"はクリア／セット／挿入／抽出を開始するビット位置を示す（バイト：0～7，ハーフ・ワード：0～15，ワード：0～31）．
"w"は挿入／抽出するビット幅を示す（バイト：0～7，ハーフ・ワード：0～15，ワード：0～15）

番地（GPIO領域）のエイリアス空間として0x44 000000～0x5FFFFFFF番地が割り当てられています（**表1**）．また，**図6**のようにアドレスの値によって，ビット操作の種類，ビット位置，ビット幅が決まっています．例えば，BMEのBFI（ビット・フィールドの挿入）とUBFX（ビット・フィールドを抽出してゼロ拡張）の操作をするときは，アドレスのビット28から19でビット位置とビット幅を指定します．通常のGPIO空間は，

`0x400FF000～0x400FFFFF`

番地なので，ビット19がBFIやUBFXの指定と競合してしまいます．よって，その競合を避けるためにBMEのエイリアス空間が用意されています．

つまり，GPIOのエイリアス空間は，リファレンス・マニュアル上では，

`0x4000F000～0x4000FFFF`

となっています（ただしビット28が必ず1なので，実際にアクセスする空間は0x5000F000～0x5FF8FFFF）．BFIとUBFXの操作以外はエイリアス空間を使用しなくても大丈夫なのですが，BFIとUBFXの操作ではエイリアス空間を使用しないと誤動作します．

また，ほとんどのマイコンに内蔵されているBMEは0x40000000番地から始まる周辺デバイス空間を対象とします．これは，**表1**や**図6**より，0x20000000番地から始まるSRAM_U空間が操作対象からはずれています．これは，Cortex-M3/M4のビット・バンド

第4部 IoTの重要技術その1 低消費電力化

リスト2 ビット操作機構BMEを使って命令数削減①…GPIOの1ビットを反転させる(XOR)処理

```
●C言語記述
GPIOA_PDOR ^= 0x02;

●コンパイル結果(12バイト, 276ns@48MHz)
0000005E 0x....  LDR  R0,??DataTable6_5 ;; 0x400ff000
00000060 0x6800  LDR  R0,[R0, #+0]
00000062 0x2102  MOVS R1,#+2
00000064 0x4041  EORS R1,R1,R0
00000066 0x....  LDR  R0,??DataTable6_5 ;; 0x400ff000
00000068 0x6001  STR  R1,[R0, #+0]
```
(a) Before：BMEを使わずにXOR操作を行う場合

```
●C言語記述
//macro used to generate hardcoded XOR address
#define BME_XOR_ADDR(ADDR) (*(volatile uint32_t*)
                              (((uint32_t)ADDR) | (3<<26)))
BME_XOR_ADDR(&GPIOA_PDOR) = 0x02;

●コンパイル結果(6バイト, 166ns@48MHz)
00000014 0x....  LDR  R0,??DataTable6_6 ;; 0x4c0ff000
00000016 0x2102  MOVS R1,#+2
00000018 0x6001  STR  R1,[R0, #+0]
```
(b) After：BMEを使ってXOR操作を行う場合

リスト3 ビット操作機構BMEを使って命令数削減②…ADCのレジスタにビット・フィールドを挿入する処理

```
●C言語記述
reg_val = *addr;
mask = ((1 << (fieldwidth+1)) -1) << bitpos;
reg_val = (reg_val & ~mask)|((wdata) & mask);
*addr = reg_val;

●コンパイル結果(24バイト, 608ns@48MHz)
00000022 0x6804  LDR  R4,[R0, #+0] // reg_val = *addr;
00000024 0x2501  MOVS R5,#+1
    // mask = ((1 << (fieldwidth+1)) -1) << bitpos;
00000026 0x1C5B  ADDS R3,R3,#+1
00000028 0x409D  LSLS R5,R5,R3
0000002A 0x1E6D  SUBS R5,R5,#+1
0000002C 0x4095  LSLS R5,R5,R2
0000002E 0x43AC  BICS R4,R4,R5
    // reg_val = (reg_val & ~mask)|((wdata) & mask);
00000030 0x0022  MOVS R2,R4
00000032 0x002C  MOVS R4,R5
00000034 0x400C  ANDS R4,R4,R1
00000036 0x4314  ORRS R4,R4,R2
00000038 0x6004  STR  R4,[R0, #+0] // *addr = reg_val;
```
(a) Before：BMEを使わずにBFI(ビット・フィールド挿入)操作を行う場合

```
●C言語記述
//macro used to generate hardcoded BFI address
#define BME_BFI_ADDR(ADDR, BIT, WIDTH) (*(volatile
uint32_t*)(((uint32_t)ADDR) | (1<<28) | (BIT<<23) |
                              (WIDTH<<19)))
BME_BFI_ADDR(&ADC0_CFG1, 0x05, 0x01) = 0x40;

●コンパイル結果(6バイト, 440ns@48MHz)
00000020 0x....  LDR  R0,??DataTable6_9 ;; 0x528bb008
00000022 0x2140  MOVS R1,#+64
00000024 0x6001
```
(b) After：BMEを使ってBFI(ビット・フィールの挿入)操作を行う場合

から見ればたまにきずです．もっとも，本当にビット操作が必要なのは周辺領域で，SRAM領域でのビット操作はビットマップ・ディスプレイのVRAM操作程度しか思い付きません．ただし，実使用的には問題ありません．

ところが，Kinetis KL03ではSRAM_U空間に対してもBMEを適用できるようです．今後登場するCortex-M0+製品ではSRAM_U空間に対する操作もBMEがサポートするようになると推測されます．

● **ビット操作するときはBMEを使う方が消費電力を抑えられる**

閑話休題．低消費電力ですが，ロード/ストア・アーキテクチャでビット操作を実現しようと思うと「メモリ・リード→レジスタ上で操作→メモリ・ライト」という少なくとも3命令が必要ですが，BMEを使えばリードまたはライトの1命令で同じ処理が実現できます．

このため，命令コード・サイズが小さくなるとともに，命令数が少なくなる分，高速に処理できるので，BMEを使う方が消費電力を抑えられます．

それでは実例を見てみましょう．**リスト2**にGPIOの1ビットを反転(1とXOR)する処理に関して，BMEを使わない場合[**リスト2(a)**]とBMEを使う場合[**リスト2(b)**]のC言語記述と，コンパイル後の命令列を示します．この例では，命令コード・サイズが半分になり，40％高速に処理できます[1]．

また，**リスト3**に特定のメモリ空間(ADCのCFG1)に指定したビット・フィールド(ビット5の位置から1ビット)を挿入する処理に関して，BMEを使わない場合[**リスト3(a)**]とBMEを使う場合[**リスト3(b)**]のC言語記述と，コンパイル後の命令列を示します．この例では，命令コード・サイズが57％の削減になり，25％高速に処理できます[1]．

◆参考文献◆
(1) Noriaki Matsuda：Hands-on Workshop: Programming Instruction to Kinetis L Series MCUs ARMマイコン「Kinetis」プログラミング入門，NXP(旧フリースケール)．

なかもり・あきら

第24章

CPUやフラッシュ・メモリをできるだけ使わずに済ませる仕組み

低消費電力に命令を実行するためのアーキテクチャ

中森 章

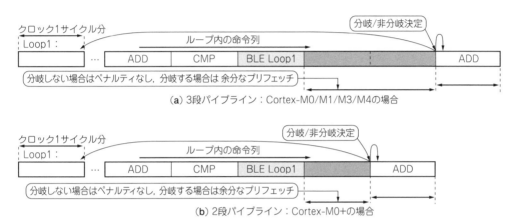

図1(1) パイプラインの段数が多いと分岐したときの処理のムダが多くなる…Cortex-M0+はムダが少ない

ここではパイプラインの段数の減少やフラッシュ・キャッシュを導入してフラッシュ・メモリへのアクセス数を削減することで，Kinetisマイコンの消費電力が減ることを説明します．

Cortex-M0+が他のCortex-Mより低消費電力な理由

● パイプラインの段数が多いと分岐時の処理のムダが多くなる

Cortex-M0+は2段，Cortex-M0/M3/M4は3段パイプラインを採用しています．パイプラインの段数は分岐の性能に影響を与えます．分岐が発生する場合，3段パイプラインを例にすると，

「命令フェッチ(F)」での命令取り込み
→「命令デコード(D)」での命令解釈
→「命令実行(E)」

というパイプラインの流れにおいて，パイプライン中で処理中の命令を破棄して「命令フェッチ(F)」ステージから再度処理を行うことを意味します．つまり，分岐は「命令実行(E)」ステージの終わりで決まるので，分岐発生時には「命令フェッチ(F)」と「命令デコード(D)」で処理中の命令が破棄されます．このため，Cortex-Mのパイプラインは「命令実行(E)」ステージより前の段数をできるだけ削減する方向で設計されているのです．

● 2段パイプラインCortex-M0+は分岐命令処理性能が高い

Cortex-M0/M1/M3/M4は，

命令フェッチ→命令デコード→命令実行

の3ステージからなる3段パイプラインで，「命令実行ステージ」より前は2段です．

Cortex-M0+は，

命令フェッチとプリデコード
→本格デコードと命令実行

の2ステージ(命令デコードはプリデコードと本格デコードの二つに分かれる)からなる2段パイプラインで，「命令実行ステージ」より前は1段相当です．これは，Cortex-M0+は他のCortex-Mシリーズよりも分岐命令の処理性能(サイクル数)が高いことを意味します．

つまり，分岐によるペナルティ(パイプライン遅延

第4部 IoTの重要技術その1 低消費電力化

=分岐シャドウという）はCortex-M0/M1/M3/M4では2サイクル，Cortex-M0+では1サイクルとなります（図1）．

分岐シャドウのサイクルが少ないことは分岐中断までのフラッシュ・メモリのフェッチ時間の短縮にもつながるので，低消費電力化にも寄与します．参考文献(2)によれば，フラッシュ・メモリへのアクセスは電力を消費するので，分岐シャドウによる余分なプリフェッチがない分だけ低消費電力になるとあります．

● 分岐性能が9%くらい向上している…らしいです

参考文献(2)によれば，Cortex-M0の3段パイプラインに比べて，Cortex-M0+が2段パイプラインになったことで9%の性能向上があるそうです．同じ処理を行う場合，動作周波数を9%下げられるので，消費電力も9%減らせるイメージです．

フラッシュ・メモリは消費電力が大きい

ARM社のプレゼンテーションや論文を読むと，フラッシュ・メモリにある命令を実行すると電力をより多く消費するので，フラッシュ・メモリ内のコードはRAMにコピーして実行した方がよいという論調がよく見受けられます．理由について考察してみます．

● 考えられる理由①…アクセス時間が長い

まず，フラッシュ・メモリへのアクセス時間は多くかかるが，RAMへのアクセス時間は短くてすむということがあります．つまり，動作周波数が同じであれば同じ処理を短い時間で行う方が低消費電力になるという論旨です注1．実際に，電力的にクリティカルな処理をフラッシュ・メモリからRAMに移行して実験したら消費電力を41%削減できたというレポートもあります(3)．

実は筆者はこの説明に疑念を抱いていました．フラッシュ・メモリへのアクセスもRAMへのアクセスも動作する論理回路は同じなので，クロック・ゲーティングが適切に機能すれば電力に差異がないのではと思っていました．むしろウェイトを多く入れた方が動作する論理回路の活性化率が低くなるので，電力が低くなるのではという思いもあります．

しかし，CPUコアとフラッシュ・メモリまたはRAMをつなぐシステム・バスのクロックは基本的には止まりません（動作時だけクロック供給するように設計ができないこともない）から，命令フェッチに長い時間がかかると電力をより消費するという説明も納得がいきます．

● 考えられる理由②…フラッシュ・メモリ・アクセス自体の消費電力が大きい

参考文献(4)の「命令キャッシュ導入によるフラッシュ・メモリ搭載マイコンの低電力化」の論文は，非常に優れています．フラッシュ・メモリへのアクセス自体が電力を消費する（動作時の自己消費電力が大きい）前提に立っています．フラッシュ・メモリにアクセスする時間が長いから電力を消費するという立場ではありません．こちらの説明の方が筆者には理解しやすいです．つまり，フラッシュ・メモリの高速化に伴い，センス・アンプによる増幅時に必要とする電力が増えるということです．フラッシュ・メモリを1サイクルでアクセスできたとしても，RAMの場合よりも消費電力が大きいということになります．

フラッシュ・メモリ・アクセスを高性能化するためのキャッシュ

フラッシュ・メモリの動作速度は，通常，40MHzから50MHzです．しかし，Cortex-M4のCPUは100MHzから200MHz程度で動作しますから，フラッシュ・メモリをアクセスするためにはウェイト・サイクルを挿入して待ち合わせをする必要があります．これを防ぐために，フラッシュ・メモリの内容を高速（1～2サイクルでアクセス可能なはず）な内蔵SRAMにあらかじめ転送しておいて，命令フェッチを内蔵SRAMから行うという手法が用いられます．この場合は，CPUの高い動作周波数が最大限に生かされると予想されます．

つまり，フラッシュ・メモリで実行するよりもRAMで実行する方が性能も向上しますし，低消費電力になります．実際に，参考文献(5)でも，SRAM上でプログラムを実行すれば低消費電力になるという説明があります．

それでも命令を，SRAMに展開した後ではなく，フラッシュ・メモリから直接フェッチする場合が多いのは，何らかの命令プリフェッチ・バッファ（SRAMで構成）の効果を期待しているものと思われます．

製品によっては，フラッシュ・メモリからのより高性能なプリフェッチ機能を実装していたり，フラッシュ・メモリ専用のキャッシュを実装していたりします．これらの機能によりフラッシュ・メモリへのアクセスをさらに高速化します．

注1：本件をARM Connected Communityで質問したところ同様な回答が返ってきた．質問の回答者は，アクセス時間の大小が消費電力を決定するといいながら，フラッシュ・メモリが1サイクルでアクセスできてもRAMよりは消費電力が「なぜか」大きいと明言している．その理由はフラッシュ・メモリとRAMの面積差にあるとしている．

第24章 低消費電力に命令を実行するためのアーキテクチャ

コラム フラッシュ・メモリ用に内蔵されているキャッシュのリアルタイム処理への影響　中森 章

● リアルタイム用途で気になること…キャッシュが入っていると処理時間を約束できないんじゃ？

論文(4)では，フラッシュ・キャッシュのヒット・ミスによる処理時間のばらつきへの対処が考慮されています．つまり，キャッシュ・ミス時にはフラッシュ・メモリからのフェッチを優先（後からフラッシュ・キャッシュに格納）させれば，キャッシュ・ミスによる処理時間の遅れは発生しないということです．キャッシュ・ヒットで処理時間が短縮される場合については不都合は生じない（はず）です．フラッシュ・キャッシュの導入に対し，確定的処理時間に言及している点がこの論文の優れたところです．

では，いかにしてキャッシュ・ミス時の遅れをなくせばよいのか，順を追って考えてみます．

● キャッシュ・ミスの次のサイクルでキャッシュ・ヒットする場合だけ遅れが発生する

キャッシュ・ミス時に遅れが発生するのは，キャッシュ・ミスの次のサイクルでキャッシュ・ヒットする場合だけです．このとき，キャッシュ・ミスでフラッシュ・メモリから読み出したデータをフラッシュ・キャッシュに書き込むサイクルと，キャッシュ・ヒットでフラッシュ・キャッシュから読み込むデータが競合します（図A）．

● フラッシュ・キャッシュのリードのタイミングに変化がなければ性能劣化しない

通常の設計ではライトを優先してリードを待たせるので，フラッシュ・キャッシュからのリードが遅れます．逆にライトを待たせるようにすればフラッシュ・キャッシュからのリードの遅れはなくなります．フラッシュ・キャッシュは本来リードが主体となるため，リードのタイミングに変化がなければ性能の低下はありません．

● 次のキャッシュ・ミスが発生するまでフラッシュ・キャッシュのライトのタイミングを遅らせる

さて，遅らせるとしたらむしろライトの方になりますが，そのライトはいつまで遅らせるのでしょうか．それは，次のキャッシュ・ミスが発生するまでです．つまり次のキャッシュ・ミスを見計らってフラッシュ・キャッシュにデータを書き込みます（このときフラッシュ・キャッシュからのリードは発生しない）．このタイミングを図Aに示します．

しかし，キャッシュ・ミスしたフラッシュからのデータをキャッシュにライトするためには，キャッシュ・ミスが2サイクル以上続かなければいけません．

ということは，ミスの後にヒットが連続する場合や，ミスとヒットが1サイクルごとに繰り返される場合は，キャッシュにライトを行うことができません．

しかし，フラッシュ・キャッシュは連続するアドレスを読み出すことが前提となっています．キャッシュ・ミスの直後はキャッシュ・ミスが続くと考えられますので，上述のような最悪ケースはほとんど発生しないと考えられます．

そんな最悪なケースが発生しても遅れをなくするためには，あとからキャッシュにライトするデータをどの程度まで外部ロジックでバッファリングしておけるかに依存します．そこまでして回路規模を大きくして，低消費電力を実現する必要があるかどうかは疑問です．

● 処理時間の遅れを気にする場合の作戦

思い切って，キャッシュ・ミス，キャッシュ・ヒットが連続する場合は，キャッシュ・ミスしたデータをキャッシュにライトしない（捨ててしまう）という考え方もあると思います．この実装は，フラッシュ・キャッシュのヒット率は低下するかもしれませんが，一番単純ですし，それでいてキャッシュ・ミス時のリードの遅れは発生しません．

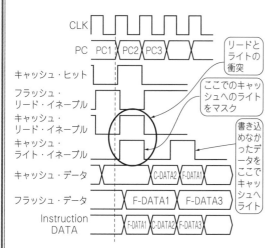

図A　フラッシュ・キャッシュのミスの直後にフラッシュ・キャッシュがヒットした場合の動作タイミング

第4部 IoTの重要技術その1 低消費電力化

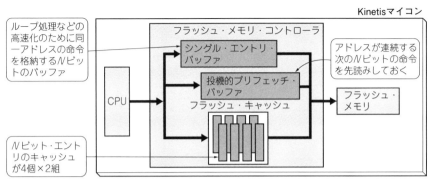

図2 半導体メーカの工夫がこらされているフラッシュ・メモリ高速アクセスのしくみ…Kinetisマイコンの例

● 論文の紹介

参考文献(4)は，低消費電力化のため，フラッシュ・メモリをキャッシュしてアクセスを減らそうという趣旨の論文です．やっていることは，フラッシュ・メモリの内容をRAMにコピーして実行するということの自動化です．RAM上で命令実行すれば消費電力が減るという手法としてはこれまでの説明と同じです．

論文の結論は，フラッシュ・メモリが占める電力が全体の30％以上ならばフラッシュ・キャッシュを導入による低消費電力の効果があるというものです．フラッシュ・キャッシュは，文字通り，フラッシュ・メモリの内容をキャッシュ・メモリ(SRAM)にキャッシュする機能です．フラッシュ・キャッシュは性能向上だけではなく電力削減にも効果があったのですね．

フラッシュ・キャッシュ 各社のとりくみ

● NXP（旧フリースケール）

Kinetisマイコンにおいても，フラッシュ・メモリへのアクセスを高速化するためのしくみを備えています．具体的にKinetisマイコンでは，フラッシュ・キャッシュ，投機的プリフェッチ・バッファ，シングル・エントリ・バッファを実装して，フラッシュ・メモリへのアクセスを高速化しています（実質的に1サイクルでのアクセスが可能）．この構造を図2に示します．

フラッシュ・キャッシュは4ウェイ・セット・アソシエイティブ構造を採ります．他社の単純なFIFO構造のプリフェッチ・バッファに比べると高いヒット率が期待できます．

ただし，CPUとフラッシュ・キャッシュはAHBなどの内部バスを介して接続されています．つまり，内

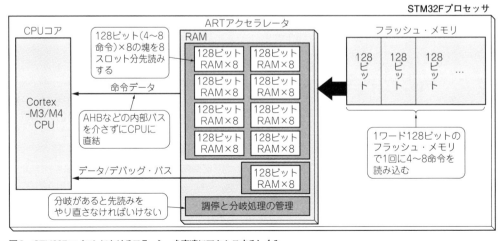

図3 STM32Fマイコンにおけるフラッシュを高速にアクセスするしくみ
適応型リアルタイム・メモリ・アクセラレータARTを使用

第24章　低消費電力に命令を実行するためのアーキテクチャ

部バスからフラッシュ・メモリがノーウェイトでアクセスできても，CPUと内部バスの間でレイテンシが発生します．AHBなどはパイプライン的なアクセスが可能なので，連続アクセスを行う場合は，そのレイテンシは見えなくなります．

● STマイクロエレクトロニクス

ところで以前，旧フリースケールのSNSに「フリースケールのFMC（フラッシュ・キャッシュ）の性能はSTマイクロ社のARTアクセラレータに劣る」という投稿[6]があり，社員からの「ARTは命令だけでデータはキャッシュできないし，CPUからの要求しかキャッシュできない」という反論が載っていたことがありました．参考にARTアクセラレータの構造を図3に示します．

もっとも，最初の投稿者は，巨大（数十Kバイト）なシーケンシャルな命令列を実行させて性能比較しているので，プリフェッチ・バッファがキャッシュに直結するART構造の方が有利なのは明らかです．反論者は「そんな非現実なケースで性能評価をしてほしくない」という意見だと思います．データをキャッシュできないというその人の意見は事実誤認の感じもしますが，CPUからの要求しかキャッシュできないという指摘は注目に値します．そのつもりで，フラッシュ・アクセスの高速化を調査したところ，旧フリースケールとNXP以外は，CPU以外（例えばDMA）からの要求は高速化できない模様です（正確に知りたい場合は調査ください）．その2社が合併したのは興味深いことです．

＊　　　＊　　　＊

今回はパイプライン段数の削減やフラッシュ・キャッシュの導入がCPUの電力効率向上による低消費電力化に貢献する例を示しました．この効果は処理時間を短くすることと同等です．ということは，動作周波数の高いマイコンを使うほど低消費電力になることを意味します．「低消費電力の基本は動作周波数を下げること」といってきたのは嘘だったのかという反論もあるかと思います．これはどちらも正しいです．低消費電力の真の意味は「電力×処理時間（デューティ）」を小さくすることです．動作周波数を下げることは「電力」を小さくすることを，動作周波数を高くすることは「処理時間（デューティ）」を小さくすることを意味します．その両方のさじ加減が大切なのです．

CPUはできるだけ使わないで済ませる！　低消費電力マイコンのペリフェラルの特徴

● CPUのいらない処理はCPUをスリープ状態のまま終わらせれば低消費電力になる

CPUは最も高速に動作するモジュールです．つまり，一般的にチップ内で一番電力を消費します．このため，CPUを停止させるという観点で低消費電力モードは構成されています．ということは，CPUが動作しないで済むような処理はCPUをスリープ状態にしたままで終わらせてしまえば低消費電力になります．これにより，電池駆動時に電池寿命を長くできます．

● 低消費電力モードに対応する周辺デバイスの動作はCPUの動作状況に左右されない

Kinetis LシリーズとKinetis K2[注2]だけの機能ですが，低消費電力ペリフェラルという低消費電力モードをサポートする周辺デバイスを内蔵しています．ひと言でいうと「ディープ・スリープ・モード（STOP/VLPSモード）時にCPUコアを起こすことなくオフロードで（自律的に）動作可能なスマート（賢い）・ペリフェラル」です．つまり，周辺デバイスに電力が供給されていることが前提となります（つまり，LLSとVLLSxモードは対象外）．

● ディープ・スリープ・モードでも周辺デバイスがCPUコアを起こさずにDMA転送できる

その代表的機能はディープ・スリープ・モード時のDMA転送にあります．つまり，UART，タイマ（PWM），コンパレータ，A-Dコンバータなどの周辺デバイスはDMAに転送要求を行うハンドシェーク機能をもちます．ディープ・スリープ・モード中にDMA転送要求を受けると，DMAコントローラが起動してウェイト・モードに移行してDMA転送を行います．そしてデータ転送を完了すると再びディープ・スリープ・モードに戻ります[注3]．DMA転送要求はマイコン・チップの外部から来ますので，最も電力を消費すると思われるCPUコアを介さずに，DMA転送が行われます．

このため，CPUコアがディープ・スリープ・モードに留まる時間を最大化します．これにより電池寿命を長く保つことができます．低消費電力ペリフェラルの概念を図4に示します．

● Kinetisマイコンは競合製品より処理時間が短く消費電力も少ない

また，低消費電力ペリフェラルの動作例を図5に示

注2：Kinetis K2とは第2世代Kinetisの総称．具体的には，K02, K11, K12, K21, K22, K24, K63, K64, K65, K66を指します．Kinetis K2は動作周波数100MHz以上で，電力効率に優れたKinetisシリーズ．

注3：省電力ペリフェラルは自律的に動作するためか，リファレンス・マニュアルには低消費電力モードとの関係は明記されていない．この文章ではDMAはウェイト・モードのままデータ転送を行うように読める．しくみの詳細は不明．

第4部 IoTの重要技術その1 低消費電力化

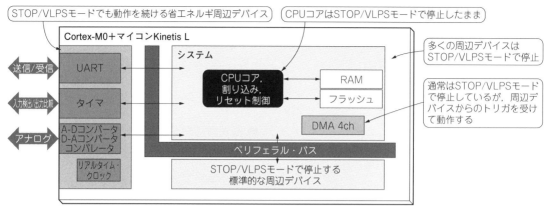

図4 低消費電力ペリフェラルの概念

します[7]．これは，本書で取りあげるKinetisマイコンと他のマイコン製品の時間経過と電力の対比図です．図5において，濃い灰色がKinetisマイコンの電力遷移で，うすい灰色が競合製品の電力遷移です．Kinetisマイコンの方が短い横軸（処理時間）なのはFMC（フラッシュ・キャッシュ）やBME（ビット操作エンジン）によって処理を早く終えられるため，あるいは，周辺デバイス（ペリフェラル）の起動時間と処理が競合製品より速いことを意味しています（あくまでもメーカの主張）．また，縦軸（電力）が短いのは，Kinetisマイコン自体が低消費電力，あるいは，周辺デバイス（ペリフェラル）しか動作してないことを示しています．

● ある程度データがそろうまでは周辺デバイスだけが動作する

データ処理はディープ・スリープ・モードから開始され，低消費電力タイマからのトリガによって，「初期化（低消費電力モードに遷移）→制御（データを蓄える）→計算（データを処理する）」の三つの状態を順番に繰り返して実行します．つまり，CPUが寝ている間にデータを蓄え，ある程度データがそろったらCPUが起動してデータ処理を行うという状態を繰り返します．

このタイマは，例えば，低消費電力A-D変換の終了でトリガ出力を行います．なお，A-Dコンバータは，あるしきい値を超えるとトリガを出すようにあらかじめプログラムされていると仮定しています．

図5では制御／データ蓄積段階で3回の変換が行われています．最初の2回はしきい値に達しないのでメモリ（内蔵SRAM）に格納する必要がありません（ユーザが望まないデータのため）．3回目の変換結果はしきい値を超えるのでメモリに格納する必要があります．

このとき，低電力タイマからトリガが発生し，CPUを起動させることなくDMAが起動して，A-Dコンバータの変換結果のデータをメモリに転送します．DMAの転送が終了するとマイコンそのものは自動的にディープ・スリープ・モードに復帰します．あるいは，その後，低消費電力UARTが十分なデータを転

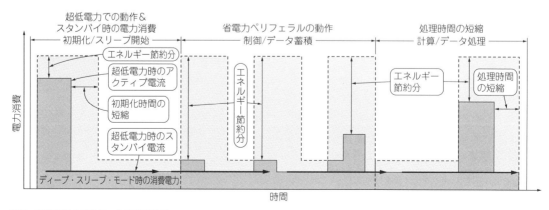

図5 低消費電力ペリフェラルの動作例

第24章　低消費電力に命令を実行するためのアーキテクチャ

表1[8]　低消費電力ペリフェラル（周辺デバイス）…Kinetisマイコン（LシリーズとK2）の例

周辺デバイス	低電力機能
DMA	STOP/VLPSモードでA-Dコンバータ，CMP，UART，タイマ/PWM，TSI，PORT（GPIO）などのペリフェラルからのトリガでウェイト・モードへ復帰し，DMA転送を行ったのち，再びSTOP/VLPSモードへとCPUの介在なしに移行できる
UART	TOP/VLPSでも動作可能．割り込み要求，DMAリクエストのトリガもサポート
SPI	アドレス・マッチ・ウェイクアップをサポート．STOP/VLPSモードでも先頭1ワードの受信が可能
I2C	STOP/VLPSモードでの複数アドレス・マッチ・ウェイクアップをサポート
USB	STOP/VLPSモードでの非同期復帰をサポート
LPTPM（タイマ/PWM）	STOP/VLPSモードでも16ビット・タイマでのインプット・キャプチャ，アウトプット・コンペア，PWM出力が実行可能
LPTMR（タイマ/パルス・カウンタ）	すべてのパワー・モードで16ビット・タイマとパルス・カウンタが使用可能
RTC（リアルタイム・クロック）	すべてのパワー・モードで32ビット・リアルタイム・カウンタが使用可能
A-Dコンバータ	STOP/VLPSモードでの動作をサポート
CMP（アナログ・コンパレータ）	すべてのモードで使用可能
D-Aコンバータ	すべてのパワー・モードでスタティック・リファレンスをサポート
セグメントLCD	すべてのパワー・モードで表示切り替えと点滅動作をサポート
TSI（静電容量式タッチ・センサ・インターフェース）	すべてのパワー・モードで起動ソースとして使用可能
LLWU（低リーク・ウェイクアップ・ユニット）	LLS，VLLSxモードで使用できるウェイクアップ・ピン（8本），リセット，NMIウェイクアップ・ピンといくつかのペリフェラルによる復帰をサポート

送したら，CPUが起動して計算段階に移行します．

このような特徴をもつ周辺デバイスの一覧を**表1**に示します．

なお，周辺デバイスがCPUと独立して自律的に動作するしくみは低消費電力を売りにするマイコンではあたりまえの機能になっています．KinetisマイコンではKinetis Lだけの機能でしたが，第2世代のKinetis K2にも展開されています．

◆参考・引用*文献◆

(1) Tips and Tricks for Minimizing ARM Cortex-M CPU Power Consumption
http://rtcmagazine.com/articles/view/103766
(2) Optimizing a processor design for low power control applications
http://community.arm.com/docs/DOC-2791
(3) Optimizing the flash-RAM energy trade-off in deeply embedded systems
http://arxiv.org/abs/1406.0403
(4) 金多 厚，平尾 岳志，肥田 格，浅井 哲也，本村 真人；命令キャッシュ導入によるフラッシュメモリ搭載マイコンの低電力化，情報処理学会研究報告，計算機アーキテクチャ研究会報告．2014年1月16日．
http://lalsie.ist.hokudai.ac.jp/publication/dlcenter.php?fn=dom_conf/arc_2014_kim.pdf
(5) *Squeezing the Most out of Battery Life
http://community.arm.com/docs/DOC-9222
(6) low flash performance on K6x
https://community.nxp.com/thread/359410
(7) *Power Management for Kinetis MCUs
http://cache.nxp.com/files/32bit/doc/app_note/AN4503.pdf
(8) *Noriaki Matsuda；Hands-on Workshop: Programming Introduction to Kinetis L Series MCUs ARMマイコン「Kinetis」プログラミング入門，NXP（旧フリースケール）．

なかもり・あきら

第5部
IoTの重要技術その2
セキュリティ機能

第25章

通信支援機能 その1

通信の認証などによく使う暗号高速化ユニットCAU

中森 章

表1 Kinetisマイコンが備えるセキュリティ機能

シリーズ	暗号化機能			フラッシュ・メモリのセキュリティ（耐タンパーなど）	その他セキュリティ機能	
	暗号高速化ユニットCAU	乱数生成器RNG	CRC		ユニークID	メモリ保護ユニット（MPU）
K	K11/K21/K24/K26/K52/K53/K6x/K70/K8x		○	○	128ビット	≧100MHz
L	KL18/KL8x	KL28/KL8x	一部	○	80ビット	KL28/KL8x
M	—	○	○	○	128ビット	○
W	KW21Z/KW22D/KW24D/KW31Z/KW41Z	KW2x/KW4x	○	○	KW2x：128ビット KW01：80ビット	KW2xの一部
E	—	—	○	○	64ビット	KE1xF
V	KV5x	—	○	○	KV1：48ビット KV3/KV4：96ビット	KV5x

　さまざまな装置をインターネット接続するIoT（Internet of Things）時代になると，データベースを管理するクラウド・サーバだけでなく，サーバと通信を行う末端のセンサ機器などにもセキュリティ機能が要求されます．セキュリティ機能を内蔵したワンチップ・マイコンも数多くあります．

　本稿では，多くのセキュリティ機能を備え，LAN通信搭載mbed互換ボードが4,000円程度で入手できて実験に使いやすい，ARM Cortex-M内蔵Kinetisを例に，ワンチップ・マイコンの最新セキュリティ機能を紹介していきます．

マイコンの主なセキュリティ機能

　一口にセキュリティといってもいろいろありますが，第4部ではKinetisマイコンに内蔵された暗号化支援機能や耐タンパー機能を中心に紹介していきます．

　表1にKinetisシリーズのセキュリティ機能を示します．この中でMPU（Memory Protection Unit）はCPUの機能とは別物で，システム・バス（クロスバー・スイッチ）に付加されています．

▶その1：認証などに使われる暗号化支援機能

　通信の認証などに使われる暗号化の支援機能には，以下のものがあります．
- 暗号高速化ユニットCAU（Cryptographic Acceleration Unit）
- 乱数生成器RNG（Random Number Generator）
- 巡回冗長検査回路CRC（Cyclic Redundancy Check）

▶その2：直接攻撃対策…耐タンパー機能

　タンパーとはMCU内部の情報をチップ開封などによって盗み見る侵略行為のことです．耐タンパー機能は次のものがあります．
- タンパー検出モジュールTDM（Tamper Detection Module）

　TDMはKinetisではDryIce（ドライアイス）とも呼ばれます．これは熱（侵害）を加えると（解析したい機能が）蒸発して消えてなくなってしまうという意味に由来しているのだと思われます．NDA事項なので，これ以上のことをいうことはできません．

▶公開可能な範囲で解説していきます

　ちなみにセキュリティ機能の解説には注意が必要です．たとえば耐タンパー機能は，Kinetisのリファレンス・マニュアルではNDA事項になっています．第5部ではこのあたりに気をつけながら解説していきたいと思います．

第25章 通信の認証などによく使う暗号高速化ユニットCAU

> **コラム** 米国政府標準…暗号アルゴリズムとハッシュ関数あれこれ　　　　中森 章

● 暗号アルゴリズム

▶ DES/3DES

DESは代表的な共通鍵暗号アルゴリズムです．データを64ビット長のブロックに分割し，各ブロックを56ビット長の鍵で暗号化します．

DESの操作を3回繰り返して暗号強度を強めるのが3DESです．

UNIXにおけるログイン時のユーザ認証にDESが使われているのは有名です．UNIXのパスワードはDESの鍵として56ビットに暗号化して使用します．UNIXのパスワードが8文字までしか有効ではない（最初の8文字のみ有効）のは，DESの鍵が56ビットであることと関連しています．

DESは56ビットの鍵を使用するため，鍵の種類は2^{56}（=2の56乗，約7京2057兆）通りであり，最近のコンピュータを使用すれば約1カ月，専用ハードウェアを使用すれば約1日で解読できる規模です．

3DESでは三つの鍵を使用しますので2^{168}通り，つまり2^{112}倍の時間がかかる計算ですから，3DESの暗号強度は「そんなに悪くない」といえます．

▶ AES

AESはDESに代わる次世代（今となっては古い世代）暗号化方式です．AESはデータを128ビットのブロックに分割して暗号化します．鍵長は128ビット，192ビット，256ビットの3種類が使用可能です．

AESは，データの位置の入れ替えなどにより暗号化するといった基本原理はDESと同じですが，最大256ビット長の鍵を使うため，DESや3DESよりも暗号強度が高くなっています．現在でも共通鍵暗号では最大の強度といわれています．それでいて，AESはすべての内部処理をバイト単位で実行するためコンピュータによる暗号化，複合化の時間がDESや3DESに比べて短いという利点もあります．DESは内部処理で6ビットという中途半端なデータ長を扱う必要があるので処理効率が低いのです．

基本的な暗号処理（およびハッシュ計算）アルゴリズムは，鍵を加算してビット位置の入れ替えを行うという作業を1ステップとし，そのステップを繰り返して，暗号なりハッシュ値を計算します．

● ハッシュ関数

ハッシュ関数とは与えられたデータから固定長の疑似乱数を生成する機能です．データ通信時において，送信側でハッシュ値を計算してデータと共に送信し，受信側でデータのハッシュ値を再計算して受信したハッシュ値と比較を行います．このときハッシュ値が不一致ならデータに何らかの改ざんがあったことがわかります．

ハッシュ値から元データを復元することはできませんが，ハッシュ値が一致するようにデータ改ざんを行うことは可能です．ハッシュ値が一致するようにデータ改ざんを行うことの困難さをハッシュ関数の強度といいます．SHA-1，SHA-256，MD5などは，ハッシュ値が一致するようにデータを改ざんすることは困難といわれています．このような性質から，ハッシュ関数は個人認証やディジタル署名に使われます．

▶ SHA-1/SHA-256/MD5

SHA-1は，2^{64}ビット以下のデータから160ビットのハッシュ値を生成します．

SHA-256は2^{64}ビット以下のデータから256ビットのハッシュ値を生成します．

MD5は任意の長さのデータを512ビットのブロックに分割して処理し，最終的に128ビットのハッシュ値を生成します．

近年，M2M（Machine to Machine）とかIoT（Internet of Things）がもてはやされるようになり，通信に関するセキュリティ（SSL，IPSec，HMAC，CBC-MAC）がより重視されています．高機能なARMv8-Aアーキテクチャでも暗号化機能がサポートされますから，IoTなどのデータベースを管理するCortex-Aのデバイス（サーバ）と通信を行う末端のセンサ機器などに多用されるCortex-Mシリーズで暗号化機能をサポートしているというのは実にタイムリな話です．

第5部 IoTの重要技術その2 セキュリティ機能

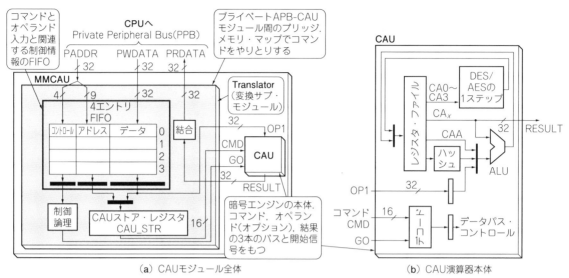

図1 暗号高速化ユニットCAUモジュールの構造

暗号高速化ユニットCAU

暗号高速化ユニットCAUは，米国政府標準の次の暗号化方式とハッシュ関数をサポートするための演算ブロックです．

暗号ユニット
- DES (Data Encryption Standard)
- 3DES (Triple Data Encryption Standard)
- AES (Advanced Encryption Standard)

ハッシュ関数
- MD5 (Message Digest 5)
- SHA-1 (Secure Hash Algorithm 1)
- SHA-256 (Secure Hash Algorithm 256)

● CAUの定義と基本構造

図1にCAUモジュールの内部ブロックを示します．CAUモジュールは，CPU (Cortex-M) と Private Peripheral Busで直結されています．メモリ・マップされたレジスタにCPUから値を書き込むことで暗号化/ハッシュ処理が起動し，演算結果もメモリ・マップされたレジスタから取り出します．この意味で，CAUをMMCAU (Memory Mapped CAU) とも呼びます．

あるいは，CAUの機能を組み合わせてライブラリ化し，AES/DES/3DES/SHA-1/SHA-256/MD5（コラム参照）を一つの関数として使用できるようにしたものもMMCAUと呼ばれます．

MMCAUはmmCAUと表現することもあります．

● CAUモジュールへのデータのリード/ライト

図2にCAUのメモリ・マップを示します．
メモリ・マップは2Kバイトずつ二つの領域に分割され，前半の2Kバイトはオペランドなしのコマンドを CAUに与えるために使用します．

後半の2Kバイトはオペランド付きのコマンドをCAUに与えるために使用します．前半の2Kバイトの空間からコマンドを与える場合，1データ（32ビット）内に最大3個のコマンドを含めることができます．

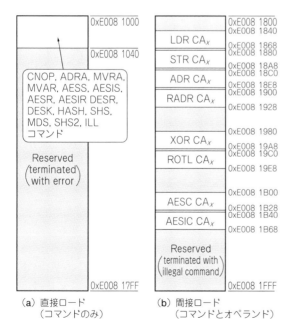

図2 CAUにアクセスするためのメモリ・マップ

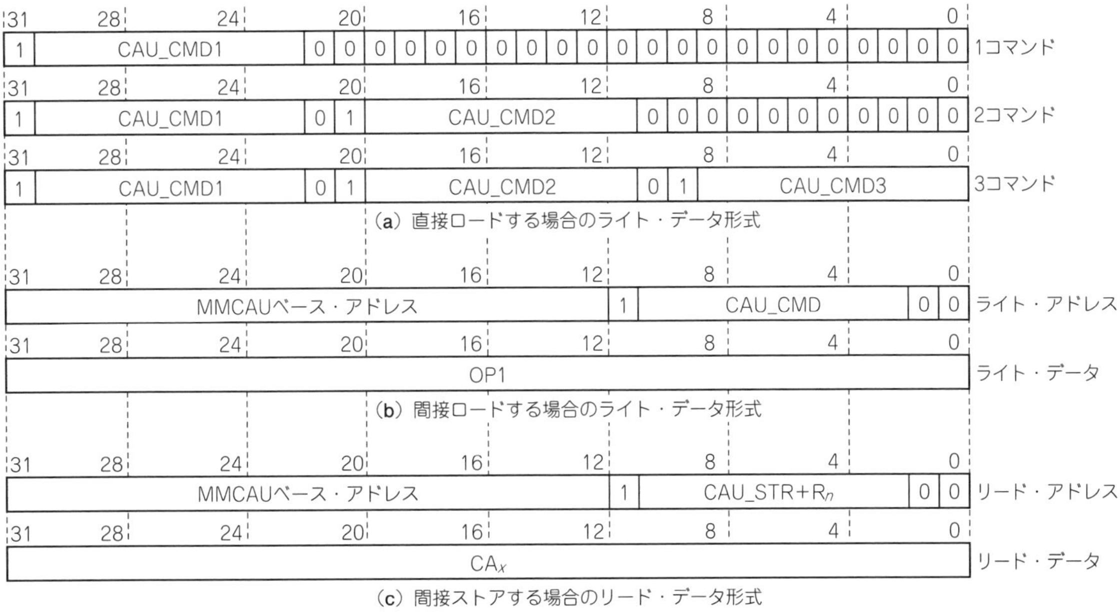

第25章 通信の認証などによく使う暗号高速化ユニットCAU

(a) 直接ロードする場合のライト・データ形式

ビット	内容
1コマンド	[31]=1, [30:28]=CAU_CMD1, 以下0
2コマンド	[31]=1, [30:28]=CAU_CMD1, [22]=1, [21:19]=CAU_CMD2, 以下0
3コマンド	[31]=1, [30:28]=CAU_CMD1, [22]=1, [21:19]=CAU_CMD2, [13]=1, [12:10]=CAU_CMD3

(b) 間接ロードする場合のライト・データ形式

ライト・アドレス：MMCAUベース・アドレス | 1 | CAU_CMD | 00
ライト・データ：OP1

(c) 間接ストアする場合のリード・データ形式

リード・アドレス：MMCAUベース・アドレス | 1 | CAU_STR+Rn | 00
リード・データ：CAx

図3 CAUにライト／リードするときのデータ形式

前半の2KバイトからのアクセスはC接ロード，後半の2Kバイトからのアクセスは間接ロードと呼ばれます．

直接ロードや間接ロード／ストアのデータ形式を図3に示します．具体的な方法は公開されていません．

● メーカが用意したC言語ライブラリを使って暗号計算する

ここで注意しなければならないのは，コマンドを一つCAUに与えれば自動的にAESなりMD5の計算をCAUが行ってくれるのではなく，コマンドはそれぞれの暗号化やハッシュ処理の1ステップを処理するものです．複数のコマンドをCAUに与えることで初めてAESなりMD5の処理が完了します．CAUのコマンドを参考までに表2(次頁)に示します．

暗号やハッシュのアルゴリズム（具体的にコマンドをどう与えるか）は公開されていませんから，ユーザはメーカ(NXP)が提供するC言語のライブラリ関数により，DES，3DES，AES，SHA-1，SHA-256，MD5を計算しなくてはなりません．

Kinetis K60シリーズのリファレンス・マニュアルにはCAU操作の理解を深めるためのサンプル・コードが載っていますのでリスト1に紹介します．これはAESの計算において1回の繰り返し処理を指示するプログラムです．

ここで，各レジスタの役割は次のようになっています．

R1：鍵が格納されている領域へのポインタ

リスト1[1] 暗号高速化ユニットといってもいっぺんに答えがでるわけじゃない…AESの1ステップを計算するにも多くのコマンドを実行しないといけない

コマンドをどう与えるかは公開されていないので，実際にはメーカの関数を使うことになる

R1 … 鍵のデータ列へのポインタ
R3 … 3個のMMCAUの直接コマンドを含む
R8 … 2個のMMCAUの直接コマンドを含む
R9 … 1個のMMCAUの間接コマンドを含む
FP … MMCAUの間接コマンドのアドレス空間へのポインタ
IP … MMCAUの直接コマンドのアドレス空間へのポインタ

```
movw fp, #:lower16:MMCAU_PPB_INDIRECT
                        @ fp -> MMCAU_PPB_INDIRECT
movt fp, #:upper16:MMCAU_PPB_INDIRECT
movw ip, #:lower16:MMCAU_PPB_DIRECT
                        @ ip -> MMCAU_PPB_DIRECT
movt ip, #:upper16:MMCAU_PPB_DIRECT
# r3 = mmcau_3_cmds(AESS+CA0,AESS+CA1,AESS+CA2)
movw r3, #:lower16:(0x80100200+(AESS+CA0)
                  <<22+(AESS+CA1)<<11+AESS+CA2)
movt r3, #:upper16:(0x80100200+(AESS+CA0)
                  <<22+(AESS+CA1)<<11+AESS+CA2)
# r8 = mmcau_2_cmds(AESS+CA3,AESR)
movw r8, #:lower16:(0x80100000+(AESS+CA3)
                              <<22+(AESR)<<11)
movt r8, #:upper16:(0x80100000+(AESS+CA3)
                              <<22+(AESR)<<11)
add r9, fp, $((AESC+CA0)<<2)
                        @ r9 = mmcau_cmd(AESC+CA0)
str r3, [ip]            @ sub bytes w0, w1, w2
str r8, [ip]            @ sub bytes w3, shift rows
ldmia r1!,{r4-r7}       @ get next 4 keys; r1++
stmia r9, {r4-r7}       @ mix columns, add keys
```

第5部 IoTの重要技術その2 セキュリティ機能

表2 参考…CAUに与えるコマンド

タイプ	コマンド	意　味	値[8:4]	値[3:0]	操　作
直接ロード	CNOP	何もしない	0x00	0x0	―
間接ロード	LDR	ロード・レジスタ	0x01	CAx	Op1→CAx
間接ロード	STR	ストア・レジスタ	0x02	CAx	CAx→Result
間接ロード	ADR	加算	0x03	CAx	CAx+Op1→CAx
間接ロード	RADR	反転と加算	0x04	CAx	CAx+ByteRev (Op1)→CAx
直接ロード	ADRA	レジスタをAccに加算	0x05	CAx	CAx+CAA→CAA
間接ロード	XOR	排他的論理和	0x06	CAx	CAx^ Op1→CAx
間接ロード	ROTL	左ローテート	0x07	CAx	(CAx <<< (Op1 % 32))	(CAx >>> (32 - (Op1 % 32)))→CAx
直接ロード	MVRA	レジスタをAccに移動	0x08	CAx	CAx→CAA
直接ロード	MVAR	Accからレジスタに移動	0x09	CAx	CAA→CAx
直接ロード	AESS	AESのサブ・バイト	0x0A	CAx	SubBytes (CAx)→CAx
直接ロード	AESIS	AESのサブ・バイト反転	0x0B	CAx	InvSubBytes (CAx)→CAx
間接ロード	AESC	AESの列操作	0x0C	CAx	MixColumns (CAx) ^Op1→CAx
間接ロード	AESIC	AESの列操作反転	0x0D	CAx	InvMixColumns (CAx^Op1)→CAx
直接ロード	AESR	AESの行シフト	0x0E	0x0	ShiftRows (CA0-CA3)→CA0-CA3
直接ロード	AESIR	AESの行シフト反転	0x0F	0x0	InvShiftRows (CA0-CA3)→CA0-CA3
直接ロード	DESR	DESの1ラウンド	0x10	{IP, FP, KS[1:0]}	DES Round (CA0-CA3)→CA0-CA3
直接ロード	DESK	DESのカギのセットアップ	0x11	{0, 0, CP, DC}	DES Key Op (CA0-CA1) → CA0-CA1, Key Parity Error & CP→CASR[1]
直接ロード	HASH	ハッシュ処理	0x12	{0, HF [2:0]}	Hash Func (CA1-CA3) +CAA→CAA
直接ロード	SHS	安全なハッシュ・シフト	0x13	0x0	CAA <<< 5→CAA, CAA→CA0, CA0→CA1, CA1 <<< 30→CA2, CA2→CA3, CA3→CA4
直接ロード	MDS	メッセージ・ダイジェストのシフト	0x14	0x0	CA3→CAA, CAA→CA1, CA1→CA2, CA2→CA3
直接ロード	SHS2	安全なハッシュ・シフト2	0x15	0x0	CAA → CA0, CA0 → CA1, CA1 → CA2, CA2 → CA3, CA3+CA8 → CA4, CA4 → CA5, CA5→CA6, CA6→CA7
直接ロード	ILL	不正なコマンド	0x1F	0x0	0x1→CASR [IC]

表3 参考…CAUのレジスタ

レジスタ・アドレス	レジスタ名
0xE008 1000	ステータス・レジスタ(CAU_CASR)
0xE008 1001	アキュムレータ(CAU_CAA)
0xE008 1002	汎用レジスタ(CAU_CA0)
0xE008 1003	汎用レジスタ(CAU_CA1)
0xE008 1004	汎用レジスタ(CAU_CA2)
0xE008 1005	汎用レジスタ(CAU_CA3)
0xE008 1006	汎用レジスタ(CAU_CA4)
0xE008 1007	汎用レジスタ(CAU_CA5)
0xE008 1008	汎用レジスタ(CAU_CA6)
0xE008 1009	汎用レジスタ(CAU_CA7)
0xE008 100A	汎用レジスタ(CAU_CA8)

注：これらのレジスタは直接アクセスできない．間接ロード方式でアクセスする

R3：CAUへの3個の直接コマンドを含む
R8：CAUへの2個の直接コマンドを含む
R9：CAUへの間接コマンドを含む
FP：間接コマンド領域のベース・アドレス
IP：直接コマンド領域へのベース・アドレス

メーカのコミュニティ・サイト[4]で詳細な資料を見ることができます．

● CAUのレジスタ

表3にCAUのレジスタを示します．これらのレジスタは32ビット幅なのにアドレス配置が1番地ごとになっていないので変だと思われる方もいると思います．このアドレスはコマンドの種類を示す番号（下位9ビットのみ有効）と思ってください．つまり，これらのレジスタは直接アクセスできません．図2に示すメモリ・マップに対して間接ロード方式でアクセスします．

第25章 通信の認証などによく使う暗号高速化ユニットCAU

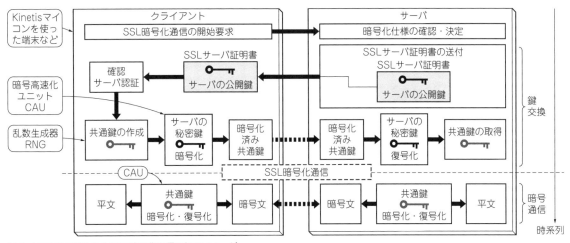

図4 HTTPSで使われるSSL暗号化通信の処理イメージ

暗号化処理速度の考察

● HTTPSで使われるSSL暗号通信のイメージ

　CAUの使い方でまず思いつくのがSSL（Secure Sockets Layer）暗号化通信です．インターネットなどのTCP/IPネットワークでデータを暗号化して送受信するプロトコルの一つです．データを送受信する機器間で通信を暗号化し，中継装置などネットワーク上の他の機器による成りすましやデータの盗み見，改ざんなどを防止します．

　処理のイメージを図4に示します．この例ではサーバとクライアント（個人）の間でSSL暗号化通信を行っています．鍵交換が終わった後は，共通鍵を利用して，暗号化・復号化を繰り返しながら，サーバとクライアント間で通信が行われます．

● SSL通信に必要な処理速度が出せるかラフに見積もってみる

　…と，これまで，CAUを使えばSSL通信などがストレスなく行えるような説明をしてきましたが，実際はどうなのでしょう？　個人的にはCAUにおける暗号化/復号化のスピードが気になります．

　確かに暗号化/復号化に必要なプリミティブ（基本機能）をメモリ・マップ方式で提供するしくみはソフトウェアで暗号化/復号化するよりも速いと考えられます．でもしょせんはプリミティブを組み合わせたソフトウェア処理です．このプリミティブを一つ実行（1ラウンド）するのにメモリ・ライトを数回（パラメータ設定）とメモリ・リード（結果の取り出し）が必要です．これは性能的にかなりのオーバヘッドだと推測されます．どの程度の処理能力かを概算してみましょう．

　例えば，参考文献(2)によれば，CAN通信において暗号処理と認証処理（ハッシュ関数の実行）に許される時間は$40\mu s$程度だそうです．CANの通信レートは最高1Mbpsですから，100Mbpsのイーサネット通信では$0.4\mu s$程度で暗号処理と認証処理を行う必要があるとします．

　KinetisのCAUは暗号処理の1ラウンドをハードウェアで計算しますが，暗号処理のAESでは最低10ラウンドが必要です．認証処理のMD5では4ラウンドが必要です．

　CAUの処理単位は32ビットなので，512ビットのデータ（MD5の1回の処理単位）を処理する場合，16回のデータ・ライトがCAUのメモリ空間に必要です．それに加えてコマンド・ライトと結果リードが必要なので，1ラウンドの処理には最低でも18回のバス・サイクルが発生します．

　CAUの1ラウンドの処理が10サイクル程度と仮定すると，1回の暗号処理と認証処理で消費するサイクル数は，

$$(10+4) \times (18+10) = 392 \fallingdotseq 400 サイクル$$

程度です．

　CAUやバスの動作スピードは100MHz（正確には150MHzですが，概算なので…）ですから，1回の暗号処理と認証処理には$4\mu s$かかる計算です．つまり，$0.4\mu s$には全然収まりません．10Mbps通信ならトントンというところでしょうか．

● 著者の考察…適切な用途

　かつて筆者が通信プロセッサを開発した経験では，暗号/認証処理は専用ハードウェアをUSBのようにデスクリプタ・ベースのDMAで駆動してCPUパワーを暗号/認証処理のために割かないようにした上で，

第5部 IoTの重要技術その2 セキュリティ機能

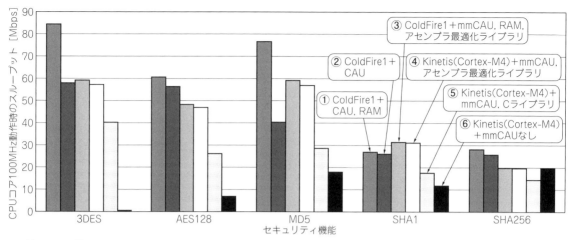

図5[(3)] CAUの性能

暗号処理と認証処理を並列実行するようにさせないとまともな通信性能を得ることができませんでした．つまり，経験上は，CPUに暗号/認証処理をさせてはいけないという結論です．

しかし，KinetisのCAUの応用分野として10M/100MbpsのSSL通信などが本当に想定されているのでしょうか？筆者は，それよりは，スマート・メータをはじめとするスマート・グリッド機器などの応用を想定しているように思います．

スマート・メータの場合，サーバとの通信は，短くて10分に1回，長くて1時間に1回程度です．また，1回のパケット・サイズも256ビットあれば十分と考えられます．このような頻度での通信の場合，KinetisのCAUで暗号処理と認証処理を行っても十分お釣りがくる性能です．Kinetisが想定していると思われる応用分野を考えれば，CAUは十分な性能を発揮する仕様になっているといえます．あるいは，CAN程度の通信速度にはちょうどいいというところでしょうか．

本件に関してはメーカのコメントを聞いてみたいところです．

● 10M/100Mbpsイーサに使う可能性の考察

参考文献(3)にはMMCAUに関してColdFireとKinetisのMMCAUの性能比較が掲載されています．それを図5に示します．これによると，MMCAUを使った場合の通信速度は暗号一つにつき50Mbps程度です．たとえばAESの場合，CAUを使った場合は使わない場合の約5倍の性能ですが，それはC言語のライブラリを使用する場合です．アセンブラで最適化されたライブラリを使用すると，さらに2倍の性能を得ることができます．

前述のラフな性能試算では現状の10倍高速にならないとSSL通信では使えないという結果でしたが，MMCAUの性能が1.6×2倍程度の性能，つまりMCUの動作速度が320MHz以上ならば100MbpsでのSLL通信も可能になるかもしれません．ということは，400MHzのCortex-M7を内蔵するKinetisが登場すれば，余裕でSSL通信が実現できそうです．

◆参考・引用＊文献◆
(1)＊Kinetis K60シリーズのリファレンス・マニュアル，NXP.
(2) 中道 理；現実味帯びる車の不正制御にKDDI研とルネサスがタッグ　ECU間のパケット認証などで実現，日経エレクトロニクス，2014年10月13日号，pp.21-22.
(3)＊Is MMCAU performance enough?
　　https://community.nxp.com/thread/336504
(4)＊Can anyone say what frequency the mmCAU works?
　　https://community.nxp.com/message/476202#476202

なかもり・あきら

第26章

通信支援機能 その2

暗号化通信に欠かせない乱数生成器RNG

中森 章

本章では，暗号化通信などで欠かせない乱数生成器を紹介します．いい乱数値を得るのは，意外と簡単ではありませんので，半導体メーカの腕の見せどころです．

乱数生成器とは

乱数生成器RNG（Random Number Generator）は，その名の通り乱数を生成できます．乱数は予測不可能な値の生成が必要な以下のような用途に使えます．
- 暗号鍵の種となるデータ生成
- 個人認証用のユニークなIDとして利用
- より乱雑さの高い乱数を生成する種（エントロピー生成）
- シミュレーションや暗号用の初期値生成
- シミュレーション実験のランダムなデータ生成（モンテカルロ・シミュレーション）
- 法則性/規則性を伴わない現象の将来予測
- 膨大な資料からの無作為なデータ抽出（確率的に発生する値生成，代表値生成）
- キャンペーンやプロモーションでの利用（抽選番号）

本書のターゲット・マイコンKinetisにおけるRNGモジュールの正式名称はRNGA（Random Number Generator Accelerator：乱数生成の加速装置）といいます．ディジタル署名のための連邦情報処理標準（Digital Signature Standard）で定義された暗号鍵の元になる乱数を生成します．乱数は32ビット長です．

● ホントの乱数を得るのはかなり難しい

乱数はリング・オシレータからのクロックで動作するシフト・レジスタから生成されます．リング・オシレータの周波数は不安定なので，それによって生成されるシフト値はそれなりにいい値（適度にばらつく）になるそうです．しかし，こうやって作られる乱数は再現しやすい（攻撃を受けやすい）ので，米国の国立標準技術研究所（National Institute of Standards and Technology：NIST）で認められた疑似乱数の種（シード）にすることが推奨されています．これは，DESやSHA-1で乱数をさらに暗号化することであると考えられます．

また，別の乱雑さ（エントロピー）を生成する資源と共にRNGを使って疑似乱数の種を生成することも推奨されています．例えば，時計の時刻，マウスやキーボード（タッチパネル）の移動距離などをエントロピーとして与えて乱数生成を行うことができます．

● 乱数生成の基本動作

リセット後，シフト・レジスタはシフト動作を開始しますが，RNGA制御レジスタのGOビットがセットされるまでは，RNGA出力レジスタへの出力は行われません．GOビットがセットされた後は，システム・クロックの256サイクルごとにRNGA出力レジスタが更新されます（シフト・レジスタからの転送）．ただし，RNGA出力レジスタを読み出すまでは新たな更新は行われません．また，RNGAエントロピー・レジスタに適切な値を書き込むことで生成される乱数の品質を向上させます．RNGAエントロピー・レジスタが存在するかどうかは実装依存です．

なお，実装によっては，RNGA出力レジスタは最大255段のFIFOに構成できます．しかし，通常は1段のみのサポートのようです．

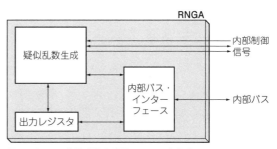

図1 その1：簡易乱数生成器RNGAの内部ブロック

第5部 IoTの重要技術その2 セキュリティ機能

表1 その1：簡易乱数生成器RNGAのメモリ・マップ

アドレス	レジスタ名
0x400A 0000	RNGA制御レジスタ（RNG_CR）
0x400A 0004	RNGAステータス・レジスタ（RNG_SR）
0x400A 0008	RNGAエントロピー・レジスタ（RNG_ER）
0x400A 000C	RNGA出力レジスタ（RNG_OR）

表2 その2：より真に近い乱数生成器RNGBのメモリ・マップ

アドレス	レジスタ名
0x400A 0000	RNGBバージョンIDレジスタ（RNG_VER）
0x400A 0004	RNGBコマンド・レジスタ（RNG_CMD）
0x400A 0008	RNGB制御レジスタ（RNG_CR）
0x400A 000C	RNGBステータス・レジスタ（RNG_SR）
0x400A 0010	RNGBエラー・ステータス・レジスタ（RNG_ESR）
0x400A 0014	RNGB出力FIFO（RNG_OUT）

リスト1 簡易乱数生成器RNGAのサンプル・プログラム

```
/*
    RGNAの初期化
*/
void rnga_init (unsigned int seed)
{
    RNG_ER = seed;  /* エントロピー・レジスタに値を設定*/
    RNG_CR = RNG_CR_GO_MASK;
                    /* 乱数発生開始（出力レジスタに乱数を格納）*/
}

/*
    乱数が生成されるのを待って乱数を返す
*/
unsigned int rnga_getnumber (void)
{
    while(!(RNG_SR & RNG_SR_OREG_LVL_MASK))
                    /* 乱数が出力レジスタに入るのを待つ*/
        ;
    return RNG_OR; /* 乱数を返す*/
}

/*
    乱数生成を止める
*/
void rnga_stop (void)
{
    RNG_CR &= ~RNG_CR_GO_MASK;  /* 乱数生成を停止*/
}
```

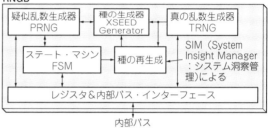

図2 その2：より真に近い乱数生成器RNGBの動作イメージ

Kinetisマイコンの乱数生成器

● その1：簡易乱数生成器RNGA

RNGAの内部回路ブロックを図1に，レジスタ一覧を表1に，サンプル・プログラムをリスト1に示します．rnga_init()関数でエントロピー・レジスタに値を設定して，int rnga_getnumber()関数で乱数を取り出します．

● その2：より真に近い乱数が生成できる本格派RNGB

RNGにはもう一つのバージョンがあります[注1]．それは，RNGBと呼ばれ，Kinetis Kシリーズでは動作周波数が100MHzの製品に実装されています．RNGBの「B」の意味は不明です．

ちなみに，RNGAは動作周波数が120MHz/150MHzの製品に搭載されていますが，実は，RNGAはRNGBの構造を単純化したものになっています．

RNGBは暗号に使用する観点から強力（より乱雑）な乱数を生成します．具体的には次の3点が，RNGBとRNGAで異なります．

- NIST（National Institute of Standards and Technology）で承認された疑似乱数を生成可能です（http://csrc.nist.gov）．
- ディジタル信号標準（http://www.itl.nist.gov/fipspubs/fip186.htm）で定義された鍵生成アルゴリズムを含んでいます．
- 集積されたエントロピー資源をRNGのシードとして与えることができます．

RNGBはより真に近い乱数生成器（True Random Number Generator：TRNG）を備えます．これは疑似乱数によって選択されるエントロピーを自動的にレジスタに加算する構成になっています．このため，RNGBではエントロピー・レジスタは存在しません．RNGBのレジスタを表2に示します．

RNGBの内部ブロックを図2に示します．RNGBと比べると，RNGAは疑似乱数生成器のみで構成されているため，RNGAでRNGBのように生成する乱数をNIST標準にするためには，DESやSHA-1で暗号化を行う必要があります．

◆引用文献◆
(1) Kinetis K60シリーズのリファレンス・マニュアル，NXP．

なかもり・あきら

注1：Kinetis K60シリーズの乱数生成器バージョン・レジスタ（RNGB Version ID Register，RNG_VER）にはRNGCというビット・エンコーディングがありますが，RNGCがどういうものであるかは不明です．なお，RNGAを搭載するデバイスにはRNG_VERは存在しません．

第27章

通信支援機能 その3

エラー検出によく使うCRC

中森 章

巡回冗長検査CRCの基礎知識

● エラー検出によく使う

巡回冗長検査CRC（Cyclic Redundancy Check）は，任意長のデータ・ストリームを入力とした，関数による誤り検出機構，あるいはその機能をもった関数，固定サイズの出力値のことです．CRCは要するに，ある入力に対する代表値といえます．パリティ，チェックサム，ECC，ハッシュ関数値と同様に，送信時に入力データと一緒に転送し，受信時に転送されてくるデータに誤りがないかのチェックに使用します．

CRCとは，別の言い方をすれば，入力データを加工して結果を生成する一種のハッシュ関数そのものです．ビット化けのエラー検出のほか，乱数などの種（シード）生成などに用いられます．パリティや単純な加算によるチェックサムよりはデータ改ざんの検出強度が高いとされています．

特にCRCの特徴としては，連続して出現するバースト誤りの検出が可能といわれています．

● おさらい…多項式

以下に「多項式」という単語がでてきますが，これは数学でいう多項式をより次数の少ない多項式で割ったときの余り（それも多項式になる）を結果とすることに由来しています．

もう少し簡単にいうと，nビットの2進数をn次の多項式とみなします．このときビットnの値（0か1）をx^nの係数とします．つまり，8ビットの「11010011」という2進数があれば，

$1 \times (x^7) + 1 \times (x^6) + 0 \times (x^5) + 1 \times (x^4)$
$+ 0 \times (x^3) + 0 \times (x^2) + 1 \times (x^1) + 1 \times (x^0)$

つまり，

$x^7 + x^6 + x^4 + x + 1$

という多項式になります．このように任意の2進数は係数が1か0である多項式とみなせます．nビットのCRCを求めるということは非常に大きな次数の多項式（入力データ）をn次の多項式に縮退させることを意味します．この縮退方法で一番単純なのが$(n+1)$次の多項式で割り算を行って余りを求めることなのです．この場合，余りはn次の多項式になります．

● CRCの基本回路

「多項式同士の割り算って何？」という人もいるかもしれません．それは「組み立て除法」と呼ばれる方法で解けます（高校数学などで習います）．ここで組み立て除法のやり方を説明することはしませんが，多項式の係数が0と1の場合は，シフトと排他的論理和で簡単に組み立て除法を実現できます．これは，論理回路で実現するには実に都合のいい方法です．

実際，KinetisのCRC生成回路は，16ビット/32ビットのシフト・レジスタを用いてCRCコードの生成を行う論理回路です．

CRCというのは2進数のデータ列をnビット（今回の場合は16ビットまたは32ビット）に縮退させる技術ですから，除数の多項式の係数に従って異なる結果のCRCが生成されます（16ビットの場合は2^{16}通り）．そこで，除数となる多項式をあらかじめ決めておこうというのが「CRCの標準化」です．

Kinetisのリファレンス・マニュアルにはCRC標準に従っているとあります．除数の多項式として任意のデータを指定できるので，当たり前といえば当たり前です．表1に標準的なCRC多項式を示します．どの多項式を使っているかということが暗号でいう鍵の役割を果たします．

KinetisのCRC計算では，オプションで入力データまたは出力データを，ビットごとあるいはバイトごとに入れ替える機能を持っています．あるいは，計算結果を反転することも可能です．

図1にCRCの回路ブロックを示します．CRCデータ・レジスタとCRC多項式レジスタに値をセットするとCRC出力レジスタに計算したCRCが格納されます．CRCの計算はCRCデータ・レジスタへのライトごとに実行されます．

第5部 IoTの重要技術その2 セキュリティ機能

表1[4] 標準的な CRC 多項式

名　称	多項式	用　途	正順/逆順(相反多項式の逆順)
CRC-16-CCITT	$x^{16} + x^{12} + x^5 + 1$	X.25/V.41/CDMA/Bluetooth/XMODEM/HDLC/PPP/IrDA/BACnet; CRC-CCITTとも	0x1021/0x8408 (0x8810)
CRC-16-IBM	$x^{16} + x^{15} + x^2 + 1$	SDLC/USB/その他; CRC-16とも	0x8005/0xA001 (0xC002)
CRC-32	$x^{32} + x^{26} + x^{23} + x^{22} + x^{16} + x^{12} + x^{11} + x^{10} + x^8 + x^7 + x^5 + x^4 + x^2 + x + 1$	V.42/MPEG-2/zlib/PNG	0x04C11DB7/0xEDB88320 (0x82608EDB)
CRC-32C (Castagnoli)	$x^{32} + x^{28} + x^{27} + x^{26} + x^{25} + x^{23} + x^{22} + x^{20} + x^{19} + x^{18} + x^{14} + x^{13} + x^{11} + x^{10} + x^9 + x^8 + x^6 + 1$	iSCSI/Btrfs	0x1EDC6F41/0x82F63B78 (0x8F6E37A0)
CRC-32K (Koopman)	$x^{32} + x^{30} + x^{29} + x^{28} + x^{26} + x^{20} + x^{19} + x^{17} + x^{16} + x^{15} + x^{11} + x^{10} + x^7 + x^6 + x^4 + x^2 + 1$	—	0x741B8CD7/0xEB31D82E (0xBA0DC66B)
CRC-64-ISO	$x^{64} + x^4 + x^3 + x + 1$	HDLC — ISO 3309	0x000000000000001B/ 0xD800000000000000 (0x800000000000000D)
CRC-64 ECMA-182	$x^{64} + x^{62} + x^{57} + x^{55} + x^{54} + x^{53} + x^{52} + x^{47} + x^{46} + x^{45} + x^{40} + x^{39} + x^{38} + x^{37} + x^{35} + x^{33} + x^{32} + x^{31} + x^{29} + x^{27} + x^{24} + x^{23} + x^{22} + x^{21} + x^{19} + x^{17} + x^{13} + x^{12} + x^{10} + x^9 + x^7 + x^4 + x + 1$	ECMA-182 p.63	0x42F0E1EBA9EA3693/ 0xC96C5795D7870F42 (0xA17870F5D4F51B49)

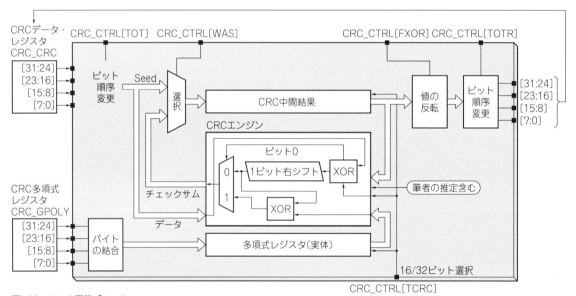

図1[4] CRCの回路ブロック
Kinetisでほぼ共通．Kinetis K60の例

　CRCは生成論理からみて，CRCの値が変化しないようにデータを改ざんすることは比較的容易です．その意味で，機密性の高いデータに対しては，SHA-1，SHA-256，MD5を使用する方が推奨されます．

基本的な使い方

　ここではCRC機能の基本的な使い方を紹介します．ターゲット・マイコンKinetisでは16ビットCRCと32ビットCRCで使い方が少し異なるので，それぞれ示します．

● 対応マイコン：ほとんどすべてのKinetisシリーズに搭載

　CRCは通信におけるセキュリティの基本です．Kinetis Lシリーズ以外のすべてのKinetis MCUに搭載されています．

● 16ビットCRCの計算手順

　16ビットCRCは以下の手順で計算できます．
①CRC制御レジスタで16ビットCRCに設定．
②データ加工（ビット／バイトごとの入れ替え，出力の反転）を行う場合は，その指定もCRC制御レジスタで設定．
③CRC多項式レジスタの下位16ビットに値（CRC

第27章 エラー検出によく使うCRC

リスト1[2]　CRCの設定例

(a) 16ビット

```
void crc_config(uint32_t poly,uint32_t tot,
        uint32_t totr,uint32_t fxor,uint32_t tcrc)
{
    CRC_CTRL=(tot<<30)|(totr<<28)|(fxor<<26)|
                                    (tcrc<<24);
    CRC_GPOLY=poly;
}

#define WRITE_AS_SEED 0x02000000
void crc_cal_data_16(uint32_t seed,
            uint16_t data_in,uint32_t result)
{
    uint32_t data_out;
    int i;
    // write seed
    CRC_CTRL |= WRITE_AS_SEED; // CRC_CTRL[WAS]=1
    CRC_CRC = seed;  // シード入力
    // write data
    CRC_CTRL &= ~WRITE_AS_SEED; // CRC_CTRL[WAS]=0
    CRC_CRCL = data_in; // データ入力
    // wait
    for(i=0;i<20;i++) // 計算が終了するのを待つ
      ;
    // read result
    data_out= CRC_CRC; // 結果の取り出し
    if(CRC_CTRL&0x20000000)
                 // ビットとバイト順序が反転されている場合
    {
      // byte transposition
      data_out= data_out>>16;
    }
    else
    {
      data_out&= 0x0000FFFF;
    }
    printf("expected value: %x,
        actual value: %x\n", result, data_out);
}
void main(void)
{
    printf("----------------crc demo-------------
                                         ---\n");
    SIM_SCGC6 |= SIM_SCGC6_CRC_MASK;
                               // CRCのクロック供給

    crc_config(0x8005,1,2,0,0); // CRC_CTRLの設定
    crc_cal_data_16(0x0000,0x4142,0x61B0); // 例1
    crc_cal_data_16(0xFFFF,0x4142,0xD1B1); // 例2
    while(1);
}
```

(b) 32ビット

```
void crc_config(uint32_t poly,uint32_t tot,
        uint32_t totr,uint32_t fxor,uint32_t tcrc)
{
    CRC_CTRL=(tot<<30)|(totr<<28)|(fxor<<26)|
                                    (tcrc<<24);
    CRC_GPOLY=poly;
}

#define WRITE_AS_SEED 0x02000000
void crc_cal_data_32(uint32_t seed,
            uint32_t data_in,uint32_t result)
{
    uint32_t data_out;
    int i;
    // write seed
    CRC_CTRL |= WRITE_AS_SEED; // CRC_CTRL[WAS]=1
    CRC_CRC = seed;  // シードの入力
    // write data
    CRC_CTRL &= ~WRITE_AS_SEED; // CRC_CTRL[WAS]=0
    CRC_CRC = data_in; // データの入力
    // wait
    for(i=0;i<20;i++) // 計算が終了するのを待つ
      ;
    // read result
    data_out= CRC_CRC; // 結果を取り出し
    if(CRC_CTRL&0x20000000))
                 // ビットとバイト順序が反転されている場合
    {
      // byte transposition
      data_out= data_out>>16;
    }
    else
    {
      data_out&= 0x0000FFFF;
    }
    printf("expected value: %x,
        actual value: %x\n", result, data_out);
}
void main(void)
{
    printf("----------------crc demo-------------
                                         ---\n");
    SIM_SCGC6 |= SIM_SCGC6_CRC_MASK;// CRCのクロック供給
    crc_config(0x8005,1,2,0,0);// CRC_CTRLの設定
    crc_cal_data_32(0x0000,0x31323334,0x14BA);// 例1
    crc_cal_data_32(0xFFFF,0x31323334,0x30BA);// 例2
    while(1);
}
```

多項式レジスタの初期値)を設定.
　0x1021…CRC-16-CCITT準拠の場合
　0x8005…CTC-16-IBM準拠の場合
　0x8408…XMODEMの場合
④CRC制御レジスタのWASビットをセットする．これにより，CRCデータ・レジスタにライトした値は種（シード）として認識される．
⑤CRCデータ・レジスタの下位16ビットにシード値を設定．
⑥CRC制御レジスタのWASビットをクリアする．これにより，CRCデータ・レジスタにライトした値は入力データとして認識される．
⑦CRCデータ・レジスタの上位16ビットに新しい入力データをライトする．その後，CRCの計算結果がCRCデータ・レジスタの上位16ビットに格

納される．CRCレジスタは1バイト単位にアクセス可能．入力データが奇数バイトの場合は，残りの1バイトはCRCレジスタの上位16ビットの位置にバイト・ライトする．
⑧すべての入力データをCRCデータ・レジスタにライトした後，CRCデータ・レジスタの上位16ビットを最終的なCRC値としてリードする．

● 32ビットCRCの計算手順
32ビットCRCは以下の手順で計算できます．
①CRC制御レジスタで32ビットCRCに設定．
②データ加工（ビット/バイトごとの入れ替え，出力の反転）を行う場合は，その指定もCRC制御レジスタで設定．
③CRC多項式レジスタに32ビットの値を設定．

第5部 IoTの重要技術その2 セキュリティ機能

リスト2[3][4] **任意長のCRCの計算例**
文献(3)のサンプル・プログラムを筆者がリファレンス・マニュアルと矛盾がないように修正しました．16ビットCRCの場合，CRC_CRCの上位16ビットにデータを入力するようになっていました．これはリファレンス・マニュアルの記載と矛盾するので下位16ビットにデータを入力するようにオリジナルなプログラムを改変してあります．リストの注釈には「古い版では下位を使用する」とありましたが，リファレンス・マニュアルの記載を尊重しました．こういう差異が生じる理由は，外部入力データのエンディアンです．このプログラムではリトル・エンディアンを想定しています

```
/***************************************************
* 16ビット・データCRC計算
***************************************************/
// データが存在するだけ入力する
sizeWords = sizeBytes>>1;
j = 0;
for(i=0;i<sizeWords;i++){
  data_in = (msg[j+1] << 8) | (msg[j]);
  j += 2;
  CRC_CRCL=data_in;
}
if(j<sizeBytes)
{
  CRC_CRCLL = msg[j];
}
// ここに計算が終了するまでの待ち合わせが必要
data_out=CRC_CRCL;
```

(a) 16ビット・データCRC計算

```
/***************************************************
* 32ビット・データCRC計算bit data CRC Calculation
***************************************************/
// データが存在するだけ入力する
sizeDwords = sizeBytes>>2;
j = 0;
for(i=0;i<sizeDwords;i++){
  data_in = ((msg[j+3] << 24) | (msg[j+2] << 16) |
             (msg[j+1] << 8) | msg[j]);
  j += 4;
  CRC_CRC = data_in;
}
if(j<sizeBytes)
{
  pCRCBytes = (uint8_t*)&CRC_CRC;
  switch(sizeBytes-j){
  case 1:// 残り1バイト
    CRC_CRCLL=msg[j];
    break;
  case 2:// 残り2バイト
    CRC_CRCLL=msg[j];
    CRC_CRCLU=msg[j+1];
    break;
  case 3:// 残り3バイト
    CRC_CRCLL=msg[j];
    CRC_CRCLU=msg[j+1];
    CRC_CRCHL=msg[j+2];
    break;
  }
}
// ここに計算が終了するまでの待ち合わせが必要
data_out=CRC_CRC;
```

(b) 32ビット・データCRC計算

表2[4] **CRCの主なレジスタ**

レジスタ・アドレス	レジスタ名
0x4003 2000	CRCデータ・レジスタ(CRC_CRC)
0x4003 2004	CRC多項式レジスタ(CRC_GPOLY)
0x4003 2008	CRC制御レジスタ(CRC_CTRL)

0x04C11DB7…標準的CRC-32
0x1EDC6F41…CRC-32C (Castagnoli) 準拠の場合
0x741B8CD7…CRC-32K (Koopman) 準拠の場合

④CRC制御レジスタのWASビットをセットする．これにより，CRCデータ・レジスタにライトした値は種（シード）として認識される．
⑤CRCデータ・レジスタに32ビットのシード値を設定．
⑥CRC制御レジスタのWASビットをクリアする．これにより，CRCデータ・レジスタにライトした値は入力データとして認識される．
⑦CRCデータ・レジスタに新しい32ビット入力データをライトする．CRCの計算結果がCRCデータ・レジスタに格納される．CRCレジスタは1バイト単位にアクセス可能．入力データが4の倍数でない場合は，残りの最後の1～3バイトはCRCレジスタのオフセット+0, +1, +2の位置にバイト・ライトする．
⑧すべての入力データをCRCデータ・レジスタにライトした後，CRCデータ・レジスタの値を最終的なCRC値としてリードする．

● **主なレジスタ＆プログラム例**

CRCの主なレジスタを表2に示します．
CRCを計算する場合の設定例をリスト1に示します．リスト1(a)が16ビットCRCの場合，リスト1

(b)が32ビットCRCの場合です．CRC制御レジスタ(CRC Control Register, CRC_CTRL)とCRC多項式レジスタの設定後，16ビットあるいは32ビットに応じて，それぞれを呼び出します．

リスト1は入力データが16ビット，32ビットの場合のCRC計算でしたが，多バイト長のデータのCRCを計算することも可能です．

いま，char msg[]という配列にsizeBytesバイトのデータが格納されている場合，そのCRCを計算する例をリスト2に示します．リスト2は，CRC_CTRLレジスタの設定後，さらにCRC_CTRLレジスタのWASビットを0に設定した以降の処理を示してあります．

◆参考・引用＊文献◆
(1)＊CRCのWikipediaより，
http://ja.wikipedia.org/wiki/%E5%B7%A1%E5%9B%9E%E5%86%97%E9%95%B7%E6%A4%9C%E6%9F%BB
(2)＊NXP社（旧フリースケール社）提供サンプル・プログラム KINETIS512_V2_SC．
(3) NXP社（旧フリースケール社）提供サンプル・プログラム KINETIS_120MHz_SC．
(4) Kinetis K60リファレンス・マニュアル．

なかもり・あきら

第28章

チップ開封などのリバース・エンジニアリング対策

侵略行為に対する保護機能…耐タンパー

中森 章

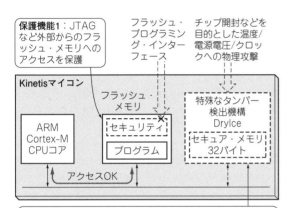

図1 プログラムへの侵略行為に対するマイコンの保護機能のイメージ
Cortex-M搭載Kinetisマイコンが備える機能の例．DryIceの代わりにリアルタイム・クロック・モジュールRTCに同様の特殊なタンパー検出機構を備えているタイプもある．DryIceについては，対応マイコンのリファレンス・マニュアルRev3からNDA事項になっている

MCU内部の情報をチップ開封などにより盗み見る侵略行為のことをタンパーといいます．

組み込み制御向けのマイコン（MCU）の多くは，タンパーを検出すると内蔵している秘密情報を消去して無意味なものにしてしまう機能を備えています．本書のターゲットCortex-M搭載Kinetisマイコンもこの例にもれません．

Kinetisでは，もっと概念を拡張してクロック，電源，温度の異常などのMCUが正常動作できなくなるような状況もタンパーと呼んでいるようです．チップ内情報を取り出すための開封作業などの侵略行為の副作用でクロック，電源，温度に変化があった場合の対処だと思われます．

Kinetisの耐タンパー機能には，主に図1に示す二つがあります．

- フラッシュ・メモリのセキュリティ
- 特殊なタンパー検出機構DryIce

DryIceについては，対応マイコンKinetis K70のリファレンス・マニュアルRev2に記載されていたのですが，Rev3からはNDA事項となりましたので，詳細な解説は差し控えます．リファレンス・マニュアル以外の文献などで記載されている一般的な記述から，最低限の概要について紹介したいと思います．

保護機能1：フラッシュ・メモリのセキュリティ

フラッシュ・メモリのセキュリティは耐タンパー機能の一種ですが，他の耐タンパー機能とは少ししくみが異なります．基本的にはリセット後にフラッシュ・メモリに書き込まれているアプリケーション・プログラムからのビット・イメージへのアクセスを制限します．フラッシュ・メモリの保護機能とよく似ています．

通常のフラッシュ・メモリの保護機能は，正式な（安全が確定している）アクセスを行っている場合にプログラムの予期しない暴走を避けるためのものです．一方，セキュリティ機能は外部からの予期しないアクセスからフラッシュ・メモリへのアクセスを保護します．

フラッシュ・メモリに格納されるアプリケーション・プログラムはIP（Intellectual Property：知的財産）の宝庫ですので，他人（外部からの侵略）に中をのぞかれるのは好ましいことではありません．

こういったセキュリティ機能はフラッシュ・メモリを内蔵するデバイスには必須ですから，全Kinetisマイコンに搭載されています．

● セキュリティ制御用FSECレジスタ

フラッシュ・セキュリティにかかわる情報が格納されている0x400番地から0x40F番地は，フラッシュ・メモリ・コンフィグレーション・フィールドと呼ばれます（表1）．

KinetisにはFSEC（Flash Security）レジスタが用意されており，フラッシュ・メモリのセキュリティを制御します．表2にFSECレジスタのビット割り当てを示します．

FSECレジスタのSECビットがセットされている場

第5部 IoTの重要技術その2 セキュリティ機能

表1[(1)] セキュリティにかかわる情報が格納されているレジスタ…フラッシュ・メモリ・コンフィグレーション・フィールド

アドレス	サイズ[バイト]	説明	初期化されるレジスタ(FTFE)
0x400～0x407	8	バックドア・比較キー	なし
0x408～0x40B	4	プログラム・フラッシュ・メモリ保護の初期値	FPROT0-3
0x40C	1	フラッシュ・セキュリティ・レジスタ(FSEC)の初期値	FSEC
0x40D	1	フラッシュ・メモリ・オプション・バイト(MCU固有の値)	FOPT
0x40E	1	EEPROM保護の初期値(FlexNVMをもつデバイスのみ)	FEPROT
0x40F	1	データ・フラッシュ・メモリ保護の初期値(FlexNVMをもつデバイスのみ)	FDPROT

表2[(1)] セキュリティ制御用FSECレジスタのビット割り当て

ビット番号	ビット・フィールド	内容	説明
7:6	KEYEN	バックドア・キー・セキュリティ許可	10：許可 その他：禁止
5:4	MEEN	メモリ一括消去許可	10：禁止 その他：許可
3:2	FSLACC	メーカの不良解析コード・アクセス	00, 11：許可 01, 10：禁止
1:0	SEC	フラッシュ・セキュリティ	10：「非セキュア(標準品)」 その他：「セキュア」

合は，フラッシュ・メモリに対するアクセスやコマンド発行が制限されます．SECビットはリセット期間中にプログラム・フラッシュ・メモリのユーザからアクセスできない拡張領域に存在する，セキュリティ情報が読み出されて設定されるビットです．リードのみ可能です．

なお，フラッシュ・メモリのセキュリティ機能はデバッグ・インターフェースのJTAGやフラッシュ・プログラミング・インターフェースEzPortなどを使った外部からのアクセスを阻止できます．当然CPUからフラッシュ・メモリへのアクセスは，常に許可されています．

FSECレジスタのSECビットが00, 01, 11の場合は，次の3点の例外はありますが，外部からフラッシュ・メモリへのアクセスが禁止されます．この場合セキュア状態となり，JTAGやEzPortからは，フラッシュ・メモリに対して一括消去のコマンドしか発行できません．

▶できること①：外付けメモリを接続するFlexBusや外部SDRAMへのアクセス制御

SIM_SOPT2レジスタのFBSLビットにより，外付けメモリを接続するFlexBusやSDRAMを通じてのチップ外部へのアクセスを許可/禁止できます．FBSLビットは，そのアクセスが命令とオペランドの両方を許可/禁止するか，オペランド・アクセスのみ許可/禁止できるかを選択できます．

▶できること②：EzPortからのアクセス制御

フラッシュ・メモリへのアクセスが禁止されていてもEzPortからのブートは可能です．ただし，フラッシュ・メモリへのアクセスが禁止されている場合は，フラッシュ・メモリへは一括消去コマンドのみ発行可能です．これはFCCOBレジスタのコマンドで，ブロックの一括消去とフラッシュ・メモリの内容がすべて1(消去状態)であることの検査のみが発行できることを意味します．ただし，一括消去が禁止されている場合は，一括消去も行えません[注1]．また，EzPortを通しての内部メモリへのアクセスも禁止されます．

▶できること③：JTAGポートからのアクセス制御

フラッシュ・メモリへのアクセスが禁止されている場合，JTAGポートからは(フラッシュ・メモリを含む)MCU内のすべてのメモリ資源にアクセスできません．ただし，バウンダリ・スキャンは可能です．また，多くのデバッグ機能は禁止されますが，フラッシュ・メモリの一括消去のみは可能です．ただし，一括消去が禁止されている場合は，一括消去も行えません[注1]．

● 一時的にフラッシュ・セキュリティを無効化できるバックドア・キー(勝手口の鍵)

FSECレジスタのKEYENビットが10の場合，一時的にフラッシュ・セキュリティを無効化できる機能があり，バックドア・キー(勝手口の鍵)といいます．64ビットの任意の値(オール0とオール1は禁止)です．

プログラムがVerify Backdoor Access Keyコマンドを発行した場合，バックドア・キーと与えた値が一致すれば，フラッシュ・セキュリティ機能が一時的に無効になります．一時的という意味は，リセットがかかると再びフラッシュ・セキュリティが有効になるという意味です．

バックドア・キーは，プログラム・フラッシュ・メモリのアドレス0x400～0x407番地に格納します(表1)．

Verify Backdoor Access Keyコマンドは，次のように，フラッシュ・メモリ・モジュールFCCOB(Flash Common Command Object)レジスタへ書き込んだ

注1：フラッシュ・メモリのFSECレジスタのMEENビットの値が10の場合，フラッシュ・メモリの一括消去が禁止されます．

第28章　侵略行為に対する保護機能…耐タンパー

後，FSTATレジスタのCCIFビット（ビット7）に1をライト（ライト1クリア）することで起動されます．

```
FCC0B0 = 0x45 (VFYKEY)
FCCOB1 = 未使用
FCCOB2 = 未使用
FCCOB3 = 未使用
FCCOB4 = 照合キーのバイト0
   〈         〈
FCCOBB = 照合キーのバイト7
```

● 悪意のある上書きを防ぐ！一括消去の禁止

FSECレジスタMEENビットの値が10の場合，フラッシュ・メモリの一括消去が禁止されます．これもフラッシュ・セキュリティの一種です．これは，JTAGやEzPortを通じてフラッシュ・メモリのイメージが悪意をもったアプリケーションに上書きされるのを防ぎます．

● なんと製造メーカでもアクセス禁止に

FSECレジスタのFSLACCビットはNXP社（旧フリースケール社）の工場でフラッシュ・メモリにアクセスするのを許可するか禁止するかを指定します．デバイスに不良品が発生して同社に原因解析を依頼する場合でも，フラッシュ・メモリの内容を書き換えさせないようにするためのものです．FSLACCビットが許可を示している場合，フラッシュ・メモリがセキュリティ状態でも一括消去が可能になります．

● デフォルトのフラッシュ・セキュリティ設定

プログラム・フラッシュ・メモリの0x400番地から0x40F番地の内容でデフォルトのフラッシュ・セキュリティを指定することができます．この領域をフラッシュ・メモリ・コンフィグレーション・フィールドと呼びます．フラッシュ・メモリ・コンフィグレーション・フィールドの一覧を表1に示しています．

フラッシュ・メモリ・コンフィグレーション・フィールドの値は，リセット時にフラッシュ・セキュリティ関連のレジスタを初期化します．例えば，0x40C番地のバイトデータはFSECレジスタを初期化しますが，そのバイト値のビット5～4のMEENビットが10になっていると永久にフラッシュ・メモリを一括消去することができなくなります．

フラッシュ・メモリへのダウンロードを誤って，フラッシュ・メモリの一括消去を不可能にしてしまうユーザはかなり多いようなので注意しましょう．ただし多くのブートローダでは，特別な場合を除き，フラッシュ・メモリ・コンフィグレーション・フィールドの変更はできないようになっています．

● フラッシュ・メモリがスワップ機能を備える場合

プログラム・フラッシュ・メモリがスワップ機能をもっている場合，二つのフラッシュ・メモリ・バンクのどちらかが0x00000000番地から始まるようになります．これはフラッシュ・メモリ・コンフィグレーション・フィールドを2組もてることを意味します．このスワップ機能を利用してフラッシュ・セキュリティの設定値を2種類に切り替えることが可能です．しかし，フラッシュ・メモリ・コンフィグレーション・フィールドには同じ値を書き込むのが一般的です．

保護機能2-1：特殊なセキュリティ機構DryIce

フラッシュ・メモリのセキュリティ機能はすべてのKinetis MCUに搭載されますが，K70などの一部のMCUには耐タンパーのためのDryIceという特殊なタンパー検出機構が備えられています．

DryIceの詳細に関してはKinetis K70のリファレンス・マニュアルRev2に記載されていましたが，Rev3からはNDA事項になっています．また，DryIceを搭載するその他のKinetisでもNDA事項になっています．これらのリファレンス・マニュアルにはDryIceはタンパーを検出し，セキュア（安全な）格納場所を提供するモジュールという記述のみが存在します．

興味深いDryIceについての紹介がこれだけでは欲求不満になると思いますので，公開されているDryIceの機能を紹介します．

参考文献(2)にはタンパー検出の概要として以下の記述が箇条書きで挙げられています．

▶概要

タンパー検出モジュール（DryIce）は，セキュア（安全）でないフラッシュ・メモリ，温度，クロック，電源供給の変化や物理的な攻撃による内部/外部タンパー検出機能を有するセキュア納場所を提供します．

▶機能

(1) 独立した電源供給，POR（Power-on-Reset）の生成機能，32kHz発振器によるクロック供給機構を内蔵する．

(2) タンパー検出時にリセットされる32バイトの安全な格納領域を提供する．

(3) タンパー時刻秒レジスタはタンパーが検出されてからの経過時間を記録可能になっている．

(4) （CRCと同様な）多項式演算を指定可能な2個のアクティブ・タンパー・シフト・レジスタを備える．

(5) レジスタの保護を備える．

(6) 次の要因を含む最大10個の内部タンパー要因を提供する．

・時刻カウンタのオーバフロー

第5部 IoTの重要技術その2 セキュリティ機能

- 異常な範囲の電圧，温度，クロック
- フラッシュ・セキュリティを無効化する作業
- テスト・モジュールへの侵入

(7) 最大8個の外部タンパー端子による割り込みやタンパー事象の生成．
(8) 極性の指定とディジタル・グリッチ・フィルタとオプションでプリスケーラを提供．
(9) 静的または動的なタンパー入力を指定可能．
(10) ソフトウェアでタンパー端子の駆動が可能．

参考文献(3)では図2がタンパー検出のイメージとして紹介されています．これは外部タンパー検出機能の一種で，タンパー端子の入力としてスタティックな入力を使用する場合を示しています．何かの影響で電圧の入力レベルが変動した場合にタンパーを検出したことになります．

● DryIceを有するMCU

DryIceはタンパー検出のために有用な機能ですが，すべてのKinetis MCUに実装されているわけではありません．執筆時点(2015年3月)で公開されているリファレンス・マニュアルによると，Kinetis KとKinetis Wの一部のMCUに搭載されているようです．DryIceを実装するデバイスの例を以下に示します．

Kinetis K11/K21/K40 (MK40DN512ZVLL10)
/K50 (MK50DX256ZCLL10, MK50DN512ZCLL10)
/K60 (MK61FX512VMD12, MK61FN1M0VMD12, MK61FX512VMD15, MK61FN1M0VMD15, MK61FN1M0CAA12, MK61FX512VMJ12, MK61FN1M0VMJ12, MK61FX512VMJ15,

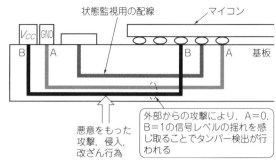

図2(3) タンパー検出のイメージ

MK61FN1M0VMJ15)
/K63/K70
/KW2x (MKW24D512, MKW22D512, MKW21D512, MKW21D256)

Cortex-M4がCPUのデバイスのみにDryIceがサポートされています．Kinetis Mシリーズ(Kinetis KMx)ではDryIceの代わりにiRTCが実装されており，DryIceと同様なタンパー検出を行います．

保護機能2-2：リアルタイム・クロック・モジュールRTCのタンパー検出

RTCはDryIceと同様なタンパー検出機能をもっています．これは，Kinetis MシリーズでのiRTCとは別物です．RTCで検出可能なタンパー要因は次の6種類です．

① テスト・モードに移行
② フラッシュ・セキュリティ
③ 温度異常　④ クロック異常
⑤ 電圧異常　⑥ DryIceタンパー

これらは，DryIceのサポートする9種の内部タンパー要因からRTCカウンタのオーバーフローを除いて，DryIceそのもののタンパー(外部タンパー)を追加したものになっています．

タンパーを検出すると不正時間(time invalid：TIF)フラグをセットし，その時点の時間をRTCタンパー時刻秒レジスタ(RTC Tamper Time Seconds Register，RTC_TTSR)に記憶し，RTCの単調(monotonic)カウンタを無効化します．

不正時間フラグはRTCステータス・レジスタ(RTC Status Register，RTC_SR)内にあります．不正時間フラグはVBAT PORまたはソフトウェア・リセットでもセットされます．この場合，RTC時刻秒レジスタ(RTC Time Seconds Register，RTC_TSR)，RTCプリスケーラ・レジスタ(RTC Time Prescaler Register，RTC_TPR)は動作を停止し，リードした場合は0が読み出されます．不正時間フラグは時間カウンタが禁止されているときに，RTC時刻秒レジスタにライトを行うとクリアされます．もちろん，タン

表3 リアルタイム・クロック・モジュールRTCのレジスタ

レジスタ・アドレス	レジスタ名	内容
0x4003_D000	RTC_TSR	RTC時刻秒レジスタ
0x4003_D004	RTC_TPR	RTC時刻プリスケーラ・レジスタ
0x4003_D008	RTC_TAR	RTC時刻アラーム・レジスタ
0x4003_D00C	RTC_TCR	RTC時刻補正レジスタ
0x4003_D010	RTC_CR	RTC制御レジスタ
0x4003_D014	RTC_SR	RTCステータス・レジスタ
0x4003_D018	RTC_LR	RTCロック・レジスタ
0x4003_D01C	RTC_IER	RTC割り込み許可レジスタ
0x4003_D020	RTC_TTSR	RTCタンパー時刻秒レジスタ
0x4003_D024	RTC_MER	RTC単調(Monotonic)許可レジスタ
0x4003_D028	RTC_MCLR	RTC単調(Monotonic)カウンタ下位
0x4003_D02C	RTC_MCLR	RTC単調(Monotonic)カウンタ上位
0x4003_D030	RTC_TER	RTCタンパー許可レジスタ
0x4003_D034	RTC_TDR	RTCタンパー検出レジスタ
0x4003_D038	RTC_TTR	RTCタンパー調整(Trim)レジスタ
0x4003_D03C	RTC_TIR	RTCタンパー割り込みレジスタ
0x4003_D800	RTC_WAR	RTCライト・アクセス・レジスタ
0x4003_D804	RTC_RAR	RTCリード・アクセス・レジスタ

第28章　侵略行為に対する保護機能…耐タンパー

コラム　IoT時代の必須機能…暗号鍵や個体識別に使えるユニークID

中森　章

　Kinetisではユニーク（単一）なIDを保持するレジスタを備えています．Kinetis K70では次のそれぞれ32ビット長の4本の読み出し専用レジスタにIDが格納されています．アドレスを**表A**に示します．

- Unique Identification Register High（SIM_UIDH）
- Unique Identification Register Mid-High（SIM_UIDMH）
- Unique Identification Register Mid Low（SIM_UIDML）
- Unique Identification Register Low（SIM_UIDL）

　これらのユニークIDレジスタの初期値は，チップごとにユニーク（一意）な値を取ります．NXP社（旧フリースケール社）の公式見解では工場出荷時に設定されるということです．しかし，ユニークな値をデバイスにくくり付けのROMで保持するのは効率的ではありません．ましてや1チップごとに違う値で製造することは採算が合いません．おそらくは，リセット時に（ソフトウェアからはアクセスできない）フラッシュ・メモリの拡張領域から値が読み出されて，そこの値が初期として設定されるのだと思われます．あるいは1回だけ書き換え可能なヒューズを使っているのかもしれません．

　ユニークIDはOSの動作環境でユーザの区別，あるいはネットワーク環境で個体の区別に使用されます．つまり，ユーザID（ユニークID）に応じて，

- システムをシャットダウンする権利
- ファイルにアクセスする権利
- ターミナル・サービスにログオンする権利

などの「権利」が与えられます．それ以外の用途としては暗号鍵を生成する場合の初期値（エントロピー）としての利用も考えられます．

　ユニークIDもチップ単体ではあまり使い道がありません．チップがネットワークなど通信機器とつながれる場合に，より威力を発揮します．つまり，チップの個体を認識する場合に使用します．これは，ユーザIDの区別に使用していたIDが，コンピュータIDとしても使用できるということを意味します．ネットワークの先の機器がそれにつながれるデバイス（コンピュータ）をユニークIDで識別し，特定の領域や資源にアクセス可能かどうかを判断します．例えば，LinuxなどのOSで接続されているデバイスを識別するために使用できます．あるいは，このユニークIDを付加して送信されてきたデータを，チップ自身が処理しなければならないデータであるか否かを識別する用途にも使用できます．

　ユニークID自体は，そのユニークな属性を利用することで，さまざまなセキュリティに応用することが可能なのです．ユニークIDをどう使うかは，OSやシステム次第です．

　ところで，耐タンパー性から考えると，ユニークIDが動作時以外に見えるのは好ましくありません．LSIチップを開封して内部を調べても解析することができないように，回路を動かしたときにしか見ることのできないユニークIDをもつLSIも実際に開発されているようです[4]．

表A　ユニークIDのメモリ・マップ（K70の場合）

レジスタ・アドレス	略称レジスタ名	略　称
0x4004_8054	SIM_UIDH	ユニークIDレジスタ最上位
0x4004_8058	SIM_UIDMH	ユニークIDレジスタ中上位
0x4004_805C	SIM_UIDML	ユニークIDレジスタ中下位
0x4004_8060	SIM_UIDL	ユニークIDレジスタ最下位

パー検出でセットされた場合は，タンパー要因を解消した後でないとクリアされません．

　タンパーを検出した場合は，RTCタンパー検出レジスタ（RTC Tamper Detect Register，RTC_TDR）に検出したタンパー要因がセットされます．

　なお，RTCタンパー時刻秒レジスタにライトを行った場合も不正時間フラグがセットされます．これによりソフトウェアによって強制的にタンパーを発生できます（software initiated tamper）．

　ところで，Kinetis Mシリーズでは，DryIceと同様なタンパー検出をiRTC（Internal RTC）内に備えています．その代わり上述したようなDryIceは備えていません．ここでは，iRTCによるタンパー検出機能の説明は省略します．

RTCのレジスタ一覧を**表3**に示します．

◆参考文献◆

(1) * Kinetisマイコンのアプリケーション・ノートAN4507.

(2) * Kinetis MCUs Security and integrity solutions.
http://cache.nxp.com/files/32bit/doc/brochure/BRKINETISSECSOLS.pdf

(3) * Kevin McCann, Kinettis K series MCU；New Performance, Power and Packaging Options, FTF2012資　料，FTF-ENT-F0114，June 2012.
http://2012ftf.ccidnet.com/pdf/0114.pdf

(4) 三菱電機など，LSIの個体差から固有IDを生成するセキュリティ技術を開発．
http://news.mynavi.jp/news/2015/02/05/373/

なかもり・あきら

第29章

バス周りの作り込みはメーカの腕の見せどころ

外部からの盗み見を防ぐための メモリ保護

中森 章

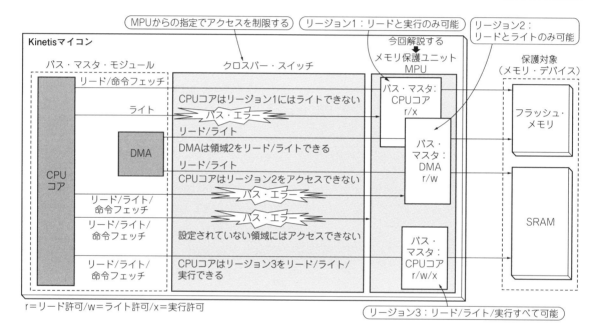

図1 メモリへのアクセスを制限して内容の盗み見を防ぐマイコン固有のMemory Protection Unit（MPU）
メモリ保護はクロスバー・スイッチでメモリへのアクセスを制限することによって行う

● Cortex-Mコアだけじゃなくてマイコン固有のメモリ保護ユニットがある

　本章ではCortex-MマイコンKinetisの周辺機能として実装されているメモリ保護ユニットMPU（Memory Protection Unit）について解説します．

　Cortex-MシリーズのCPUコアにもMPUが内蔵されていますが，本稿で説明するMPUとは別物です．しかし，提供している機能は，メモリ保護という観点では，同様です．しかし，CPU内蔵のMPUは，CPUというバス・マスタからのアクセス保護しか実現できません．

　Kinetisでは周辺機能としてMPUを実装することで，CPUからのメモリ保護のほかに，CPU以外のバス・マスタ，すなわちイーサネットやDMAからのメモリ保護を実現します．

● デバッグ・ポートやSD，イーサネットなど外部からの侵略行為にも有効

　Kinetisが備えるMPUの保護対象は，フラッシュ・メモリやSRAM，あるいはFlexBus（メモリに接続することを仮定）などのメモリ領域です．外部からの侵略行為に対してメモリ内容を保護する意味があります．これは耐タンパー機能そのものです．

　これらのメモリを盗み見する場合，侵略者はデバッグ・ポートやイーサネットなどのバス・マスタを経由して侵入することが考えられます．Kinetisの提供するMPUにはこれらのバス・マスタからメモリ領域を保護する機能を第一に考えられています．これはCPUコアのみを対象としているCortex-MシリーズCPU内蔵のMPU機能とは一線を画する機能です．

第29章　外部からの盗み見を防ぐためのメモリ保護

表2[1]　MPUが扱えるバス・スレーブ
Kinetis K60の場合

ソース	MPUのスレーブ・ポートの割り当て	デスティネーション
クロスバー・スレーブ・ポート0	MPUスレーブ・ポート0	フラッシュ・コントローラ
クロスバー・スレーブ・ポート1	MPUスレーブ・ポート1	SRAMバックドア
コード・バス	MPUスレーブ・ポート2	SRAM_Lフロント・ドア
システム・バス	MPUスレーブ・ポート3	SRAM_Uフロント・ドア
クロスバー・スレーブ・ポート4	MPUスレーブ・ポート4	FlexBus
3本のクロスバー・スレーブ・ポート(5, 6, 7)	MPUスレーブ・ポート5（バス・マスタ0〜2用） MPUスレーブ・ポート6（バス・マスタ4, 6用） MPUスレーブ・ポート7（バス・マスタ3, 5, 7用）	SDRAMコントローラ

マイコン固有メモリ保護ユニット（MPU）

● メモリ保護方法…クロスバー・スイッチでアクセスを制限

MPUはMCUのクロスバー・スイッチに対して，
- アクセス範囲（最大16リージョン）
- アクセス可能なバス・マスタ
- バス・マスタのアクセス属性

の三つを指定してメモリ保護を行います（**図1**）．

▶ アクセス範囲（リージョン）

各リージョンは32バイトから4Gバイトの大きさを取ることができます．

▶ アクセス属性

各リージョンに対するアクセス属性はマスタによって異なります．マスタごとのアクセス属性を次に示します．

- マスタ0〜3：スーパバイザ，ユーザ・モードにおけるリード，ライト，実行属性を指定できる
- マスタ4〜7：リード，ライト属性のみ指定できる

また，ダイナミックにアクセス属性を変更するためのオルタネート・アクセス制御ワードがリージョンごとに用意されています．

▶ アクセス範囲は重複してもOK

リージョンはオーバラップさせることが可能です．その場合，アクセス属性はオーバラップするリージョンのアクセス属性を結合したもの（論理和）となります．

▶ 指定方法

各リージョンの指定は，32ビットのWORD0，WORD1，WORD2，WORD3から成る，128ビット長のリージョン・ディスクリプタで指定します．各ワードには次の内容を指定します．

- WORD0：リージョンの先頭アドレス
- WORD1：リージョンの最終アドレス
- WORD2：アクセス可能なバス・マスタと許可するアクセス属性
- WORD3：許可するプロセスID

表1[1]　MPUが扱えるバス・マスタ
Kinetis K70の場合

MPUバス・マスタ番号	バス・マスタ
0	CPUコア
1	デバッガ
2	DMA
3	イーサネット
4	USB
5	SDHC
6	なし
7	なし

● 扱えるバス・マスタ＆バス・スレーブ

MPUで扱うバス・マスタの一覧を**表1**に，バス・スレーブの一覧を**表2**に示します．表の中の番号は，MCUのクロスバー・スイッチのマスタ番号とスレーブ番号とは異なりますので注意してください（**図2**）．ペリフェラル・ブリッジは，ブリッジ内でメモリ保護を行いますので，MPUの保護対象外です．

▶ SDRAM…3本のスレーブ・ポートに負荷を分散

SDRAM領域に関しては，負荷分散のために，アクセスするバス・マスタによって3本のスレーブ・ポートに分かれています．スレーブ・ポート5〜7が割り当てられています．K60の制御/エラー・ステータス・レジスタ（Control/Error Status Register, MPU_CESR）のSPERRフィールドには，保護違反が発生したスレーブ・ポートを表すためのビットとして，0〜7が定義されています．

リファレンス・マニュアルには記載されていませんが，スレーブ・ポート5〜7に対応するエラー・アドレス・レジスタ（Error Address Register, Slave Port n, MPU_EARn：n=5〜7）やエラー詳細レジスタ（Error Detail Register, Slave Port n, MPU_EDR0：n=5〜7）が，実際には存在するようです[注1]．

注1：MPU_CERのSPERRフィールドのビット・フィールド的には，12個のスレーブ・ポートまで拡張できるように思えます．MPU_EAR，MPU_EDRレジスタのためのアドレス空間も余っています．本稿執筆時のK70リファレンス・マニュアルには記載がありませんでしたが，2014年11月のリビジョン3には記載されました．

第5部 IoTの重要技術その2 セキュリティ機能

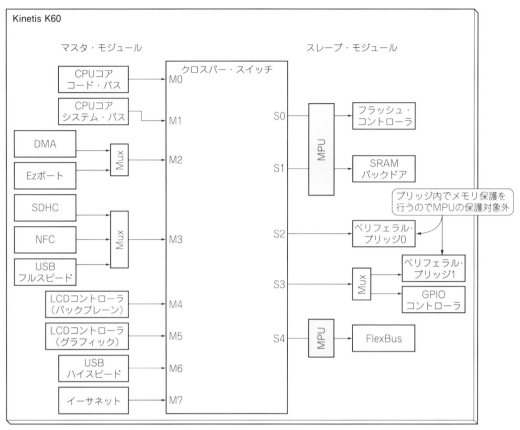

図2[(1)] **クロスバー・スイッチの各ポート番号…SDRAM領域は3本のスレーブ・ポートで負荷分散**
Kinetis K60の場合

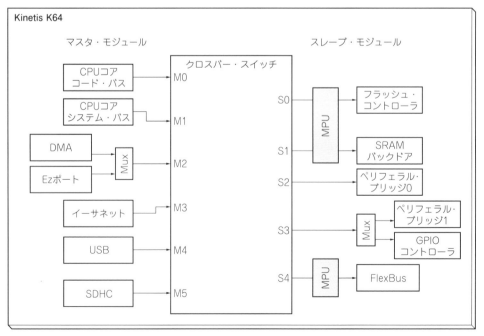

図3[(2)] **Kinetsis K64のクロスバー・スイッチ**
SDRAMがないのでスレーブのポートは5本だけ

第29章 外部からの盗み見を防ぐためのメモリ保護

表3[1] MPUが許可していないメモリ・アクセスが発生した場合に発生する割り込みベクタ
Kinetis K60の場合

バス・マスタ	割り込みベクタ
CPUコア	#5（バス・フォールト）：System Handler Control and State RegisterのBUSFAULTENAビット＝1 #3（ハード・フォールト）：System Handler Control and State RegisterのBUSFAULTENAビット＝0
デバッガ	デバッグ・ポート制御/ステータス・レジスタのSTICKYERRORがセットされる
DMA	#32（DMAエラー割り込み）
イーサネット	#94（エラーと雑多な割り込み）
USB_OTG	#89（端子転出ポートC）
SDHC	#96（名称なし）

▶K6xまでのMPUサポート状況

K6xまでのMCUでは，スレーブ番号は4までしか定義されていません．従来は，スレーブ番号4までで充分だったのですが，K70ではSDRAM領域の保護が追加になったため，スレーブ番号7まで拡張されました．**図3**にKinetis K64のクロスバー・スイッチを示します．

MPUをサポートしているのは執筆時点ではKinetis KシリーズとKinetis Mシリーズのみのようです．なお，Kinetis L (KL) とKinetis M (KM) に関しては，正確には，クロスバー・スイッチではなく，それを簡略化したクロスバー・ライト・スイッチが用いられていました．クロスバー・ライト・スイッチにはマルチプレクサが存在しません．

MPUの動作

● MPUが許可していないメモリ・アクセスが発生した場合…マスタへエラー応答する

アクセス保護エラーは，次の二つの場合に発生します．

(1) マスタからのアクセスがどのリージョンにもヒットしない場合
(2) マスタからのアクセスがリージョンのアクセス属性に違反している場合

もし保護エラーが発生した場合は，マスタからのアクセスはエラー応答で終了します．そして，マスタのアクセスはスレーブ側には通知されません．

▶エラー応答を受けたマスタの動作

エラー応答を受けたマスタは割り込みを発生します．マスタごとにどの割り込みベクタが使用されるかを**表3**に示します．

アクセス保護エラーの情報はアクセスされたスレーブごとに保存されます．エラー・アドレス・レジスタ（MPU_EARn：n＝0～7）にエラー・アドレスが，エラー詳細レジスタ（MPU_EDRn：n＝0～7）にアクセスの属性やマスタ番号が保持されます．

こちらもリファレンス・マニュアルには記載がありませんが，MPU_EAR5～7/MPU_EDR5～7も存在すると考えられます．つまり，MPUがつながるスレーブ・ポートの数だけ存在すると考えられます．

● リージョンの範囲を重複して指定する方法

各リージョンのアクセス範囲は，オーバラップして指定することができます．リージョンのアクセス範囲をオーバラップさせて指定する場合の保護属性（ORされる）の例を**表4**に示します．

CP0（プロセッサ0），CP1（プロセッサ1），DMA1，DMA2がマスタとして存在するシステムにおいて，それぞれ，フラッシュ・メモリ，RAM，周辺デバイス空間のアクセス保護属性が**表4(a)**のように設定されている場合を考えます．ここで，CP0からもCP1からもアクセス可能なリージョンとしてリージョン3を定義します．リージョン3ではCP0とCP1に対してRAMへのリードのみを可能と指定しています．

この場合，リージョン2とリージョン3のオーバラップしたCP0のアクセスするアクセス範囲は，リージョン2の「rw-」とリージョン3の「r--」がORされて「rw-」となります．リージョン2とリージョン3のオーバラップしたCP1のアクセスするアクセス範囲は，リージョン2の「---」とリージョン3の「r--」がORされて「r--」となります．同様に，リージョン3とリージョン4のオーバラップしたCP0のアクセスするアクセス範囲は，リージョン3の「r--」とリージョン4の「---」がORされて「r--」となります．リージョン3とリージョン4のオーバラップしたCP1のアクセスするアクセス範囲は，リージョン3の「r--」とリージョン4の「rw-」がORされて「rw-」となります．その結果を示すのが**表4(b)**です．

● リセット直後のアクセス保護属性…リージョン0の値がデフォルトとして反映される

MCUをリセットすると，MPUの設定も初期化されます．リセット直後のアクセス保護属性は，リージョン0にあらかじめ設定されている初期値が反映されます．初期値はデバイスごとに固有の値が設定されてい

第5部 IoTの重要技術その2 セキュリティ機能

表4 リージョンの範囲を重複して指定した場合のアクセス保護属性

領域属性	リージョン番号（RGDn）	CP0	CP1	DMA1	DMA2	周辺デバイス
CP0命令	0	rwx	r--	---	---	フラッシュ
CP1命令	1	r--	rwx	---	---	フラッシュ
CP0データ&スタック	2	rw-	---	---	---	RAM
CP0→CP1共有データ	2〜3	r--	r--	---	---	RAM
CP1→CP0供給データ	4〜3	r--	r--	---	---	RAM
CP1データ&スタック	4	---	rw-	---	---	RAM
共有DMAデータ	5	rw-	rw-	rw-	rw-	
MPU	6	rw-	rw-	---	---	周辺デバイス空間
周辺デバイス	7	rw-	rw-	rw-	rw-	周辺デバイス空間

（リージョン3を新たに定義）

（a）設定

領域属性	リージョン番号（RGDn）	CP0	CP1	DMA1	DMA2	周辺デバイス
CP0命令	0	rwx	r--	---	---	フラッシュ
CP1命令	1	r--	rwx	---	---	フラッシュ
CP0データ&スタック	2	rw-	---	---	---	RAM
CP0→CP1共有データ	2〜3	r--	r--	---	---	RAM
CP1→CP0供給データ	4〜3	r--	rw-	---	---	RAM
CP1データ&スタック	4	---	rw-	---	---	RAM
共有DMAデータ	5	rw-	rw-	rw-	rw-	
MPU	6	rw-	rw-	---	---	周辺デバイス空間
周辺デバイス	7	rw-	rw-	rw-	rw-	周辺デバイス空間

（b）実際の属性

表5[1] リセット直後のアクセス保護属性
MPUのリージョン0にデフォルトの初期値があらかじめ設定されている

レジスタ	意味	値
RGD0_WORD0	先頭アドレス	0x00000000
RGD0_WORD1	最終アドレス	0xFFFFFFFF
RGD0_WORD2	アクセス許可属性	0x0061F7DF
RGD0_WORD3	MPUの許可	0x00000001
RGDAAC0	もう一つのアクセス制御	0x0061F7DF

ます．K60におけるリージョン0の値を**表5**に示します．

また，リージョン0の値はデバッガ（マスタ1）以外からは，基本的に書き換えができません．CPUコア（マスタ0）からはRGD0_WORD2の1部のビット・フィールド（マスタ1のアクセス属性以外）のみが書き換え可能です．

▶保護属性を変更する場合はリージョン0を無効化する
アクセス保護属性をリージョン0の初期値から変更する場合は，RGD0_WORD2の設定を無効化（0をライトする）することで行います．リージョン0とほかのリージョンのアクセス保護属性は，オーバラップすることでORされますから，リージョン0の設定を無効化すればほかのリージョンの設定のみが生きることになります．ただし，デバッガのアクセスだけは禁止できません．

● MPUのレジスタ一覧
MPUのレジスタ一覧を**表6**に示します．エラー・

表6 MPUのメモリ・マップ
Kinetis K60の場合

レジスタ・アドレス	レジスタ名
0x4000_D000	制御/エラー・ステータス・レジスタ（MPU_CESR）
0x4000_D010 + ($m \times 4$)	スレーブ・ポートm用エラー・アドレス・レジスタ（MPU_EARm），（$m = 0, 1, 2, \cdots, 7$）
0x4000_D014 + ($m \times 4$)	スレーブ・ポートm用エラー詳細レジスタ（MPU_EDRm），（$m = 0, 1, 2, \cdots, 7$）
0x4000_D400 + ($n \times 0x10$)	リージョンnデスクリプタ・ワード0（MPU_RGDn_WORD0），（$n = 0, 1, 2, \cdots, 15$）
0x4000_D404 + ($n \times 0x10$)	リージョンnデスクリプタ・ワード1（MPU_RGDn_WORD1），（$n = 0, 1, 2, \cdots, 15$）
0x4000_D408 + ($n \times 0x10$)	リージョンnデスクリプタ・ワード2（MPU_RGDn_WORD2），（$n = 0, 1, 2, \cdots, 15$）
0x4000_D40C + ($n \times 0x10$)	リージョンnデスクリプタ・ワード3（MPU_RGDn_WORD3），（$n = 0, 1, 2, \cdots, 15$）
0x4000_D800 + ($n \times 4$)	リージョンnデスクリプタ代替アクセス制御レジスタ（MPU_RGDAACn），（$n = 0, 1, 2, \cdots, 15$）

第29章　外部からの盗み見を防ぐためのメモリ保護

リスト1　MPUのサンプル・プログラム

```
#define M1_r ((3<<9)|(4<<6))
#define M1_w ((3<<9)|(2<<6))
#define M1_x ((3<<9)|(1<<6))
#define M0_r ((3<<3)|(4))
#define M0_w ((3<<3)|(2))
#define M0_x ((3<<3)|(1))

void HardFault_Handler(void)
{
  printf("MPU_EAR0=0x%08x¥n¥r",MPU_EAR0);
  printf("MPU_EDR0=0x%08x¥n¥r",MPU_EDR0);
  printf("MPU_EAR1=0x%08x¥n¥r",MPU_EAR1);
  printf("MPU_EDR1=0x%08x¥n¥r",MPU_EDR1);
  printf("MPU_EAR2=0x%08x¥n¥r",MPU_EAR2);
  printf("MPU_EDR2=0x%08x¥n¥r",MPU_EDR2);
  printf("MPU_EAR3=0x%08x¥n¥r",MPU_EAR3);
  printf("MPU_EDR3=0x%08x¥n¥r",MPU_EDR3);
  printf("MPU_EAR4=0x%08x¥n¥r",MPU_EAR4);
  printf("MPU_EDR4=0x%08x¥n¥r",MPU_EDR4);
  if(((int)MPU_EDR3 & 1)==0){       // Readでエラー発生時
    MPU_RGDAAC4 |= M0_r;            // 姑息な処理(本文参照)
  }
  MPU_CESR |= MPU_CESR_SPERR_MASK;  // 割り込み要因クリア
}
void MPU_Setup(void)
{
  SIM_SCGC7 = SIM_SCGC7_MPU_MASK | SIM_SCGC7_FLEXBUS_MASK;
  MPU_CESR &= ~MPU_CESR_VLD_MASK;   // MPUを無効にする
  MPU_CESR |= MPU_CESR_SPERR_MASK;  // 割り込み要因クリア
  MPU_RGD0_WORD2 = 0;               // RGD0の設定を無効化する
  MPU_RGD1_WORD0 = 0x00000000;      // SRAM領域の直前まで
  MPU_RGD1_WORD1 = 0x1FFEFFFF;      // Read/Write/Execute可能
  MPU_RGD1_WORD2 = M0_r | M0_w | M0_x;
  MPU_RGD1_WORD3 = 0x00000001;
  MPU_RGD2_WORD0 = 0x1FFF0000;      // SRAM_L領域の属性指定
  MPU_RGD2_WORD1 = 0x1FFFFFFF;      // Read/Writeのみ可能
  MPU_RGD2_WORD2 = M0_r | M0_w;
  MPU_RGD2_WORD3 = 0x00000001;
  MPU_RGD3_WORD0 = 0x20000000;      // SRAM_U領域の属性指定
  MPU_RGD3_WORD1 = 0x200000FF;      // Readのみ可能
  MPU_RGD3_WORD2 = M0_r;
  MPU_RGD3_WORD3 = 0x00000001;
  MPU_RGD4_WORD0 = 0x20000100;      // SRAM_U領域の属性指定
  MPU_RGD4_WORD1 = 0x200001FF;      // Writeのみ可能
  MPU_RGD4_WORD2 = M0_w;;
  MPU_RGD4_WORD3 = 0x00000001;
  MPU_RGD5_WORD0 = 0x20000200;      // SRAM_U領域の属性指定
  MPU_RGD5_WORD1 = 0x2002FFFF;      // Read/Write/Execute可能
  MPU_RGD5_WORD2 = M0_r | M0_w | M0_x;
  MPU_RGD5_WORD3 = 0x00000001;
  MPU_RGD6_WORD0 = 0x20030000;      // 残りのアドレス領域の属性指定
  MPU_RGD6_WORD1 = 0xFFFFFFFF;      // Read/Write/Execute可能
  MPU_RGD6_WORD2 = M0_r | M0_w | M0_x;
  MPU_RGD6_WORD3 = 0x00000001;
  MPU_CESR |= MPU_CESR_VLD_MASK;    // MPUを有効にする
}
volatile int a;
volatile int *p;

int main (void)
{
  hardware_init();
  configure_uart_pins(BOARD_DEBUG_UART_INSTANCE);
  dbg_uart_init();

  MPU_Setup();  // MPUの設定を実行

  // 保護違反を検出できるかのテスト
  p = (int*)0x20000080;
  a = *p;
  printf("Passed -1¥n¥r");
  *p = a;
  printf("Passed -2¥n¥r");
  p = (int*)0x20000100;
  a= *p;
  printf("Passed -3¥n¥r");
  *p = a;
  printf("Passed -4¥n¥r");
}
```

アドレス・レジスタ(MPU_EARn)とエラー詳細レジスタ(MPU_EDRn)の数は，スレーブ・ポートの本数に依存しますので，デバイスごとに異なります．

プログラムでの設定方法

リスト1にMPUの設定例を示します．

まず最初に，リセット直後に設定されるリージョン0の保護属性を無効化します．その後，リージョン1にフラッシュ・メモリ領域からSRAM_L領域の直前までの保護属性(リード/実行のみ可能)を設定します．リージョン2，リージョン3，リージョン4，リージョン5にSRAM_U領域を分割して，異なる保護属性を設定しています．リージョン6はメモリ・マップの残りの部分の属性を指定しています．

なお，リージョン0の保護の無効化のために，RGDAAC0ではなく，RGD0_WORD2に直接ライトをしています．これは，アプリケーション・ノートに記載されたプログラム例なので，そのままにしておきます．おそらくは，リセット後の最初の設定ではRGDAAC0ではなく，RGD0_WORD2を使うものと推測されます．

MPUでアクセス保護が指定できるのはMPUがつながっているスレーブ・ポートの周辺デバイスのみです．図2，図3に各種MCUのバス接続図を載せましたが，基本的に保護違反が検出可能なのは，フラッシュ・メモリ，SRAM，FlexBusのようです．

● アクセス保護エラーで困るデッドロック状態を回避するには

MPUが保護違反を検出した場合は，CPUコアに対してハード・フォールト例外が発生します(バス・マスタがCPUの場合でBUSFAULTENAビットが0の場合)．例外の戻りアドレスは，メモリにアクセスしたロード命令，またはストア命令，分岐先になります．ということは1回保護違反が発生して例外ハンドラに分岐しても，戻り先は保護違反を発生させる命令となってしまいますので，再び例外が発生し，動的なデッドロック状態に陥ってしまいます．ハード・フォールトはOSがタスクを中断するのに使うのが通

第5部 IoTの重要技術その2 セキュリティ機能

リスト2[5]　ハード・フォールト・ハンドラ

```
void
hard_fault_handler_c(unsigned int * hardfault_args)
/* このハンドラは浮動小数点例外を発生しないスタック・フレームを想定して
いる*/
{
  unsigned int stacked_r0;
  unsigned int stacked_r1;
  unsigned int stacked_r2;
  unsigned int stacked_r3;
  unsigned int stacked_r12;
  unsigned int stacked_lr;
  unsigned int stacked_pc;
  unsigned int stacked_psr;

  //Exception stack frame
  stacked_r0 = ((unsigned long) hardfault_args[0]);
  stacked_r1 = ((unsigned long) hardfault_args[1]);
  stacked_r2 = ((unsigned long) hardfault_args[2]);
  stacked_r3 = ((unsigned long) hardfault_args[3]);
  stacked_r12 = ((unsigned long) hardfault_args[4]);
  stacked_lr = ((unsigned long) hardfault_args[5]);
  stacked_pc = ((unsigned long) hardfault_args[6]);
  stacked_psr = ((unsigned long) hardfault_args[7]);
  printf ("[Hard fault handler]\n");
  printf ("R0 = %x\n", stacked_r0);          ┐
  printf ("R1 = %x\n", stacked_r1);          │ 例外スタック・
  printf ("R2 = %x\n", stacked_r2);          │ フレームの内容
  printf ("R3 = %x\n", stacked_r3);          │ を表示
  printf ("R12 = %x\n", stacked_r12);        │
  printf ("LR = %x\n", stacked_lr);          │
  printf ("PC = %x\n", stacked_pc);          │
  printf ("PSR = %x\n", stacked_psr);        ┘
  printf ("BFAR = %x\n", (*((               ┐
          volatile unsigned long *)(0xE000ED38)))); │
  printf ("CFSR = %x\n", (*((               │ ほかの例外
          volatile unsigned long *)(0xE000ED28)))); │ 情報を表示
  printf ("HFSR = %x\n", (*((               │
          volatile unsigned long *)(0xE000ED2C)))); │
  printf ("DFSR = %x\n", (*((               │
          volatile unsigned long *)(0xE000ED30)))); │
  printf ("AFSR = %x\n", (*((               │
          volatile unsigned long *)(0xE000ED3C)))); ┘

  for(;;) /* 無限ループ*/
  {}
}

#ifdef CORTEX_M3_M4_M7
void __attribute__ (( naked )) hard_fault_
handler(void)
{
  asm volatile(
    "tst lr, #4\t\n" /* Check EXC_RETURN[2] */
    "ite eq\t\n"
    "mrseq r0, msp\t\n"
    "mrsne r0, psp\t\n"
    "b hard_fault_handler_c\t\n"
    : /* no output */
    : /* no input */
    : "r0" /* clobber */
  );
}
#else
void __attribute__ (( naked )) hard_fault_
handler(void)
{
  asm volatile(
    "movs r0, #4\t\n"
    "mov r1, lr\t\n"
    "tst r0, r1\t\n" /* Check EXC_RETURN[2] */
    "beq 1f\t\n"
    "mrs r0, psp\t\n"
    "ldr r1,=hard_fault_handler_c\t\n"
    "bx r1\t\n"
    "1:mrs r0,msp\t\n"
    "ldr r1,=hard_fault_handler_c\t\n"
    : /* no output */
    : /* no input */
    : "r0" /* clobber */
  );
}

#endif
```

常なので，例外ハンドラからの復帰は普通考えません．

　MPUを有するKinetisマイコンは，CPUコアにCortex-M4を使用しているので，通常であればストア・バッファを内蔵しています．STM命令などの連続ストア以外では，ストア・バッファへの書き逃げとなりますので，ハード・フォールト・ハンドラから復帰しても，例外を発生させるストア命令は既に通り過ぎています．そのため，デッドロック状態には陥りません．

　しかし，ロード命令によるリード時に発生するハード・フォールトに関してはそうはいきません．リスト1では，リード時に例外が発生した場合は，その領域にリード許可を与えて，例外を発生させたロード命令に復帰しても例外が発生しないようにしてあります．

▶サンプル・プログラムの記述

　メーカの提供するサンプル・プログラムでもハード・フォールトの例外ハンドラは例外情報を表示して無限ループに入るという構造になっています．それをリスト2に示します．ハード・フォールト・ハンドラの入り口はhard_fault_handlerで，その中でr0にその時点でのスタック・ポインタの値を格納してhard_fault_handler_cを呼び出します．

　リスト2ではスタックの先頭アドレスを知るためにインライン・アセンブラを使用しています．

▶インライン・アセンブラを使わない記述もできる

　GCCに限られるかもしれませんが，C言語での関数の呼び出し方法を知っていれば，インライン・アセンブラを使わずもっと簡単に例外スタックに積まれたPCやレジスタの値を取り出すことができます[注2]．

　例外が発生してハンドラが呼ばれる場合，最初の4個の引き数はレジスタ（R0～R3）で渡され，第5引き数以降はスタック経由で渡されます．それを知っていれば，次のように無理やり多くの引き数があるものと仮定して例外ハンドラを定義することができます．

```
void hard_fault_handler(int a0, int
a1, int a3, int a4, int a5, int a6,
int a7, int a8, int a9, int a10, int
a11)
{
```

第29章　外部からの盗み見を防ぐためのメモリ保護

コラム　**万が一メモリの中を見られた場合の最後の砦…メモリ内容の暗号化**　　　中森 章

　侵略行為の最初の一歩は，メモリの内容を盗み見ることです．あるメモリ内容を見ることができるとき，侵略者がまず行うことは，その領域の逆アセンブルとアスキー・ダンプです．

　万一メモリの中身を盗み見られた場合を考慮し，メモリ内容を暗号化しておくことが望まれます．本来なら命令コードも暗号化しておくのが望ましいのですが，ハードウェア的なコストが大きくなりま

す．ハードウェアのリソースが限られている場合であっても，プログラムで使用している文字列を暗号化しておくだけでも効果があるといわれています．

　文字列に関しては簡単なローテートとビット反転だけでも，悪意のあるのぞき見に対してはそれなりの効果があると思われます．現実には8ビットのアスキー・コードは256通りの対応表で解読可能なので，文字列の前後関係を考慮した暗号化が望まれます．

```
    /* 例外ハンドラの本体 */
}
```

　このとき，引き数a0～a11とスタックに積まれる例外情報との関係は次のようになります．

a0：r0の値そのもの
a1：r1の値そのもの
a2：r2の値そのもの
a3：r3の値そのもの
a4：スタックに積まれたr0の値（a0と同じ値）
a5：スタックに積まれたr1の値（a1と同じ値）
a6：スタックに積まれたr2の値（a2と同じ値）
a7：スタックに積まれたr3の値（a3と同じ値）
a8：スタックに積まれたr12の値
a9：スタックに積まれたLR（r14）の値
a10：スタックに積まれたPC（r15）の値
a11：スタックに積まれたPSRの値

　つまり，例外を発生したPCの値はa10という変数でアクセスできます．すなわち，次の記述により例外ハンドラからの戻りアドレスをNEW_ADDRESSに変更することができます．

```
*(short*)(&a10)=NEW_ADDRESS;
```

MPUを搭載するKinetis

● SDHCやイーサネットからの侵略行為を想定

　ここで紹介したMPUが搭載されるのは100MHz動作以上のKinetis Kシリーズや一部のKinetis Lシリーズ（KL28やKL8x等），スマート・メータ向けのASSP的な意味合いをもつKinetis Mシリーズ等です．

　Kinetis Vシリーズに関しては，Cortex-M7を採用するKV5xからMPU（CPU機能のMPUとは別物）を搭載するようになりました．

　スマート・メータ向けのKinetis Mはセキュリティを重要視しているので当然ですが，それ以外では100MHz動作以上のKinetis Kシリーズのみで搭載ということはどういう意味でしょうか．高機能なK10F，K20F，K60，K70シリーズが対象であるといっているようなものです．これらのMCUで特異な周辺デバイスはSDHCまたはイーサネットです．つまり，Kinetisの設計者はSDHCやイーサネットからタンパー行為が行われることを最大の懸念としているのだと推測されます．

◆参考・引用*文献◆

(1)* Kinetis K60リファレンス・マニュアル．
(2)* Kinetis K64リファレンス・マニュアル．
(3)* Kinetis KL46リファレンス・マニュアル．
(4)* Kinetis Mリファレンス・マニュアル．
(5)* NXP社KL25サンプル・コード．
(6) NXP KSDK（Software Development Kit）．

なかもり・あきら

注2：この手法はスレッド・モードとプロセス・モードでスタック・ポインタが切り替わらない場合のみ有効です．すなわち，CONTROLレジスタのビット1（SPSEL）が0のときのみ有効です．一般的なシーケンスでは例外情報はPSPで示されるスタックに積まれ，例外ハンドラではMSPに切り替わるので，EXC_RETURN値（例外ハンドラ内ではLRに格納）を調べて例外情報がPSPのスタックかMSPのスタックか調査する必要があります．このためにはインライン・アセンブラが必要です．なお，メーカ（NXP）が提供しているOSなし（ベア・メタル）でのサンプル・コードではスタック・ポインタはMSPのままです．

　この手法をARM Connected Communityというフォーラムに公開したところ，「手抜き」との指摘を受けました．しかし，開発段階の初期のOSなしでのデバッグ時にはかなり有効であると個人的には思っているのですが…実際，Kinetis向けにメーカが公開しているOSなし（ベア・メタル）向けサンプル・コードではSPSELビットは0のままです．

第6部
Cortex-Mマイコン入門ボードの使い方

第30章

定番開発環境EWARM＆無償SDKでステップ・バイ・ステップに

入門用FRDM基板による ARMマイコン・スタートアップ

中森 章

注意事項

本章で紹介するダウンロード・プログラムは，バージョンや日付などが更新される可能性があります．実際に試すときは，適切に読み換えてください．

初めてARMマイコン・ボードを動かしてみるときは，「Hello World」と表示させたり，LEDをチカチカ光らせるLチカさせてみたり，というところからプログラムを開始するかもしれません．通常はC言語でプログラミングすると思います．

しかし，いざプログラムを書き始めてみると，ボードの初期化や使用する周辺機能の初期化などの設定を，どうしたらいいのかさっぱりわからないと思います．

そんなとき，役に立つのが，その評価ボード・メーカと同じベンダから，（多くの場合）無償で公開されているサンプル・コードです．

サンプル・コードは機能別に独立して存在しています．それ自体で評価ボードを動作させることも可能ですが，main関数を書き換えるだけで，それなりに動くプログラムができてしまうところが魅力です．

Kinetisマイコンを提供しているNXPセミコンダクターズ（以下NXP）は，合併前の旧フリースケール・セミコンダクタの時代から，サンプル・コードの提供

(a) その1：小規模向けCortex-M0+マイコン搭載FRDM-KL25Z　　(b) その2：定番Cortex-M4マイコン搭載FRDM-K64F

写真1　本章で試してみるARMマイコン入門ボード

第30章　入門用FRDM基板によるARMマイコン・スタートアップ

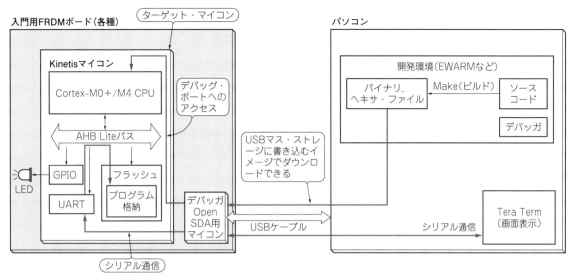

図1　マイコン用プログラムはPCで作成する…クロス開発

には力を入れてきました．私たちがKinetisマイコンを使う場合，その時点で，他社のマイコンでの開発より一歩進んだ環境にあると思って間違いはないでしょう．

ここでは，2,000円程度から入手できるKinetisマイコン入門用FRDMボード・シリーズを例に，これらのサンプル・プログラムを動かしたり，自作プログラムを作成したりする基本的な方法を紹介します．ターゲット基板は，Cortex-M0+マイコン搭載FRDM-KL25ZとCortex-M4マイコン搭載FRDM-K64Fです（**写真1**）．

本章は，筆者が初めてFRDMボードに触れてから，Lチカを成し遂げるまでの記録です．手探り状態から始めると意外と苦労しましたので，ここで紹介しておきます．

基本的に問題が発生するのは，C言語で書いたプログラムをコンパイルした後，その結果をKinetisマイコンに内蔵されたフラッシュ・メモリにダウンロードするときに発生します．ベテランであればまだしも，初心者は，どうしたらよいのかわからないと思います．その意味で，筆者の経験は，特にFRDMボード初心者の方に有用だと思います．

プログラム開発の全体像

● 概要

マイコンの評価／開発ボードには，コンパイラを動かせるようなWindowsやLinuxなどの汎用OSが走るほどのストレージは載っていません．開発には，マイコン上で動かすプログラムをPC上でコンパイルして作成するクロス開発と呼ばれる方法を用います（**図1**）．

まず，PC上で，コンパイラ（統合開発環境に組み込まれている）を使って，バイナリ・ファイル形式とかヘキサ・ファイル形式のマイコン用オブジェクト・ファイルを生成します．

次に，デバッグ・ツールで，マイコンのフラッシュ・メモリに書き込み（ダウンロード）して動作させるということになります．

● 使用する書き込み＆デバッグ用ツール

デバッグ・ツールとしては，PC側のデバッグ環境と，マイコンとつなぐデバッグ用アダプタを使います．

操作は，統合開発環境に組み込まれたデバッグ環境から行えます．

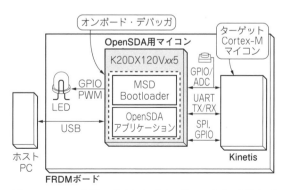

図2　OpenSDA規格に対応したデバッグ・アダプタを使えばKinetisマイコンにプログラムを書き込んだりデバッグしたりできる
入門用FRDMボードの場合は最初からボード上に載っている

第6部 Cortex-Mマイコン入門ボードの使い方

Kinetisマイコンの場合，OpenSDAという規格（図2）に対応したUSB接続デバッグ・アダプタを使えば，ほとんどすべての操作をPCから行えます．

OpenSDAでは，マス・ストレージ・デバイス（MSD）としてPC上に仮想ディスクを表示します．その仮想ディスクにファイルをドラッグ＆ドロップすることで，ドロップされたファイルの内容をマイコンのフラッシュ・メモリに書き込みます．Kinetisマイコンの入門用FRDMボードでは，ボード上にOpenSDAデバッグ・アダプタが載っています．OpenSDAを実現するためのファームウェアがあらかじめ評価ボード上のOpenSDA用マイコンのフラッシュ・メモリに書き込まれています．

準備1…OpenSDAマイコン用ブートローダの更新

● ファームウェアの更新が必要な場合

FRDMボードでOpenSDAを使用するためには，ファームウェアの更新が必要です．

本来，MSDのためのファームウェアは最初からOpenSDA用チップのフラッシュに書き込まれているため，基本的に更新は不要なはずです．実際には，FRDM-KL25Zなどの古くからあるボードだとWindows 7でしか動作しないファームウェアが書かれている場合もあり，更新作業が必要になります．

例えばWindows 8.0以降のPC上に統合開発環境を構築する場合は，Windows 7が搭載されたPC上で，ファームウェアの書き換えが必要です．

基本的にOpenSDAv2インターフェースの場合はWindows 8.0以降に対応していますので，OpenSDAv1の場合のみファームウェアの更新が必要です．本章では，基本的なCortex-Mマイコン用基板として，

- Cortex-M0+マイコン搭載FRDM-KL25Z
- Cortex-M4マイコン搭載FRDM-K64F

の基本的な使い方を紹介します．FRDM-KL25Zのオンボード・デバッガはOpenSDAv1なので，Windows 7をOSとするPC上でファームウェアの更新を行います．

● デバッガ関連のファイルがダウンロードできる「OpenSDAサイト」

ファームウェア（ブートローダやOpenSDAアプリケーション）の更新は，メーカ（NXP）のOpenSDAのサイトから必要なファイルをダウンロードして行います（URLがもし変更になっている場合はOpenSDAのページを探す）．

```
http://www.nxp.com/ja/products/
software-and-tools/run-time-
software/kinetis-software-and-
tools/ides-for-kinetis-mcus/
opensda-serial-and-debug-
adapter:OPENSDA
```

このサイトは頻繁に参照しますので，仮に「OpenSDAサイト」と名付けます．

● ターゲット：Cortex-M0+マイコン搭載 FRDM-KL25Zの場合

▶ステップ1：OpenSDA用ファイル群をダウンロードする

OpenSDAサイトの「Choose your board to start」メニューからターゲット「FRDM-KL25Z」を選択します．「Default firmware application P&E Micro v114」の下の「(binary)」をクリックすると，P&E Microcomputer社のOpenSDAサポートのサポート・サイトに移動します．ここから「OpenSDA Firmware (MSD & Debug)」（ファイル名：`Pemicro_OpenSDA_Debug_MSD_Update_Apps_2016_02_08.zip`）をダウンロードします．

このフォルダの中に`OpenSDA_Bootloader_Update_App_v111_2013_12_11.zip`というファイルがあるので，これを解凍します．

▶ステップ2：OpenSDA用マイコンにブートローダを書き込む

解凍した`OpenSDA_Bootloader_Update_App_v111_2013_12_11`フォルダの中に`BOOTUPDATE APP_Pemicro_v111.SDA`というファイルがあります．このファイルを「BOOTLOADER」という仮想ドライブ（詳細に関しては後述します）にドラッグ＆ドロップします．これで，ブートローダの更新が始まります．

▶ステップ3：ターゲット・マイコンの仮想ドライブが見えるか確認する

その後，15秒程（通常は3秒でよいらしい）経過したらUSBケーブルを一度抜いて再び（今度はリセット・スイッチを押さずに）USBケーブルを差します．

これで（リセット・スイッチを押さない場合は），通常は，OpenSDA用マイコンの「BOOTLOADER」ではなく，ターゲット・マイコンの「FRDM-KL25Z」という仮想ドライブが見えるようになります．

ちなみに，ブートローダ更新直後は（リセット・スイッチを押しながらUSBケーブルを差した場合と同様に）「BOOTLOADER」という仮想ドライブが見えます．

これで，Windows 7がOSのPCでの作業は終了です．以降の説明は実作業を行うPC（Windows 8.x）での作業になります．もちろん，Windows 7がOSのPCでも有効な説明です．

第30章　入門用FRDM基板によるARMマイコン・スタートアップ

● OpenSDAブートローダ・ファームウェアのバージョンが最新になっていれば更新が不要なこともある

なお，執筆時点のOpenSDAサイトでのFRDM-KL25Zの説明では，ブートローダのバージョンはv111と記載されています．最近販売されているFRDM-KL25Zではブートローダが最新版になっているかもしれません．その場合は，Windows 7がOSのPCを用意してブートローダを更新する必要はありません．

準備2…OpenSDAマイコン用アプリケーションの更新

● 利用可能な書き込み用アプリ

統合開発環境で生成したオブジェクト・ファイルをダウンロードするためのOpenSDAアプリケーション・ソフトウェアも更新します．OpenSDAサイトからダウンロードできます．次の3種類が利用可能です．

(1) CMSIS-DAP
(2) P&E Micro
(3) Segger J-Link

どれを選択しても構わないのですが，「P&E Micro」は，筆者の使用している統合開発環境（IDE）であるEWARM v7.70ではうまく動作しなくなりました（v7.40では動作していたのだが…）．本章では「CMSIS-DAP」と「Segger J-Link」の場合のみ説明します．

「CMSIS-DAP」と「Segger J-Link」のどちらを使うかは一長一短です．

「CMSIS-DAP」の場合は，オブジェクト・ファイルのダウンロード後，いったんOpenSDAのUSBケーブルを抜いて，デバッガを切り離さないと（その後，OpenSDAのUSBケーブルを再び差し込む必要がある）プログラムが実行されないようです．このため，筆者は「Segger J-Link」の方を使用しています．

● ターゲット1：Cortex-M0+マイコン搭載 FRDM-KL25Zの場合

▶書き込みアプリ1：CMSIS-DAP rev 0226

「(binary/source code)」の「binary」の部分をクリックすると，ARMのmbedのFRDM-KL25Zのファームウェアのサイトに移動します．ここから「The latest mbed interface upgrade file for the FRDM-KL25Z is :」の下にある「・20140530_k20dx128_kl25z_if_opensda」をクリックして「20140530_k20dx128_kl25z_if_opensda.s19.zip」をダウンロードします．実際に使う場合は，ZIPファイルを解凍します．

▶書き込みアプリ2：P&E Primo（古いEWARMを使う場合など）

ブートローダの更新で使用したPemicro_OpenSDA_Debug_MSD_Update_Apps_2016_02_08フォルダの中のMSD-DEBUG-FRDM-KL25Z_Pemicro_v118.SDAファイルを使用します．

▶書き込みアプリ3：Segger J-Link V2

「binary」をクリックすると，Segger社のOpenSDAのファームウェアのサイトに移動します．「(J-Link OpenSDA - Board-Specific Firmware)」の「Download」の部分をクリックして，（必要なら「J-Link/J-Trace」を選択して）ダウンロードします．動かない場合は「J-Link OpenSDA - Generic Firmwares」を選択して試してみてください．

● ターゲット2：Cortex-M4マイコン搭載 FRDM-K64Fの場合

OpenSDAサイトの「Choose your board to start」メニューから「FRDM-K64F」を選択します．

▶書き込みアプリ1：CMSIS-DAP rev 0226

「(binary/source code)」の「binary」の部分をクリックすると，ARMのmbedのFRDM-K64Fのファームウェアのサイトに移動します．ここから0226_k20dx128_k64f_0x5000.binをダウンロードします．

▶書き込みアプリ2：P&E Primo（古いEWARMを使う場合など）

ブートローダの更新で使用したPemicro_OpenSDA_Debug_MSD_Update_Apps_2016_02_08フォルダの中のMSD-DEBUG-FRDM-K64F_Pemicro_v114.SDAファイルを使用します．

▶書き込みアプリ3：Segger J-Link V2

「binary」をクリックすると，Segger社のOpenSDAのファームウェアのサイトに移動します．「(J-Link OpenSDA - Board-Specific Firmware)」の「Download」の部分をクリックして，（必要なら「J-Link/J-Trace」を選択して）ダウンロードします．

動かない場合は「J-Link OpenSDA-Generic Firmwares」を選択して試してみてください．

● OpenSDA用マイコンのファーム更新方法

▶普通にUSBケーブルをつなぐとターゲット・マイコンにプログラムを書き込める

OpenSDAのUSBケーブルを普通にFRDMボードと接続すると，デバッガとしてCMSIS-DAPを使用している場合は「MBED」という名称のMSDの仮想ウィンドウが開きます．Segger J-Linkを使用している場合は何も起こりません．

「MBED」という仮想ウィンドウは，バイナリ・ファイルをドラッグ＆ドロップすると，そのバイナリ・ファイルの内容をKinetisマイコンのフラッシュ・メモリにダウンロードできます．

第6部 Cortex-Mマイコン入門ボードの使い方

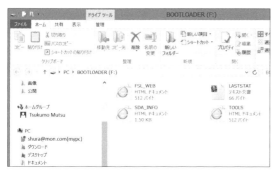

図3 PCからOpenSDA用マイコンのBOOTLOADERというストレージが見えたら実行ファイルをドラッグ＆ドロップすればプログラムを書き込める

リセット・ボタンを押しながらUSBケーブルをつなぐとこのモードになる．リセット・ボタンを押さないでUSBケーブルをつなぐと，「MBED」など他の仮想ドライブが開き，ターゲット・マイコン内蔵フラッシュ・メモリにプログラムを書き込める

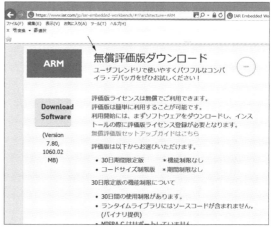

図4 ARMマイコン用定番統合開発環境IAR EWARMは無償評価版が用意されている

▶リセット・ボタンを押しながらUSBケーブルをつなぐとOpenSDA用マイコンのファームを書き込める

　しかし，ファームウェアの変更では，Kinetisマイコンのフラッシュ・メモリを書き換えるのではなく，OpenSDA用の制御チップのフラッシュ・メモリを書き換えるので，OpenSDAのUSBケーブルを普通にFRDMボードと接続するだけではダメです．

　ファームウェアの変更時には，リセット・ボタンを押しながらOpenSDAのUSBケーブルをFRDMボードと接続します．このとき，「BOOTLOADER」という名称のMSDの仮想ウィンドウが開きます（図3）．ここに，上述の，ブートローダなりアプリケーションをドラッグ＆ドロップします．緑色のLEDが定間隔で点滅するようになれば（最大3秒程度）ダウンロードの終了です．OpenSDAのUSBケーブルを抜いて，次は，リセット・ボタンを押さずにFRDMボードとつなぎます．

● USBコネクタは2種類あるので間違えないように

　なお，FRDMボードには通常二つのUSBコネクタが実装されています．片方がOpenSDA用，片方がUSB通信用です．USB通信を使わない場合は，OpenSDA側のコネクタにUSBケーブルを接続します．二つのコネクタのうち，どちらがOpenSDA用であるかはボードごとに異なるので，箱の裏にある端子説明図などを確認しておきます．ちなみに，FRDM-KL25ZとFRDM-K64Fの場合は，**写真1**のようになっています．

準備3…定番統合開発環境 EWARMのインストール

● ARM Cortex-MマイコンKinetisの開発環境いろいろ

　Kinetisボードを使用した開発環境には，主として，以下の7種があるそうです．

(1) EWARM (Embedded Workbench for ARM, IAR Systems社)
(2) KEIL MDK-ARM (ARM社)
(3) KDS/MCUXpresso IDE (KDSの後継品) (NXP社)
(4) TrueSTUDIO (Atollic社)
(5) MULTI (Green Hills社)
(6) GCC Cross Compiler
※ Code Warrior (NXP社，Kinetis向けには非推奨)

　しかし，メーカ（NXP）が提供しているサンプル・プログラムでは，FRDM-KL25Zボード用には(1)(2)用しか用意されていません注1．

　また，メーカが主催するFRDMボードを使ったセミナでも，自社製の(3)よりも(1)を使用しているようです．実際，メーカから提供されているサンプル・コードもIARのEWARM用のものが最も充実していそうです．

　ということで，ここでは，(1)の定番EWARMでの使用方法を解説します．

● ステップ1：IAR EWARMの入手

　まずはIAR EWARMのダウンロード・サイトに行

注1：本章では説明しないが，FRDM-K20D50Mボード用には(1)用など，ボードによって対応が異なる

第30章　入門用FRDM基板によるARMマイコン・スタートアップ

図5　インストールを開始する

(a) 起動画面

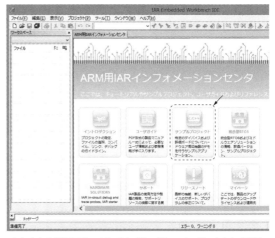

(b) (a)の状態で待っているとサンプル・プロジェクトなどが入手できるページに移る

図6　定番ARMマイコン開発環境 Embedded Workbench for ARM

きます．

```
https://www.iar.com/jp/iar-embedded-
workbench/#!?architecture=ARM
```

ここから，EWARMの「無償評価版ダウンロード」を行います．このページの「無償評価版ダウンロード」メニューの「ARM」の部分をクリックすると，ダウンロードのためのボタンが見えるようになります（図4）．

ARMプロセッサ用の開発環境として，
「30日間期間限定版」か
「コード・サイズ制限版（32K/16K）」
をダウンロードできます．記入事項に，会社名や電話番号に加えて，会社のホーム・ページのURLが必須になっています．無職や学生など自身のホーム・ページをもってない人や会社は「適当なURL」を記入するしかありません．

必要事項の記入が済むと，実行形式ファイル（ここではEWARM-CD-7701-11486.exe）をダウンロードすることができます．インストーラ（ダウンロードされるファイル）はどちらの版でも共通です．

▶ステップ2：インストール

ダウンロードしたEWARM-CD-7701-11486.exeを実行します．

すると図5のような対話ウィンドウが表示されますので「IAR Embedded Workbenchのインストール」を実行します．登録が少々面倒ですが，インストールが完了すると「空のIAR Embedded Workbench IDE」が立ち上がります（図6）が，初心者は気にせずに終了してください（起動させないようにチェック・ボックスのチェックを外せばいいだけなのだが，うっかりしていると忘れてしまう）．

なお，図6(a)の状態で待っていると図6(b)のような「IARインフォメーションセンタ」へのインターフェース画面に移行します．この画面から，EWARM用のサンプル・プロジェクトを入手することもできます．サンプル・プロジェクトは，ARMマイコンをサポートする全社のものがありますが，全部ダウンロードすると時間がかかるので，必要なもの（ここではNXP社向け）をダウンロードすればよいでしょう．

準備4…Kinetisマイコン用ソフトウェア開発キット

何もない状態から，EWARMのワークスペースやらプロジェクトを新規に作成するのは初心者にはハードルが高いです．ここでは，Kinetisマイコン用にメーカが提供しているサンプル・コードやソフトウェア開発キットKSDK/MCUXpresso SDK（KSDKの後継品）を利用するのが一番の近道です．

実は，EWARMのサンプル・プロジェクトにはFRDM-KL25Z用のLチカが含まれています．それを実行すれば，Lチカは可能です．FRDM-K64Fのものはありませんでしたが，GPIO（ポート）の番号を変更

第6部 Cortex-Mマイコン入門ボードの使い方

> **コラム1　筆者が使った定番ARMマイコン・プログラム開発環境EWARM無償評価版**　　中森　章
>
> 　筆者は最初，「30日間期間限定版」をダウンロードしました．しかし，それほど大規模なプログラムを作ることはないため，今では日数制限のない「コード・サイズ制限版(32K/16K)」にランセンス変更を行っています．「30日間期間限定版」ではEWARM内でアプリケーション実行状態を直接的にモニタリングすることができる「C-RUN」というツールを使うことができるのですが，初心者には不要だと思います．
> 　実際，30日間期間限定版は本気で導入を考えている人を対象にしているようです．30日の評価期間が終わると感想を求めるメールや電話が来たりします．

> **コラム2　おすすめするサンプル・コード集KSDKのバージョン**　　中森　章
>
> 　筆者がKinetisマイコンや手軽な入門用FRDMボードに触れたのは2013年の夏が最初です．NXP社(当時フリースケール社)が提供するサンプル・コードはシンプルで読みやすく，Kinetisマイコンのアーキテクチャの理解にも役立っていました．そのサンプル・コードは，今では，ソフトウェア開発キットKSDK(Kinetis Software Design Kit)と名称を変え，改版が重ねられています．執筆時点の最新版はv2.0です．
> 　KSDKは当初，ハードウェアの抽象化やオブジェクト指向化，あるいはARMのCortex-MインターフェースであるCMSIS(Cortex Microcontroller Software Interface Standard)への準拠などの機能追加でかなり複雑化していました．初期のシンプルなサンプル・コードの時代とは異なり，理解が難しくなっていたのですが，v2.0はCMSIS準拠でかなり単純なものになっているようで大歓迎です．
> 　しかし，Kinetisマイコンの入門用の位置づけであるFRDMボードへのv2.0の対応は，執筆時点では，最新タイプだけというところでした．多くのFRDMボードで，いずれv2.0以降も使えるようになると思われますので，できるだけ新しいバージョンがよいと思います．
> 　尚，KSDKの後継品であるMCUXpresso SDKが最新版として用意されています．

すれば，同様にLチカはすぐに可能です．

　本章では，Lチカそのものではなく，ARMマイコンKinetis用プログラムの作り方をきちんと理解することが目的なので，順を追って説明していきます．

● ダウンロード

　Kinetisマイコンのソフトウェア開発キットKSDKは，めまぐるしく更新されています(コラム2)．ここでは，本稿執筆時で最新のKSDKを使用した例を紹介します．

　KSDKは，以下のサイトから無償でダウンロードできます(URLがもし変更されていたらKSDKもしくはMCUXpresso SDKなどのダウンロード・ページを探す)．実際には，インストール用の.exeファイルをダウンロードしてインストールします．

```
http://www.nxp.com/ja/products/
software-and-tools/run-time-
software/kinetis-software-and-
tools/development-platforms-with-
mbed/software-development-kit-for-
kinetis-mcus:KINETIS-SDK?fsrch=1&
sr=1&pageNum=1
```

　ここでダウンロード(インストール)するKSDK 1.3は，IAR，KDS，MDK，ATL，GCCの各統合開発環境のサンプル・プロジェクトが同梱されています．すべての統合開発環境のサンプル・プロジェクトをダウンロードするのは時間がかかるので，KSDK 2.0からは必要な統合開発環境のサンプル・プロジェクトを選んでダウンロードできるようになっています．

　KSDK 2.0をダウンロードするためには，上述のURLで「SDK Builder」をクリックします．すると「Kinetis Expert System Configuration Tool」というページに移行しますので，[Build an SDK]ボタンをクリックします．すると「Kinetis SDK」のページに移行します(図7)．ここで，ターゲット・ボードや使用環境を選択して，[Build SDK Package]をクリックすると，目的のKSDKが生成できます．

　ここで生成されたKSDKは「File Vault」という領域に格納されます．その内容は，図7(a)の右上にある「Software Vault」というタブをクリックすると見ることができます[図7(b)]．このページから生成したKSDKをダウンロードします．

第30章 入門用FRDM基板によるARMマイコン・スタートアップ

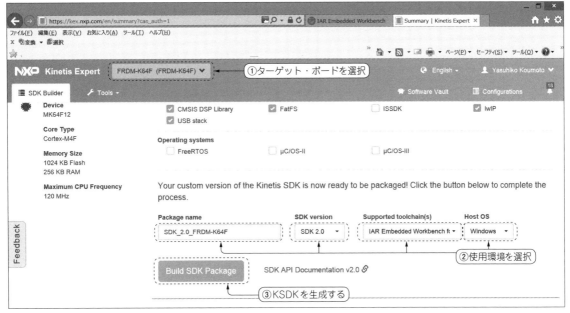

(a) ボードや開発環境を設定すると対応するKSDKを生成してくれる

(b) (a)で生成したファイルをダウンロードする

図7 ARM Cortex-MマイコンKinetis用ソフトウェア開発キットKSDKのダウンロード・ページ

小手調べ…サンプル・コードの実行

● ステップ1：統合開発環境EWARMの起動

さて，ダウンロードしたKSDKに含まれるサンプル・コードを実行してみましょう．筆者は，生成したKSDKを解凍し，次のように，Dドライブに置きました．

```
D:¥KSDK¥SDK_1.3_FRDM-KL25Z¥
D:¥KSDK¥SDK_2.0_FRDM-K64F¥
```

FRDM-KL25Z，FRDM-K64Fのどちらで試しても同じ(ディレクトリ構造が少し違うが…)なのですが，ここでは，FRDM-KL25Zで試行します．サンプル・コードとしては定番の「Hello World！」表示プログラムhello_worldを実行します．そのために，フォルダ

図8 ステップ1：サンプル・プロジェクト(hello_world.eww)をダブルクリックして統合開発環境EWARMを開く

を以下に移動します．

```
D:¥KSDK¥SDK_1.3_FRDM-KL25Z¥examples
¥frdmkl25z¥demo_apps¥hello_world¥
iar¥
```

ここにある hello_world.eww が作成済みのプロジェクトです．これをダブルクリックすると，EWARMが起動します(**図8**)．

● ステップ2：オプションの指定

EWARMが起動したら，まずはオプションを確認(修正)します．そのためには，最初にプロジェクト

第6部 Cortex-Mマイコン入門ボードの使い方

(a)「プロジェクト」メニューからオプションを選ぶ

(b) 設定ウィンドウが開く

図9 ステップ2：オプションの指定

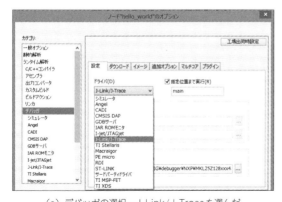

図10 よく使うオプション1…C/C++コンパイラの設定

名を選択し，「プロジェクト(P)」メニューから「オプション(O)」を選びます［図9(a)］．すると，図9(b)のようなオプション・ウィンドウが開きます．

最初は「一般オプション」が選択されています．ここで，CPUコアやマイコンの種類の指定をしますが，通常，EWARMでは最適な選択がされているので変更の必要はありません．FPUをもったコアの場合は，デフォルトでは「FPUあり」が選択されますが，「FPUなし」を指定することも可能です．

我々が触るのは，多くの場合，「C/C++コンパイラ」か「デバッガ」の項目だと思われます．

▶よく使うオプション1：C/C++コンパイラ

「C/C++コンパイラ」の項目では，「最適化」を変更することが多いと思います．EWARMでは，（デバッグ・プロジェクトを想定しているため）最初は最適化レベルが「低」または「なし」になっています．ここは，思い切って，「高」を選択しておきます（図10）．この場合，時間稼ぎのための「空ループ」が最適化されて

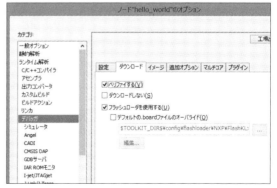

(a) デバッガの選択…J-Link/J-Traceを選んだ

(b)「フラッシュローダを使用する」はチェックしておく

図11 よく使うオプション2…デバッガの設定

第30章 入門用FRDM基板によるARMマイコン・スタートアップ

図12 ステップ3：KSDKのライブラリをコンパイルする

図13 ステップ4：サンプル・プログラム本体(hello_world)のコンパイル

消されてしまう恐れがありますが，ループ変数をvolatile宣言するなどの手法で逃げることもできます．最適化「高」ではコード・サイズも最適化されるので，無償のサイズ制限の評価版EWARMを使用している場合は有利に働きます．

▶よく使うオプション2：デバッガ

「デバッガ」の項目では，OpenSDAで書き込んだデバッガを選択します．筆者の場合は「SEGGER J-Link」を書き込んでいるので「J-Link/J-Trace」を選択しています［図11(a)］．デバッガの選択では「フラッシュ・ローダを使用する」をチェックしておきます［図11(b)］．「J-Trace」の場合，フラッシュ・ローダがなくてもデバッガを起動すればダウンロードが行われるのですが，いちいちデバッガを起動するのは面倒です．

● ステップ3：KSDKライブラリのコンパイル（ビルド）

オプションの確認（指定）が終わったら，いよいよコンパイル（ビルド）です．

KSDK 1.3の場合，ライブラリと本体が分離されていますので，ライブラリを先にコンパイルする必要があります．

図12に示すように，まず「ksdk_platform_lib」を選択してから，EWARMウィンドウの右上にある「コンパイル・ボタン」をクリックします．

先のオプション指定は「ksdk_platform_lib」と本体「hello_world」と別々に指定する必要があります．

▶新しいバージョンのKSDKを使うときの注意

なお，KSDK 2.0では「ksdk_platform_lib」はなくなり，KSDKの構造がより単純になりました．しかし，プログラムの記述方法もARM Cortex-M標準のCMSISにより近くなり，KSDK 1.3のプログラムを2.0にコピペしただけではコンパイルできない場合があり

ます．

● ステップ4：サンプル・プログラム本体(hello_world)のコンパイル（ビルド）

図13に示すように，まず「hello_world」を選択してから，EWARMウィンドウの右上にある「コンパイル・ボタン」をクリックしてください．プログラムがコンパイルされ，先にコンパイルしたライブラリ(ksdk_platform_lib)とリンクされて，オブジェクト・コードが生成されます．

● ステップ5：コンパイル結果（実行コード）をターゲット・マイコン内蔵フラッシュに書き込む

EWARMでコンパイルした結果（オブジェクト・コード）をFRDMボード上のKinetisマイコンのフラッシュ・メモリにダウンロードします．多くの統合開発環境では，フラッシュにダウンロードするためのボタンとし

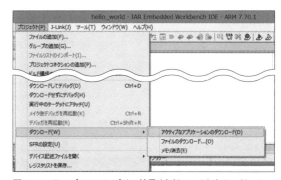

図14 ステップ5：コンパイル結果（実行コード）をターゲット・マイコン内蔵フラッシュに書き込む

第6部 Cortex-Mマイコン入門ボードの使い方

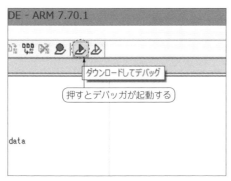

図15 デバッガを起動するとターゲット・マイコンにプログラムが書き込まれる

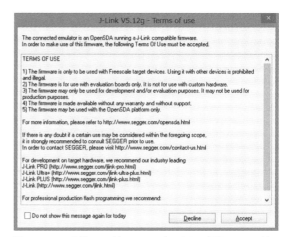

図16 J-Linkを使ってダウンロードするときに規約メッセージが出ても[Accept]を押せば続けられる

て「稲妻マーク」のボタンがあるのですが，EWARMにはないようです．

フラッシュへのダウンロードは「プロジェクト(P)」メニューから「ダウンロード(W)」を選択し，さらに「アクティブなアプリケーションのダウンロード(D)」を選択します(図14)．図14では「CMSIS-DAP」をデバッガに使った場合ですが，「J-Link」でも同じです．

ターゲット・マイコンにプログラムをダウンロードするときは，PCとFRDMボードをUSBケーブルで(リセット・ボタンを押さないで)接続します．ダウンロード後，リセット・ボタンを押すとプログラムの実行が始まります．

▶参考：筆者がはまったトラブル

ただし，筆者が実験したときは，デバッガがCMSIS-DAPの場合に，ダウンロード後，USBケーブルを1回抜いて，再度PCとFRDMボードをUSBケーブルで(リセット・ボタンを押さないで)接続する必要があるようでした．

▶プログラムを書き込むもう一つの方法…デバッガの起動

ダウンロードを行うもう一つの方法はデバッガを起動することです．EWARMの右上の「緑の三角旗」のボタンを押すと，コンパイル(オブジェクト・ファイルが最新でない場合)，ダウンロード，デバッガの起動が順次行われます(図15)．このとき，ブートローダは参照されませんので，この方法でダウンロードを行う場合は，デバッガのオプション指定で「フラッシュローダを使用する」を選択していなくても構いません．

ところで，J-Linkを使用したダウンロード時，図16のようなウィンドウが出ることがあります．使用上の規約を書いてあります．慌てずに[Accept]を押せば続けることができます．

● ステップ6：プログラムの実行

ここまで，コンパイル方法を主として説明してきたので，「hello_world」が何を行うプログラムか説明していませんでした．

「hello_world」の内容を簡単にいうと，シリアル通信コンソール(Tera Termなど)の画面上に，「Hello World!」と表示し，その後，キーボードからの文字入力をそのまま画面上にエコーバックするものです．シリアル通信コンソールは図17の設定で接続します．

図18に「hello_world」プログラムの実行結果を示します．シリアル通信コンソール上では文字が表示され

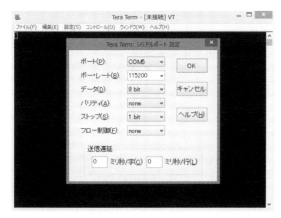

図17 シリアル通信コンソールの設定

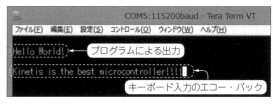

図18 Hello Worldプログラム実行結果

第30章 入門用FRDM基板によるARMマイコン・スタートアップ

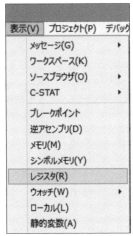

(a)「レジスタ」を選択　　　　　　　　　　　　　(b) 値が表示される

図19　CPUレジスタの表示

るだけですが，同時に，FRDMボード3色LEDが緑色に点滅します．

デバッガの基本的な使い方

● その1：デバッガ起動後の逆アセンブル画面

プログラムを作ることができたので，初心者には特に重要な，デバッガを使ってみます．デバッガの起動は図15で示しました．プログラムをダウンロードした後，デバッガを起動すると，デフォルトでは，Cプログラムのソース画面とその逆アセンブル画面が表示されます．また，プログラムの実行はmain関数の入り口で止まっています．

● その2：レジスタ内容の表示

レジスタのダンプ結果も表示させるためには，「表示(V)」メニューから「レジスタ(R)」を選択します（図19）．

● その3：ブレークポイントを張る

Cプログラムのソース画面の左端（縦線の左）をマウスで左クリックするとその行にブレークポイントが設定されます［図19(b)］．ここで，「実行」ボタンをクリックするとブレークポイントまで実行して動作が停止します．そして，そのときの逆アセンブル結果とレジスタの値が表示されます（図20）．

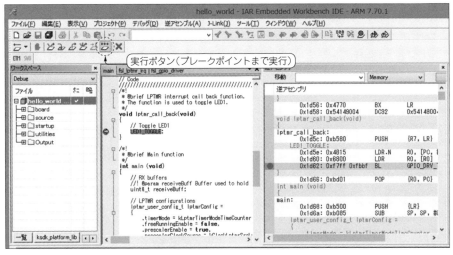

図20　ブレークポイントまで実行して停止

第6部 Cortex-Mマイコン入門ボードの使い方

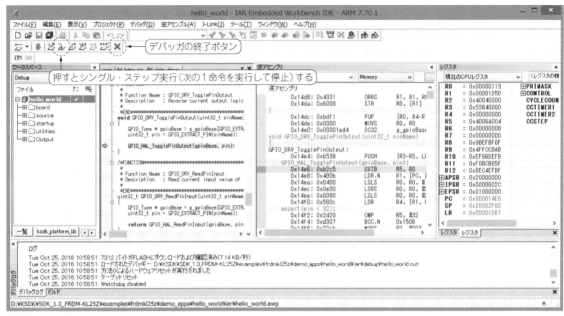

図21 シングル・ステップ実行

● その4：シングル・ステップ実行

「下向き矢印」のボタンはシングル・ステップ実行を行うためのものです．このボタンを押すと，次の1命令を実行して停止します（図21）．

なお，デバッガを抜けるためには「実行」ボタンの右にある「×」ボタンをクリックします．つまり，デバッガを起動して，何もせずデバッガを抜ければ，フラッシュへのダウンロードと同じ効果があります．

ユーザ・プログラムの作り方

● 方針…ワンチップARMマイコンは設定が膨大なのでホントにゼロからプログラムを作るのは止めておく

これまでの説明でプロジェクトを作成しプログラムをダウンロードする手順を説明してきました．オリジナルなユーザ・プログラムの作成方法について最低限説明しておきます．具体的なプログラムの記述方法については，第2部などで参照できます．

オリジナルなプログラムを作成するには上述のプロジェクト（≒ワークスペース）のサンプル・プログラムを直接変更するのが一番簡単です（1からプロジェクトを作成する話は別の機会に…）．

今回はLチカ用プログラムを自作します．既に存在しているサンプル・プログラムをLチカ向けに書き換えてしまいます．

● LEDがどこのGPIO（ポート）に接続されているかを知る

▶ Cortex-M0+マイコン搭載FRDM-KL25Zの場合

Lチカのためには LED がどこのGPIO に接続されているかを知らなければなりません．そのためには，FRDM-KL25Zボードのユーザーズ・マニュアルを見て，LED回路の構成を調べます．FRDMボードに採用されているのは，いわゆる3色LEDというもので，R（赤），G（緑），B（青）の光の3原色の組み合わせで発光することが可能です（これも青色LEDのおかげですね！）．

図22にFRDM-KL25ZのLED回路をユーザーズ・マニュアルから転載します．

着目点は，PTB18（GPIOBのビット18）がLEDを赤色に発光させるポート，PTB19（GPIOBのビット19）がLEDを緑色に発光させるポート，PTD1（GPIODのビット1）がLEDを青色に発光されるポートであることです．各ポートの電圧レベルを"0"にするとポートに対応する色に発光します．回路構成がわかれば，図23の手順にしたがってプログラムを作成します．

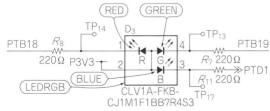

図22(1) チカチカさせるLEDの周辺回路…Cortex-M0+マイコン搭載FRDM-KL25Z
FRDM-KL25Zユーザーズ・マニュアルより引用

第30章 入門用FRDM基板によるARMマイコン・スタートアップ

(a) GPIO設定手順

1. Port Control Register (PORT*x*_PCR*n*) を操作して，LEDの接続されているポートをGPIOに設定
2. Port Data Direction Register (GPIO*x*_PDDR) を操作して，LEDの接続されているポートを出力に設定
3. Port Data Output Register (GPIO*x*_PDOR)
   Port Set Output Register (GPIO*x*_PSOR)
   Port Clear Output Register (GPIO*x*_PCOR)
   Port Toggle Output Register (GPIO*x*_PTOR)
   のいずれかを使用して，出力をHighかLowに設定

(b) 回路の確認

ピン名	デフォルト	ALT0	ALT1
PTB18	TSI0_CH11	TSI0_CH11	PTB18
PTB19	TSI0_CH12	TSI0_CH12	PTB19
PTD1	ADC0_SE5b	ADC0_SE5b	PTD1

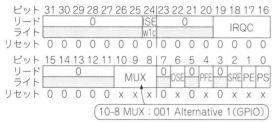

記述例) PTB18をALT1(GPIO)に設定

```
PORTB_PCR18 &= ~PORT_PCR_MUX_MASK;
                //PORTB_PCRレジスタのMUXを000
PORTB_PCR18 |= PORT_PCR_MUX(1);
                // MUXを001にセット

#define PORT_PCR_MUX(x)(((uint32_t)(((uint32_t)(x))
        <<PORT_PCR_MUX_SHIFT))&PORT_PCR_MUX_MASK)
#define PORT_PCR_MUX_SHIFT 8
#define PORT_PCR_MUX_MASK 0x700u
```

(c) 兼用機能をALT1に設定

例) `GPIOB_PDDR |= (1<<18);   // PTB18をアウトプットに設定`

(d) ポートを出力に設定

- High => LED OFF
- Low => LED ON

GPIOxPDOR(Port Data Output Register)
  0 : Low, 1 : High
GPIOxPSOR(Port Set Output Register)
  0 : Not Change, 1 : High
GPIOxPCOR(Port Clear Output Register)
  0 : Not Change, 1 : Low
GPIOxPTOR(Port Toggle Output Register)
  0 : Not Change, 1 : Toggle

例) `GPIOB_PSOR = (1<<18);   // PTB18をHighに設定`

(e) ポートに値を駆動する

図23(1) マイコンのマニュアルを追いながらLEDにつながっているGPIOポートの出力を"1""0"と周期的に変化させて点滅させるプログラムを作成する

▶ Cortex-M4マイコン搭載FRDM-K64Fの場合

図24にFRDM-K64FボードでのLEDの回路を示します．FRDM-K64FボードでLチカを行う場合は，FRDM-KL25ZのGPIO(ポート)の位置を変更するだけで実現可能です．

● 実際のLチカ・プログラム

▶ FRDM-KL25Zの場合

これまでの説明から，Lチカするためには，リスト1のようにプログラムを組むことになります．基本はGPIOの設定を行った後に，LEDのRGBそれぞれにつながるポートの電圧レベルを"0"に，それ以外を"1"に駆動しているだけです．

リスト1ではmy_wait()関数で時間調整をしています．0x500000というループ回数そのものに深い意味はありませんが，分岐命令が2サイクル実行と仮定すると48MHz動作のCortex-M0+で0.2秒程度で

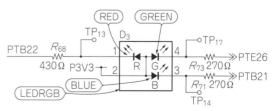

図24(2) チカチカさせるLEDの周辺回路…Cortex-M4マイコン搭載FRDM-K64F

第6部 Cortex-Mマイコン入門ボードの使い方

リスト1 実際のCortex-M0+マイコン搭載FRDM-KL25Z用Lチカ・プログラム

```
#include "board.h"
#include "fsl_lptmr_driver.h"
#include "fsl_debug_console.h"
void my_wait(void)
{
    volatile int i;
    for(i=0;i<0x500000;i++);
}

int main (void)
{
    SIM_SCGC5 |= (SIM_SCGC5_PORTA_MASK
        | SIM_SCGC5_PORTB_MASK
        | SIM_SCGC5_PORTC_MASK
        | SIM_SCGC5_PORTD_MASK
        | SIM_SCGC5_PORTE_MASK );
    // 赤色LEDの初期設定
    PORTB_PCR18 &= ~PORT_PCR_MUX_MASK;
                    // PORTB_PCRレジスタのMUXを000
    PORTB_PCR18 |= PORT_PCR_MUX(1);
                    // PTB18のMUXを001にセット(GPIOを選択)
    GPIOB_PDDR |= (1<<18);    // PTB18を出力に設定
    // 緑色LEDの初期設定
    PORTB_PCR19 &= ~PORT_PCR_MUX_MASK;
    PORTB_PCR19 |= PORT_PCR_MUX(1);
                    // PTB19のMUXを001にセット(GPIOを選択)
    GPIOB_PDDR |= (1 << 19); // PTB19出力に設定
    // 青色LEDの初期設定
    PORTD_PCR1 &= ~PORT_PCR_MUX_MASK;
    PORTD_PCR1 |= PORT_PCR_MUX(1);
                    // PTD1のMUXを001にセット(GPIOを選択)
    GPIOD_PDDR |= (1 << 1);  // PTD1を出力に設定

    while(1) {
      GPIOB_PCOR = (1<<18);
                    // PTB18をLowに設定(LEDを赤色に)
      GPIOB_PSOR = (1<<19);
                    // PTB19をHighに設定(LEDを消灯)
      GPIOD_PSOR = (1<<1); // PTD1をHighに設定(LEDを消灯)
      my_wait();    // 適当に待ち時間を入れる
      GPIOB_PSOR = (1<<18);
                    // PTB18をHighに設定(LEDを消灯)
      GPIOB_PCOR = (1<<19);
                    // PTB19をLowに設定(LEDを緑色に)
      GPIOD_PSOR = (1<<1); // PTD1をHighに設定(LEDを消灯)
      my_wait();    // 適当に待ち時間を入れる
      GPIOB_PSOR = (1<<18);
                    // PTB18をHighに設定(LEDを消灯)
      GPIOB_PSOR = (1<<19);
                    // PTB19をHighに設定(LEDを消灯)
      GPIOD_PCOR = (1<<1); // PTD1をLowに設定(LEDを青色に)
      my_wait();    // 適当に待ち時間を入れる
      GPIOB_PSOR = (1<<18);
                    // PTB18をHighに設定(LEDを消灯)
      GPIOB_PSOR = (1<<19);
                    // PTB19をHighに設定(LEDを消灯)
      GPIOD_PSOR = (1<<1); // PTD1をHighに設定(LEDを消灯)
      my_wait();    // 適当に待ち時間を入れる
    }
}
```

しょうか．実機での動作を見ながらこの値に決めました．

さて，リスト1のプログラムの打ち込みですが，今回利用した「hello_world」のmain関数を置き換える前提で作成しています．基本的には，リスト1をCTRL-Aで全選択をしてCTRL-Cでプログラムをクリップボードにコピーします．

次に統合開発環境(IDE)IAR EWARMのプログラム編集画面(main関数が存在するファイル)をマウスで触り，CTRL-Aで画面(そこにあるプログラム)を全選択し，その状態でCTRL-Vを押してクリップボードから新しいプログラムを貼り付けます．これで一丁上がりです．後は，コンパイル(ビルド)して，ダウンロードして実行します．

「hello_world」プロジェクトを上書きするのは嫌だという人は，「hello_world」のフォルダ全体を別の名前でコピーして，そちら側のmain関数にコピペすることも可能です．

写真2 リスト1のプログラムをCortex-M0+マイコン搭載FRDM-KL25Zで実行したときのLチカ

写真3 リスト2のプログラムをCortex-M4マイコン搭載FRDM-K64Fで実行したときのLチカ

第30章 入門用FRDM基板によるARMマイコン・スタートアップ

リスト2 実際のCortex-M4マイコン搭載FRDM-K64F用Lチカ・プログラム

```
#include "fsl_device_registers.h"
#include "fsl_debug_console.h"
#include "board.h"
#include "pin_mux.h"
#include "clock_config.h"
void my_wait(void)
{
    volatile int i;
    for(i=0;i<0x500000;i++);
}

int main (void)
{
    /* Initboard hardware. */
    BOARD_InitPins();
    BOARD_BootClockRUN();
    SIM->SCGC5 |= (SIM_SCGC5_PORTB_MASK |
                   SIM_SCGC5_PORTE_MASK);
    //PTB22 (RD)
    PORTB->PCR[22] = (PORT_PCR_MUX(1) |
                      PORT_PCR_DSE_MASK );
    GPIOB->PSOR |= (1<<22);
    GPIOB->PDDR |= (1<<22);
    //TPE26 (GREEN)
    PORTE->PCR[26] = (PORT_PCR_MUX(1) |
                      PORT_PCR_DSE_MASK );
    GPIOE->PSOR |= (1<<26);
    GPIOE->PDDR |= (1<<26);
    //TPB21 (BLUE)
    PORTB->PCR[21] = (PORT_PCR_MUX(1) |
                      PORT_PCR_DSE_MASK );
    GPIOB->PSOR |= (1<<21);
    GPIOB->PDDR |= (1<<21);

    while(1)
    {
        // RED
        GPIOB->PCOR = (1<<22);
        GPIOE->PSOR = (1<<26);
        GPIOB->PSOR = (1<<21);
        my_wait();
        // GREEN
        GPIOB->PSOR = (1<<22);
        GPIOE->PCOR = (1<<26);
        GPIOB->PSOR = (1<<21);
        my_wait();
        // BLUE
        GPIOB->PSOR = (1<<22);
        GPIOE->PSOR = (1<<26);
        GPIOB->PCOR = (1<<21);
        my_wait();
        // OFF
        GPIOB->PSOR = (1<<22);
        GPIOE->PSOR = (1<<26);
        GPIOB->PSOR = (1<<21);
        my_wait();
    }
}
```

リスト1の実行結果を**写真2**に示します．

▶FRDM-K64Fの場合

FRDM-K64Fのリスト1相当のプログラムは**リスト2**になります．KSDKの1.3と2.0で記述方式が異なりますので，表面上は微妙に異なりますが，実質は，GPIO（ポート）の番号を変更しただけです．

リスト2の実行結果を**写真3**に示します．

ARM Cortex-Mマイコンの機能を簡単に試してみる

いろんなI/O（Lチカ）ができるようになったので，もう少しいろいろ実験してみます．

● FRDM-KL25Zの場合

FRDM-KL25ZボードはCortex-M0+プロセッサを搭載しています．Cortex-M0+には周辺デバイス高速化のための機能がいくつか実装されています．その機能を使ってみます．

具体的にはシングル・サイクルI/Oとビット操作エンジンBME（Bit Manipulation Engine）です．シングル・サイクルI/Oは高速GPIO（FGPIO：Fast GPIO）として利用可能です．BMEはCortex-M3/M4でサポートされるビット・バンドと同様な機能をCortex-M0+でも利用可能にするもので，ビット・バンドよりも高機能化が図られています．

なお，SysTickはCortex-Mシリーズのプロセッサに内蔵されている24ビットのタイマ・カウンタです．0x00FFFFFF（周期を示す最大サイクル数）からカウント・ダウンしていきます．カウント周波数は，外部クロック（Kinetis KL25では，コア・クロックの1/16）かコア・クロックを選択できますが，Kinetis K64Fでは外部クロックの選択はできないようです（SysTickタイマが動作しない）．

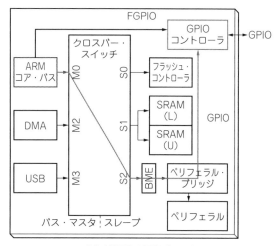

(a) FGPIOの回路ブロック

例）
```
GPIOB_PTOR  = (1<<18);    // PTB18をトグル
     ↓
FGPIOB_PTOR = (1<<18);    // PTB18をトグル
```
(b) GPIOから「F」GPIOにマクロ名を変更する

図25　1クロックでI/O制御可能な高速FGPIOを使う

第6部 Cortex-Mマイコン入門ボードの使い方

リスト3　1クロックでI/O制御可能な高速FGPIOを使ったGPIOプログラム

```c
#include "board.h"
#include "fsl_lptmr_driver.h"
#include "fsl_debug_console.h"
void my_wait(void)
{
    volatile int i;
    for(i=0;i<0x500000;i++);
}

int main (void)
{
    SIM_SCGC5 |= (SIM_SCGC5_PORTA_MASK
        | SIM_SCGC5_PORTB_MASK
        | SIM_SCGC5_PORTC_MASK
        | SIM_SCGC5_PORTD_MASK
        | SIM_SCGC5_PORTE_MASK );
    // 赤色LEDの初期設定
    PORTB_PCR18 &= ~PORT_PCR_MUX_MASK;
                        // PORTB_PCRレジスタのMUXを000
    PORTB_PCR18 |= PORT_PCR_MUX(1);
                        // PTB18のMUXを001にセット(GPIOを選択)
    GPIOB_PDDR |= (1<<18);   // PTB18を出力に設定
    // 緑色LEDの初期設定
    PORTB_PCR19 &= ~PORT_PCR_MUX_MASK;
    PORTB_PCR19 |= PORT_PCR_MUX(1);
                        // PTB19のMUXを001にセット(GPIOを選択)
    GPIOB_PDDR |= (1 << 19); // PTB19出力に設定
    // 青色LEDの初期設定
    PORTD_PCR1 &= ~PORT_PCR_MUX_MASK;
    PORTD_PCR1 |= PORT_PCR_MUX(1);
                        // PTD1のMUXを001にセット(GPIOを選択)
    GPIOD_PDDR |= (1 << 1);  // PTD1を出力に設定

    while(1) {
        FGPIOB_PCOR = (1<<18);
                        // PTB18をLowに設定(LEDを赤色に)
        FGPIOB_PSOR = (1<<19);
                        // PTB19をHighに設定(LEDを消灯)
        FGPIOD_PSOR = (1<<1);
                        // PTD1をHighに設定(LEDを消灯)
        my_wait();   // 適当に待ち時間を入れる
        FGPIOB_PSOR = (1<<18);
                        // PTB18をHighに設定(LEDを消灯)
        FGPIOB_PCOR = (1<<19);
                        // PTB19をLowに設定(LEDを緑色に)
        FGPIOD_PSOR = (1<<1);
                        // PTD1をHighに設定(LEDを消灯)
        my_wait();   // 適当に待ち時間を入れる
        FGPIOB_PSOR = (1<<18);
                        // PTB18をHighに設定(LEDを消灯)
        FGPIOB_PSOR = (1<<19);
                        // PTB19をHighに設定(LEDを消灯)
        FGPIOD_PCOR = (1<<1);
                        // PTD1をLowに設定(LEDを青色に)
        my_wait();   // 適当に待ち時間を入れる
        FGPIOB_PSOR = (1<<18);
                        // PTB18をHighに設定(LEDを消灯)
        FGPIOB_PSOR = (1<<19);
                        // PTB19をHighに設定(LEDを消灯)
        FGPIOD_PSOR = (1<<1);
                        // PTD1をHighに設定(LEDを消灯)
        my_wait();    // 適当に待ち時間を入れる }
}
```

▶1クロックでI/O制御可能！Fast GPIOを使う

図25にFGPIOの概要を示します．GPIOからFGPIOの変更はC言語のマクロ名の変更だけで実現できます（さすが，老舗フリースケール時代からの仕事ですね．準備がいい）．FGPIOを利用したサンプル・プログラムがリスト3です．リスト1と同様にコンパイル（ビルド）してフラッシュにダウンロードして実行します．

▶ビット操作の仕組みBMEを使う（OR編）

次にBMEです．BMEの概要を図26に示します．BMEのメモリ・マップは図27のようになっていますが，Lチカにかかわる GPIOの操作では「Store Logical OR」を使用します．図28に「Store Logical OR」において，アクセスするアドレス形式とGPIOにアクセス

するマクロを示します．これを使用したサンプル・プログラムがリスト4（p.244）です．

▶ビット操作の仕組みBMEを使う（BFI編）

ところで，BMEのBFI（Bit Field Insert）機能を使ってもGPIOの操作ができそうな予感がします．BFIのアドレス形式は図29に示します．これを利用してリスト5（a）（p.245）のようなプログラムを作りました．しかし，実行させてみてビックリ！ LEDは白色を点灯し続けます（ハード・フォールトが発生する）．さて，どうしたもんでしょう？

冷静に考えるとこれは当然です．LEDの操作に使用するGPIOのアドレスは次のようになっています．

GPIOB_PSOR　→　0x400FF044
GPIOB_PCOR　→　0x400FF048
GPIOD_PSOR　→　0x400FF0C4
GPIOD_PCOR　→　0x400FF0C8

これを念頭に図29をよく見ると，BFIの設定に使用するビット28〜19のうち，GPIOのアドレス値のために，それぞれ，

0x40007044
0x40007048
0x400070C4
0x400070C8

と区別がつきません．これでは，動作が不定になっても当然です．しかし，ご安心を．BMEでGPIOをアクセスするためのエイリアス空間として，

サポートされている操作
- 書き込み時
  - Logical AND, OR, XOR
  - Bit field insert(BFI)
- 読み込み時
  - Load-and-Clear 1 bit (LAC1)
  - Load-and-Set 1 bit (LAS1)
  - Unsigned Bit Field Extract (UBFX)

図26　ペリフェラルのレジスタにバイト単位じゃなくてビットごとに操作できる仕組み…ビット・マニピュレーション・エンジン BME

第30章　入門用FRDM基板によるARMマイコン・スタートアップ

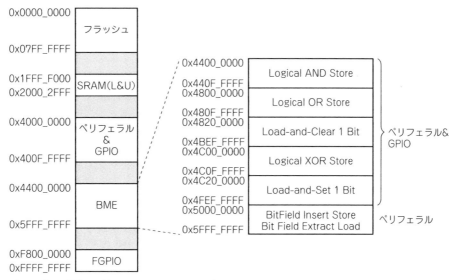

図27 ビット操作エンジンBMEのメモリ・マップ

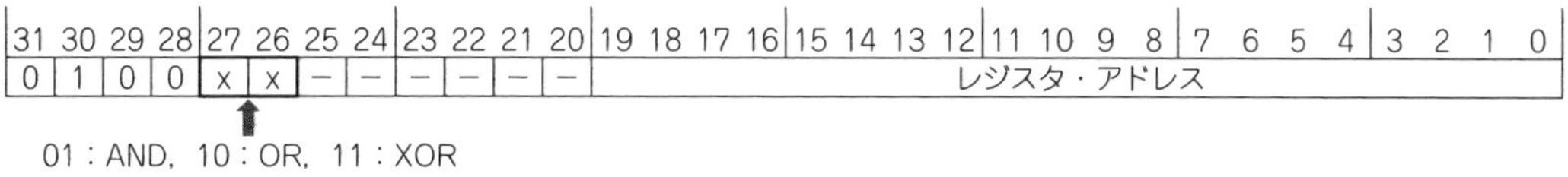

```
31 30 29 28 27 26 25 24 23 22 21 20 19 18 17 16 15 14 13 12 11 10 9 8 7 6 5 4 3 2 1 0
 0  1  0  0  x  x  -  -  -  -  -  -                  レジスタ・アドレス
```
01：AND，10：OR，11：XOR

（a）アクセスするアドレス形式

```
BME_OR_W(&GPIOA_PDOR)=0x20; /* GPIOA_PDOR |= 0x20 */
#define BME_OR_W(addr, wdata) *(volatile uint32_t*)((uint32_t)addr| BME_OR_MASK)
#define BME_OR_MASK(2<<26)
```

（b）マクロの記述例

図28 「Store Logical OR」においてアクセスするアドレス形式とGPIOにアクセスするマクロ

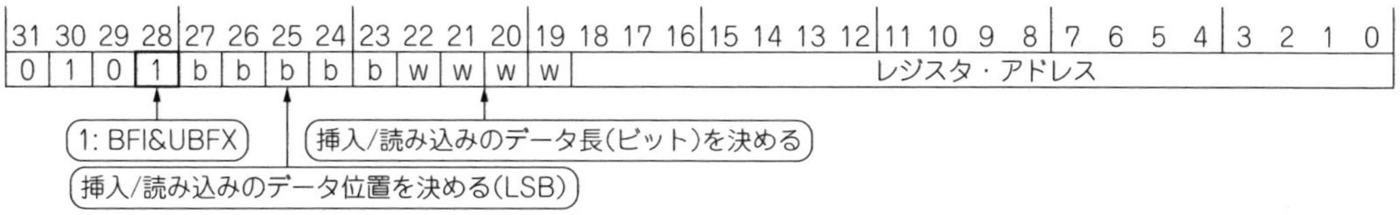

```
31 30 29 28 27 26 25 24 23 22 21 20 19 18 17 16 15 14 13 12 11 10 9 8 7 6 5 4 3 2 1 0
 0  1  0  1  b  b  b  b  b  w  w  w  w                  レジスタ・アドレス
```
1: BFI&UBFX　　挿入/読み込みのデータ長（ビット）を決める
挿入/読み込みのデータ位置を決める（LSB）

（a）アクセスするアドレス形式

```
BME_BFI_W(&ADC0_CFG1, ADC_CFG1_ADIV_SHIFT, 0x02)=(2<<ADC_CFG1_ADIV_SHIFT);

/* reg_val= * ADC0_CFG1;
   mask = ((1 << (0x02)) -1) << ADC_CFG1_ADIV_SHIFT;
   reg_val= (reg_val& ~mask)|((2<<ADC_CFG1_ADIV_SHIFT) & mask);
   * ADC0_CFG1 = reg_val; */
#define BME_BFI_W(addr, bit, width) ¥
(*(volatile uint32_t*)((uint32_t)addr| BME_BFI_MASK(bit,width)))
#define BME_BFI_MASK(BIT,WIDTH)(1<<28) | (BIT<<23) | ((WIDTH-1)<<19)
```

（b）マクロの記述例

図29 ビット・フィールド・インサートBFIのアドレス形式

第6部 Cortex-Mマイコン入門ボードの使い方

リスト4 BME (OR) Lチカ・プログラム (FRDM-KL25Z, KSDK 1.3)

```c
#include "board.h"
#include "fsl_lptmr_driver.h"
#include "fsl_debug_console.h"
#define BME_OR_MASK (2<<26)
#define BME_OR_W(addr) *(volatile uint32_t*)((uint32_t)addr| BME_OR_MASK)

void my_wait(void)
{
    volatile int i;
    for(i=0;i<0x500000;i++);
}

int main (void)
{
    SIM_SCGC5 |= (SIM_SCGC5_PORTA_MASK
      | SIM_SCGC5_PORTB_MASK
      | SIM_SCGC5_PORTC_MASK
      | SIM_SCGC5_PORTD_MASK
      | SIM_SCGC5_PORTE_MASK );
    // 赤色LEDの初期設定
    PORTB_PCR18 &= ~PORT_PCR_MUX_MASK;
                        // PORTB_PCRレジスタのMUXを000
    PORTB_PCR18 |= PORT_PCR_MUX(1);
                // PTB18のMUXを001にセット(GPIOを選択)
    GPIOB_PDDR |= (1<<18);   // PTB18を出力に設定
    // 緑色LEDの初期設定
    PORTB_PCR19 &= ~PORT_PCR_MUX_MASK;
    PORTB_PCR19 |= PORT_PCR_MUX(1);
                // PTB19のMUXを001にセット(GPIOを選択)
    GPIOB_PDDR |= (1 << 19); // PTB19出力に設定
    // 青色LEDの初期設定
    PORTD_PCR1 &= ~PORT_PCR_MUX_MASK;
    PORTD_PCR1 |= PORT_PCR_MUX(1);
                // PTD1のMUXを001にセット(GPIOを選択)
    GPIOD_PDDR |= (1 << 1);  // PTD1を出力に設定

    while(1) {
      BME_OR_W(&GPIOB_PCOR) = (1<<18);
                    // PTB18をLowに設定(LEDを赤色に)
      BME_OR_W(&GPIOB_PSOR) = (1<<19);
                    // PTB19をHighに設定(LEDを消灯)
      BME_OR_W(&GPIOD_PSOR) = (1<<1);
                    // PTD1をHighに設定(LEDを消灯)
      my_wait();    // 適当に待ち時間を入れる
      BME_OR_W(&GPIOB_PSOR) = (1<<18);
                    // PTB18をHighに設定(LEDを消灯)
      BME_OR_W(&GPIOB_PCOR) = (1<<19);
                    // PTB19をLowに設定(LEDを緑色に)
      BME_OR_W(&GPIOD_PSOR) = (1<<1);
                    // PTD1をHighに設定(LEDを消灯)
      my_wait();    // 適当に待ち時間を入れる
      BME_OR_W(&GPIOB_PSOR) = (1<<18);
                    // PTB18をHighに設定(LEDを消灯)
      BME_OR_W(&GPIOB_PSOR) = (1<<19);
                    // PTB19をHighに設定(LEDを消灯)
      BME_OR_W(&GPIOD_PCOR) = (1<<1);
                    // PTD1をLowに設定(LEDを青色に)
      my_wait();    // 適当に待ち時間を入れる
      BME_OR_W(&GPIOB_PSOR) = (1<<18);
                    // PTB18をHighに設定(LEDを消灯)
      BME_OR_W(&GPIOB_PSOR) = (1<<19);
                    // PTB19をHighに設定(LEDを消灯)
      BME_OR_W(&GPIOD_PSOR) = (1<<1);
                    // PTD1をHighに設定(LEDを消灯)
      my_wait();    // 適当に待ち時間を入れる
    }
}
```

0x400FF000〜0x400FFFFF
に対して,
0x40000F00〜0x4000FFFF
が割り当てられています.リファレンス・マニュアルはよく読まないといけません.GPIOに対するBMEの操作はこのエイリアス空間を使用しなければならないのです.リスト4のBMEのOR操作ではビット25〜20をケアしないので「たまたま」うまく動作していました.FRDMボードのセミナなどでも同様な(エイリアス空間を使用しない)サンプル・プログラムが提示されますが,完全な確信犯(？)です.

GPIOのBME用エイリアス空間を利用して,リスト5(b)のようなプログラムを作成しました.BMEのBFIを使用する上でもう一つ注意する点は,ライトするデータはビット位置と同じだけシフトしなければならない点です.ビット位置への値のシフトなんてBMEがやってくれてもいいと思うのは筆者だけでしょうか(UBFX操作でリードしてビット・フィールドを抽出する場合は,ビット位置のビット数だけ右シフトされて,デスティネーションのLSBから格納されるのですが…)？

▶7色に光らせる

FRDMボードに搭載されている3色LEDは赤,緑,青の色を独立に表示することができます.これは,赤緑青の3色だけではなく,その組み合わせで8色(2×2×2：消灯を含む)を表示できることを意味します.いわゆる光の3原色の組み合わせを作り出すことができます.消灯を除く7色を順番に表示するプログラムは,GPIOのPSORレジスタ,PCORレジスタを順番にライトすることで実現できます.そのプログラムを(説明前ですが)リスト6に示します.リスト6では,0〜6の値をとる変数iiの値のビット0,ビット1,ビット2の値に応じてLEDの赤色,緑色,青色を点灯(値が0の場合)するか消灯(値が1の場合)するかを決めています.変数iiが変化するごとに,赤色,緑色,青色が混じり合うという構造です.

このプログラムを実行するとLEDは,白→シアン(水色)→マゼンタ(ピンク)→青→黄→緑→赤の順の色で点灯します.

もう一つ新しい試みをしましょう.つまり,リスト6において,変数iiの更新操作を,SysTick割り込みを使って行ってみます.Cortex-Mの特色の一つとして割り込みハンドラがC言語と同じに記述できます.つまり,

__attribute__ ((interrupt))

などの属性設定を関数に付加する必要がありません.真に通常の関数と同じ形式で割り込みハンドラを記述できます.

ここでは,SysTickの割り込みハンドラを「SysTick_Handler」とします.まずは最初にこの「SysTick_

第30章　入門用FRDM基板によるARMマイコン・スタートアップ

リスト5　BME（BFI）Lチカ・プログラム（FRDM-KL25Z，KSDK 1.3）

```c
#include "board.h"
#include "fsl_lptmr_driver.h"
#include "fsl_debug_console.h"
#define BME_BFI_MASK(BIT,WIDTH)(1<<28) | (BIT<<23)
                                      | ((WIDTH-1)<<19)
#define BME_BFI_W(addr, bit, width) ¥
(*(volatile uint32_t*)((uint32_t)addr|
                        BME_BFI_MASK(bit,width)))

void my_wait(void)
{
    volatile int i;
    for(i=0;i<0x500000;i++);
}

int main (void)
{
    SIM_SCGC5 |= (SIM_SCGC5_PORTA_MASK
      | SIM_SCGC5_PORTB_MASK
      | SIM_SCGC5_PORTC_MASK
      | SIM_SCGC5_PORTD_MASK
      | SIM_SCGC5_PORTE_MASK );
    // 赤色LEDの初期設定
    PORTB_PCR18 &= ~PORT_PCR_MUX_MASK;
                       // PORTB_PCRレジスタのMUXを000
    PORTB_PCR18 |= PORT_PCR_MUX(1);
                       // PTB18のMUXを001にセット(GPIOを選択)
    GPIOB_PDDR |= (1<<18);   // PTB18を出力に設定
    // 緑色LEDの初期設定
    PORTB_PCR19 &= ~PORT_PCR_MUX_MASK;
    PORTB_PCR19 |= PORT_PCR_MUX(1);
                       // PTB19のMUXを001にセット(GPIOを選択)
    GPIOB_PDDR |= (1 << 19);  // PTB19出力に設定
    // 青色LEDの初期設定
    PORTD_PCR1 &= ~PORT_PCR_MUX_MASK;
    PORTD_PCR1 |= PORT_PCR_MUX(1);
                       // PTD1のMUXを001にセット(GPIOを選択)
    GPIOD_PDDR |= (1 << 1);   // PTD1を出力に設定
    while(1) {
      BME_BFI_W(&GPIOB_PCOR, 18, 1) = (1<<18);
                       // PTB18をLowに設定(LEDを赤色に)
      BME_BFI_W(&GPIOB_PSOR, 19, 1) = (1<<19);
                       // PTB19をHighに設定(LEDを消灯)
      BME_BFI_W(&GPIOD_PSOR, 1, 1) = (1<<1);
                       // PTD1をHighに設定(LEDを消灯)
      my_wait();    // 適当に待ち時間を入れる
      BME_BFI_W(&GPIOB_PSOR, 18, 1) = (1<<18);
                       // PTB18をHighに設定(LEDを消灯)
      BME_BFI_W(&GPIOB_PCOR, 19, 1) = (1<<19);
                       // PTB19をLowに設定(LEDを緑色に)
      BME_BFI_W(&GPIOD_PSOR, 1, 1) = (1<<1);
                       // PTD1をHighに設定(LEDを消灯)
      my_wait();    // 適当に待ち時間を入れる
      BME_BFI_W(&GPIOB_PSOR, 18, 1) = (1<<18);
                       // PTB18をLowに設定(LEDを消灯)
      BME_BFI_W(&GPIOB_PSOR, 19, 1) = (1<<19);
                       // PTB19をLowに設定(LEDを消灯)
      BME_BFI_W(&GPIOD_PCOR, 1, 1) = (1<<1);
                       // PTD1をHighに設定(LEDを青色に)
      my_wait();    // 適当に待ち時間を入れる
      BME_BFI_W(&GPIOB_PSOR, 18, 1) = (1<<18);
                       // PTB18をLowに設定(LEDを消灯)
      BME_BFI_W(&GPIOB_PSOR, 19, 1) = (1<<19);
                       // PTB19をLowに設定(LEDを消灯)
      BME_BFI_W(&GPIOD_PSOR, 1, 1) = (1<<1);
                       // PTD1をLowに設定(LEDを消灯)
      my_wait();    // 適当に待ち時間を入れる
    }
}
```

(a) NG

```c
#include "board.h"
#include "fsl_lptmr_driver.h"
#include "fsl_debug_console.h"
#define BME_BFI_MASK(BIT,WIDTH)(1<<28) | (BIT<<23)
                                      | ((WIDTH-1)<<19)
#define BME_BFI_W(addr, bit, width) ¥
(*(volatile uint32_t*)((uint32_t)addr|
                        BME_BFI_MASK(bit,width)))
#define GPIOB_PSOR_ALIAS 0x4000F044
#define GPIOB_PCOR_ALIAS 0x4000F048
#define GPIOD_PSOR_ALIAS 0x4000F0C4
#define GPIOD_PCOR_ALIAS 0x4000F0C8

void my_wait(void)
{
    volatile int i;
    for(i=0;i<0x500000;i++);
}

int main (void)
{
    SIM_SCGC5 |= (SIM_SCGC5_PORTA_MASK
      | SIM_SCGC5_PORTB_MASK
      | SIM_SCGC5_PORTC_MASK
      | SIM_SCGC5_PORTD_MASK
      | SIM_SCGC5_PORTE_MASK );
    // 赤色LEDの初期設定
    PORTB_PCR18 &= ~PORT_PCR_MUX_MASK;
                       // PORTB_PCRレジスタのMUXを000
    PORTB_PCR18 |= PORT_PCR_MUX(1);
                       // PTB18のMUXを001にセット(GPIOを選択)
    GPIOB_PDDR |= (1<<18);   // PTB18を出力に設定
    // 緑色LEDの初期設定
    PORTB_PCR19 &= ~PORT_PCR_MUX_MASK;
    PORTB_PCR19 |= PORT_PCR_MUX(1);
                       // PTB19のMUXを001にセット(GPIOを選択)
    GPIOB_PDDR |= (1 << 19);  // PTB19出力に設定
    // 青色LEDの初期設定
    PORTD_PCR1 &= ~PORT_PCR_MUX_MASK;
    PORTD_PCR1 |= PORT_PCR_MUX(1);
                       // PTD1のMUXを001にセット(GPIOを選択)
    GPIOD_PDDR |= (1 << 1);   // PTD1を出力に設定
    while(1) {
      BME_BFI_W(GPIOB_PCOR_ALIAS, 18, 1) = (1<<18);
                       // PTB18をLowに設定(LEDを赤色に)
      BME_BFI_W(GPIOB_PSOR_ALIAS, 19, 1) = (1<<19);
                       // PTB19をHighに設定(LEDを消灯)
      BME_BFI_W(GPIOD_PSOR_ALIAS, 1, 1) = (1<<1);
                       // PTD1をHighに設定(LEDを消灯)
      my_wait();    // 適当に待ち時間を入れる
      BME_BFI_W(GPIOB_PSOR_ALIAS, 18, 1) = (1<<18);
                       // PTB18をHighに設定(LEDを消灯)
      BME_BFI_W(GPIOB_PCOR_ALIAS, 19, 1) = (1<<19);
                       // PTB19をLowに設定(LEDを緑色に)
      BME_BFI_W(GPIOD_PSOR_ALIAS, 1, 1) = (1<<1);
                       // PTD1をHighに設定(LEDを消灯)
      my_wait();    // 適当に待ち時間を入れる
      BME_BFI_W(GPIOB_PSOR_ALIAS, 18, 1) = (1<<18);
                       // PTB18をLowに設定(LEDを消灯)
      BME_BFI_W(GPIOB_PSOR_ALIAS, 19, 1) = (1<<19);
                       // PTB19をLowに設定(LEDを消灯)
      BME_BFI_W(GPIOD_PCOR_ALIAS, 1, 1) = (1<<1);
                       // PTD1をHighに設定(LEDを青色に)
      my_wait();    // 適当に待ち時間を入れる
      BME_BFI_W(GPIOB_PSOR_ALIAS, 18, 1) = (1<<18);
                       // PTB18をLowに設定(LEDを消灯)
      BME_BFI_W(GPIOB_PSOR_ALIAS, 19, 1) = (1<<19);
                       // PTB19をLowに設定(LEDを消灯)
      BME_BFI_W(GPIOD_PSOR_ALIAS, 1, 1) = (1<<1);
                       // PTD1をLowに設定(LEDを消灯)
      my_wait();    // 適当に待ち時間を入れる
    }
}
```

(b) OK

第6部 Cortex-Mマイコン入門ボードの使い方

リスト6　7色のLチカ・プログラム (FRDM-KL25Z, KSDK 1.3)

```c
#include "board.h"
#include "fsl_lptmr_driver.h"
#include "fsl_debug_console.h"

void SysTick_Setup(void)
{
  SysTick->CTRL = 0;
  SysTick->LOAD = 0x000fffff;
  SysTick->VAL  = 0;
  SysTick->CTRL = SysTick_CTRL_TICKINT_Msk |
                                SysTick_CTRL_ENABLE_Msk;
//asm("cpsie i"); // 割り込みイネーブルは最初からなっているので不要
}

int ii=0; // SysTick Handlerで更新するためグローバル変数にする

void SysTick_Handler(void)
                     // この関数名を isr.h の中に登録する
{
   ii = ((ii+1)==7)? 0 : (ii+1);    // 消灯は実施しない
}

int main (void)
{
    SIM_SCGC5 |= (SIM_SCGC5_PORTA_MASK
                | SIM_SCGC5_PORTB_MASK
                | SIM_SCGC5_PORTC_MASK
                | SIM_SCGC5_PORTD_MASK
                | SIM_SCGC5_PORTE_MASK );

    // 赤色LEDの初期設定
    PORTB_PCR18 &= ~PORT_PCR_MUX_MASK;
                              // PORTB_PCRレジスタのMUXを000
    PORTB_PCR18 |= PORT_PCR_MUX(1);
                              // PTB18のMUXを001にセット(GPIOを選択)
    GPIOB_PDDR |= (1<<18);    // PTB18を出力に設定

    // 緑色LEDの初期設定
    PORTB_PCR19 &= ~PORT_PCR_MUX_MASK;
    PORTB_PCR19 |= PORT_PCR_MUX(1);
                              // PTB19のMUXを001にセット(GPIOを選択)
    GPIOB_PDDR |= (1 << 19);  // PTB19出力に設定

    // 青色LEDの初期設定
    PORTD_PCR1 &= ~PORT_PCR_MUX_MASK;
    PORTD_PCR1 |= PORT_PCR_MUX(1);
                              // PTD1のMUXを001にセット(GPIOを選択)
    GPIOD_PDDR |= (1 << 1);   // PTD1を出力に設定

    SysTick_Setup();

    while(1) {
        if(ii&0x01){
            GPIOB_PSOR = (1<<18);   // PTB18をHighに設定
        }
        else{
            GPIOB_PCOR = (1<<18);
                              // PTB18をLowに設定(LEDを赤色に)
        }
        if(ii&0x02){
            GPIOB_PSOR = (1<<19);   // PTB19をHighに設定
        }
        else{
            GPIOB_PCOR = (1<<19);
                              // PTB19をLowに設定(LEDを緑色に)
        }
        if(ii&0x04){
            GPIOD_PSOR = (1<<1);    // PTD1をHighに設定
        }
        else{
            GPIOD_PCOR = (1<<1);
                              // PTD1をLowに設定(LEDを青色に)
        }
    }
}
```

Handler」を割り込みのベクタ・テーブルに登録する必要があります．

　ところで，KSDKのサンプル・コードでは例外ハンドラの名前が一意に固定されています．しかし，その決められた名称で例外ハンドラをメイン・プログラムに記述することで，その例外ハンドラが優先的に使用されるようになっています（つまり，既存の例外ハンドラがオーバライドされる）．このため，あらかじめ定められた名称で例外ハンドラをmain関数と同列に記述すると，例外ハンドラがそちらの方にオーバライドされます．SysTickの割り込みハンドラはKSDKではSysTick_Handlerです．

　KSDKで各例外ハンドラの名称がどうなっているかは，EWARMを起動しているときの，
```
プロジェクト名
└startup
  └startup_MKL25Z4.s
```
の中を見ます．FRDM-K64Fの場合は，「startup_MK64F12.s」です．

　それにしても，FRDMボードでは割り込みハンドラが容易に変更できるようになっていたので感心しました．

　さて，リスト6では割り込み発生ごとに変数iiの値を変更します．割り込みの周期が待ち時間になりますので，リスト1からリスト5で使用していたmy_wait()関数はもはや不要です．

● FRDM-K64Fの場合
▶ Kシリーズ特有のビット・バンドを使う

　Kinetis LのBMEは，本来はKinetis Kのビット・バンド機能を補完＆強化する役割をもっています．BMEでできることはビット・バンドでもできますので，ビット・バンドでLEDを光らせます．

　ビット・バンドのプログラムはFRDM-KL25ZでのBMEのBFIのプログラム[リスト5(b)]に似ています．BFIの場合は，セットするビット位置まで"1"という値をシフトしてライトを行いましたが，ビット・バンドの場合は"1"を(シフトせずに)そのままライトすることで実現できます．

　ビット・バンドを利用したLチカ・プログラムはリスト7です．

▶ 7色に光らせる

　FRDM-K64FボードでLEDを7色に点灯させるプログラムのSysTick割り込み版をリスト8に示します．

第30章 入門用FRDM基板によるARMマイコン・スタートアップ

リスト7 BME（BFI）Lチカ・プログラム（FRDM-K64F，KSDK 2.0）

```
#include "board.h"
#include "fsl_lptmr_driver.h"
#include "fsl_debug_console.h"

#define GPIO_BITBAND(addr, bit) ¥
 (*(long*)(0x42000000+(((long)addr-0x40000000)<<5)+
                                          (bit<<2)))

void my_wait(void)
{
  volatile int i;
  for(i=0;i<0x500000;i++);
}

int main(void)
{
    /* Init board hardware. */
    BOARD_InitPins();
    BOARD_BootClockRUN();

    SIM->SCGC5  |= (SIM_SCGC5_PORTB_MASK |
                                 SIM_SCGC5_PORTE_MASK);
    //PTB22     (RD)
    PORTB->PCR[22] = (PORT_PCR_MUX(1) |
                                 PORT_PCR_DSE_MASK );
    GPIOB->PSOR |= (1<<22);
    GPIOB->PDDR |= (1<<22);
    //TPE26     (GREEN)
    PORTE->PCR[26] = (PORT_PCR_MUX(1) |
                                 PORT_PCR_DSE_MASK );
    GPIOE->PSOR |= (1<<26);
    GPIOE->PDDR |= (1<<26);
    //TPB21     (BLUE)
    PORTB->PCR[21] = (PORT_PCR_MUX(1) |
                                 PORT_PCR_DSE_MASK );
    GPIOB->PSOR |= (1<<21);
    GPIOB->PDDR |= (1<<21);

    while(1)
      {
        // RED
          GPIO_BITBAND(&GPIOB->PCOR, 22) = 1;
          GPIO_BITBAND(&GPIOE->PSOR, 26) = 1;
          GPIO_BITBAND(&GPIOB->PSOR, 21) = 1;
          my_wait();
        // GREEN
          GPIO_BITBAND(&GPIOB->PSOR, 22) = 1;
          GPIO_BITBAND(&GPIOE->PCOR, 26) = 1;
          GPIO_BITBAND(&GPIOB->PSOR, 21) = 1;
          my_wait();
        // BLUE
          GPIO_BITBAND(&GPIOB->PSOR, 22) = 1;
          GPIO_BITBAND(&GPIOE->PSOR, 26) = 1;
          GPIO_BITBAND(&GPIOB->PCOR, 21) = 1;
          my_wait();
        // OFF
          GPIO_BITBAND(&GPIOB->PSOR, 22) = 1;
          GPIO_BITBAND(&GPIOE->PSOR, 26) = 1;
          GPIO_BITBAND(&GPIOB->PSOR, 21) = 1;
          my_wait();
      }
}
```

リスト8 7色のLチカ・プログラム（FRDM-K64F，KSDK 2.0）

```
#include "board.h"
#include "fsl_lptmr_driver.h"
#include "fsl_debug_console.h"

void SysTick_Setup(void)
{
  SysTick->CTRL = 0;
  SysTick->LOAD = 0x00ffffff;
  SysTick->VAL  = 0;
  SysTick->CTRL = SysTick_CTRL_CLKSOURCE_Msk |
SysTick_CTRL_TICKINT_Msk | SysTick_CTRL_ENABLE_Msk;
//asm("cpsie i");
// 割り込みイネーブルは最初からなっているので不要
}

int ii=0; // SysTick Handlerで更新するためグローバル変数にする
int ps=0; // クロックが速すぎるのでプリスケールする

void SysTick_Handler(void)
                   // この関数名を isr.h の中に登録する
{
  if(ps<10){
    ps++;
  }
  else{
    ps = 0;
    ii = ((ii+1)==7)? 0 : (ii+1);   // 消灯は実施しない
  }
}

int main(void)
{
    /* Init board hardware. */
    BOARD_InitPins();
    BOARD_BootClockRUN();

    SIM->SCGC5 |= (SIM_SCGC5_PORTB_MASK |
                                 SIM_SCGC5_PORTE_MASK);
    //PTB22     (RD)
    PORTB->PCR[22]  = (PORT_PCR_MUX(1) |
                                 PORT_PCR_DSE_MASK );
    GPIOB->PSOR |= (1<<22);
    GPIOB->PDDR |= (1<<22);
    //TPE26     (GREEN)
    PORTE->PCR[26] = (PORT_PCR_MUX(1) |
                                 PORT_PCR_DSE_MASK );
    GPIOE->PSOR |= (1<<26);
    GPIOE->PDDR |= (1<<26);
    //TPB21     (BLUE)
    PORTB->PCR[21] = (PORT_PCR_MUX(1) |
                                 PORT_PCR_DSE_MASK );
    GPIOB->PSOR |= (1<<21);
    GPIOB->PDDR |= (1<<21);

    SysTick_Setup();

    while(1)
      {
          if(ii&0x01){
              GPIOB->PSOR = (1<<22);
          }
          else{
              GPIOB->PCOR = (1<<22);
          }
          if(ii&0x02){
              GPIOE->PSOR = (1<<26);
          }
          else{
              GPIOE->PCOR = (1<<26);
          }
          if(ii&0x04){
              GPIOB->PSOR = (1<<21);
          }
          else{
              GPIOB->PCOR = (1<<21);
          }
      }
}
```

第6部 Cortex-Mマイコン入門ボードの使い方

ここで，リスト8とリスト6でSysTickの設定が少し異なります．0xE000E010番地（SysTick Control and Status Register，SYST_CSR，プログラム中では`SysTick->CTRL`）のビット2（SysTick_CTRL_CLKSOURCE_Msk）はSysTickのクロック・ソースを指定するビットです．このビットが"1"の場合はプロセッサ・クロック，"0"の場合は外部クロック（分周クロック）がカウンタの動作クロックになるのですが，Kinetis K64Fの場合，ビット2が"0"の場合はSysTickが動作しません（クロックが供給されない）．

SysTickがプロセッサ・クロックで動作すると周期割り込みの間隔が短すぎるのでLEDの色の変化を目視で観測できません（常に白色の発光に見える）．そこで，リスト8ではpsという変数を設けて，割り込みが10回発生するごとに変数iiを更新するように変更しました．

本来，SysTickはCortex-Mのオプション機能なので，MCUによって実装が異なるのは仕方ないことです．外部クロック動作が有効かどうかは，各自，Kinetis MCUのリファレンス・マニュアルを参照しなくてはいけません．

終わりに

本書はCortex-MマイコンKinetisの解説本ですから，実際に動作させてみたい気になります．サンプル・プログラムも豊富に用意されていることですし．

ところが，FRDMボードの使用方法をインターネットで検索してもあまり情報がありません．FRDM-KL25Zをmbed化するという記事ばかりです．そこで，だれでもFRDMボードが使えるようにと，使用方法の紹介をさせていただきました．

実際に名作Kinetisマイコンを動作させて遊べるのは非常に面白い経験です．

IAR Embedded Workbenchの無償評価版に30日という足かせがなければもっとハッピーなんですけどね．購入するときは，例えば30万円くらいするので，趣味で遊ぶにはちょっと高価なツールです（残念!）．

それにしても，筆者のパソコン（OSがWindows 8.1）でFRDMボードがウンともスンとも動作しなかったときは冷や汗ものでした．この苦境を中井氏（旧フリースケール）の助言で何とか乗り切ることができました．中井氏には非常に感謝しています．

なお，本書に掲載されている本章以外のプログラム例はアルゴリズムを示しているだけなので，そのコードがそのままFRDMボードでは動作しない恐れがあることをご承知おきください．ただし，本章に示したプログラムはFRDMボードでの動作確認済みです．

筆者はKinetis MCUに感激して，自費でFRDM-K64Fボードを購入してしまいました．やはり120MHzの威力ですよ（FRDM-KL25Zは48MHz）．

◆参考・引用*文献◆

(1)*FRDM-KL25Zボードのユーザーズ・マニュアル
http://www.nxp.com/ja/products/software-and-tools/hardware-development-tools/freedom-development-boards/freedom-development-platform-for-kinetis-kl14-kl15-kl24-kl25-mcus:FRDM-KL25Z?lang_cd=ja&fpsp=1&tab=Documentation_Tab

(2)*FRDM-K64Fボードのユーザーズ・ガイド
http://www.nxp.com/ja/products/software-and-tools/hardware-development-tools/freedom-development-boards/freedom-development-platform-for-kinetis-k64-k63-and-k24-mcus:FRDM-K64F?fpsp=1&tab=Documentation_Tab

なかもり・あきら

第30章 入門用FRDM基板によるARMマイコン・スタートアップ

コラム3　EWARMのオンライン・マニュアル

中森　章

　IAR社のEWARMはオンライン・マニュアルが整備されていることでも定評があります．しかも日本語です．図AにEWARMの起動画面を示します．ここで，「ユーザガイド」のアイコンをクリックするとヘルプの選択画面に移行します（図B）．

　前述のオンライン・マニュアルは「ヘルプ」メニューからも参照できます．メニューと開発ツールの関係を図Cに示します．最後にIAR社が推奨するマニュアルの参照手順を図Dに示します．この順序でマニュアルを読んでいくと開発が順調に進むというものです．個人的には「ルック＆フィール」でマニュアルなんかなくても自然と操作できるというのが開発ツールの肝だと思っています．実際，EWARMもマニュアルなしで何となく操作できてしまいます．この点，使いやすいツールの部類に入ると思っています．

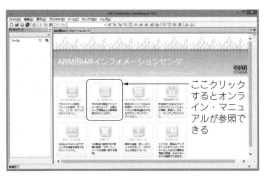

図A　EWARMの起動画面（初期状態）

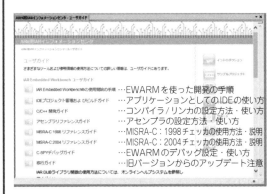

（a）その1

（b）その2

図B　ユーザガイドのメニュー

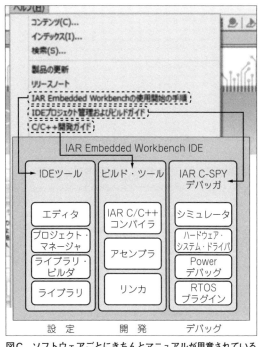

図C　ソフトウェアごとにきちんとマニュアルが用意されている

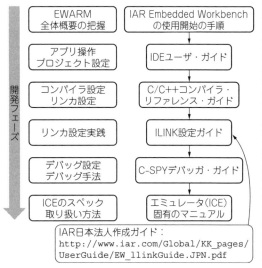

図D　マニュアル参照手順（IAR社推奨）

第6部 Cortex-Mマイコン入門ボードの使い方

コラム4　Kinetisマイコン用開発環境の最新バージョン

中森　章

本稿は統合開発環境としてIAR社のEWARMを使用しました．

マイコン・メーカ純正の統合開発環境であるKDS（Kinetis Design Studio，後継品MCUXpresso IDEが2017年3月にリリース）にも簡単に言及しておきます．

● 特徴…無償＆進化中

KDSは，それ以前の標準的な統合開発環境Code Warriorを置き換えるものとして発表されました．Core Warriorもそうでしたが，無償である上，30日限定とか，コード・サイズが32K/16Kバイト以下とかといった制限は一切ありません．

KDS 1.00に続いてKDS 2.00がリリースされましたが，そのリリースから間もなくKDS 3.00がリリースされています．KDS 3.00はあまり使っていませんが，KDS 2.00と比べて使い勝手が多少改善されています．

● 筆者が遭遇したデバッガのトラブル

KDS 3.00を使ってみると，サンプル・プログラムをインポートしてコンパイルするところまではで

(a) ワークスペースを選ぶ

(b) 起動メッセージ

(c) 起動したところ

図E　ステップ1：ワークスペースを開く

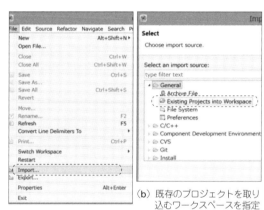

(a) Importを選ぶ　　(b) 既存のプロジェクトを取り込むワークスペースを指定する

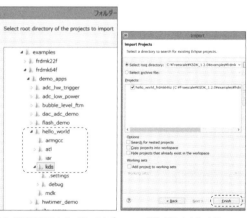

(c) KDS用のHello Worldプロジェクトを選ぶ　　(d) [Finish] する

図F　ステップ2：プロジェクトを取り込む

第30章 入門用FRDM基板によるARMマイコン・スタートアップ

きたのですが，J-LINKのデバッガでは，なぜか，フラッシュへのロードが失敗するというトラブルがありました．なので，筆者は最近J-LINKのデバッガを使用していたのですが，OpenSDAv2（CMSIS-DAP）のブートローダに戻してしまいました．ブートローダの変更方法も含めて，以下にKDS 3.00の使用方法を簡単に示しておきます．

● 基本的な使い方

▶ ステップ1：ワークスペースを開く

KDS 3.00を起動すると，まずはワークスペースを聞いてきます（図E）．ここではDドライブの「nakamori」というフォルダを指定しています．それを指定するとファイアウォールの許可を求めるダイアログが出る場合がありますが，それを許可すると起動メッセージが表示されますので「Go to the workbench」をクリックしてKDS 3.00の開発環境を起動します．

▶ ステップ2：プロジェクトを取り込む

筆者は既存のプロジェクトを流用する主義なので（一からプロジェクトを作成するのはかなりたいへんなので…），KSDK 1.02（コラム2）から「hello_world」プロジェクトをインポートしました．そのためには，「File」タブから「Import...」を選択します．そして「Existing Projects into Workspace（既存の

プロジェクトをワークスペースにインポートする）」を選択します（図F）．そこで，KSDK 1.02から「hello_world」の「kds」プロジェクトを指定します．するとインポートのための対話ウィンドウが表示されますので，[Finish]ボタンをクリックします．

▶ ステップ3：ライブラリも取り込む

ここで重要なのはライブラリ（ksdk_platform_lib）もインポートする必要があります（図G）．このように．ライブラリをコンパイルしてないとリンクが失敗してしまいます．とにかく，これで指定したプロジェクトがワークスペースに取り込まれます．

▶ ステップ4：プログラムを作成してビルドする

次は「Project」タブの「Build All」を選択します（図H）．これでソース・ファイルのコンパイルができるはずです．

▶ ステップ5：ターゲット・マイコンに書き込む

コンパイルができたら，次はターゲット・マイコンの内蔵フラッシュにプログラムをダウンロードします．そのためには「Run」タブの「Flash from file...」を選択します（図I）．すると「Flash Configuration」ウィンドウが開きますので，左のウィンドウから「hello_world_frdmk64f_debug_cmsisdap」を選択して[Finish]ボタンをクリックします．するとプログラムがフラッシュにダウンロードされます．

▶ ステップ6：実行する

その後はFRDMボードのリセット・スイッチを押せばプログラムが実行されます（図J）．

ここまでは，FRDM-K64Fの場合ですが，FRDM-KL25Zでも同様です．FRDM-K64FとFRDM-KL25Z

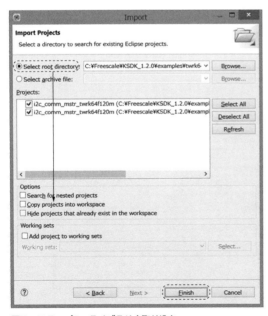

図G ステップ3：ライブラリも取り込む

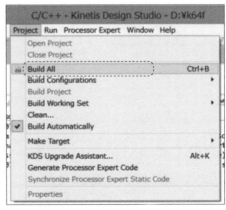

図H ステップ4：プログラムを作成してビルドする

第6部 Cortex-Mマイコン入門ボードの使い方

コラム4 Kinetisマイコン用開発環境の最新バージョン（つづき）

の場合は，ライブラリとして，それぞれ，以下のディレクトリを指定します．フォルダ名を見るとわかりますが，KDS 3.00の例ではKSDK 1.2を使用しています．KSDK 1.2とKSDK 1.3はほとんど同じものです．

```
C:¥Freescale¥KSDK_1.2.0¥lib¥ksdk_
platform_lib¥kds¥K64F12
C:¥Freescale¥KSDK_1.2.0¥lib¥ksdk_
platform_lib¥kds¥KL25Z4
```

いずれにしろ，筆者は，KDS 3.00はあまりなじめませんでした．執筆時点では，やはり，定番EWARM（IAR社）が一番使いやすいです．

図J ステップ6：実行する

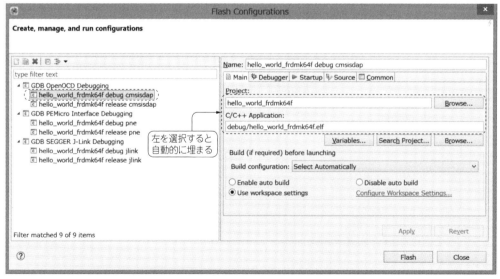

図I ステップ5：ターゲット・マイコンに書き込む

索　引

■A～Z■

ADCのキャリブレーション ……… 108
A-Dコンバータ …………………… 103
AES（Advanced Encryption Standard）
　…………………………………… 199
ARM7 ………………………………… 8
ARM7のパイプライン ……………… 21
ARM9 ………………………………… 8
ARM11 ……………………………… 8
ARMv4 ……………………………… 8
ARMv5 ……………………………… 8
ARMv6 ……………………………… 8
ARMv7 ……………………………… 8
ARMv7-A ………………………… 8, 63
ARMv7-M …………………………… 8
ARMv7-R …………………………… 8
ARMv8-M …………………………… 8
ART（Adaptive real-time memory）
アクセラレータ …………………… 57
ASSP ……………………………… 123
AWO領域（Always ON Area）…… 152
BME（Bit Manipulation Engine）
　………………………… 18, 185, 241
CAU ……………………………… 198
CG（Clock Gating）……………… 154
CMSIS（Cortex Microcontroller Software
Interface Standard）…… 48, 51, 130
CMSIS-DAP ……………………… 229
CMT：キャリア・モジュレータ・タイマ
　…………………………………… 85
Code Warrior ………… 122, 129, 230
ColdFire ………………………… 122
CONTROLレジスタ ……………… 14
Cortex-M System Design Kit …… 127
Cortex-M0 …………………………… 9
Cortex-M0+ ………………………… 9
Cortex-M1 …………………………… 9
Cortex-M3 ……………………… 8, 9, 63
Cortex-M3のパイプライン ………… 21
Cortex-M4 ……………………… 9, 63

Cortex-M7 …………………………… 9
Cortex-Mの実行モード …………… 13
Cortex-Mの内部レジスタ ………… 13
CPSID f …………………………… 36
CPSIE f …………………………… 36
CPSID i …………………………… 36
CPSIE i …………………………… 36
CRC（Cyclic Redundancy Check）… 207
CSP（Chip Scale Package）……… 127
DEEPSLEEP ……………………… 155
DES（Data Encryption Standard）… 199
DryIce …………………………… 213
DVFS ……………………… 150, 156
DVFS構造 ………………………… 152
D-Flash：Data Flash ……………… 132
EEPROM ………………………… 136
EWARM（Embedded Workbench for
ARM）………………………… 128, 230
EXC_RETURNコード ……………… 39
EzPort …………………………… 212
E-Flash：Flash for EEPROM …… 132
FCLK（Free Running Clock）…… 166
FGPIO ………………………… 49, 241
FlexNVM ………………………… 131, 132
FlexRAM ………………………… 136
FRDMボード ………………… 130, 227
FTM：フレキシブル・タイマ・モジュール
　…………………………………… 84
GC（Gated Cell）………………… 154
GCC ………………………… 129, 230
GPIO ……………………………… 91
HCLK（High Speed Clock）……… 166
HW-RTOS（ハードウェアRTOS）… 53
ICSR（Interrupt Control and
State Register）…………………… 52
ISO領域（Isolated Area）…… 152, 156
IT（If-Then）命令 ………………… 183
IT命令 ……………………………… 30
I/O類の初期化 …………………… 74
i.MX ……………………………… 122

JTAG ……………………………… 212
KDS（Kinetis Design Studio）…… 128
KEIL MDK-ARM ………………… 230
Kinetis …………………………… 122
Kinetis Design Studio（KDS）…… 230
Kinetis E ………………………… 124
Kinetis EA ……………………… 124
Kinetis K ………………………… 124
Kinetis K2 ……………………… 124
Kinetis K80 ……………………… 127
Kinetis L ………………………… 124
Kinetis M ………………………… 124
Kinetis MINI …………………… 127
Kinetis W ……………………… 124
Kinetis V ………………………… 124
Kinetis X ………………………… 124
KSDK（Kinetis Software Development
Kit）……………………………… 231
Linux …………………………… 128
LLS（Low Leakage Stop）……… 164
LPTMR ……………………… 85, 172
Lチカ …………………………… 226
mbed …………………………… 130
MCUXpresso IDE …… 128, 230, 250
MCUXpresso SDK ………… 231, 232
MDK-ARM ……………………… 129
MD5（Message Digest 5）……… 199
MPU（Memory Protection Unit）
　……………………… 19, 45, 52, 216
MSR命令 ………………………… 14
MULTI …………………………… 230
NVIC（Nested Vector
Interrupt Controller）………… 31, 52
NVICのNVIC_IPR0 ～ NVIC_IPR123
（Interrupt Priority Register 0-123）… 35
OpenSDA ………………………… 227
PBE（PLL Bypassed Externa）
モード …………………………… 177
PDB：プログラマブル・
ディレイ・ブロック ……………… 83

PEE（PLL Engaged External）
モード ································· 177
PendSV（Pending Supervisor）········ 52
PLLの初期化 ···························· 75
POR ···································· 213
PowerPC ······························· 122
Processor Expert ····················· 130
P&E Micro ····························· 229
P-Flash（Program Flash）············ 132
QorIQ，PowerQUICC ··············· 122
RFE（例外からの復帰）················· 37
RNG（Random Number Generator）
··· 205
RNGA（Random Number Generator
Accelerator：乱数生成の加速装置）·· 205
RNGB ·································· 206
RSA ···································· 127
RTC ······································ 85
RTL ···································· 161
SHA-1（Secure Hash Algorithm 1）· 199
SHA-256（Secure Hash Algorithm 256）
··· 199
SHPR1 〜 SHPR3（System Handler
Priority Register 1-3，SHPR1-3）····· 35
Segger J-Link ························· 229
SLEEP ································· 155
SLEEPING ···························· 151
SLEEPDEEP·························· 151
SRS（例外復帰情報ストア）············ 37
SSL通信 ······························· 202
SysTickタイマ ············· 51，82，83
Thumb-2 ································ 14
TrueSTUDIO ························· 230
TWRボード ··························· 130
UART ·································· 97
UARTへのクロック供給 ·············· 99
USBホスト/ターゲット・コントローラ
··· 112
VLLS（Very Low Leakage）········· 164
VLLS0 ································· 170
VLPR（Very Low Power RUN）····· 163
VLPS（Very Low Power Stop）····· 163

VLPW（Very Low Power Wait）···· 163
VT（スレッショルド電圧）············ 157
VTOR（Vector Table Offset Register）
·· 32
VBAR（Vector Base Address Register）
·· 33
VyBrid ································· 122
Windows ······························ 128

■数字■
3DES（Triple Data Encryption
Standard）···························· 199
3色LED ······························· 236

■あ・ア行■
アンアラインド・アクセス ············ 19
暗号高速化ユニットCAU············ 198
ウォッチドッグ・タイマの停止 ······· 72

■か・カ行■
下位レジスタ ·························· 65
拡張フレーム ·························· 39
基本フレーム ·························· 39
キャッシュ・メモリ ················· 144
クロック・ゲーティング（Clock Gating）
··· 150
クロス開発 ··························· 227
ゲーティッド・クロック ············· 151
ゲート・リーク電流 ················· 153
高速GPIO（FGPIO：Fast GPIO）
···································· 49，241
高速I/O（シングル・サイクルI/O）··· 23
後着 ···································· 44
コード・キャッシュ ················· 145

■さ・サ行■
サブスレッショルド・リーク電流 ·· 153
システム・キャッシュ ··············· 145
実行モード ····························· 12
周期割り込みタイマPIT ·············· 84
修正ハーバード・アーキテクチャ ···· 23
上位レジスタ ·························· 65
シングル・エントリ・バッファ
···························· 55，132，135
スタート・ビット検出 ················ 97
ストップ・ビット ····················· 98

ストリーミング ······················· 59
スリープ ······························ 155
スリープ・オン・イグジット・モード
·································· 30，158
スリープ・モード ············ 30，155
スレッド・モード ····················· 14
スーパバイザ・コールSVC ··········· 52
制御レジスタ（CONTROL）·········· 50
セマフォ ······························· 53
想定動作周波数 ······················· 28

■た・タ行■
耐タンパー機能 ······················ 211
楕円曲線暗号 ························· 127
タンパー ······························ 211
タンパー検出機能 ··················· 126
低消費電力ペリフェラル············· 194
テール・チェイン ····················· 42
ディープ・スリープ・モード ········· 30
ディープ・スリープ ················· 155
デフォルト・メモリ・マップ ········· 18
データ・キャッシュ ················· 145
電源ドメイン ························ 153
電源分離 ······························ 152
電源領域（パワー・ドメイン）······· 164
伝送ボーレート ······················· 98
投機的プリフェッチ・バッファ ······ 55
投機バッファ ················ 132，134

■な・ナ行■
内部リアルタイム・クロックRTC ·· 177

■は・ハ行■
排他アクセス ·························· 53
汎用シリアル通信モジュール
汎用割り込みコントローラ
（Generic Interrupt Controller）······· 32
バッファ・ディスクリプタ・モード · 116
バブル ································· 148
パワー・ゲーティング ··············· 153
ハンドラ・モード ····················· 14
バンク・レジスタ ····················· 39
ハーバード・アーキテクチャ ········· 21
ビット・バンド ················ 16，246
ビット・バンド・ラッパ ············· 127

ビット・フィールド操作命令 …… 183	命令キャッシュ ………………… 145	リンク・レジスタ ……………………… 65
ビット・フィールド命令 …………… 30	メモリの初期化 ………………… 72	リーク（漏れ）電流 ………………… 152
フォン・ノイマン・アーキテクチャ … 21	メモリ保護ユニット … 19, 45, 52, 216	ロード・ストア・アーキテクチャ … 67
浮動小数点ユニットの動作イネーブル	■や・ヤ行■	ローパワー・タイマLPTMR … 85, 172
……………………………………… 72	優先順位 ………………………… 34	論理合成 ……………………… 161
フラッシュ・キャッシュ … 55, 132, 134	ユニークID ……………………… 215	■わ・ワ行■
フラッシュ・スワップ機能 ……… 140	横取り …………………………… 43	割り込みコントローラNVIC …… 31, 52
フレックス・メモリ ……………… 136	呼び出し側セーブ・レジスタ（Caller	割り込み中断 …………………… 41
プログラム・カウンタ …………… 66	Save Regsiters） ………………… 40	割り込みハンドラ（ISR：Interrupt
プログラム・ステータス・レジスタ … 66	■ら・ラ行■	Service Routine） ………………… 40
分岐シャドウ ……………… 27, 190	ライト・バッファ ………………… 23	割り込みマスク・レジスタ（PRIMASK,
■ま・マ行■	ラッシュ・カレント（突入電流）…… 153	FAULTMASK, BASEPRI）……… 36
マス・ストレージ・デバイス（MSD） 227	リアルタイム・クロック ………… 85	
マルチVT ……………………… 157	リテンション …………………… 161	

初出一覧

- **第1部**
  月刊Interface 2016年4月号 別冊付録「保存版 ARM Cortex-M徹底解説」

- **第4部**
  月刊Interface 2015年8月号～2016年2月号 連載「Cortex-Mマイコン低消費電力モードの研究」全7回

- **第5部**
  月刊Interface 2015年3月号～2015年7月号 連載「マイコン内蔵最新セキュリティ機能の研究」全5回

◆**筆者略歴**◆

中森 章（なかもり・あきら）
岡山の平凡な学生が何の因果か東京の大学に入学．そこで計算機の魅力に取りつかれ，計算機センタに入りびたりの生活．各種コンピュータ言語と戯れる．ソフトが得意なはずが，計算機の内部構造に興味がわくようになり，CPU設計というハード屋の道を歩き始める．CPU設計と並行し，車載関連のSoCを幾つか設計後，約30年の会社生活を終える．アーキテクチャは，初期がCISC，中期がMIPS，後期がARM，退職直前はV850を堪能した．現在はマイコン関連の契約社員として愉しく生きている．

桑野 雅彦（くわの・まさひこ）
1984年 早稲田大学理工学部卒．東京芝浦電気（現東芝）入社．
1998年 開発・設計を行う個人事業主として独立．
現在，パステルマジック代表

● **本書記載の社名，製品名について** ── 本書に記載されている社名および製品名は，一般に開発メーカーの登録商標または商標です．なお，本文中では ™，®，© の各表示を明記していません．
● **本書掲載記事の利用についてのご注意** ── 本書掲載記事は著作権法により保護され，また産業財産権が確立されている場合があります．したがって，記事として掲載された技術情報をもとに製品化をするには，著作権者および産業財産権者の許可が必要です．また，掲載された技術情報を利用することにより発生した損害などに関して，CQ出版社および著作権者ならびに産業財産権者は責任を負いかねますのでご了承ください．
● **本書に関するご質問について** ── 文章，数式などの記述上の不明点についてのご質問は，必ず往復はがきか返信用封筒を同封した封書でお願いいたします．勝手ながら，電話での質問にはお答えできません．ご質問は著者に回送し直接回答していただきますので，多少時間がかかります．また，本書の記載範囲を越えるご質問には応じられませんので，ご了承ください．
● **本書の複製等について** ── 本書のコピー，スキャン，デジタル化等の無断複製は著作権法上での例外を除き禁じられています．本書を代行業者等の第三者に依頼してスキャンやデジタル化することは，たとえ個人や家庭内の利用でも認められておりません．

[JCOPY]〈出版者著作権管理機構委託出版物〉
本書の全部または一部を無断で複写複製（コピー）することは，著作権法上での例外を除き，禁じられています．本書からの複製を希望される場合は，出版者著作権管理機構（TEL：03-5244-5088）にご連絡ください．

ARMマイコン Cortex-M 教科書

2016年12月1日　初版発行　　　　　　　　　　　　　　　　　© 中森 章／桑野 雅彦 2016
2024年6月1日　第4版発行　　　　　　　　　　　　　　　　　（無断転載を禁じます）

　　　　　　　　　　　　　　　　　　　　　著　者　　中　森　　　章
　　　　　　　　　　　　　　　　　　　　　　　　　　桑　野　雅　彦
　　　　　　　　　　　　　　　　　　　　　発行人　　櫻　田　洋　一
　　　　　　　　　　　　　　　　　　　　　発行所　　CQ出版株式会社
　　　　　　　　　　　　　　　　　　　　　（〒112-8619）東京都文京区千石4-29-14
　　　　　　　　　　　　　　　　　　　　　電話　編集　（03）5395-2122
ISBN978-4-7898-5991-2　　　　　　　　　　　　　　　　　販売　（03）5395-2141

定価はカバーに表示してあります　　　　　　　　　　　　　編集担当　上村　剛士
乱丁，落丁本はお取り替えします　　　　　　　　　　　　　カバーデザイン　コイグラフィー
　　　　　　　　　　　　　　　　　　　　　　　　　　　　DTP　クニメディア株式会社
　　　　　　　　　　　　　　　　　　　　　　　　　　　　印刷・製本　三晃印刷株式会社
　　　　　　　　　　　　　　　　　　　　　　　　　　　　Printed in Japan